高等学校“十三五”规划教材

Visual FoxPro 程序设计

宁爱军　满春雷　主　编

U0316894

中国铁道出版社有限公司
CHINA RAILWAY PUBLISHING HOUSE CO., LTD.

内 容 简 介

本书以 Visual FoxPro 9.0 为环境，讲述数据库系统基础知识、Visual FoxPro 语言基础、表的基本操作、数据库操作、查询和视图、程序设计、表单与控件、表单与数据库编程、报表、菜单、应用程序的开发与发布。除第 1 章外，各章后均配有详尽的习题和实验，并提供网络学习资源。

全书内容组织合理，叙述充分，例题丰富，由浅入深，通俗易懂，可读性强；注重培养学生数据库设计和操作能力；注重培养读者分析问题和算法设计的能力，以及可视化程序设计能力。本书适合作为大学生 Visual FoxPro 数据库程序设计的教材，也可以作为 Visual FoxPro 开发的参考书。

图书在版编目（CIP）数据

Visual FoxPro 程序设计 / 宁爱军，满春雷主编. —
北京 : 中国铁道出版社，2016.2（2020.1 重印）
高等学校“十三五”规划教材
ISBN 978-7-113-21118-9

Ⅰ. ①V… Ⅱ. ①宁… ②满… Ⅲ. ①关系数据库系统－程序设计－高等学校－教材 Ⅳ. ①TP311.138

中国版本图书馆 CIP 数据核字(2015)第 317055 号

书　　名：Visual FoxPro 程序设计
作　　者：宁爱军　满春雷　主编

策　　划：魏　娜　　　　读者热线：(010) 63550836
责任编辑：贾　星　王　惠
封面设计：刘　颖
封面制作：白　雪
责任校对：汤淑梅
责任印制：郭向伟

出版发行：中国铁道出版社有限公司（100054，北京市西城区右安门西街 8 号）
网　　址：http:// www.tdpress.com/51eds/
印　　刷：三河市航远印刷有限公司
版　　次：2016 年 2 月第 1 版　　2020 年 1 月第 3 次印刷
开　　本：787mm×1 092 mm　1/16　印张：18.75　字数：453 千
书　　号：ISBN 978-7-113-21118-9
定　　价：39.50 元

版权所有　侵权必究

凡购买铁道版图书，如有印制质量问题，请与本社教材图书营销部联系调换。电话：(010) 63550836

打击盗版举报电话：(010) 51873659

前　言

Visual FoxPro 是可视化的数据库管理和应用程序开发平台，它使用可视化的方法建立和管理数据库、表、查询、视图、表单、报表、菜单等；不仅支持过程化的程序设计，也支持面向对象的程序设计；能高效、快捷地开发应用软件。Visual FoxPro 适宜作为初学者学习数据库设计和程序设计的数据库管理系统和语言。

本书以 Visual FoxPro 9.0 为环境，共分为 11 章，分别讲述数据库系统基础知识、Visual FoxPro 语言基础、表的基本操作、数据库操作、查询和视图、程序设计、表单与控件、数据库与表单编程、报表、菜单、应用程序的开发与发布。除第 1 章外，各章后配有详尽的习题和实验。

选用本书作为教材，可以根据授课学时情况适当取舍教学内容。教学建议如下：

（1）如果学时充分，建议系统学习全部内容。如果学时较少，建议以第 1～10 章为教学重点。

（2）第 6 章应该按照分析问题、算法设计、程序设计和程序调试的过程授课，重视流程图的绘制，注意培养学生分析问题、解决问题的能力。

（3）学生应该认真完成课后习题，认真完成实验指导要求的实验内容。

（4）各章的学习资源、习题参考答案可以在“本章资源”二维码指向的网址下载。

（5）标有（★）的内容暂时可不作为学习重点，在需要的时候再返回学习。

全书内容组织合理，叙述充分，例题丰富，由浅入深，通俗易懂，可读性强；注重培养学生数据库设计和操作能力；通过分析问题、设计算法、编写和调试程序，培养读者分析问题和算法设计的能力，以及可视化程序设计能力。本书适合作为大学生 Visual FoxPro 数据库程序设计的教材，也可以作为 Visual FoxPro 开发的参考书。

本书的作者都是长期从事软件开发和大学程序设计课程教学的一线教师，具有丰富的软件开发和教学经验。本书由宁爱军和满春雷任主编，负责全书的总体策划、统稿和定稿。第 1、2 章由满春雷编写，第 3、4、5 章由王淑敬编写，第 6、7、8 章由宁爱军编写，第 9、10、11 章由李伟编写。窦若菲、张睿、胡香娟、林琳负责资料的搜集和整理、文稿校对等工作。本书在编写过程中参考了有关书籍和文献，谨向原作者致谢。

本书的成稿是作者多年软件开发和教学经验的总结，但是由于水平有限，书中难免存在不足之处，恳请专家和读者批评指正。联系信箱：ningaijun@sina.com。

编　者

2015 年 10 月

前　言

[illegible]

2015年10月

目　录

第1章

数据库系统概述 «‹

数据库技术是信息社会进行数据处理的基础技术之一，它简单、易学、易用，广泛应用于社会生活的各个领域。数据库技术主要研究如何科学地组织和存储数据，高效地获取和处理数据，为用户提供及时、准确的信息，以满足用户的各种需要。Visual FoxPro是微型计算机上的数据库管理系统，它采用可视化、面向对象的程序设计方法开发应用系统，简化了开发过程，开发成本低，简单易学，操作方便。

本章资源

在学习使用 Visual FoxPro 开发数据库应用系统之前，还需要先掌握数据库系统的基础理论知识。本章介绍数据库的基本概念、数据库系统的产生与发展、关系数据库的基础知识和 Visual FoxPro 9.0 的系统环境。

1.1 数据库系统简介

1.1.1 数据、信息、数据处理、数据管理

1．数据

数据是指存储在某种媒体上能够被识别的物理符号序列，用于描述信息。数据包括数值型数据和非数值型数据。数值型数据以数字表示信息。非数值型数据以符号及其组合来表示信息，如文本、图形、图像、声音、视频等。

2．信息

信息是客观世界事物的存在方式与运动状态的综合，用于反映客观世界的状态。数据和信息既相互联系又相互区别。信息是数据的内涵，是对数据的语义解释；而数据则是信息的具体表现形式，是信息的符号表示或载体。

3．数据处理

数据处理是指将数据转换成信息的过程，其基本操作包括数据的收集、整理、存储、加工、分类、维护、排序、检索和传输等。数据处理的目的是从大量的原始数据中抽取和推导出有价值的信息，以作为行为和决策的依据。

4．数据管理

数据管理是指对数据的分类、组织、编码、存储、查询和维护等操作，是数据处理的中心环节。数据管理技术的优劣直接影响数据处理的效率。人们研制出通用高效又方便使

用的管理软件，高效地管理数据。数据库技术正是按此目标研究、发展并完善起来的。

1.1.2 数据管理发展的 3 个阶段

在应用需求的不断推动下，随着计算机硬件、软件技术的发展，数据管理技术经历了人工管理、文件系统和数据库系统 3 个阶段。

1. 人工管理阶段

20 世纪 50 年代中期以前是人工管理阶段。此阶段计算机主要用于科学计算。在硬件方面，外部存储器只有磁带、卡片和纸带等，还没有磁盘等直接存取的存储设备。在软件方面，还没有操作系统和数据管理软件。人工管理阶段的应用程序和数据之间的关系如图 1–1 所示。

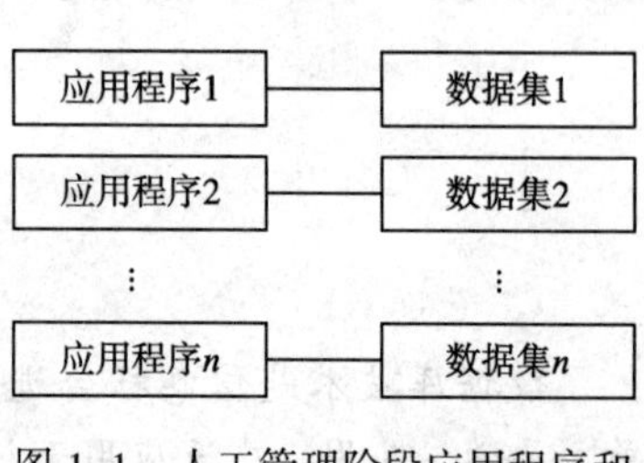

图 1–1 人工管理阶段应用程序和数据之间的关系

人工管理阶段的数据管理具有如下特点：

（1）数据不能长期保存。用户把应用程序和数据一起输入内存，应用程序对数据进行处理、输出结果。任务完成后，数据随着应用程序一起从内存被释放。

（2）没有专用的数据管理软件。数据由应用程序自己管理，每个应用程序不仅要规定数据的逻辑结构，而且要设计物理结构，包括数据的存储结构、存取方法和输入方式等，因此，程序员的负担很重。

（3）数据不共享。数据是面向程序的，一组数据只对应一个程序，数据不能由多个应用程序共享。多个应用程序即使涉及某些相同的数据，也必须各自定义，因此，程序之间有大量的冗余数据。

（4）数据与程序不具有独立性。程序依赖于数据，如果数据的类型、格式或输入/输出方式等逻辑结构或物理结构发生变化，必须修改应用程序。

2. 文件系统阶段

20 世纪 50 年代后期至 60 年代中期，为文件系统阶段。在该阶段，计算机应用范围逐步扩大，不仅用于科学计算，还大量用于信息管理。在硬件方面，已有了磁盘、磁鼓等直接存取的存储设备；在软件方面，出现了高级语言和操作系统，操作系统中有了专门的数据管理软件，一般称为文件系统。在文件系统阶段，应用程序和数据之间的关系如图 1–2 所示。

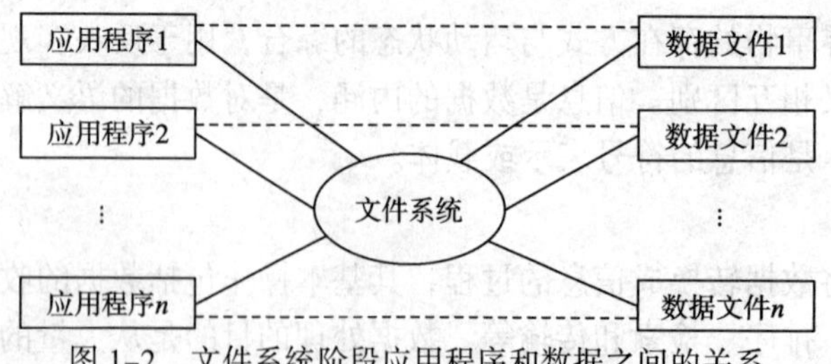

图 1–2 文件系统阶段应用程序和数据之间的关系

文件系统阶段的数据管理具有如下特点：

（1）数据以文件的形式长期保存。数据以文件的组织方式，保存在计算机的存储设备上，可以被多次使用。应用程序可以对文件进行查询、修改和增删等操作。

（2）由文件系统管理数据。文件系统进行数据的存取，实现“按文件名访问，按记录存取”。应用程序按照文件名存取文件，不关心数据的物理存储（存储位置、存储结构等）细节，从而提高了应用程序的开发效率。

（3）程序与数据之间有一定独立性。应用程序和数据之间具有“设备独立性”，即当改变存储设备时，不必改变应用程序。程序员也不必过多考虑数据存储的物理细节，而将精力集中于算法设计上，从而大大减少了维护程序的工作量。

与人工管理阶段相比，文件系统阶段对数据的管理有了很大的进步，但仍存在一定缺陷：

（1）数据共享性差，冗余度大，易造成数据不一致。各数据文件之间没有有机联系，一个文件基本对应一个应用程序，文件仍然是面向应用的。当不同应用程序所使用的数据具有共同部分时，也必须分别建立自己的数据文件，数据不能共享。同时，由于相同数据的重复存储、各自管理，不但浪费磁盘空间，同时也容易造成数据的不一致。

（2）数据独立性差。在文件系统阶段，尽管程序与数据之间有一定的独立性，但是这种独立性主要是指设备独立性，还未能彻底体现用户观点下的数据逻辑结构独立于数据外部存储器的物理结构。一旦改变数据的逻辑结构，仍然必须修改相应的应用程序。而当应用程序发生变化时，也必须相应地修改文件的数据结构。

3．数据库系统阶段

从20世纪60年代后期开始，为数据库系统阶段。此阶段，计算机广泛用于数据管理，数据量急剧增加，文件系统无法适应开发应用系统的需要。与此同时，硬件方面出现了大容量、快速存取的磁盘，计算机存取大量数据成为可能。

在应用程序和数据库之间，通过数据库管理系统（DataBase Management System，DBMS）来管理数据，数据仍然以文件的形式存储。与文件系统不同，数据库管理系统把所有应用程序使用的数据汇集在一起，并以记录为单位存储起来，便于应用程序查询和使用。在数据库系统阶段，应用程序和数据之间的关系如图1-3所示。

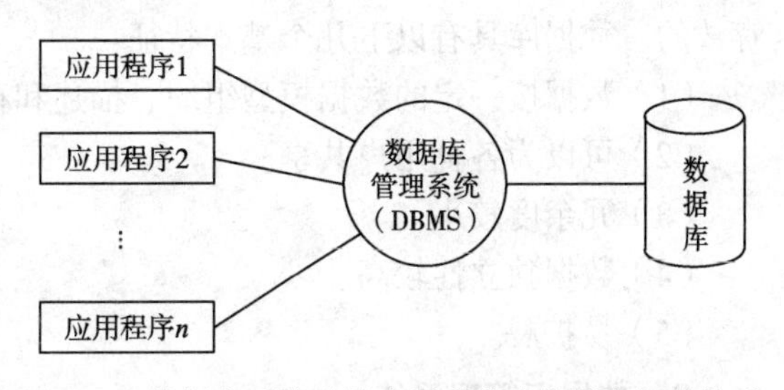

图1-3　数据库系统阶段应用程序和数据之间的关系

与人工管理和文件系统相比，数据库系统阶段的数据管理具有如下特点：

（1）数据结构化。数据结构化是数据库与文件系统的根本区别。文件系统中的文件之间不存在联系，从总体上看，其数据是没有结构的。在数据库系统中，将各种应用的数据按一定的结构形式（即数据模型）组织到一个结构化的数据库中，数据库中的数据不再仅仅针对某个应用，而是面向整个应用系统，不仅数据内部是结构化的，整体也是结构化的。数据模型不仅描述了数据本身，也描述了数据间的联系。

（2）数据共享性高，冗余度低。数据库系统从整体角度看待和描述数据，所有用户的数据都包含在数据库中。不同用户、不同应用可以同时存取数据库中的数据，每个用户或应用只使用数据库中的一部分数据，同一数据可供多个用户或应用共享，从而减少了不必要的数据冗余，节省了存储空间，避免了数据之间的不相容性和不一致性。

（3）数据独立性高。数据独立性把数据的定义从程序中分离出去，数据的存取由数据库管理系统负责，从而简化了应用程序的编制，大大降低了应用程序的维护工作负担。

（4）有统一的数据控制功能。数据库由数据库管理系统来统一管理，并提供 4 个方面的数据控制功能：并发性控制、完整性控制、安全性控制、可恢复性控制。并发性控制允许多个用户同时操作数据库中的数据；完整性控制保证数据的正确性；安全性控制可以防止非法用户存取数据；可恢复性控制是系统出现故障时，可将数据恢复到最近某个时刻的正确状态。

1.1.3 新型数据库系统

自 20 世纪 80 年代中期以来，数据库技术与其他领域的技术相结合，出现了数据库的许多新分支。例如，与网络技术相结合出现了网络数据库，与分布式处理技术相结合出现了分布式数据库，与面向对象技术相结合出现了面向对象数据库，与人工智能技术相结合出现了知识库、主动数据库，与并行处理技术相结合出现了并行数据库，与多媒体技术相结合出现了多媒体数据库。此外，针对不同应用领域出现了工程数据库、实时数据库、空间数据库、地理数据库、统计数据库、时态数据库等多种数据库及相关技术。

1.2 数据库体系结构

1. 数据库

数据库（DataBase，DB）是指长期存储在计算机内、有组织的、统一管理的相关数据的集合。它不仅描述事物的数据本身，还包括相关事物之间的联系。数据库可以直观地理解为存放数据的仓库，只不过这个仓库是在计算机的存储设备上，而且数据是按一定格式存放的。数据库具有以下几个基本特征：

（1）数据按一定的数据模型组织、描述和存储。

（2）可以为各种用户共享。

（3）冗余度较小。

（4）数据独立性较高。

（5）易扩展。

2. 数据库管理系统

数据库管理系统是用于建立、使用、管理和维护数据库的系统软件，是数据库系统的核心组成部分。数据库系统中各类用户对数据库的操作请求，都由数据库管理系统来完成。它运行在操作系统上，将数据独立于具体的应用程序、单独组织起来，成为各种应用程序的共享资源。目前，广泛使用的大型数据库管理系统有 Oracle、Sybase、SQL Server、DB2 等，中小型数据库管理系统有 Visual FoxPro、Access、MySQL 等。

数据库管理系统具有以下主要功能：

（1）数据定义功能：通过数据定义语言（DDL），定义数据库的数据对象，如数据库、表、索引等。

（2）数据操纵功能：通过数据操纵语言（DML），实现对数据库数据的基本操作，如查询、插入、删除、修改等。

（3）数据库的控制和管理功能：实现对数据库的控制和管理，确保数据正确有效和数据库系统的正常运行，是数据库管理系统的核心功能，主要包括数据的并发性控制、完整性控制、安全性控制和数据库的恢复。

（4）数据库的建立和维护功能：数据库的建立包括数据库初始数据的输入、转换等；数据库的维护包括数据库的转储、恢复、重组织与重构造、性能监视与分析等。这些功能通常由数据库管理系统的一些实用程序完成。

3．数据库系统

数据库系统（DataBase System，DBS）是指带有数据库并利用数据库技术进行数据管理的计算机系统。它是在计算机系统中引入了数据库技术后的系统，实现了有组织地、动态地存储大量相关数据，提供了数据处理和共享的便利手段。

数据库系统通常由5部分组成：硬件系统、数据库、数据库管理系统、应用系统、数据库管理员和用户。一般在不引起混淆的情况下，经常把数据库系统简称为数据库。数据库系统的结构如图1–4所示。

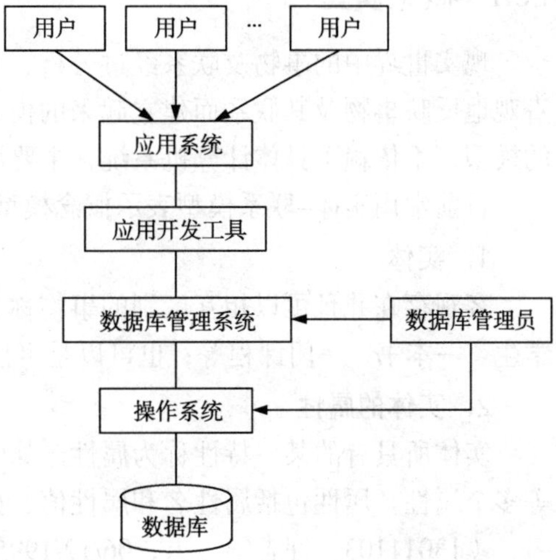

图1–4　数据库系统结构图

4．数据库系统中的软件

数据库系统中的软件主要包括以下几类：

（1）数据库管理系统：用于数据库的建立、使用和维护等。

（2）操作系统：支持数据库管理系统的运行。

（3）应用系统：以数据库为基础开发的、面向某一实际应用的软件系统，如人事管理系统、财务管理系统、商品进销存管理系统、图书管理系统等。

（4）应用开发工具：用于开发应用系统的实用工具，如Delphi、VB、ASP、JSP、PHP等，而Visual FoxPro可作为数据库管理系统也可以作为开发工具。

5．用户

数据库系统中的用户主要包括以下几类：

（1）终端用户：通过应用系统使用数据库的各级管理人员及工程技术人员，一般为非计算机专业人员。他们直接使用应用系统中已编制好的应用程序间接使用数据库。

（2）应用程序员：使用应用开发工具开发应用系统的软件设计人员，负责为用户设计和编制应用程序，并进行调试和安装。

（3）数据库管理员（DataBase Administrator，DBA）：专门负责设计、建立、管理和维护数据库的技术人员或团队。DBA熟悉计算机的软硬件系统，具有较全面的数据处理知识，熟悉本单位的业务、数据及流程。DBA不仅要有较高的技术水平，还应具备了解和阐明管理要求的能力。

1.3　数据模型与关系数据库

数据库中存储和管理的数据都是来源于现实世界的客观事物，计算机不能直接处理这些具体事物，为此，人们必须把具体事物转换成计算机能处理的数据。这个转换过程分两步：先将现实世界抽象为信息世界，建立概念模型；再将信息世界转换为计算机世界，建立数据模型。

1.3.1 概念模型

现实世界中的事物及联系经过分析、归纳、抽象，形成信息世界。在信息世界中，为直观地反映事物及其联系而建立起来的模型称为概念模型。它是按用户的观点对信息建立的模型，不依赖于具体计算机系统，主要用于数据库的设计。

目前常用实体-联系模型表示概念模型。

1. 实体

客观存在并且可以相互区别的事物称为实体。实体可以是具体的人、事、物，如一名学生、一本书、一门课程等；也可以是事件，如学生的一次选课、一场比赛、一次借书等。

2. 实体的属性

实体所具有的某一特性称为属性。如学生实体有学号、姓名、性别、出生日期、专业等多个属性。属性包括属性名和属性值，如学号、姓名、性别、出生日期、专业等为属性名，（13011103，许志华，男，06/12/1995，机械工程）为某个学生实体的属性值。

3. 实体型

用实体名及其属性名来抽象描述同一类实体，称为实体型。例如，学生（学号，姓名，性别，出生日期，专业）就是一个实体型，它描述的是学生这一类实体。

4. 实体集

同类型实体的集合称为实体集。例如，全体学生就是一个实体集，而（13011103，许志华，男，06/12/1995，机械工程）是这个实体集中的一个实体。

实体集和实体型的区别在于：实体集是同一类实体的集合，而实体型是同一类实体的抽象描述。

5. 实体间的联系

实体间的联系通常是指两个实体集之间的联系，联系有以下 3 种类型：

（1）一对一联系（1:1）

如果对于实体集 A 中的每一个实体，在实体集 B 中至多有一个实体与之联系，反之亦然，则称实体集 A 与实体集 B 具有一对一联系，记为 1:1。

例如：在学校，一个班级只有一个班长，而一个班长只能在一个班级任职，则班级和班长之间具有一对一的联系。

（2）一对多联系（$1:n$）

如果对于实体集 A 中的每一个实体，在实体集 B 中有 n 个实体（$n \geqslant 0$）与之联系，反之，对于实体集 B 中的每一个实体，实体集 A 中至多只有一个实体与之联系，则称实体集 A 与实体集 B 有一对多联系，记为 $1:n$。

例如：一个班级有多个学生，而每个学生只在一个班级中学习，则班级与学生之间具有一对多的联系。

（3）多对多联系（$m:n$）

如果对于实体集 A 中的每一个实体，在实体集 B 中有 n 个实体（$n \geqslant 0$）与之联系，反之，对于实体集 B 中的每一个实体，在实体集 A 中有 m 个实体（$m \geqslant 0$）与之联系，则称实体集 A 与实体集 B 具有多对多联系，记为 $m:n$。

例如：一门课程同时有多个学生选修，而一个学生也可以同时选修多门课程，则课程与学生之间具有多对多的联系。

在实际应用中，通常将多对多联系转换为几个一对多联系。

除了两个实体集之间的联系，一个实体集内的实体与实体之间也可以有上述 3 种联系。此外，一个实体内部也有联系，实体内部的联系通常是指组成实体的各属性之间的联系。

6．E–R 图

概念模型的表示方法有很多，其中最常用的是实体–联系方法，该方法用 E–R（Entity–Relationship）图来描述概念模型。E–R 图中包含实体、属性和联系，它们的表示方法如下：

（1）实体：用矩形框表示，框内写明实体名。

（2）属性：用椭圆形框表示，框内写明属性名，并用无向边将其与对应实体连接起来。

（3）联系：用菱形框表示，框内写明联系名，并用无向边分别与有关实体连接起来，同时在无向边旁标注联系的类型（1:1，1:n 或 m:n）。

学生与课程之间的联系用 E–R 图表示如图 1–5 所示。图 1–5 只是一个简单的举例，而一个实际应用系统的完整 E–R 图，要比图 1–5 复杂得多，包括系统中所有的实体、实体所有的属性和实体间所有的联系。

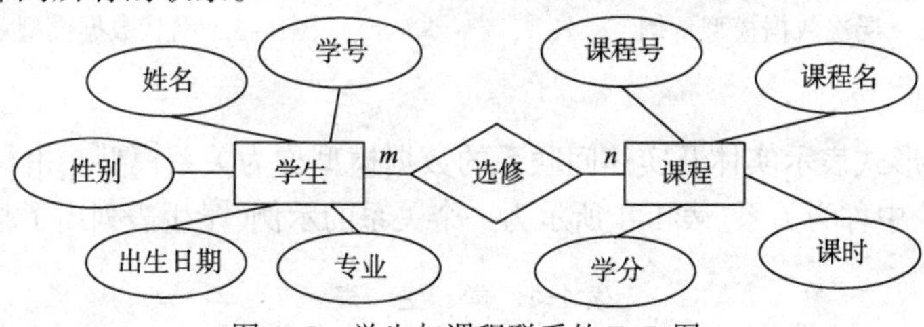

图 1–5　学生与课程联系的 E–R 图

1.3.2　数据模型

现实世界抽象为信息世界并建立概念模型后，还需进行第二次抽象，转换为计算机世界，并建立数据模型。

数据模型是数据库管理系统用来表示实体及实体间联系的方法。与概念模型不同，数据模型是按计算机系统的观点建立的模型，主要用于数据库的实现。数据模型是数据库的框架，是数据库的基础，任何一个数据库管理系统都是基于某种数据模型的。

常用的数据模型有层次模型、网状模型和关系模型 3 种，与之对应的数据库类型有层次数据库、网状数据库和关系数据库。层次模型和网状模型统称为非关系模型，在 20 世纪 70 至 80 年代初期较为流行，现在最常用的是关系模型。

1．层次模型

用树形结构表示实体及其联系的模型称为层次模型，如图 1–6 所示，其中的实体称为结点，实体间的联系用结点间的连线（有向边）表示。

层次模型是最早出现的数据模型，现实世界中许多事物之间的联系本来就是一种层次关系，如家族关系、行政机构等。层次模型的特点如下：

（1）每棵树有且只有一个结点没有双亲，该结点称为根结点。

（2）根结点以外的其他结点有且只有一个双亲结点。

（3）只能直接处理一对多的实体联系。

（4）任何一个结点的值，只有按其路径查看时，才能显示它的全部意义。

2．网状模型

网状模型是采用有向图结构表示实体及其之间联系的数据模型，如图 1-7 所示。由于现实世界中事物之间的联系更多是非层次关系的，所以用网状模型表示非层次关系比层次模型更加直观。网状模型的特点如下：

（1）允许一个以上的结点无双亲。

（2）一个结点可以有多于一个的双亲。

（3）两个结点之间有多种联系。

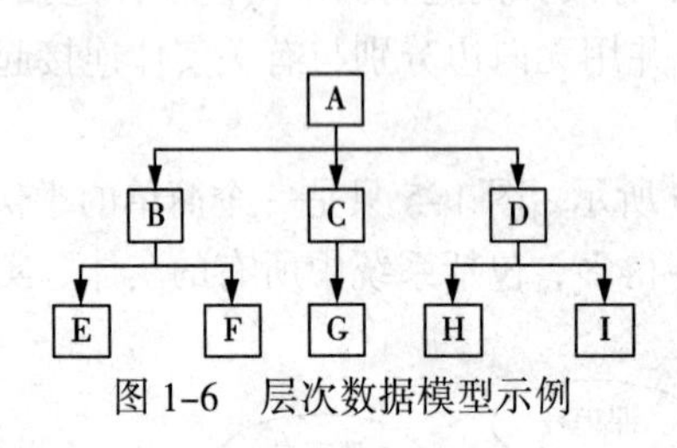

图 1-6　层次数据模型示例

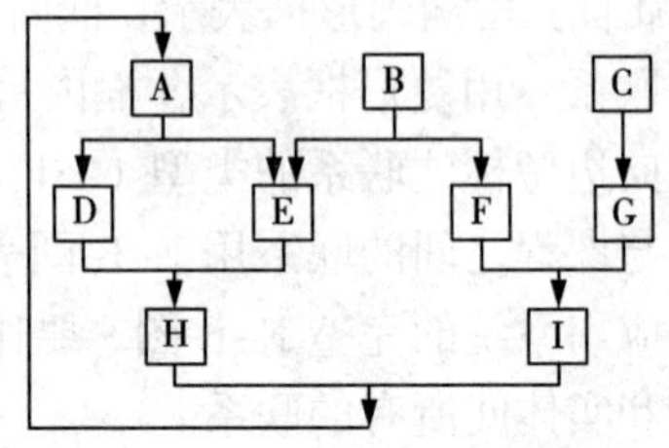

图 1-7　网状数据模型示例

3．关系模型

用二维表的形式表示实体及实体间联系的数据模型称为关系模型。由行列构成的二维表，在数据库理论中称为关系。表 1-1 所示为一个关系的示例（学生表列出了某校部分学生）。

表 1-1　学　生　表

学　号	姓　名	性　别	出生日期	专　业	生源地	民　族	政治面貌	入学成绩
13011101	巴博华	男	1995-9-9	机械工程	北京	汉族	团员	379.00
13011102	张晓民	女	1996-11-9	机械工程	北京	汉族	团员	530.00
13011103	许志华	男	1995-6-12	机械工程	北京	汉族	党员	507.00
13011104	车鸣华	男	1996-1-10	机械工程	北京	汉族	团员	441.00
13011105	高森华	男	1996-5-28	机械工程	北京	汉族	党员	536.00
13011106	何唯华	男	1995-8-2	机械工程	北京	汉族	团员	370.00
13011107	惠文民	女	1996-6-18	机械工程	云南	汉族	团员	422.00
13011108	景婷民	女	1995-10-22	机械工程	辽宁	藏族	团员	571.00

关系数据库系统采用关系模型作为数据的组织方式，实体与实体间的联系用关系（二维表）表示。关系模型是目前最常用的数据模型，它建立在严格的数学概念基础上，数据描述一致，模型概念单一。

1.3.3　关系数据库

建立在关系模型基础上的数据库就是关系数据库。20 世纪 80 年代以来，计算机厂商推出

的数据库管理系统几乎都是关系模型，即使非关系模型的数据库系统也都添加了关系接口。关系数据库已成为应用最广泛的数据库系统，Visual FoxPro 就是一种关系数据库管理系统。

1. 关系的相关概念

（1）关系

关系是一张规范化的二维表，表名称为关系名，表 1–1 所示的学生表就是一个关系。

（2）元组

表中的一行称为关系的一个元组。元组指包含数据的行，不包括标题行。在表 1–1 的关系中，一名学生的信息占一行，有多少名学生此关系就有多少个元组。

（3）属性

表中的一列称为关系的一个属性，每一列的标题称为属性名。表 1–1 所示的关系共有 9 列，所以此关系共有 9 个属性，属性名分别为学号、姓名、性别、出生日期、专业、生源地、民族、政治面貌、入学成绩。

（4）域

属性的取值范围称为域，如性别属性的域为（男，女）。

（5）关键字

关系中能唯一标识元组的一个或一组属性称为关键字。如学生表中的学号。

（6）候选关键字

候选关键字是具有关键字特性的一个或一组属性的统称。例如，在学生表中，学号唯一，不能有重复值，可以作为候选关键字。

（7）主关键字

主关键字是从多个候选关键字中选出的能够唯一标识元组的关键字。一个关系中只能有一个主关键字。如学生表中，学号是唯一的，所以学号是主关键字。

（8）外部关键字（★）

如果一个关系 R 中的某个属性不是本关系的主关键字或候选关键字，而是另一个关系 S 的主关键字或候选关键字，则称该属性为本关系 R 的外部关键字，R 为参照关系，S 为被参照关系。

例如，表 1–2 的成绩表中课程号是表 1–3 的课程表的主关键字，学号是表 1–1 学生表的主关键字，所以课程号和学号都是成绩表的外部关键字，成绩表为参照关系，课程表和学生表为被参照关系。

表 1–2 成 绩 表

课 程 号	学 号	成 绩
10010203101	13011101	93
10010203101	13011102	52
10010203101	13011103	74
10010203101	13011104	81
10010203101	13011105	78
10010203101	13011106	97
10010203101	13011107	96
10010203101	13011108	94

表 1–3 课 程 表

课 程 号	课 程 名	课 时	学 分	校 区
10010203101	C 语言	60	3	泰达
10010303101	VB 语言	40	2	泰达
10012303101	VF 语言	60	3	泰达
10012303102	VF 语言	60	3	泰达西院
10020101106	计算机辅助设计	40	2	泰达
10020101107	计算机辅助设计	40	2	泰达

（9）关系模式

关系的描述称为关系模式，一般表示为：关系名（属性名 1，属性名 2，……，属性名 *n*）。例如，表 1-3 的课程表的关系模式为：课程（课程号，课程名，课时，学分，校区）。

2．关系的规范化条件

关系是一个二维表，但不是所有的二维表都可以称为关系。关系模型要求关系必须满足一定的规范化条件，只有满足条件的二维表才可称为关系。关系的规范化条件包括：

（1）关系的每一个分量必须是一个不可分的数据项，即表中不可包含表。

（2）一个关系中不能有相同的属性名。

（3）一个关系中不能有完全相同的元组。

（4）同一属性的所有值必须是同一数据类型且来自同一个域。

（5）一个关系中元组的次序可以任意。

（6）一个关系中属性的次序可以任意。

3．关系完整性

关系模型的完整性规则是对关系的某种约束条件。关系模型中有 3 类完整性约束：实体完整性、参照完整性、用户定义完整性。其中，实体完整性和参照完整性是关系模型必须满足的完整性约束条件。

（1）实体完整性

实体完整性规定：关系中所有元组的主关键字值不能为空值。

例如，表 1-1 所示的学生表中的学号为主关键字，所有学生的学号不能为空。

空值（NULL）是指“不知道”或“不确定”的值。关系中的一个元组对应一个实体，若某元组的主关键字为空值，则说明存在一个不可标识的实体，这与实体的定义相矛盾。

（2）参照完整性

参照完整性规定：若一个关系 R 的外部关键字 F 是另一个关系 S 的主关键字，则 R 中的每一个元组在 F 上的值必须是 S 中某一元组的主关键字的值，或者取空值。

例如，表 1-2 所示的成绩表中，课程号是外部关键字，它是表 1-3 所示的课程表的主关键字，所以成绩表中的所有课程号都必须是课程信息表中的某个课程号。

参照完整性用来约束关系与关系之间的关系。在使用参照完整性规则时，有以下几点需要注意：

① 外部关键字和相应的主关键字可以不同名，只要相对应并定义在相同的值域即可。

② 外部关键字的值是否可以为空值，应视具体问题而定。

如表 1-2 的成绩表中，每行的课程号都不能为空，若为空，则不能标识是哪一门课的成绩。

再如有以下两个关系：

```
学生（学号，姓名，性别，专业号）
专业（专业号，专业名）
```

学生关系中的专业号是外部关键字，它是专业关系中的主关键字，则在学生关系中，可以有某些元组的专业号为空值，说明这些学生目前还没有确定专业。

（3）用户定义完整性（★）

任何关系数据库系统都应该支持实体完整性和参照完整性。除此之外，有些关系数据库系统根据其应用环境的不同，往往还需要一些特殊的约束条件。

用户定义完整性是针对某一具体关系的约束条件，它反映某一具体应用所涉及的数据必须满足的语义要求。在 Visual FoxPro 数据库表中是指列（字段）的数据类型、宽度、精度、取值范围、是否允许空值（NULL）。例如，成绩表中的成绩应为数值型数据，取值范围可规定在 0～100 之间；学生表中，性别为字符型数据，取值范围为（男，女）。

1.4 Visual FoxPro 概述

1.4.1 Visual FoxPro 的发展历史、特点和功能

1．Visual FoxPro 的发展历史

在微型计算机的关系数据库系统中，xBASE 家族占有重要的地位，从 dBASE 到 FoxBase 到 FoxPro，再到如今的 Viusal FoxPro，随着版本的不断更新，软件增加了许多新的功能。

20 世纪 70 年代末，美国的 Ashton-Tate 公司研制了 dBASE，成为当时最流行的微机关系数据库系统。

1986 年，美国 Fox 软件公司发布了与 dBASE 兼容的 FoxBase，它功能更强大，运行速度更快，并且第一次引入了编译器，逐渐取代了 dBASE 的市场主导地位。

1989 年，Fox 公司开发了 FoxBase 的后继产品——FoxPro 1.0 版，1991 年推出 2.0 版。FoxPro 2.0 是一个 32 位的软件产品，它除了支持先前版本的全部功能外，还增加了 100 多条命令与函数，在性能方面有了极大的提高，从而使 FoxPro 程序设计语言逐步成为 xBASE 语言的标准。

1992 年，微软公司收购了 Fox 公司，把 FoxPro 纳入了自己的产品体系中。它利用自身的技术优势和巨大的资源，在不长的时间里开发出 FoxPro 2.5、FoxPro 2.6 等大约 20 个软件及相关产品，全面支持 DOS、Windows、Mac 和 UNIX 四个操作系统平台。

1995 年，微软公司发布了 FoxPro 的新版本 Visual FoxPro 3.0，这是一次巨大的变革，它首次将面向对象思想应用到 FoxPro 数据库中并提供可视化的编程界面，随后又很快推出了 Visual FoxPro 5.0。

1998 年，微软公司推出了可视化编程语言集成包 Visual Studio 6.0，Visual FoxPro 6.0 是其中的一个产品。

2000 年，微软公司推出了 Visual Studio .NET，其中包含了 Visual FoxPro 7.0，后来为了调整 Visual Studio .NET 的市场战略，又将 Visual FoxPro 7.0 独立出来。

随后，微软公司又接连推出了 Visual FoxPro 8.0 和 Visual FoxPro 9.0。

Visual FoxPro 9.0 是微软公司推出的 Visual FoxPro 系列产品中的最新版本，它是一个可以运行于多个操作系统平台的 32 位数据库管理系统。

2．Visual FoxPro 的特点

Visual FoxPro 是一个真正与 Windows 系统兼容的 32 位数据库开发系统，其主要特点如下：

（1）加强了数据完整性验证机制，引进和完善了关系数据库的 3 类完整性：实体完整性、参照完整性和用户自定义完整性。

（2）采用面向对象和可视化编程技术，用户可以重复使用各种类，直观而方便地创建

和维护应用程序。

（3）提供了大量辅助性设计工具，如设计器、向导、生成器、控件工具、项目管理器等，用户无须编写大量的程序代码，就可以方便地创建和管理应用程序中的各种资源。

（4）采用快速查询技术，能够迅速地从数据库中查找满足条件的记录，查询的响应时间短、效率高。

（5）支持客户机/服务器结构，并提供所需的各种特性，如多功能的数据词典、本地和远程视图、事务处理及对任何 ODBC（开放数据库互连）数据资源的访问。

（6）与其他软件高度兼容，能与许多软件（如 Excel、Word 等）共享和交换数据。

3．Visual FoxPro 的功能

Visual FoxPro 是一个可视化的数据库编程工具，它能建立数据库、表，为数据库表建立关系；使用项目管理器集中管理与维护各种文档和程序；运用向导、设计器、生成器等实现可视化编程；运用交互式与自动化工作方式，满足不同用户的需求；支持多媒体、网络编程；高效、快捷地开发应用软件。

1.4.2 Visual FoxPro 的安装、启动和退出

1．安装 Visual FoxPro

安装 Visual FoxPro 的主要步骤如下：

（1）双击打开安装程序，启动安装向导。

（2）在“最终用户许可协议”窗口，选择“接受协议”。

（3）输入产品的 ID 号（如 111-1111111）。

（4）选择安装路径（一般选择默认路径）。

（5）选择安装方式：通常有典型安装、完全安装和自定义安装三种方式。典型安装是默认的安装方式，只安装常用组件；完全安装则安装全部组件；自定义安装由用户自行选择安装哪些组件。

（6）系统自动安装。

（7）安装完成。

2．启动 Visual FoxPro

启动 Visual FoxPro 的方式主要有以下几种：

（1）“开始”菜单启动：执行“开始→程序→Microsoft Visual FoxPro”命令，启动 Visual FoxPro。

（2）桌面快捷方式启动：若桌面上有 Visual FoxPro 的快捷方式图标，直接双击启动。

（3）“我的电脑”或资源管理器启动：在“我的电脑”或资源管理器窗口中，按照安装路径找到 Visual FoxPro 程序的 EXE 文件，双击打开。此外，双击打开任意一个与 Visual FoxPro 相关联的文件（如数据表文件），Visual FoxPro 也将自动启动。

3．退出 Visual FoxPro

退出 Visual FoxPro 一般有以下几种方法：

（1）执行“文件→退出”菜单命令。

（2）单击主窗口右上角的“关闭”按钮。

（3）按【Alt+F4】组合键。

（4）在“命令”窗口中输入“quit”命令后按【Enter】键。

1.4.3 Visual FoxPro 的开发环境

1．窗口

在 Visual FoxPro 中，窗口是用户与系统进行交互的重要工具，是一个显示信息的可视区域。用户可以像操作其他 Windows 应用程序窗口一样，调整窗口大小、移动窗口或者同时打开多个窗口。

Visual FoxPro 中常用的窗口有主窗口和命令窗口。

（1）主窗口

Visual FoxPro 的主窗口如图 1–8 所示，其中的大块空白区域是系统的工作区，各种工作窗口都将在这里展开。

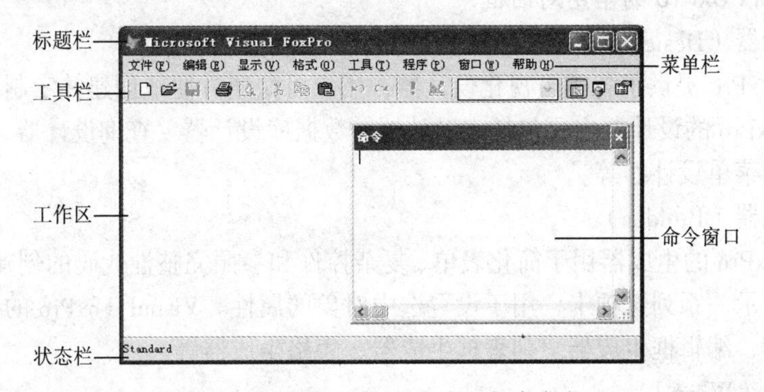

图 1–8　Visual FoxPro 的主窗口与命令窗口

（2）命令窗口

如图 1–8 所示，命令窗口嵌在主窗口中，它是 Visual FoxPro 系统编辑和执行命令的窗口，可以进行命令的编辑、插入、删除、复制、剪切、粘贴、格式设置及命令的执行等操作。

与其他窗口不同的是，命令窗口在系统启动后会自动出现在屏幕上，也可以通过执行“窗口→隐藏”菜单命令将其隐藏，通过执行“窗口→命令窗口”菜单命令使其出现。

2．菜单

Visual FoxPro 的菜单系统以交互方式操作各种命令。与 Windows 下其他应用程序一样，Visual FoxPro 的菜单主要有菜单栏菜单和快捷菜单。

（1）菜单栏菜单

启动系统后，主窗口的菜单栏中一般包含 8 个菜单项：文件、编辑、显示、格式、工具、程序、窗口和帮助，如图 1–8 所示。

（2）快捷菜单

右击某区域时会弹出快捷菜单，其菜单项是与该区域相关的最为常用的几个命令。

3．工具栏

Visual FoxPro 系统将常用的功能以命令按钮的形式显示在工具栏中，以方便用户使用，如图 1–8 所示。

默认情况下，“常用”工具栏会随系统启动时一起打开，其他工具栏随着某一种类型的文件打开后会自动打开。例如，打开一个数据库文件时，"数据库设计器"工具栏就会自动显示；关闭数据库文件后，该工具栏也随之关闭。

在 Visual FoxPro 中，执行"显示→工具栏"菜单命令，打开"工具栏"对话框，可以选择显示某个工具栏，如图 1-9 所示。

图 1-9 "工具栏"对话框

4．状态栏

状态栏同步显示系统的当前状态，它位于主窗口的底部，如图 1-8 所示。执行"工具→选项"菜单命令，打开"选项"对话框，显示或隐藏状态栏。

5．Visual FoxPro 的常用对话框

（1）设计器（Designer）

Visual FoxPro 提供了各类可视化设计器，用户可快速方便地创建并定制应用程序的组件。Visual FoxPro 的设计器主要包括表设计器、数据库设计器、查询设计器、视图设计器、表单设计器和菜单设计器等。

（2）生成器（Builder）

Visual FoxPro 的生成器用于简化表单、复杂控件和参照完整性代码的创建和修改过程。每个生成器显示一系列选项卡，用于设置选中对象的属性。Visual FoxPro 的生成器主要有表达式生成器、编辑框生成器、列表框生成器、表格生成器等。

（3）向导（Wizard）

向导是交互式程序，能够帮助用户快速完成一般任务，如创建表单、创建报表、创建查询等。用户在向导的提示下，一步一步做出选择，最后自动建立一个文件或者完成一项任务。Visual FoxPro 中带有 20 多个向导，常用的有表向导、表单向导、应用程序向导等。

（4）窗口（Windows）

Visual FoxPro 提供了众多窗口，如命令（Command）窗口、项目管理器（Project）窗口、浏览（Browse）窗口、代码（Code）窗口、调试（Debug）窗口、跟踪（Trace）窗口、编辑（Edit）窗口、属性（Properties）窗口等。

6．系统设置

启动 Visual FoxPro 后，系统自动用一些默认值来设置环境，用户也可以根据需要定制自己的系统环境，如设置主窗口的标题、默认目录、项目、编辑器、调试器及表单工具选项、临时文件存储、拖放字段对应的控件和其他选项等内容。

Visual FoxPro 的系统设置有两种方法：

（1）使用"选项"对话框设置

执行"工具→选项"菜单命令，打开"选项"对话框，如图 1-10 所示。"选项"对话框中有多个选项卡，每个选项卡可以设置同一类的多个系统环境选项。

默认目录是 Visual FoxPro 中常用的系统设置操作，它将用户文件保存在默认的同一目录下，方便管理文件。在"选项"对话框中设置默认目录的步骤如下：

① 在"文件位置"选项卡中，选择"默认目录"选项，单击"修改"按钮，打开"更改文件位置"对话框，如图 1-11 所示。

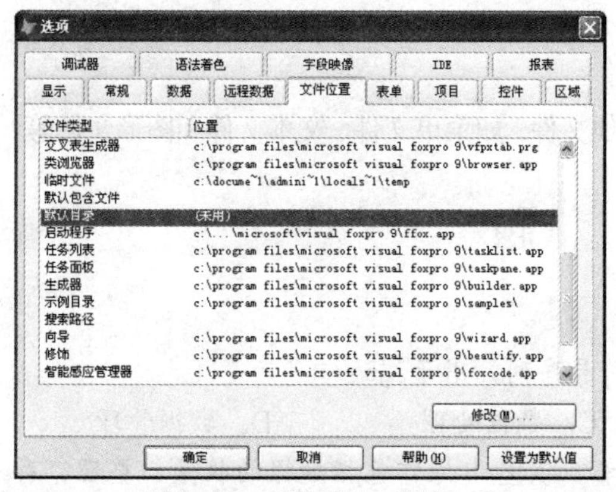

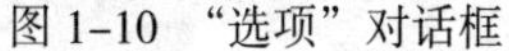
图 1-10 “选项”对话框

图 1-11 “更改文件位置”对话框

② 在“更改文件位置”对话框中选中“使用默认目录”复选框，在“定位默认目录”文本框中输入指定目录，或者单击“浏览”按钮选择指定目录，单击“确定”按钮。

③ 返回“选项”对话框，单击“设置为默认值”按钮后就完成了默认目录的设置。

（2）使用 SET 命令设置

“选项”对话框中的大部分选项也可以通过 SET 命令来设置，例如：

① 使用 SET 命令设置默认目录：SET DEFAULT TO e:\vfp。

② 设置系统日期显示格式为年月日的顺序：SET DATE TO ymd。

③ 设置系统时间为 12 时制：SET HOURS TO 12。

7. 项目和项目管理器

项目是文件、数据、文档及对象的集合，它以项目文件的形式保存在系统中。

项目管理器是管理项目中所有成员的工具，它通过项目文件组织管理项目中的所有文件、数据、文档和对象，是 Visual FoxPro 中处理数据和对象的主要组织工具，是整个 Visual FoxPro 开发工具的控制中心。

（1）项目管理器的主要功能

项目管理器的主要功能包括：创建、修改、删除文件，对表等文件进行浏览，向项目中添加文件，从项目中移去文件，将项目中的各类文件及对象统一连编成一个应用程序文件或可执行文件。

（2）项目管理器窗口

执行“文件→新建”菜单命令新建一个项目后，将打开项目管理器，如图 1-12 所示。

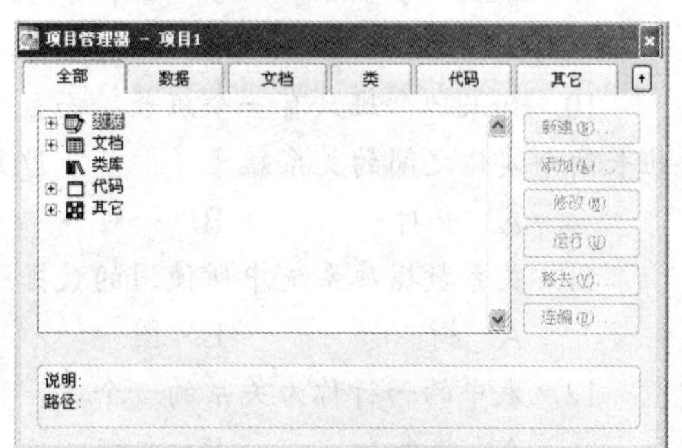

图 1-12 项目管理器

项目管理器窗口中有 6 个选项卡：

①“全部”选项卡：包含其他 5 个选项卡的全部内容，集中显示项目中的所有文件。

②“数据”选项卡：显示项目中的所有数据，如数据库、自由表、查询、视图。

③“文档”选项卡：包含数据处理时所用的全部文档。

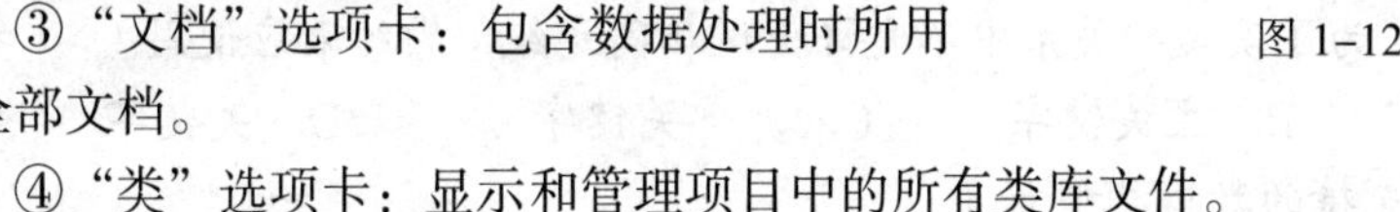

④“类”选项卡：显示和管理项目中的所有类库文件。

⑤“代码”选项卡：显示项目中使用的所有程序代码文件，包括程序文件、函数和生成的应用程序。

⑥“其他”选项卡：显示项目中所用到的其他文件，如菜单文件、文本文件和图形文件等。

习　　题

一、单项选择题

1. 存储在某种媒体上能够被识别的物理符号序列，用于描述信息的是（　　）。

A. 数据　　B. 信息　　C. 数据处理　　D. 数据管理

2. （　　）是指将数据转换成信息的过程，其基本操作包括数据的收集、整理、存储、加工、分类、维护、排序、检索和传输等。

A. 数据　　B. 信息　　C. 数据处理　　D. 数据管理

3. 长期存储在计算机内、有组织的、统一管理的相关数据的集合称为（　　）。

A. 数据库　　B. 数据库系统　　C. 数据库管理系统　　D. 数据库应用系统

4. （　　）是指带有数据库并利用数据库技术进行数据管理的计算机系统。

A. 数据库　　B. 数据库管理系统

C. 数据库系统　　D. 数据库应用系统

5. 数据库（DB）、数据库系统（DBS）、数据库管理系统（DBMS）之间的关系是（　　）。

A. DB 包含 DBS 和 DBMS　　B. DBMS 包含 DB 和 DBS

C. DBS 包含 DB 和 DBMS　　D. 没有任何关系

6. 数据库系统中对数据库进行管理的核心软件是（　　）。

A. DBMS　　B. DB　　C. DBS　　D. OS

7. DBMS 是（　　）。

A. 操作系统的一部分　　B. 操作系统支持下的系统软件

C. 一种编译程序　　D. 一种操作系统

8. 客观存在并且可以相互区别的事物称为（　　）。

A. 实体　　B. 属性　　C. 实体型　　D. 实体集

9. “商品”与“顾客”两个实体之间的联系一般是（　　）。

A. 一对一　　B. 一对多　　C. 多对一　　D. 多对多

10. 如果一个班只有一个班长，而且一个班长不能同时担任其他班的班长，则班级和班长两个实体之间的关系属于（　　）联系。

A. 一对一　　B. 一对多　　C. 多对一　　D. 多对多

11. 关系数据库系统中所使用的数据结构是（　　）。

A. 树　　B. 图　　C. 线性表　　D. 二维表

12. 表中的一行称为关系的一个（　　）。

A. 关系　　B. 元组　　C. 属性　　D. 域

13. 在关系模型中，为了实现“关系中不允许出现相同元组”的约束应使用（　　）。

A. 候选关键字　　B. 主关键字　　C. 外部关键字　　D. 关键字

14. Visual FoxPro 支持的数据模型是（　　）。

A. 层次数据模型　　　　　　　　　B. 关系数据模型
C. 网状数据模型　　　　　　　　　D. 树状数据模型

15. Visual FoxPro 是一种关系型数据库管理系统，这里的关系通常是指（　　）。
A. 数据库文件　　　　　　　　　　B. 一个数据库中的两个表有一定的关系
C. 表文件　　　　　　　　　　　　D. 一个表文件中的两条记录有一定关系

16. 在 Visual FoxPro 中，（　　）嵌入在主窗口中，用于编辑和执行命令。
A. 选项　　　B. 命令窗口　　　C. 状态栏　　　D. 项目管理器

二、填空题

1. ________是客观世界事物的存在方式与运动状态的综合，用于反映客观世界的状态。

2. ________是对数据的分类、组织、编码、存储、查询和维护等操作，是数据处理的中心环节。

3. 数据管理的发展经历了________、________和________三个阶段。

4. ________是用于建立、使用、管理和维护数据库的系统软件，是数据库系统的核心组成部分。

5. 用实体名及其属性名来抽象描述同一类实体，称为________。

6. 实体之间的联系包括________、________和________三种类型。

7. 在奥运会游泳比赛中，一个游泳运动员可以参加多项比赛，一个游泳比赛项目可以有多个运动员参加，游泳运动员与游泳比赛项目两个实体之间的联系是________联系。

8. 常用的数据模型有________、________和________三种。

9. 用二维表的形式表示实体及实体间联系的数据模型称为________。

10. 在关系数据库中，把数据表示成二维表，每个二维表称为________，表中的每行称为________，表中的每列称为________，每列数据的取值范围称为________。

11. 在一个关系中，能唯一标识元组的一个或一组属性称为________，从多个候选关键字中选出的能够唯一标识元组的关键字称为________。

12. 关系模型中有三类完整性约束：________、________和________。

13. 将 Visual FoxPro 系统默认目录设置为 E 盘的命令为________。

三、简答题

1. 简述文件系统阶段的数据管理的特点。

2. 简述数据库系统阶段的数据管理的特点。

3. 简述数据库的定义及其特点。

4. 简述数据库管理系统的定义及其主要功能。

5. 简述数据库系统的主要组成。

6. 简述在数据库系统中主要包括哪几类用户，各自的功能。

7. 请绘制以下两个关系的 E-R 图。

课程（课程号，课程名，学时，学分）
教师（教师号，教师姓名，性别，年龄）

8. 简述 E-R 图的组成部分与表示方法。

9. 简要举例说明什么是参照完整性。

第 2 章 Visual FoxPro 语言基础

本章资源

本章介绍 Visual FoxPro 语言基础，包括命令的结构与规则、数据类型、常量与变量、运算符与表达式、函数，这些内容在后续各章的学习中将经常使用。

2.1 Visual FoxPro 命令及其规则

1. 命令窗口的使用

图 2-1 Visual FoxPro 的命令窗口

命令窗口是 Visual FoxPro 系统编辑和执行命令的窗口，如图 2-1 所示，它是用户与 Visual FoxPro 进行交互的主要界面。

命令窗口的基本使用方法为：输入一条命令，按【Enter】键执行该条命令。若该命令被正确执行，如有运行结果则显示在主窗口中；若命令错误，系统会弹出出错提示对话框，用户修改后继续执行。

在命令窗口中执行命令的主要方式有以下 3 种：

（1）执行一条新命令：输入一行命令后，按【Enter】键。

（2）重复执行一条命令：光标定位在该命令所在行的任意位置，按【Enter】键。

（3）重复执行多条命令：选中多条命令后，按【Enter】键。

2. 命令的结构

命令通常由两部分组成：第一部分为命令动词，指明该命令的功能；第二部分为若干短语，用来指明命令的操作对象、操作结果与操作条件。命令的基本格式如下：

```
命令动词 [<范围>] [FIELDS <表达式表>] [FOR <条件>|WHILE <条件>] [其他]
```

说明：

（1）命令中的[ ]、|、…、< >等符号是对命令的标注和说明，不是命令本身的部分，使用时不输入。

（2）“[ ]” 表示可选项，根据具体情况决定是否选用。

（3）“ | ”表示两边的部分只能选用其中的一个。

（4）“...”表示可以有任意多个类似参数，各参数间用逗号隔开。

（5）“<>”表示其中内容必须以实际名称或参数代入。

（6）命令中其他短语，将在后续章节中详细介绍。

例如命令：

```
LIST FIELDS 姓名,入学成绩 FOR 性别="男"
```

其功能为：显示男生的姓名和入学成绩。其中 LIST 为动词，表示该命令为显示命令；FIELDS 后的“姓名,入学成绩”为显示的对象；FOR 后的“性别="男"”为显示的条件。

3. 命令书写规则

Visual FoxPro 命令的书写规则主要有：

（1）每个命令必须以一个命令动词开头，而后面的各个子句次序可以任意。

（2）命令行中每个词之间应以一个或多个空格隔开，但若两个词之间有双引号、单引号、括号、逗号等分界符，则空格可以省略。

（3）一行只能写一条命令。如果命令太长，可以在行末使用续行符“;”，然后在下一行继续书写。最后一行末尾不使用续行符。一个命令行的最大长度是 254 个字符。

（4）命令行的书写用英文字母的大写、小写或大小写混合均可，标点符号必须为英文格式。

（5）命令动词和子句中的短语可以用其前 4 个及前 4 个以上字母缩写的形式。例如，命令 DISPLAY STRUCTURE 可简写为 DISP STRU。

（6）不可以用从 A～J 之间的单个字母作数据表文件名，它们已被保留用作数据工作区名称；也不可以用操作系统规定的设备名作文件名。

（7）尽量不要用命令动词、短语等 Visual FoxPro 的保留字作为文件名、字段名、变量名等，以免发生混淆。

4. 命令书写的常见错误

命令书写时常见的错误主要有：

（1）命令动词或短语错误。

（2）命令格式错误。

（3）标点符号错误（必须用英文标点符号）。

（4）缺少必需的空格或添加了不该有的空格。

（5）不同数据类型的数据书写格式错误或数据类型不一致。

（6）文件路径或文件名写错，打不开文件。

5. ?和??命令的用法和区别

?和??是 Visual FoxPro 的基本输出命令，用来输出表达式的值，结果显示在主窗口的工作区中。

两者的区别是：?为换行输出；??为同行输出，即在当前光标处输出。

图 2-2　?和??命令举例

【例 2.1】?和??命令举例。

在命令窗口中输入并执行以下命令，如图 2-2 所示。

```
?"Visual "
??"FoxPro"
?"Visual "
?"FoxPro"
```

命令的运行结果如下：

```
Visual FoxPro
Visual
FoxPro
```

6. 关于命令注释引导符&&的说明

注释是对命令的解释说明，写在命令行中，但不被执行。&&是 Visual FoxPro 中常用的命令注释引导符，其引导的注释为行尾注释，写在命令行的尾部。

【例 2.2】命令注释&&举例。

在命令窗口内输入并执行以下命令，如图 2-3 所示。

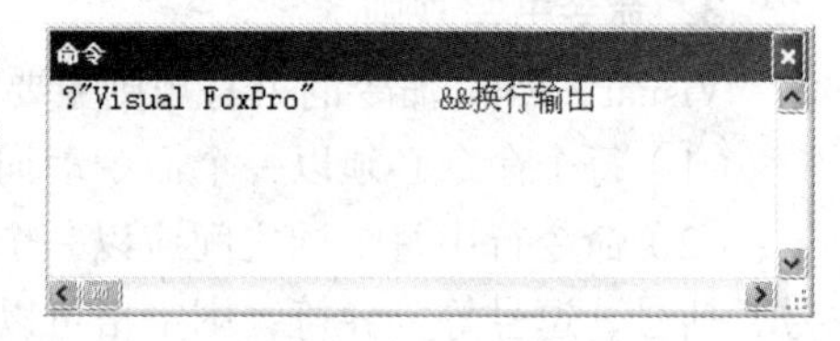

图 2-3　注释&&

```
?"Visual FoxPro"          &&换行输出
```

命令的运行结果如下：

```
Visual FoxPro
```

说明："换行输出"为命令"?"的注释，不被执行。

7. CLEAR 命令的使用

命令窗口中命令执行的结果显示在主窗口中，执行较多命令后，主窗口中的显示内容也较多，此时可以使用 CLEAR 命令，清除主窗口中的当前显示内容。命令格式为：

```
CLEAR
```

功能：清除主窗口中的显示内容。

2.2　数据类型及其常量

数据有型和值两个属性。型是数据的分类，即数据类型，它决定了数据的存储方式和运算方式；值是数据的具体表示。在操作过程中值保持不变的量称为常量，常量是直观的数据。

Visual FoxPro 的数据类型有以下几种：

1. 字符型（C）

字符型（Character）是不能进行算术运算的文字数据，用字母 C 表示。

字符型数据包括一切可打印的字符，如中文字符、英文字符、数字字符和其他 ASCII 字符等。

字符型数据的长度（即字符个数）范围为 0～254，每个西文字符占 1 个字节，每个中文字符占 2 个字节。

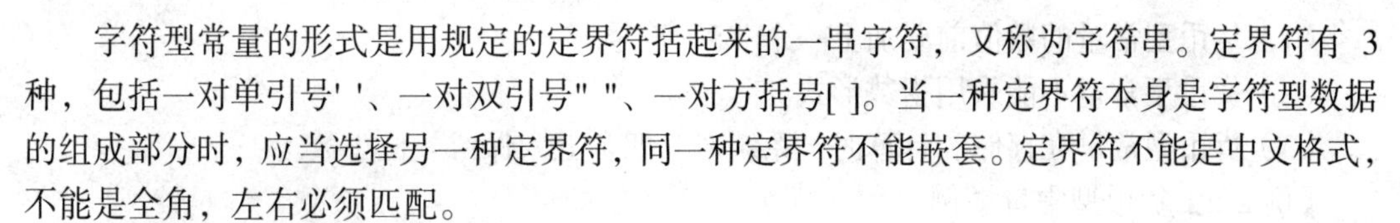

字符型常量的形式是用规定的定界符括起来的一串字符，又称为字符串。定界符有 3 种，包括一对单引号' '、一对双引号" "、一对方括号[ ]。当一种定界符本身是字符型数据的组成部分时，应当选择另一种定界符，同一种定界符不能嵌套。定界符不能是中文格式，不能是全角，左右必须匹配。

【例 2.3】字符型常量举例。

以下各项是正确的字符型常量：

```
"数据库"                 [计算机]          '2+3'         [系统"命令窗口"]
"Visual FoxPro"         "I'm a student."
```

以下各项是错误的字符型常量：

```
 “数据库”              （错误，定界符不能是中文格式）
＂数据库＂              （错误，定界符不能是全角）
【计算机】              （错误，定界符不能是中文格式）
2+3                    （错误，首尾无定界符）
系统"命令窗口"          （错误，首部无定界符）
"系统"命令窗口""        （错误，同一种定界符不能嵌套）
"Visual FoxPro'        （错误，首尾定界符不匹配）
"I'm a student.        （错误，尾部无定界符）
```

2. 数值型（N）

数值型（Numeric）是表示数量并可以进行算术运算的数据类型，用字母 N 表示。

数值型数据在内存中占 8 个字节，数据长度为 1～20 位，位数中包括整数、小数、小数点、正负号。

数值型常量没有定界符，可以是整数或小数，不能直接表示分数。数值型常量有两种表示方法：小数形式和指数形式。

（1）小数形式：直接用整数或小数表示，如 123、3.14、–5.78 等。

（2）指数形式：对应于科学记数法。用字母 E（或 e）表示以 10 为底的指数，E 左边为数字部分，称为尾数，可以是整数或小数，可正可负；E 右边为指数部分，称为阶码，必须是整数，可正可负。例如，1.234E2 表示 1.234×10^2。

【例 2.4】数值型常量举例。

以下各项是正确的数值型常量：

```
97    3.1415926    -8    1E-5（表示1×10^-5）    -45.6e2（表示-45.6×10^2）
```

以下各项是错误的数值型常量：

```
1/5           （错误，不能直接表示分数）
π             （错误，数学符号不能表示数值常量）
e             （错误，数学符号不能表示数值常量）
∞             （错误，数学符号不能表示数值常量）
```

3. 货币型（Y）

货币型（Currency）是为存储货币值而使用的一种数据类型，用字母 Y 表示，在内存中占 8 个字节。

货币型常量的书写格式与数值型常量类似，但有如下区别：

（1）货币型常量的数值前要加上一个“$”符号。

（2）货币型常量不能采用指数形式。

（3）货币型常量在存储和计算时，系统对其四舍五入保留 4 位小数。

【例 2.5】货币型常量举例。

以下各项是正确的货币型常量：

```
$123456        $4567890.123        $-7890.123456
```

以下各项是错误的货币型常量：

```
123456               (错误，数值前无$)
$4567890.12E3        (错误，不能用指数形式)
```

4．日期型（D）

日期型（Date）是用来表示日期的数据类型，用字母 D 表示，长度固定为 8 个字节，日期型常量的输入和输出具有不同格式。

日期型常量的输入格式，系统默认情况下为严格的日期格式：{^yyyy/mm/dd}，其中 yyyy 表示 4 位数的年，mm 表示 1 位或 2 位数的月，dd 表示 1 位或 2 位数的日，年月日之间的分隔符可以是“ / ”“ – ”“ . ”或空格。例如，{^2015/09/01}、{^2015-09-01}、{^2015.9.1}、{^2015 9 1}，都表示 2015 年 9 月 1 日。

日期型常量的其他输入格式，如{^15/09/01}、{09/01/2015}、{09/01/15}等，都是非严格的输入格式，默认情况下经常会出错。系统之所以要对日期格式进行严格检查，是因为不严格的日期格式会造成混淆，如{09/01/15}可以理解为 2015 年 9 月 1 日，也可以理解为 2015 年 1 月 9 日，还可以理解为 2009 年 1 月 15 日。

日期型常量的输出格式有多种，默认显示格式为 mm/dd/yy，其中 mm 表示 2 位数的月，dd 表示 2 位数的日，yy 表示两位数的年。例如：命令“?{^2015/09/01}”的系统默认显示结果为 09/01/15。

【例 2.6】日期型常量举例。

在系统默认设置下，在命令窗口输入并执行以下命令：

```
?{^2015/09/01}
?{^2015-09-01}
?{^2015.9.1}
?{^2015 9 1}
```

命令的运行结果如下：

```
09/01/15
09/01/15
09/01/15
09/01/15
```

在系统默认设置下，在命令窗口输入并执行以下命令：

```
?{^15/09/01}
?{09/01/2015}
?{09/01/15}
```

每条命令都会弹出图 2-4 所示的错误提示，没有显示结果。

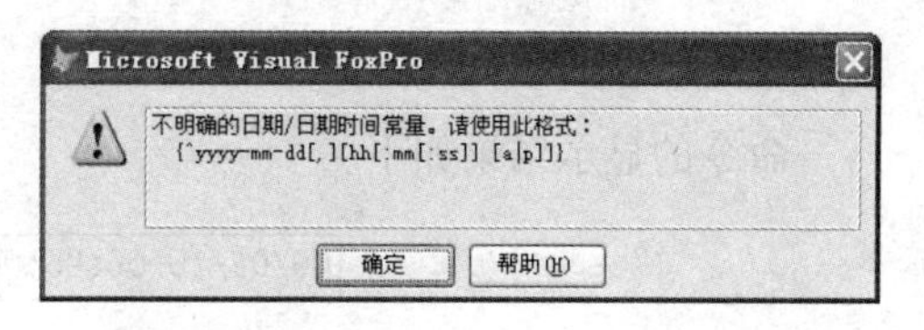

图 2-4 输入日期/日期时间型常量出错提示

可以通过命令设置系统是否对日期型数据进行严格检查。下面介绍几个日期型数据格式设置方面的命令。

（1）设置是否对输入日期的格式进行严格检查（★）

命令格式：

```
SET  STRICTDATE  TO  [0|1|2]
```

功能：设置系统是否对输入日期的格式进行严格检查。

说明：0 表示不进行严格检查；1 表示进行严格检查，是系统默认设置，但是不严格的日期型数据对 CTOD()函数（字符串转换为日期）和 CTOT()函数（字符串转换为时间）有效；2 表示进行更严格检查，不严格的日期数据对 CTOD()和 CTOT()函数无效。

（2）设置是否显示日期中的世纪值（★）

命令格式：

```
SET  CENTURY  ON|OFF
```

功能：设置系统是否显示日期中的世纪值。

说明：ON 表示显示世纪值，即日期年份为 4 位，如 2015 年显示 2015；OFF 表示不显示世纪值，即只显示年份的后 2 位，如 2015 年只显示 15。OFF 为系统默认值。

（3）设置日期的显示格式（★）

命令格式：

```
SET  DATE  [TO]  AMERICAN|MDY|DMY|YMD
```

功能：设置日期的显示格式。

说明：

① AMERICAN 为系统默认，其格式为 MM/DD/YY，即月/日/年；MDY 与 AMERICAN 格式相同；DMY 格式为 DD/MM/YY，即日/月/年；YMD 格式为 YY/MM/DD，即年/月/日。

② 格式参数中，除 AMERICAN 外，还有 BRITISH、GERMAN、ITALIAN 等，在此不做赘述。

5. 日期时间型（T）

日期时间型（Date Time）是表示日期和时间的数据，用字母 T 表示，长度固定为 8 个字节。

日期时间型常量的格式与日期型常量的格式非常相似，只是在其后面加入了时间。

日期时间型常量的严格输入格式为{^yyyy/mm/dd [,] hh:mm[:ss] [a|p]}，默认输出格式为{mm/dd/yy hh:mm:ss am|pm}，其中 hh:mm:ss 代表时:分:秒，a|p 或 am|pm 表示上午|下午。

日期时间型数据中日期的格式要求与日期型数据相同，日期型格式设置命令也适用于日期时间型。

【例 2.7】日期时间型常量举例。

在系统默认设置下，在命令窗口输入并执行以下命令：

```
?{^2015/09/01 18:05}
```

命令的显示结果如下：

```
09/01/15 06:05:00 PM
```

6．逻辑型（L）

逻辑型（Logic）是描述逻辑判断的结果为真还是假的数据类型，用字母 L 表示，长度为 1 个字节。

逻辑型常量只有“真”和“假”两种值，Visual FoxPro 规定逻辑型常量的定界符为一对圆点（..），逻辑“真”可用.T.、.t.、.Y.、.y.表示，逻辑“假”可用.F.、.f.、.N.、.n.表示。

逻辑型数据的系统默认输出格式为：逻辑“真”输出为.T.，逻辑“假”输出为.F.。

【例 2.8】逻辑型常量举例。

在命令窗口输入并执行以下命令：

```
?.T.,.t.,.Y.,.y.
?.F.,.f.,.N.,.n.
```

命令的运行结果如下：

```
.T. .T. .T. .T.
.F. .F. .F. .F.
```

7．备注型（M）

备注型（Memo）用来作为备注解释说明，它存放的是长度较长的字符串（超过 254 个字符）或长度不一的字符串，用字母 M 表示。备注型只能作为数据表中的字段使用。

在数据表中，备注型字段的长度固定为 4 个字节，它存储的不是备注型的实际数据，而是存储实际数据存储的备注文件（.fpt）的引用。

备注文件（.fpt）是用来存放备注型实际数据的文件，它与数据表文件（.dbf）同名，随表文件的打开而打开。备注文件一旦损坏或丢失，也会导致表文件打不开。

8．通用型（G）

通用型（General）是用来存储 OLE（对象链接与嵌入）对象的数据类型，用字母 G 表示，它只能作为数据表中的字段使用。其中的 OLE 对象可以是文档、电子表格、图像、声音等。通用型字段长度固定为 4 个字节，与备注型字段类似，它存储的是对实际数据的引用，而实际数据存放在与表文件同名的备注文件中。

9．整型（Integer）/ 浮点型（Float）/ 双精度型（Double）

在 Visual FoxPro 中，具有数值特征的数据类型还有整型（Integer）、浮点型（Float）、双精度型（Double），这 3 种数据类型只能用在字段变量中。

整型（Integer）表示整数，用字母 I 表示，长度为 4 个字节，取值范围为–2 147 483 648～2 147 483 647。整型数据和其他的数值型数据不同，它是以二进制形式存储的，而其他数值型数据是以 ASCII 码存储的。

浮点型和双精度型数据能存储带小数部分的数值。

浮点型（Float）数据的功能与数值型数据等价，用字母 F 表示，长度为 8 个字节，取值范围为$-0.999\,999\,999\,9\times10^{19}$～$0.999\,999\,999\,9\times10^{20}$。

双精度型（Double）用于存储比数值型数据数值更大、精度更高的数据，用字母 B 表示（为了与日期型 D 区别），长度为 8 个字节，取值范围为：负数 $-1.797\,693\,134\,862\,32 \times 10^{308}$ ～ $-4.940\,656\,458\,412\,47 \times 10^{-324}$，正数 $4.940\,656\,458\,412\,47 \times 10^{-324}$ ～ $1.797\,693\,134\,862\,32 \times 10^{308}$。

10．二进制字符型和二进制备注型

这两种数据类型都是以二进制格式存储的，用于存储任意不经过代码页修改而维护的字符型数据和备注型数据，它们只能用于数据表中的字段。

2.3 变　　量

2.3.1 变量的概念、分类与命名规则

1．变量

值可以改变的量称为变量。变量是内存中存储数据的一块区域，程序可以通过变量名读/写数据。如果将一个常量赋值给一个变量，这个常量就被存放在该变量的存储区域中。

2．变量的分类

Visual FoxPro 中有 4 种变量，包括内存变量、字段变量、系统变量和对象变量。

（1）内存变量

内存变量通常简称为变量，它是由用户定义的使用变量名标识的一段内存存储单元。

Visual FoxPro 的内存变量不需要事先声明其类型，直接将数据赋值给一个变量，变量的数据类型由其当前存储数据的类型决定。在退出 Visual FoxPro 系统后，内存变量会随之消失。

【例 2.9】变量的读/写举例。

在命令窗口输入并执行以下命令：

```
P=123
S="Hello"
?P
?S
```

命令的运行结果如下：

```
        123
Hello
```

说明：变量 P 中存储数字 123，变量 S 中存储字符串 "Hello"，如图 2-5 所示。

P	123	S	"Hello"

图 2-5　变量示意

（2）字段变量

字段变量通常简称为字段，它是用户在定义数据表结构时定义的字段。字段变量的数据类型在该字段定义时确定，变量值为该字段在当前行上的值。与内存变量不同，字段变量是定义在表中的变量，是永久性的，不会因为退出 Visual FoxPro 系统而消失。

（3）系统变量

系统变量是 Visual FoxPro 系统自动生成和维护的变量，它主要用于控制外围设备、屏幕输出格式，以及处理有关计算器、剪贴板、日历等方面的信息。为了与一般变量相区别，系统变量都是以下画线“_”开头。

【例 2.10】系统变量举例。

在命令窗口输入并执行以下命令：

```
? _ClipText          &&显示事先复制到剪贴板中的内容
? _DIARYDATE         &&指定日历/日记(Calendar/Diary)中的当前日期
```

命令的运行结果如下：

```
复制到剪贴板中的内容
10/26/15
```

（4）对象变量

Visual FoxPro 是面向对象的高级语言，它提供了一种称为对象的变量，如按钮、表单等。对象变量通常简称为对象，它是一种组合变量。

以上 4 种变量，本章只详细介绍内存变量，包括一般内存变量和数组，其他变量将在后续章节详细介绍，系统变量在本书中不再详细叙述。

3．变量的命名规则

变量的命名需要遵守以下规则：

（1）只能由字母、汉字、下画线“_”和数字组成。

（2）第 1 个字符不能是数字。

（3）字母不区分大小写。

（4）除了自由表的字段名、表的索引标识名最多只能有 10 个字符以外，其他变量名的长度可以为 1～128 个字符，为了书写方便，一般建议不超过 10 个字符。

关于变量的命名，有以下几点需要说明：

（1）可以使用系统关键字，如 fields、for、while 等，但尽量避免使用，以免混淆。

（2）可以用下画线“_”开头，但尽量避免，以免和系统变量混淆。

（3）内存变量名和字段变量名应尽量不相同。如果内存变量名和字段变量名相同，Visual FoxPro 规定字段变量优先于内存变量，此时若要使用内存变量，需要在内存变量名前加上符号“M.”或“M－>”。例如“M.姓名”和“M－>姓名”都表示内存变量“姓名”。

【例 2.11】变量名举例。

以下各项是正确的变量名：

```
Name          姓名       出生日期       No_1          stu_a
for（关键字不建议使用）             _score（下画线开头不建议使用）
```

以下各项是错误的变量名：

```
8Name         （第 1 个字符不能是数字）
"姓名"        （"为非法字符）
V  F          （空格为非法字符）
No-1          （-为非法字符）
No#1          （#为非法字符）
```

2.3.2 内存变量的基本操作

内存变量的基本操作包括赋值、显示、保存、恢复、删除等。

1．内存变量的赋值

Visual FoxPro 中，内存变量必须先赋值才能使用。Visual FoxPro 有两条赋值命令。

（1）命令格式一

```
<内存变量>=<表达式>
```

功能：将表达式的值赋给一个内存变量。

说明：

①“=”是赋值符号，其功能是将其右边表达式的值赋给左边的内存变量。此处的“=”不是等号，不用来判断两边的值是否相等。

② 此命令一次只能给一个内存变量赋值。

【例 2.12】赋值命令（=）举例。

```
a1=5                                    &&建立变量 a1 并赋值数值 5
a2="Hello"                              &&建立变量 a2 并赋值字符串 "Hello"
a3=.T.                                  &&建立变量 a3 并赋值逻辑值 .T.
```

（2）命令格式二

```
STORE <表达式> TO <内存变量表>
```

功能：将表达式的值赋给一个或多个内存变量。

说明：命令常用于同时给多个内存变量赋同一个值，各个变量名间用逗号分隔。

【例 2.13】赋值命令（STORE）举例。

```
STORE  "Hello"  TO  a1                  &&建立变量 a1 并赋值字符串"Hello"
STORE  5  TO  a2, a3, a4                &&同时建立变量 a2、a3、a4 并均赋值数值 5
```

以下命令是错误的，STORE 命令不能同时给不同的变量赋不同的值：

```
STORE 5 TO a2, 7 TO a3, 9 TO a4  &&错误，STORE 不能给不同变量赋不同的值
```

2．内存变量的显示

（1）变量值的输出

命令格式：?|?? <内存变量>

命令功能：仅输出变量的当前值。

说明：? 为换行输出， ??为同行输出。

【例 2.14】?|??输出变量值举例。

在命令窗口中，输入并执行以下命令：

```
STORE  "Hello"  TO  a1                  &&建立变量 a1 并赋值字符串"Hello"
STORE  5  TO  a2, a3, a4                &&同时建立变量 a2、a3、a4 并均赋值数值 5
?a1
??a2
?a3,  a4
```

命令的执行结果如下：

```
Hello         5
        5         5
```

（2）变量相关信息的显示

命令格式：

```
LIST | DISPLAY   MEMORY [LIKE <通配符>] [TO PRINTER] [TO FILE <文件名>]
```

功能：命令可以显示内存变量的当前信息，包括变量名、作用域、类型和值。

说明：

① LIST 命令连续显示内存变量。如果内存变量多，一屏显示不下，则系统自动向上连续滚动；DISPLAY 为分屏显示，如果一屏显示不下就暂停，等用户按下任意键后继续显示下一屏。

② LIKE 选项显示与通配符相匹配的变量，通配符有?和*，?表示任意一个字符，*表示任意多个字符。

③ TO PRINTER 选项将信息在打印机上打印，TO FILE 选项将信息存入指定的文本文件（.txt）中。

例如：

```
LIST MEMORY                          &&连续显示所有内存变量和系统变量
LIST MEMORY LIKE *                   &&连续显示所有内存变量的信息
DISPLAY MEMORY LIKE *                &&分屏显示所有内存变量的信息
DISPLAY MEMORY LIKE a*               &&分屏显示以 a 开头的所有内存变量的信息
LIST MEMORY LIKE a?       &&连续显示以 a 开头、变量名为 2 个字符的所有内存变量的信息
LIST MEMORY LIKE * to FILE f1        &&连续显示所有内存变量的信息，并存入文件 f1.txt 中
```

【例 2.15】显示内存变量信息命令举例。

在命令窗口输入并执行以下命令：

```
STORE  "Hello"  TO  a1               &&建立变量 a1 并赋值字符串"Hello"
STORE  5  TO  a2, a3, a4             &&同时建立变量 a2、a3、a4 并均赋值数值 5
LIST  MEMORY  LIKE  *                &&连续显示所有内存变量的信息
```

命令的执行结果如下：

```
A1        Pub       C  "Hello"
A2        Pub       N   5          (      5.00000000)
A3        Pub       N   5          (      5.00000000)
A4        Pub       N   5          (      5.00000000)
```

说明：第 1 列为变量名，第 2 列为变量的作用域，第 3 列为变量的数据类型，第 4 列为变量的当前值，其中数值型数据的值由系统自动转换为默认格式。

3. 内存变量的保存（★）

当退出 Visual FoxPro 系统后，内存变量都会消失。为了以后能够再次使用，可以将所定义的内存变量及相关信息保存到一个文件中，该文件称为内存变量文件，默认的扩展名为.mem，以后需要使用这些变量时可以从文件中调出。命令格式为：

```
SAVE  TO  <内存变量文件名>  [ALL  [LIKE|EXCEPT  <通配符>]]
```

功能：将内存中所有或部分变量以文件的形式存入磁盘。

说明：

（1）ALL：所有内存变量。

（2）LIKE　<通配符>：与通配符匹配的内存变量。

（3）EXCEPT　<通配符>：与通配符不匹配的其他内存变量。

【例 2.16】保存内存变量命令举例。

```
SAVE TO f1 ALL               &&将所有内存变量保存到文件 f1.mem 中
SAVE TO f2 ALL LIKE a*       &&将所有以 a 开头的内存变量保存到文件 f2.mem 中
SAVE TO f3 ALL EXCEPT a*     &&将所有不以 a 开头的内存变量保存到文件 f3.mem 中
```

4. 内存变量的恢复（★）

内存变量的恢复是指将保存在文件中的内存变量读出并载入内存，以供使用。命令格式为：

```
RESTORE  FROM  <内存变量文件名>  [ADDITIVE]
```

功能：将指定内存变量文件所保存的内存变量由磁盘读入内存。

说明：若命令中含有 ADDITIVE 选项，系统将不清除内存中现有的内存变量，而只是向内存追加文件中的内存变量；若命令中不含 ADDITIVE 选项，系统将清除内存中已有的内存变量。

【例 2.17】恢复内存变量命令举例。

```
RESTORE FROM f1                &&将文件 f1.mem 中的内存变量读入内存，清除现有的内存
RESTORE FROM f2 ADDITIVE       &&将文件 f2.mem 中的内存变量追加到内存，不清除现有内存
```

5. 内存变量的删除

当内存变量较多时，可能超过系统限制，影响程序执行。此时可以删除部分或全部内存变量，以释放其所占内存空间。可以使用以下命令来删除内存变量。

（1）命令格式一：

```
CLEAR  MEMORY
```

功能：删除所有内存变量。

（2）命令格式二：

```
RELEASE  [<内存变量表>]  [ALL  [LIKE|EXCEPT <通配符>]]
```

功能：删除指定内存变量。

说明：

① RELEASE ALL 的作用与 CLEAR MEMORY 相同，删除所有内存变量。

② [LIKE|EXCEPT　<通配符>]选项的意义与保存内存变量命令 SAVE TO 相同。

【例 2.18】删除内存变量命令举例。

```
CLEAR  MEMORY                  &&删除所有内存变量
RELEASE  ALL                   &&删除所有内存变量
RELEASE  ALL  LIKE  a*         &&删除所有以 a 开头的内存变量
RELEASE  ALL  EXCEPT  a*       &&删除所有不以 a 开头的内存变量
```

2.3.3 数组

1. 数组的概念

数组变量简称数组，是一组有序变量的集合，其中每个变量称为数组元素，按顺序进行编号，这个顺序编号称为下标。使用时，通过数组名和下标来访问每个数组元素。

Visual FoxPro 允许使用两种数组：一维数组和二维数组。一维数组只有一个下标，数组元素逻辑上按顺序一维排列，二维数组有两个下标，数组元素逻辑上按二维顺序行列排列。

在 Visual FoxPro 中，数组下标用圆括号“()”括起来，如 a(10)；二维数组的两个下标之间用逗号分隔，如 b(2,3)；下标可以为常量、变量或表达式，如 a(5)、a(x)、a(x+1)、b(x,y)；

下标的最小值为 1。

在 Visual FoxPro 中，同一数组的各个元素可以具有不同的数据类型。

与一般内存变量不同，数组必须先定义再使用。

2. 数组的定义

定义数组的命令格式一：

```
DIMENSION <数组名> (<下标上界 1>[,<下标上界 2>])
```

定义数组的命令格式二：

```
DECLARE <数组名> (<下标上界 1>[,<下标上界 2>])
```

功能：定义一维数组或二维数组。

说明：

（1）两条命令的功能完全相同。

（2）数组的下标下界值（最小下标值）为 1，下标上界值（最大下标值）在定义中给出。

（3）数组定义后，在使用时下标不能越界，即下标值不能小于最小值 1，也不能大于定义的最大值。

【例 2.19】 例如，以下命令定义的一维数组和二维数组如图 2-6 所示。

```
DIMENSION  a(4)      &&定义一维数组 a，a 有 4 个元素，分别为 a(1)、a(2)、a(3)、a(4)
DECLARE  b(2,3)      &&定义二维数组 b，b 有 2 行 3 列共 6 个元素，分别为 b(1,1)、b(1,2)、
                     &&b(1,3)、b(2,1)、b(2,2)、b(2,3)
```

（4）数组在定义后，系统自动为每个元素赋初始值逻辑假.F.，如图 2-6 所示。

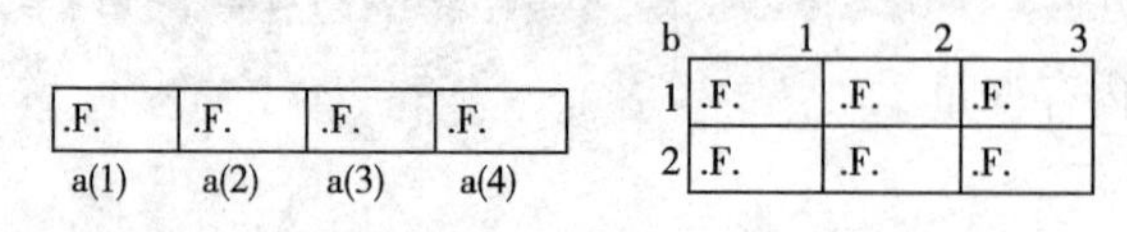

图 2-6　数组

3. 数组的赋值和显示

（1）用户可以给数组元素赋值，也可以给数组整体赋值，可以赋以常量、变量或表达式。赋值时仅使用数组名不使用下标即给数组整体赋值，整体赋值后，每个元素具有相同的值。

（2）与一般内存变量的显示方法一样，也可以通过?|??显示数组，或者通过 LIST|DISPLAY 显示数组的相关信息。

【例 2.20】 数组赋值和显示举例。

在命令窗口输入并执行以下命令：

```
DIMENSION a(4), b(2,3), c(5)       &&定义一维数组 a、二维数组 b 和一维数组 c
a(1)=10                            &&给 a(1)赋值数值 10
STORE  .T.  TO  a(2), a(3)         &&给 a(2)、a(3)赋值逻辑值.T.
b=20                               &&给数组 b 整体赋值，b 中所有元素的值为 20
c(1)="Hello"                       &&给 c(1)赋值字符型常量"Hello"
c(2)=3+4                           &&给 c(2)赋值表达式“3+4”，值为数值型 7
c(3)=a(1)*2                        &&把 a(1)的当前值 10*2 赋给 c(3)
```

```
? a(1),  a(2),  a(3),  a(4)      &&输出数组a中4个元素的值
LIST MEMORY LIKE b*              &&显示数组b及其所有元素的相关信息
?c            && 输出c(1)的值，此处c只表示数组的第1个元素c(1)，不代表数组整体
?c(1),  c(2),  c(3),  c(4),  c(5)    &&输出c数组的5个元素
```

命令的运行结果如下：

```
      10 .T. .T. .F.
B                Pub        A
   (   1,     1)            N   20   (   20.00000000)
   (   1,     2)            N   20   (   20.00000000)
   (   1,     3)            N   20   (   20.00000000)
   (   2,     1)            N   20   (   20.00000000)
   (   2,     2)            N   20   (   20.00000000)
   (   2,     3)            N   20   (   20.00000000)

Hello
Hello         7          20 .F. .F.
```

2.4 运算符与表达式

运算符是表示数据之间运算方式的符号，也称为操作符，参与运算的数据称为操作数。

表达式是由运算符将常量、变量或函数连接起来的式子，单一的常量、变量或函数也可以看作表达式。每个表达式通过运算都会得到一个确定的结果值。

在 Visual FoxPro 中，将表达式分为算术表达式、字符串表达式、日期时间表达式、关系表达式和逻辑表达式。

2.4.1 算术运算符与表达式

Visual FoxPro 的算术运算符、功能和优先级如表 2-1 所示。

表 2-1 算术运算符及优先级

优先级	运算符	功能
1	()	形成表达式内的子表达式
2	-	取负数运算
3	^或**	乘方运算
4	*、/、%	乘、除、求余运算
5	+、-	加、减运算

说明：

（1）% 为求余运算，即求两个数相除的余数。余数的正负号与除数相同，即余数应为介于 0 与除数之间的数。

（2）- 既可以作为减法运算，也可以作为取负运算，当作为取负运算时，其优先级仅低于()，高于其他运算符。

由算术运算符将数值型数据连接起来的式子是算术表达式，其运算结果也是数值型数据。

【例 2.21】算术表达式求值。

在命令窗口输入并执行以下命令：

```
?2+3,  4-5
?15*4,  15/4
?15%4,  -15%4,  15%-4,  -15%-4
?2^3,  9^0.5
?16**(1/2),  -2**2
?(3+2^(1+2))/(2+3)
```

命令的运行结果如下：

```
5  -1
 60  3.75
 3    1   -1    -3
        8.00          3.00
        4.00          4.00
         2.20
```

【例 2.22】算术表达式的书写。

将以下数学表达式书写为等价的 Visual FoxPro 算术表达式。

$$\frac{-b+\sqrt{b^2-4ac}}{2a}$$ 书写为 (-b+(b^2-4*a*c)^0.5) / (2*a)

2.4.2 字符串运算符与表达式

Visual FoxPro 提供的字符串运算符有+和-，它们的优先级相同，功能如表 2-2 所示。

表 2-2 字符串运算符及功能

运 算 符	名 称	功 能
+	连接	将运算符前后两个字符串首尾连接成一个新的字符串
-	空格移位连接	将运算符前面字符串尾部的空格移到后面字符串的尾部，然后连接成一个新的字符串

字符串表达式是由字符串运算符将字符型数据连接起来的式子，其运算结果仍为字符型。

【例 2.23】字符串表达式求值。

在命令窗口输入并执行以下命令：

```
?"Visual  "+"FoxPro"
?"Visual  "-"FoxPro"+"9.0"
```

命令的运行结果如下：

```
Visual  FoxPro
VisualFoxPro  9.0
```

2.4.3 日期时间表达式

日期时间表达式是由运算符 + 和 - 将日期型数据、日期时间型数据和数值型数据连接起来的式子。表达式的格式有一定的限制，不能任意组合，合法的日期时间表达式格式如表 2-3 所示，其中<天数>和<秒数>都是数值表达式。

表 2-3 日期时间表达式的格式

格 式	结果及类型
<日期>+<天数> 或 <天数>+<日期>	指定日期若干天后的日期，日期型
<日期>-<天数>	指定日期若干天前的日期，日期型
<日期>-<日期>	两个指定日期相差的天数，数值型
<日期时间>+<秒数> 或 <秒数>+<日期时间>	指定日期时间若干秒后的日期时间，日期时间型
<日期时间>-<秒数>	指定日期时间若干秒前的日期时间，日期时间型
<日期时间>-<日期时间>	两个指定日期时间相差的秒数，数值型

【例 2.24】日期时间表达式求值。

在命令窗口输入并执行以下命令：

```
?{^2015/09/10}+9,  {^2015/09/10}-9
?{^2015/09/10}-{^2015/09/01}
?{^2015/09/10 18:05}+9,  {^2015/09/10 18:05}-9
?{^2015/09/10 18:05}-{^2015/09/10 18:04}
```

命令的运行结果如下：

```
09/19/15 09/01/15
       9
09/10/15 06:05:09 PM 09/10/15 06:04:51 PM
                                      60
```

说明：在 Visual FoxPro 中，+ 和 - 既可以作为算术运算，也可以作为字符连接运算，还可以作为日期时间运算，根据运算对象的数据类型决定它具体做什么运算。

2.4.4 关系运算符与表达式

1. 关系运算符

关系运算符用于比较两个同一类型的表达式的大小或关系，如果关系成立，则结果为逻辑真.T.，否则为逻辑假.F.。关系运算符的功能如表 2-4 所示。

表 2-4 关系运算符及功能

运 算 符	功 能	运 算 符	功 能
<	小于	<=	小于或等于
>	大于	>=	大于或等于
=	等于	==	字符串精确等于
<>、!= 或 #	不等于	$	字符串子串包含

说明：

（1）所有关系运算符的优先级相同，从左到右依次进行比较。

（2）除日期型和日期时间型这两种不同类型的数据可以进行比较外，其他相互比较的两个对象必须为同一数据类型。

（3）“==”和“$”仅用于字符型，其他运算符可用于任何数据类型。

2. 非字符型数据的大小关系比较

（1）数值型的比较和货币型的比较：按数值的大小比较。

（2）日期型比较和日期时间型比较：越早的日期或时间越小，越晚的日期或时间越大。

（3）逻辑型比较：真.T.大于假.F.。

【例 2.25】非字符型数据的大小关系比较举例。

在命令窗口中输入并执行以下命令：

```
?3>-4,  5<=5,  5<>5
?{^2015/09/10}<{^2015/09/01},  {^2015/09/10}!={^2015/09/01}
?.T.>.F.,  .F.>.T.
```

命令的运行结果如下：

```
.T. .T. .F.
.F. .T.
.T. .F.
```

3．字符串的大小关系比较

（1）字符串的比较规则

对两个字符串从左向右逐个相同位置的字符进行比较，当对应位置字符不相同时，字符大的就大；如果直到结尾都一直相等，则两个字符串相等。

字符的大小由其在字符集中的排列次序决定，排在前面的字符小，排在后面的字符大。

（2）字符的排列次序（★）

在 Visual FoxPro 中，字符的排列次序有 Machine（机器）、PinYin（拼音）、Stroke（笔画）。

① Machine（机器）：西文字符按照 ASCII 码排序，常用的西文字符中，空格在最前，然后是大写字母 A～Z，最后是小写字母 a～z。汉字按照机内码排序。

② PinYin（拼音）：按照拼音次序排序。对于常用的西文字符，空格在最前，然后是小写字母 a～z，最后是大写字母 A～Z。

③ Stroke（笔画）：无论中文还是西文，都按照笔画的多少排序。笔画多的排在前，笔画少的排在后。

Visual FoxPro 的默认次序为“PinYin（拼音）”，用户可以设置排序的比较次序，方法有：

① 执行“工具→选项”菜单命令，在“选项”对话框“数据”选项卡中设置，如图 2-7 所示。

② 可通过命令设置字符比较次序，命令格式为：

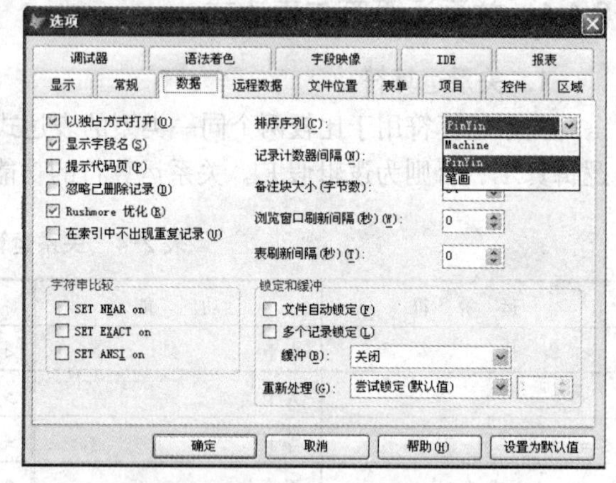

图 2-7　设置比较次序

```
SET  COLLATE  TO  "<排序次序名>"
```

功能：设置字符比较次序。

说明：<排序次序名>可以是“Machine”“PinYin”或“Stroke”。

【例 2.26】使用命令行设置字符比较次序为"PinYin"。

执行以下命令：

```
SET  COLLATE  TO  "PinYin"    &&设置字符比较字符次序为"PinYin"
```

4．字符串的“=”和“==”的比较

（1）“=”和“==”的功能

“==”只能用于字符串的精确等于比较，就是只有两个字符串完全相同时，结果才为逻辑真.T.，否则为逻辑假.F.。

“=”可以用于任何数据类型的比较，当用于字符串比较时，默认为模糊等于，比较的方法为：以右边的字符串为目标，右字符串结束就停止比较，也就是只要右边的字符串与左边字符串的前面部分相匹配，结果即为真.T.。

【例 2.27】字符串的大小关系比较举例。

执行以下命令：

```
?"一">"二",  "yi">"er",  "1">"2",  "10">"2"
?"ab"="ab",  "ab"=="ab"
?"ab"="abc",  "abc"="ab",  "ab"="ab  ",  "ab  "="ab"
?"ab"=="abc",  "abc"=="ab",  "ab"=="ab  ",  "ab  "=="ab"
```

命令的运行结果如下：

```
.T. .T. .F. .F.
.T. .T.
.F. .T. .F. .T.
.F. .F. .F. .F.
```

（2）精确匹配开关 EXACT 设置对“=”的影响（★）

“=”作为字符串比较时，默认为模糊等于比较。用户可以打开或关闭系统精确匹配开关 EXACT，设置“=”是进行模糊等于比较还是精确等于比较。精确匹配开关对“==”无效。

系统精确匹配开关（EXACT）默认为关闭（OFF）状态，在此状态下，“=”进行模糊等于比较，比较方法如前所述；当精确匹配开关（EXACT）为打开（ON）状态时，“=”进行精确等于比较。

打开或关闭系统精确匹配开关的方法有：

① 执行“工具→选项”菜单命令，在“选项”对话框的“数据”选项卡中设置。

② 使用设置精确匹配开关命令，命令格式为：

```
SET EXCAT ON|OFF
```

功能：设置精确匹配开或关。

说明：ON 为打开精确匹配开关，OFF 为关闭精确匹配开关。

5．字符串的子串包含$

在关系运算符中，$ 的功能是进行字符串的子串包含检测，它也只能用于字符型数据。

“$”的功能为：检测“$”左边的字符串是否包含于“$”后面的字符串内，如果包含在内，则结果为真.T.，否则为假.F.。

【例 2.28】字符串子串包含$举例。

执行以下命令：

```
?"ab"$"ab",  "ab"$"abc",  "abc"$"ab"
?"ab"="ab",  "ab"="abc",  "abc"="ab",  "cab"="ab"
?"ab"$"cab",  "ab"$"acb",  "ab"$"cba",  "ab"$"cAb"
```

命令的运行结果如下：

```
.T. .T. .F.
.T. .F. .T. .F.
.T. .F. .F. .F.
```

2.4.5 逻辑运算符与表达式

1．逻辑运算符

逻辑运算符用来连接逻辑型数据，通常用来连接关系表达式，其运算结果为逻辑真.T.或逻辑假.F.。逻辑运算符的运算如表 2-5 所示，其中操作数 A 和 B 为逻辑型数据。

表 2-5　逻辑运算符规则

A	B	.NOT. A 或者 !A	A .AND. B	A .OR. B
.T.	.T.	.F.	.T.	.T.
.T.	.F.	.F.	.F.	.T.
.F.	.T.	.T.	.F.	.T.
.F.	.F.	.T.	.F.	.F.

说明：

（1）逻辑运算符按照优先级从高到低依次为：.NOT. 或者 !（逻辑非）、.AND.（逻辑与）、.OR.（逻辑或）。

（2）可以省略两端的点，但省略后运算符和操作数中间必须有空格。

（3）.NOT. 或者 !（逻辑非）：相当于“否定”，非真为假，非假为真，只有一个操作数。

（4）.AND.（逻辑与）：相当于“并且”，仅当两个操作数都为真时，结果才为真；否则结果为假。

（5）.OR.（逻辑或）：相当于“或者”，仅当两个操作数都为假时，结果才为假；只要有一个操作数为真，结果就为真。

2．不同类型运算符的优先级

如果表达式中包含不同类型的运算符，那么不同类型的运算符之间优先级从高到低依次为：

①算术运算符；②字符串运算符和日期时间运算符；③关系运算符；④逻辑运算符。

3．逻辑表达式

逻辑表达式是用逻辑运算符将逻辑型数据连接起来的表达式。

【例 2.29】逻辑表达式求值。

执行以下命令：

```
? 2^3>6 .AND. "OK"$"book" .OR. {^2015/10/01}-7<{^2015/09/01}
?? .NOT. 15%5!=0 .AND. "Visual">"FoxPro" .OR. "1"+"2"="12"
```

命令的运行结果如下：

```
.F..T.
```

【例 2.30】书写判断“变量 x 介于（1,10）区间”的逻辑表达式。

执行以下命令：

```
x=20
? x>1 .AND. x<10
x=5
? x>1 .AND. x<10
```

命令的运行结果如下：

```
.F.
.T.
```

说明：表达式 1<x<10 是错误的。按规则先执行 1<x，结果为.T.或.F.，再执行.T.<10 或.F.<10，此时系统会报错，因为关系运算符不能比较不同的数据类型。

【例 2.31】书写判断“专业为"财务管理"或者"会计"且入学成绩在 520 分以上”的逻辑表达式。

执行以下命令：

```
专业="财务管理"
入学成绩=500
? (专业="财务管理" .OR. 专业="会计") .AND. 入学成绩>520
```

命令的运行结果如下：

```
.F.
```

说明：

① 因为.OR.的优先级低于.AND.，所以必须加( )。

② 不能写成“专业="财务管理" .OR. "会计"”，因为逻辑运算符只能连接逻辑型数据。

【例 2.32】书写判断“性别为男且出生日期在 1998 年 1 月 1 日及以后”的逻辑表达式。

执行以下命令：

```
性别="男"
出生日期={^1998/05/01}
?性别="男" .AND. 出生日期>={^1998/01/01}
性别="女"
?性别="男" .AND. 出生日期>={^1998/01/01}
```

命令的运行结果如下：

```
.T.
.F.
```

2.5 常 用 函 数

函数是一段事先编制好的具有独立功能的程序。每一个函数都有特定的运算或转换功能，它经常有若干个参数。函数的运算结果称为函数值（返回值），函数值只有一个。

函数分为系统函数和用户自定义函数。系统函数是系统预先定义好的，用户可以直接使用，Visual FoxPro 提供几百个系统函数。

本节主要介绍几类常用的系统函数，包括数值函数、字符串函数、日期时间函数、转换函数和测试函数。

2.5.1 数值函数

数值函数是指函数值为数值型的函数，其参数通常也是数值型。

1. 绝对值函数 ABS( )

函数格式：ABS(<数值表达式>)

功能：返回数值表达式的绝对值。

【例 2.33】绝对值函数求值。

执行以下命令：

```
?ABS(2), ABS(-2), ABS(0)
```

命令的运行结果如下：

```
2        2        0
```

2. 符号函数 SIGN( )

函数格式：SIGN(<数值表达式>)

功能：根据数值表达式的正负号，返回结果。正数返回 1，负数返回-1，0 返回 0。

【例 2.34】符号函数求值。

执行以下命令：

```
?SIGN(2), SIGN (-2), SIGN (0)
```

命令的运行结果如下：

```
1        -1        0
```

3. 求平方根函数 SQRT( )

函数格式：SQRT(<数值表达式>)

功能：返回数值表达式的算术平方根。数值表达式值不能为负数。

【例 2.35】平方根函数求值。

执行以下命令：

```
?SQRT(2), SQRT(4), SQRT(0)
```

命令的运行结果如下：

```
1.41 2.00 0.00
```

4. 圆周率函数 PI( )

函数格式：PI( )

功能：返回圆周率 π 的近似值，保留两位小数。

【例 2.36】圆周率函数求值。

执行以下命令：

```
r=2
? PI( ), 2*PI( )*r, PI()*R^2
```

命令的运行结果如下：

```
3.14                12.57                12.5664
```

5. 求整数函数 INT( )、FLOOR( )

（1）函数格式：INT(<数值表达式>)

功能：返回数值表达式值的整数部分，如 INT(4.8)的值为 4。

（2）函数格式：FLOOR(<数值表达式>)

函数功能：返回小于或等于数值表达式值的最大整数，如 FLOOR (4.8)的值为 4，FLOOR

(–4.8)的值为–5。

【例 2.37】整数函数求值。

执行以下命令：

```
?INT(4.8),  INT(-4.8)
?FLOOR(4.8),  FLOOR(-4.8)
```

命令的运行结果如下：

```
4   -4
              4                -5
```

6．四舍五入函数 ROUND( )

函数格式：ROUND(<数值表达式 1>,<数值表达式 2>)

功能：返回数值表达式 1 的四舍五入结果。数值表达式 2 大于或等于 0，表示保留的小数位数；数值表达式 2 小于 0，表示整数部分的舍入位数。

【例 2.38】四舍五入函数求值。

执行以下命令：

```
x=354.354
? ROUND(x,2),  ROUND(x,1),  ROUND(x,0)
? ROUND(x,-1),  ROUND(x,-2),  ROUND(x,-3)
```

命令的运行结果如下：

```
354.35        354.4         354
  350           400           0
```

7．求余数函数 MOD( )

函数格式：MOD(<数值表达式 1>,<数值表达式 2>)

功能：返回数值表达式 1 除以数值表达式 2 后的余数。

说明：

（1）余数的正负号与除数相同，即余数应为介于 0 与除数之间的数。

（2）此函数与求余运算符%的功能相同。

【例 2.39】求余函数求值。

执行以下命令：

```
? MOD(15,4),  MOD(-15,4),  MOD(15,-4),  MOD(-15,-4)
```

命令的运行结果如下：

```
3    1  -1    -3
```

8．求最值函数 MAX( )、MIN( )

（1）函数格式：MAX(<表达式 1> [,<表达式 2>…])

功能：返回若干个表达式中的最大值。

（2）函数格式：MIN(<表达式 1> [,<表达式 2>…])

功能：返回若干个表达式中的最小值。

说明：两个函数中，作为参数的表达式可以为数值型或非数值型，但所有表达式的类型必须相同。

【例 2.40】最值函数求值。

执行以下命令：

```
? MAX(6,35,4,18,27),  MAX("6","35","4","18","27")
? MIN($6, $35, $4, $18, $27), MIN({^2015/09/10}, {^2016/03/05}, {^2015/08/01})
```

命令的运行结果如下：

```
35 6
              4.0000 08/01/15
```

2.5.2 字符串函数

字符串函数是指运算对象为字符型数据的函数。为了叙述方便，经常将字符表达式描述为字符串。

1. 求字符串长度函数 LEN( )

函数格式：LEN(<字符表达式>)

功能：返回字符串（字符表达式的运算结果）的长度，函数值为数值型。一个西文字符占 1 个字节，长度为 1；一个汉字或中文字符占 2 个字节，长度为 2。

【例 2.41】字符串长度函数求值。

执行以下命令：

```
? LEN("Data"+"Base"),  LEN("数据库")
```

命令的运行结果如下：

```
        8         6
```

2. 大小写转换函数 LOWER( )、UPPER( )

（1）函数格式：LOWER(<字符表达式>)

功能：将字符串中的大写字母转换成对应的小写字母，其他字符不变。

（2）函数格式：UPPER(<字符表达式>)

功能：将字符串中的小写字母转换成对应的大写字母，其他字符不变。

【例 2.42】大小写转换函数的运算。

执行以下命令：

```
? LOWER("FoxPro 9.0 程序设计"),  UPPER("FoxPro 9.0 程序设计")
```

命令的运行结果如下。

```
foxpro 9.0程序设计 FOXPRO 9.0程序设计
```

3. 空格字符串生成函数 SPACE( )

函数格式：SPACE(<数值表达式>)

功能：生成数值表达式值指定数目的空格字符串。

【例 2.43】空格字符串生成函数的运算。

执行以下命令：

```
? "Visual"+SPACE(2)+"FoxPro"
```

命令的运行结果如下：

```
Visual  FoxPro
```

4．删除字符串前后空格函数 TRIM( )、LTRIM( )、ALLTRIM( )

（1）函数格式：TRIM(<字符表达式>)

功能：删除字符串尾部的空格。

（2）函数格式：LTRIM(<字符表达式>)

功能：删除字符串前面的空格。

（3）函数格式：ALLTRIM(<字符表达式>)

功能：删除字符串前面和尾部的空格。

【例 2.44】删除字符串前后空格函数的运算。

执行以下命令：

```
? "Visual"+TRIM("  FoxPro  ")+"9.0"
? "Visual"+LTRIM("  FoxPro  ")+"9.0"
? "Visual"+ALLTRIM("  FoxPro  ")+"9.0"
```

命令的运行结果如下：

```
Visual  FoxPro9.0
VisualFoxPro  9.0
VisualFoxPro9.0
```

5．子串截取函数 LEFT( )、RIGHT( )、SUBSTR( )

（1）函数格式：LEFT(<字符表达式>,<长度>)

功能：从字符串的左端截取指定长度的子串。

（2）函数格式：RIGHT(<字符表达式>,<长度>)

功能：从字符串的右端截取指定长度的子串。

（3）函数格式：SUBSTR(<字符表达式>,<起始位置>[,<长度>])

功能：从字符串指定的起始位置开始截取指定长度的子串。若省略<长度>或<长度>大于后面剩余的字符个数，则截取至串末尾；若<起始位置>大于字符串长度，则输出空串。

说明：一个西文字符长度为 1，占 1 个位置号；一个汉字或中文字符长度为 2，占 2 个位置号；字符串中字符的位置号从 1 开始。3 个函数中<长度>或<起始位置>设置不当，可能会截出半个汉字或半个中文字符，此时会显示乱码。

例如：?LEFT("x 变量",2)，就取出了“x”和“变”字的前一半，x 会正常显示，“变”的前一半为乱码。

【例 2.45】子串截取函数的运算。

执行以下命令：

```
x="DataBase"
? LEFT(x,3),  RIGHT(x,1),  SUBSTR(x,3,4)
? SUBSTR(x,5,6),  SUBSTR(x,5)
y="VF 数据库"
? LEFT(y,2),  RIGHT(y,2),  SUBSTR(y,3,4)
? LEFT(y,4),  RIGHT(y,1),  SUBSTR(y,3,1)
```

命令的运行结果如下：

```
Dat e taBa
Base Base
VF 库 数据
VF数  â  Ê
```

6. 求子串出现次数函数 OCCURS( )

函数格式：OCCURS(<字符表达式 1>,<字符表达式 2>)

功能：求字符串 1 在字符串 2 中出现的次数。如果字符串 1 不是字符串 2 的子串，则函数值为 0。

【例 2.46】求子串出现次数函数的运算。

执行以下命令：

```
x="DataBase"
y="FoxPro"
? OCCURS("a",x),  OCCURS("a",y)
```

命令的运行结果如下：

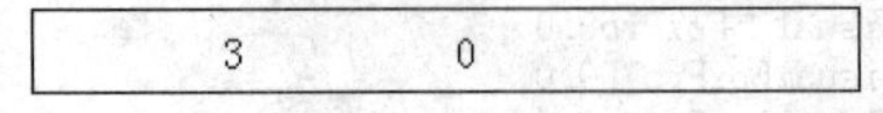

```
3    0
```

7. 求子串位置函数 AT( )

函数格式：AT(<字符表达式 1>,<字符表达式 2>[,<数值表达式>])

功能：返回字符串 1 在字符串 2 中首字符的位置。若第一个字符串不是第二个字符串的子串，则返回 0。<数值表达式>表示字符串 1 是第几次出现，其默认值为 1。

说明：一个西文字符长度为 1，占 1 个位置号；一个汉字或中文字符长度为 2，占 2 个位置号。

【例 2.47】求子串位置函数的运算。

执行以下命令：

```
x="DataBase"
? AT("Base",x),  AT("base",x)
? AT("a",x,2),  AT("a",x,3)
? AT("库","数据库")
```

命令的运行结果如下：

```
5    0
4    6
5
```

8．子串替换函数 STUFF( )

函数格式：STUFF(<字符表达式 1>,<起始位置>,<长度>,<字符表达式 2>)

功能：用字符串 2 替换字符串 1 中由<起始位置>和<长度>指定的一个子串。字符串 2 和被替换的子串的长度不一定相等。

说明：当字符串中有汉字或中文字符时，也可能会出现乱码。

【例 2.48】子串替换函数运算。

执行以下命令：

```
x="abcdef"
y="xx"
? STUFF(x,3,2,y),  STUFF(x,3,4,y)
? STUFF(x,3,0,y),  STUFF(x,0,0,y)
x="数据库管理系统"
? STUFF(x,3,1,y),  STUFF(x,3,2,y)
```

命令的运行结果如下：

```
abxxef abxx
abxxcdef xxabcdef
数xx稔黄芾碉低  数xx库管理系统
```

9．字符替换函数 CHRTRAN( )

函数格式：CHRTRAN(<字符表达式 1>,<字符表达式 2>,<字符表达式 3>)

功能：当字符串 1 中的一个或多个字符与字符串 2 中的某个字符相匹配时，就用字符串 3 中与匹配字符在字符串 2 中位置相同的字符替换字符串 1 中的这些字符。若字符串 2 中与字符串 1 相匹配的字符，在字符串 3 的相同位置上没有字符，则字符串 1 中的这个字符将被删除。

【例 2.49】字符替换函数运算。

执行以下命令：

```
? CHRTRAN("123123","124","abc"),  CHRTRAN("123123","12","a")
```

命令的运行结果如下：

```
ab3ab3 a3a3
```

2.5.3 日期时间函数

日期时间函数是有关日期型或日期时间型数据的函数。

1．系统日期、时间、日期时间函数 DATE( )、TIME( )、DATETIME( )

（1）函数格式：DATE()

功能：返回系统当前日期，函数值为日期型。

（2）函数格式：TIME()

功能：返回系统当前时间的字符串，函数值为字符型，时间格式为 24 时制的 hh:mm:ss。

（3）函数格式：DATETIME()

功能：返回系统当前日期时间，函数值为日期时间型。

【例 2.50】系统日期、时间、日期时间函数的运算。

执行以下命令：

```
? DATE()
? TIME()
? DATETIME()
```

命令的运行结果如下：

```
10/28/15
16:16:21
10/28/15 04:16:21 PM
```

2. 年、月、日函数 YEAR( )、MONTH( )、DAY( )

（1）函数格式：YEAR(<日期表达式>|<日期时间表达式>)

功能：返回指定日期或日期时间中的年份。

（2）函数格式：MONTH(<日期表达式>|<日期时间表达式>)

功能：返回指定日期或日期时间中的月份。

（3）函数格式：DAY(<日期表达式>|<日期时间表达式>)

功能：返回指定日期或日期时间中的天数。

【例 2.51】年、月、日函数的运算。

执行以下命令：

```
x= {^2016/05/08}
? YEAR(x),  MONTH(x),  DAY(x)
? DATE()
? YEAR(DATE()),  MONTH(DATE()),  DAY(DATE())
```

命令的运行结果如下：

```
 2016    5    8
10/28/15
 2015   10   28
```

3. 时、分、秒函数 HOUR( )、MINUTE( )、SEC( )

（1）函数格式：HOUR(<日期时间表达式>)

功能：返回指定日期时间中的小时数。返回值为 24 时制的小时数。

（2）函数格式：MINUTE(<日期时间表达式>)

功能：返回指定日期时间中的分钟数。

（3）函数格式：SEC(<日期时间表达式>)

功能：返回指定日期时间中的秒数。

【例 2.52】时、分、秒函数的运算。

执行以下命令：

```
STORE  {^2016/05/08 17:20:45}  TO  x
? HOUR(x),  MINUTE(x),  SEC(x)
? DATETIME()
? HOUR(DATETIME()),  MINUTE(DATETIME()),  SEC(DATETIME())
```

命令的运行结果如下：

```
 17  20  45
10/28/15 04:21:05 PM
 16  21   5
```

2.5.4 转换函数

转换函数的功能是将一种类型的数据转换为另一种类型，如将日期类型、数值类型转换为字符类型。

1. 数值转字符串函数 STR( )

函数格式：STR(<数值表达式>[,<长度>[,<小数位数>]])

功能：将数值表达式的值转换成字符串。<长度>指定转换后字符串的总长度（包括小数点和负号），是可选项，默认<长度>为10。<小数位数>指定四舍五入保留小数的位数，为可选项，默认值为0，也就是只四舍五入保留整数部分。

说明：在转换时，先做保留<小数位数>操作，再调整至指定<长度>。设表达式值保留小数位数后的总长度为 L，那么在理想情况下，指定<长度>应当正好等于 L，若不等，系统为满足指定<长度>做如下处理：

（1）若指定<长度>大于L，系统自动在前面加上若干个空格，凑足指定<长度>。

（2）若指定<长度>小于L，但大于或等于L中的整数部分长度，则优先满足整数部分，然后自动调整<小数位数>以满足指定<长度>。

（3）若指定<长度>小于L中的整数部分长度，则函数返回指定<长度>个*。

【例 2.53】 数值转字符串函数的运算。

执行以下命令：

```
x=-123.456
? ["]+STR(x)+["]          &&长度默认为10，小数位数默认为0
? ["]+STR(x,7,2)+["]
? ["]+STR(x,7,1)+["]
? ["]+STR(x,4,2)+["]
? ["]+STR(x,3,2)+["]
```

命令的运行结果如下：

```
"      -123"
"-123.46"
" -123.5"
"-123"
"***"
```

2. 字符串转数值函数 VAL( )

函数格式：VAL(<字符表达式>)

功能：将字符串转换为数值。若字符串中含有非数字字符，只转换第一个非数字字符前边的数字字符。若除了前导空格之外的字符串首字符不是数字字符，则返回 0。函数值四舍五入保留 2 位小数。

【例 2.54】 字符串转数值函数的运算。

执行以下命令：

```
? VAL("123"),  VAL("   123"),  VAL("   12  3")
? VAL("1"+"2"),  VAL("1+2")
? VAL("12b3.c4"),  VAL("a12b3")
```

命令的运行结果如下：

```
123.00    123.00         12.00
12.00   1.00
     12.00      0.00
```

3．字符串转日期函数 CTOD( )和字符串转日期时间函数 CTOT( )

（1）函数格式：CTOD(<字符表达式>)

功能：将格式为 mm/dd/yy 的字符串转换成对应的日期值。

（2）函数格式：CTOT(<字符表达式>)

功能：将字符串转换为日期时间值。字符串中的日期部分格式应与系统设置的格式一致。

【例 2.55】字符串转日期函数和字符串转日期时间函数的运算。

执行以下命令：

```
? CTOD("10/24/15")
x=CTOD("09/10/16")
? YEAR(x),  MONTH(x),  DAY(x)
? CTOT("10/24/15")
y=CTOT("10/24/15 19:25")
? HOUR(y),  MINUTE(y),  SEC(y)
```

命令的运行结果如下：

```
10/24/15
 2016   9  10
10/24/15 12:00:00 AM
 19  25   0
```

4．日期转字符串函数 DTOC( )和日期时间转字符串函数 TTOC( )

（1）函数格式：DTOC(<日期表达式>|<日期时间表达式> [,1])

功能：将日期转换成对应的字符串。1 为可选参数，若选用，字符串格式固定为 yyyymmdd，否则与系统设置一致。

（2）函数格式：TTOC(<日期时间表达式> [,1])

功能：将日期时间转换成对应的字符串。1 为可选参数，若选用，字符串格式固定为 yyyymmddhhmmss，否则与系统设置一致。

【例 2.56】日期转字符串函数和日期时间转字符串函数的运算。

执行以下命令：

```
? DTOC({^2015/06/01}),  DTOC({^2015/06/01 08:15:20})
? DTOC(DATE(),1),  DTOC(DATETIME(),1)
? TTOC({^2015/06/01 08:15:20})
? TTOC(DATE(),1),  TTOC(DATETIME(),1)
```

命令的运行结果如下：

```
06/01/15 06/01/15
20151028 20151028
06/01/15 08:15:20 AM
20151028000000 20151028195035
```

5．宏替换函数&

函数格式：& <字符型变量>[.]

功能：替换出字符型变量中的内容，&函数的取值是字符型变量中的字符串。作用相当于去掉字符串的定界符。若该函数与其后面的字符没有分界，则要用“.”作为函数的结束标志。

【例 2.57】宏替换函数的运算。

执行以下命令：

```
x="y"
y=12
? x,  &x    &&       &x 取得 y 中的值
a="12"
? a+"3",   &a+3     &&  &a 取得 12
```

命令的运行结果如下：

```
y         12
123  15
```

2.5.5 测试函数

测试函数用于测试操作对象的当前状态，根据测试结果决定下一步的动作。

1．字符串匹配函数 LIKE( )

函数格式：LIKE(<字符表达式 1>,<字符表达式 2>)

功能：比较两个字符串中相同位置上的字符，若所有字符都对应相同，则匹配，函数返回逻辑真.T.，否则返回逻辑假.F.。

说明：<字符表达式 1>中可以包含通配符“*”和“?”。“*”可匹配任意多个字符，“?”可匹配 1 个字符。

【例 2.58】字符串匹配函数的运算。

执行以下命令：

```
? LIKE("ok","ok"),  LIKE("ok","book")
? LIKE("*ok","book"),  LIKE("*OK","book")
? LIKE("?ok","book"),  LIKE("??ok","book")
? LIKE("张","张三"),  LIKE("张*","张三")
? LIKE("张?","张三"),  LIKE("张??","张三")        &&一个汉字的长度为 2
```

命令的运行结果如下：

```
.T. .F.
.T. .F.
.F. .T.
.F. .T.
.F. .T.
```

2．空值（NULL）测试函数 ISNULL( )

函数格式：ISNULL(<表达式>)

功能：判断<表达式>的值是否为空值 NULL，若是 NULL，函数值为逻辑真.T.，否则为逻辑假.F.。

说明：NULL 为空值，它是一个特殊的常量，表明数据为空，即没有数据。当给变量赋.NULL.值时，变量为 NULL。0、""、.F.和{ / / }都不是 NULL。

【例 2.59】空值（NULL）测试函数运算。

执行以下命令：

```
x=5
x=.NULL.   &&变量 x 赋给.NULL.值
LIST MEMORY LIKE x
? x,  ISNULL(x)
? ISNULL(.NULL.)
? ISNULL(123),  ISNULL("abc")
? ISNULL(0),  ISNULL("  "),  ISNULL("")
? ISNULL(.F.),  ISNULL({   /  /  })
```

命令的运行结果如下：

```
X                   Pub        N   .NULL.

.NULL. .T.
.T.
.F. .F.
.F. .F. .F.
.F. .F.
```

3．“空”值测试函数 EMPTY( )

函数格式：EMPTY(<表达式>)

功能：判断<表达式>的值是否为“空”值，若是“空”值，函数值为逻辑真.T.，否则为逻辑假.F.。

说明：“空”值与空值（NULL）是两个不同的概念。NULL 的空值是没有值，它是一个固定的常量；而此处的“空”值有值，但是值等于“空”。“空”只是一种抽象的状态描述，每种数据类型都有具体的值来表示“空”值，如表 2-6 所示。

表 2-6 不同数据类型的“空”值规定

数 据 类 型	“空”值	数 据 类 型	“空”值
数值型	0	双精度型	0
字符型	空串、空格、制表符、回车符、换行符	日期型	空
货币型	0	日期时间型	空
浮点型	0	逻辑型	.F.
整型	0	备注型	空

【例 2.60】“空”值测试函数运算。

执行以下命令：

```
? EMPTY(.NULL.)
? EMPTY(123),  EMPTY("abc")
```

```
? EMPTY(0),  EMPTY("  "),  EMPTY ("")
? EMPTY(.F.),  EMPTY({    /  /  })
```

命令的运行结果如下：

```
.F.
.F. .F.
.T. .T. .T.
.T. .T.
```

4．值域测试函数 BETWEEN( )

函数格式：BETWEEN(<表达式 1>,<表达式 2>,<表达式 3>)

功能：判断<表达式 1>的值是否介于<表达式 2>和<表达式 3>之间，即当<表达式 1>的值大于等于<表达式 2>的值并且小于等于<表达式 3>的值时函数值为逻辑真 .T.，否则函数值为逻辑假 .F.。

说明：

（1）三个表达式的类型可以为数值型、字符型、日期型、日期时间型等任何具有大小可比性的数据类型。

（2）当<表达式 2>的值大于<表达式 3>的值时，函数值为假.F.。

（3）<表达式 2>的值和<表达式 3>的值中，只要有一个是空值（NULL），则函数值也为 NULL。

【例 2.61】 值域测试函数运算。

执行以下命令：

```
? BETWEEN(30,60,90),  BETWEEN(60,30,90),  BETWEEN(60,90,30)
? BETWEEN(60,.NULL.,90),  BETWEEN(60,30,.NULL.),  BETWEEN(60, .NULL.,.NULL.)
```

命令的运行结果如下：

```
.F. .T. .F.
.NULL. .NULL. .NULL.
```

5．数据类型测试函数 VARTYPE( )

函数格式：VARTYPE(<表达式>[,<逻辑表达式>])

功能：测试<表达式>值的数据类型，返回的大写字母代表数据类型，如表 2-7 所示。

表 2-7　返回的大写字母表示的数据类型

返回的大写字母	数据类型	返回的大写字母	数据类型
C	字符型或备注型	G	通用型
N	数值型、整型、浮点型、双精度型	D	日期型
Y	货币型	T	日期时间型
L	逻辑型	X	NULL 型
O	对象型	U	未定义

说明：

（1）若<表达式>是一个数组，则返回代表第一个数组元素的数据类型的大写字母。

（2）若<表达式>的值是 NULL，则根据<逻辑表达式>的值决定是否返回<表达式>的类型：若<逻辑表达式>值为.T.，则返回表达式被赋为 NULL 之前的值的数据类型对应的大写字母；若<逻辑表达式>值为.F.或省略，则返回大写字母 X 以表明<表达式>的值是 NULL。

【例 2.62】数据类型测试函数运算。

执行以下命令：

```
? VARTYPE("abc"),  VARTYPE(123),  VARTYPE($123)
? VARTYPE(.F.),  VARTYPE({^2015/11/20}),  VARTYPE(.NULL.)
m="123"
n=VAL(m)
? VARTYPE(m),  VARTYPE(n)
m=.NULL.
? VARTYPE(m),  VARTYPE(m,.T.)
? VARTYPE(k)
```

命令的运行结果如下：

```
C N Y
L D X
C N
X C
U
```

6. 条件测试函数 IIF( )

函数格式：IIF(<逻辑表达式>,<表达式 1>,<表达式 2>)

功能：测试<逻辑表达式>的值，若为逻辑真.T.，函数值为<表达式 1>的值；若为逻辑假.F.，函数值为<表达式 2>的值。

说明：

（1）<表达式 1>值的类型和<表达式 2>值的类型可以不同。

（2）此函数可以嵌套。

【例 2.63】条件测试函数运算。

执行以下命令：

```
cj=65
? cj,IIF(cj>=60,"及格","不及格")
x=-8
? x,IIF(x>0,"正数",IIF(x<0,"负数","0"))        &&IIF( )函数的嵌套
```

命令的运行结果如下：

```
65 及格
-8 负数
```

习　题

一、单项选择题

1. 以下选项中，（　　）不是 Visual FoxPro 命令的书写规则。

   A. 必须以一个动词开头　　B. 一行只能写一条命令，可以使用续行符“;”

   C. 标点符号必须为英文格式　　D. 英文字母必须用大写

2. 以下常量中，（　　）是合法的数值型常量。

A. 123　　B. 123+E456　　C. "123.456"　　D. 123*10

3. 数值型常量不能用（　　）表示。

A. 分数　　B. 小数　　C. 整数　　D. 科学记数法

4. 以下字符型常量 Hello,world! 的表示方法中，错误的是（　　）。

A. [Hello,world!]　　B. ' Hello,world! '

C. "Hello,world!"　　D. { Hello,world! }

5. 以下选项中，（　　）是正确的货币型常量。

A. 12.34　　B. $12.34　　C. ¥12.34　　D. $12.34E2

6. 日期型常量的严格格式为（　　）。

A. dd-mm-yy　　B. {^yyyy-mm-dd}

C. dd-mm-yyyy　　D. {^yyyy-dd-mm}

7. 逻辑型数据的取值不能是（　　）。

A. .T.或.F.　　B. .Y.或.N.

C. .T.或.F.，.Y.或.N.　　D. T 或 F

8. 变量是指运算过程中其（　　）允许变化的量。

A. 名称　　B. 存储区域　　C. 值　　D. 所占内存大小

9. 变量名中不能包括（　　）。

A. 字母　　B. 数字　　C. 汉字　　D. 空格

10. 以下选项中，（　　）是 Visual FoxPro 中的合法变量名。

A. AB7　　B. 7AB　　C. I　F　　D. "IF"

11. 以下选项中，（　　）不能作为 Visual FoxPro 中的变量名。

A. ABC　　B. P00　　C. 89T　　D. xyz

12. 以下选项中，（　　）不是常量。

A. abc　　B. "abc"　　C. 1.4E+2　　D. {^2015-10-01}

13. 设当前数据库文件中含有字段 NAME，系统中有一内存变量的名称也为 NAME，则命令?NAME 的显示结果是（　　）。

A. 内存变量 NAME 的值　　B. 字段变量 NAME 的值

C. 与该命令之前的状态有关　　D. 错误信息

14. 假定 M=[22+28]，则执行命令? M 后，屏幕将显示（　　）。

A. 50　　B. 22+28　　C. [22+28]　　D. 10

15. 分屏显示"变量名以 a 开头"的所有内存变量的命令为（　　）。

A. DISPLAY MEMORY LIKE a*　　B. DISPLAY MEMORY LIKE a?

C. LIST MEMORY LIKE a*　　D. LIST MEMORY LIKE a?

16. 删除"变量名不以 a 开头"的所有内存变量的命令为（　　）。

A. RELEASE ALL LIKE a*　　B. RELEASE ALL LIKE a?

C. RELEASE ALL EXCEPT a*　　D. RELEASE ALL EXCEPT a?

17. 以下选项中，（　　）是正确的数组定义语句。

A. DIMENSION　A(2,4,3)　　B. DIMENSION　A(2)　AB(2,3)

C. DIMENSION　A(2　3)　　D. DIMENSION　A(2),AB(2,3)

18. 使用 DECLARE 命令定义数组后，数组元素在没有赋值之前的数据类型是(　　)。

A. 无类型　　B. 字符型　　C. 数值型　　D. 逻辑型

19. 关于两个数组 A、B，以下语句中，会发生语法错误的是（　　）。

A. DIMENSION　A(2),B(2,3)　　B. DECLARE　A[2,3]　B[2]

C. ? A(2,1),B(2,1)　　D. STORE 12 TO A,B

20. 下面关于 Visual FoxPro 数组的叙述中，错误的是（　　）。

A. 用 DIMENSION 和 DECLARE 都可以定义数组

B. Visual FoxPro 只支持一维数组和二维数组

C. 一个数组中各个数组元素必须是同一种数据类型

D. 新定义数组的各个数组元素初值为.F.

21. ?10%-3 的结果为（　　）。

A. -1　　B. 1　　C. -2　　D. 2

22. 以下表达式中，值最大的是（　　）。

A. -4*2　　B. -4**2　　C. 4*3　　D. -4**3

23. 表达式 2*3^2+2*8/4+3^2 的值为（　　）。

A. 64　　B. 31　　C. 49　　D. 22

24. (2014-9-20)-(2014-9-10)+4^2 的结果是（　　）。

A. 26　　B. 6　　C. 18　　D. -2

25. 依次执行 VisualFoxPro="ABC"和 ABC=VisualFoxPro 命令后，再执行?VisualFoxPro+ABC 命令的结果是（　　）。

A. ABCABC　　B. VisualFoxProABC

C. VisualFoxProVisualFoxPro　　D. ABCVisualFoxPro

26. 已知 D1 和 D2 为日期型变量，下列 4 个表达式中非法的是（　　）。

A. D1-D2　　B. D1+D2　　C. D1+28　　D. D2-36

27. 以下四组表达式中结果是逻辑值.T.的是（　　）。

A. ' this ' $ 'this is a string'　　B. 'this' $ 'THIS IS A STRING'

C. 'this is a string' $ 'this'　　D. 'this' > 'this is a string'

28. 下面表达式中结果是逻辑值.F.的是（　　）。

A. 3>2　　B. "b">"a"

C. {^2016-10-01}>{^2015-10-01}　　D. .F.>.T.

29. 运算符“==”和“$”仅适用于（　　）数据。

A. 数值型　　B. 字符型　　C. 日期型　　D. 逻辑型

30. 假定 X=3，执行命令?X=X+1 的结果是（　　）。

A. 4　　B. 3　　C. .T.　　D. .F.

31. 假定 X＝2，Y＝5，执行下列运算后，能够得到数值型结果的是（　　）。

A. ? X=Y-3　　B. ? Y-3=X　　C. X=Y　　D. X+3=Y

32. “x 是小于 100 的非负数”用 Visual FoxPro 表达式表示为（　　）。

A. 0≤x<100　　B. 0<=x<100

C. 0<=x AND x<100　　D. 0<=x OR x<100

33. 设字段变量 job 是字符型，age 是数值型，能够表达“job 是教师且 age 不大于 35 岁”的表达式是（　　）。

A. job=教师 .AND. age<35　　B. job= "教师" .AND. age<35

C. job= "教师" .AND. age<=35　　D. job=教师 .AND. age<=35

34. 下列各表达式中，结果总是逻辑型的是（　　）。

A. 算术运算表达式　　B. 字符运算表达式

C. 日期运算表达式　　D. 关系运算表达式

35. 函数 ABS(−3.14)的值是（　　）。

A. −3.14　　B. 3.14　　C. −3　　D. 3

36. 函数 SIGN(−3.14)的值是（　　）。

A. 1　　B. −1　　C. 0　　D. 3.14

37. 函数 INT(−3.14)的值是（　　）。

A. −4　　B. 4　　C. −3　　D. 3

38. 函数 FLOOR(−3.14)的值是（　　）。

A. −4　　B. 4　　C. −3　　D. 3

39. 函数 PI( )的值是（　　）。

A. −3.14　　B. 3.14　　C. −3　　D. 3

40. 设有变量 pi=3.1415926，执行命令? ROUND(pi,3)的显示结果为（　　）。

A. 3.141　　B. 3.142　　C. 3.140　　D. 3.000

41. 逻辑判断式 ROUND(123.456,0)< INT(123.456)的结果是（　　）。

A. .F.　　B. .T.　　C. T　　D. F

42. 函数 SQRT(100)的值为（　　）。

A. 100　　B. −100　　C. 10　　D. 1

43. 函数 MOD(21,5)的值为（　　）。

A. 4　　B. −4　　C. 1　　D. -1

44. 函数 LOWER("FoxPro")的值是（　　）。

A. FOXPRO　　B. FoxPro　　C. FoxPro　　D. FoxPro

45. 函数 UPPER("FoxPro")的值是（　　）。

A. FOXPRO　　B. FoxPro　　C. FoxPro　　D. FoxPro

46. 设 A = "abcd" + space(5)，B = "efgh"，则 A–B 的结果与下列（　　）选项的结果相同。

A. "abcd" + space(5)+ "efgh"　　B. "abcd" + "efgh"

C. "abcd" + "efgh" + space(5)　　D. "abcd" + "efgh" + space(1)

47. 有如下命令序列：

```
STORE  "456   "  TO  X
STORE  "123   " + X  TO  Y
STORE  TRIM(Y-"789")  TO  Z
```

执行上述命令后，Z 的值为（　　）。

A. "123456789"　　B. "123　456789"

C. "123456　789"　　D. "123　456　789"

48. 函数 OCCURS("DB","DB　DBS　DBMS")的值是（　　）。

A. 0　　B. 1　　C. 2　　D. 3

49. 设 X="ABC"，Y="ABCD"，则下列表达式中值为.T.的是（　　）。

A. X=Y　　B. X= =Y　　C. X$Y　　D. AT(X,Y)=0

50. 命令? AT("大学","天津科技大学")的显示结果是（　　）。

A. 3　　B. 5　　C. 7　　D. 9

51. 函数 STUFF("FoxProFoxPro",1,6,"Visual")的值是（　　）。

A. FoxProFoxPro　　B. VisualVisual　　C. FoxProVisual　　D. VisualFoxPro

52. 函数 CHRTRAN("VisualFoxPro","Visual","FoxPro")的值是（　　）。

A. FoxProFoxPro　　B. VisualVisual　　C. FoxProVisual　　D. VisualFoxPro

53. 函数 LIKE("FoxPro","FoxPro")的值是（　　）。

A. .T.　　B. .F.　　C. FoxPro　　D. FoxPro

54. 函数 STR(10/3,5,3)值的类型为（　　）。

A. 数值型　　B. 字符型　　C. 日期型　　D. 逻辑型

55. 函数 VAL("3."+ "14")值的类型为（　　）。

A. 数值型　　B. 字符型　　C. 日期型　　D. 逻辑型

56. 下列选项中得不到字符型数据的是（　　）。

A. DTOC(DATE())　　B. TTOC(DATETIME())

C. STR(123.456,6,2)　　D. AT("1","123")

57. 设 X=123，Y=456，Z="X+Y"，则表达式 6+&Z 的值为（　　）。

A. "6+X+Y"　　B. "6X+Y"　　C. 585　　D. 123462

58. 设 Number="2"，File="File"+Number，则&File 的结果为（　　）。

A. File2　　B. "File2"　　C. FileNumber　　D. "FileNumber"

59. 函数 BETWEEN(20,2*5,5*6)的值为（　　）。

A. .F.　　B. .T.　　C. 10　　D. 30

60. 已知 X="3"，Y="5"，Z=VAL(X-Y)，则 IIF(Z>0,1,IIF(Z=0,0,-1))的值为（　　）。

A. 1　　B. 0　　C. -1　　D. -2

二、填空题

1. Visual FoxPro 的常用数据类型有：字符型，用字母________表示；数值型，用字母________表示；日期型，用字母________表示；逻辑型，用字母________表示等。

2. 字符型常量是用定界符括起来的字符串。字符型常量的定界符有英文半角的________、________和________三种。

3. 2015 年 9 月 1 日用严格的日期格式表示为________。

4. Visual FoxPro 中的数组元素下标值从________开始。

5. 显示所有当前内存变量的命令是________。

6. 删除当前内存中的所有内存变量的命令是________。

7. 删除所有以字母 a 开头的内存变量的命令是________。

8. 表达式"Word" $ "World Wide Web"的值为________。

9. 设 a=3,b1="FoxPro",b2="Fox",则 a>1 .AND. b1$b2 的值为________。

10. “专业”为字符型，“VF 成绩”为数值型，则表示“软件工程专业中 VF 成绩不及格（<60）或者优秀（>=90）”的表达式为________。

11. “年龄”为数值型，“性别”为字符型（男，女），表示“中年（45 岁至 59 岁）男性”的表达式为________。

12. ? ROUND(123.456,2)的显示结果为________，? ROUND(123.456,-2)的显示结果为________。

13. 设 X=-100，则 SIGN(X)*SQRT(ABS(X))的值为________。

14. MAX(10,20,30)的值为________，MIN(10,20,30) 的值为________。

15. AT("=","a+b=c")的值为________，AT("等于","a 加 b 等于 c")。

16. LEN(TRIM("国庆"+"假期□□"))的结果为______，LEN(TRIM("国庆□□"+"假期"))的结果为______。（□表示一个空格）

17. LEN(LTRIM("□□国庆"+"假期□□"))的结果为________，LEN(ALLTRIM("□□国庆"+"假期□□"))的结果为________。（□表示一个空格）

18. LEN(SPACE(6)-SPACE(5))的值是________。

19. 已知 X=LEN("数据库"), Y=LEN("DB"), 则 LEFT("123456789",X)的值为________，RIGHT("123456789",Y)的值为________，SUBSTR("123456789",X,Y)的值为________。

20. 函数 DATE( )的功能为________，TIME( )的功能为________，DATETIME( )的功能为________。

21. 设 A={^2015/03/15 02:08:30 PM}，则 YEAR(A), MONTH(A), DAY(A), HOUR(A), MINUTE(A), SEC(A)的值分别为________，________，________，________，________，________。

22. 函数 CTOD( )的功能为________，DTOC( )的功能为________，CTOT( )的功能为________,TTOC( )的功能为________。

23. ISNULL(.NULL.)的值为________，EMPTY(.NULL.)的值为________；ISNULL(0)的值为________，EMPTY(0)的值为________；ISNULL("")的值为________，EMPTY("")的值为________。

24. ?VARTYPE("56")的结果为_______；?VARTYPE(56)的结果为_______；?VARTYPE("5>6")的结果为_______；?VARTYPE(5>6)的结果为_______；?VARTYPE({^2016/05/06}-365)的结果为________；? VARTYPE(.F.)的结果为________；? VARTYPE(.NULL.)的结果为________。

25. 若 x=-8，则?IIF(x>=0,x,ABS(x))的结果为________。

三、简答题

1. 简述 Visual FoxPro 中命令的组成结构。

2. 简述 Visual FoxPro 中主要有哪些数据类型，各用哪个大写字母表示。

3. 简述内存变量和字段变量的区别。
4. 简述?和??命令的区别。
5. 简述 LIST 和 DISPLAY 命令的区别。
6. 简述通配符*和?的区别。
7. 简述字符串连接符+和-的区别。
8. 简述字符串比较符=和==的区别。
9. 简述函数 ISNULL( )和 EMPTY( )的区别。

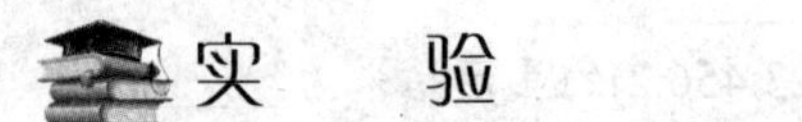

实　验

实验目的

1. 熟悉在命令窗口中执行命令的方法。
2. 了解 Visual FoxPro 的数据类型及其常量的表示方法。
3. 掌握变量的基本操作。
4. 掌握运算符和表达式的基本操作。
5. 掌握函数的功能和使用方法。

实验内容

一、数据类型和常量

使用【?】，测试以下哪些是正确的常量，并观察其输出。

1. 字符型

```
'天津'        "天津"          [天津]          "天津"              [天津"科技大学]
'天津'科技大学       'I'am a student"    '天津科技大学"      天津""12345""
```

2. 数值型

```
-1234        6         1.2345E3        1.2345E-3         1/5        e         π
```

3. 货币型

```
$1234.56789012   $123456789012   $1.234E-3   ($不支持科学记数法)   ¥1234.56789012
```

4. 日期型

```
{2016/2/25}  {^2016/2/25} {^2016-2-25} {^2016.2.25} {^2016 2 25} {2/25/2016}
```

5. 日期时间型

```
{^2016/2/25 8:25:30}  {^2016/2/25 18:25:30} {^2016/2/25 8:25:30P} {^2016/2/25
8:25:30A}
```

6. 逻辑型

```
.T.   .F.   .t.   .f.   T   F   .Y.   .N.   .y.   .n.   Y   N   真   假   True   False
```

二、变量的基本操作

1. 在命令窗口中执行命令，判断以下字符串哪些可以作为正确的变量名。

```
xm      姓名 name      Dept_3      2xm      xing*name       xing-name
for     while          list(注意：Visual FoxPro 关键字可以作为变量名，但不推荐使用)
```

例如：xm="李爱国"

```
?xm
```

2. 在命令窗口执行以下命令，判断输出 abc 的数据类型和值，尝试清屏命令。

```
clear                       &&清空屏幕
abc=123
abc="天津科技大学"
?abc
```

3. 在命令窗口执行以下命令，判断各变量的数据类型，注意?和??的区别。

```
clear
a=123
b=.T.
c={^2016-2-25}
d="天津科技大学"
e={^2016-2-25 12:21:30}
STORE 1234 TO f,g
STORE $1234.56789012 to h
STORE 3*5 TO i,j
?a,b,c,d,e,f,g,h,i,j
a="天津"
b=[F]
??"a=",a,"b=",b            &&注意 ? 和 ?? 的区别
```

4. 运行 LIST MEMORY、DISPLAY MEMORY，观察其输出的区别。

```
List Memory
List Memory Like *
List Memory Like A*
Display Memory
Display Memory Like *
Display Memory Like A*
```

5. 执行以下命令，观察 Clear Memory 的作用。

```
Clear Memory
List Memory Like *
```

6. 一维数组的定义、赋值、使用。

```
DIMENSION a(5)
a=111
?a(1),a(2),a(3),a(4),a(5)
a(1)=10
a(2)="天津"
a(5)=50
?a,a(1),a(2),a(3),a(4),a(5)          &&此处 a 到底是输出哪个元素
LIST MEMORY LIKE *
```

7. 二维数组的定义、赋值、使用，观察 Clear Memory 的作用。

```
clear
CLEAR MEMORY                                        &&清除所有内存变量
Declare  b(3,4)
b=111
b(1,1)=234
b(2,2)="天津"
b(3,3)={^2016-2-25}
?b(1,1),b(2,2),b(3,3)
?b                                                  &&此处 b 到底是输出哪个元素
LIST MEMORY LIKE *
```

三、运算符和表达式的使用

1. 执行以下命令，观察其输出结果。

```
clear
?3+4,  5-4
?15/4,  15/3,  15.6/3
?15%4,  -15%4,  15%-4,  -15%-4
?36^0.5,  64**0.5,  3^3,  -4^2
?(3+8)/2^2 + 12.5
?{^2016-2-25}-{^2015-2-25}
?{^2016-2-25 18:20:10}+20
```

2. 编写算术表达式表示以下数学表达式，执行并输出结果。

已知 x=3，y=4，计算 $\frac{\sqrt{x^2+y^2}}{2xy}$。

3. 计算字符表达式的结果。

```
?"天津科技大学   " + "计算机学院"
?"天津科技大学   " - "计算机学院" + "宁老师"
```

4. 运行以下命令，并分析关系表达式。

```
clear
?3>-3, 3<-3,    3<=3,    3>=4
?3=4,  4=4,     4==4,     "abc"="ab",     "abc"=="ab"
?4!=4, 4<>4,    3<>4
?{^2016-2-25}>{^2015-2-25},  "800">"100",  "8">"100"
?"Tianjin" $ "China Tianjin", "Tianjin" $ "China Tian  jin",;
"tianjin" $ "China Tianjin"          &&注意大小写
```

5. 运行以下命令，并分析逻辑表达式。

```
?3>2 and not 5<6 and .t.
x=2000
?x>=10 and x<=100
?x>=10 .and. x<=20 or x>=100 or not x>=0
? x%5=0 and x%6!=0
```

6. 已知 y=2000，如果 y 能被 4 整除但是不能被 100 整除，或者能被 400 整除，那么 y 是闰年。编写 y 是否闰年的表达式，输出判断结果。

7. 已知 y=50，编写判断 y 在[100,200]区间的逻辑表达式，输出判断结果。

四、常用函数练习

计算下列函数或表达式的值，使用?显示值。

1. 数值函数

（1）已知 x=100

ABS(-30)　　ABS(60-100)　　ABS(x-1000)

SIGN(50)　　SIGN(-50)　　SIGN(x-300)　　SIGN(x)

SQRT(x)　　SQRT(16)　　SQRT(51.55)

（2）已知 r=10

PI()*r*r

（3）已知 x=123.4567

INT(x)　　INT(-x)　　INT(0.56)

FLOOR(x)　　FLOOR(-x)　　FLOOR(0.56)

ROUND(x,2)　　ROUND(x,1)　　ROUND(x,0)　　ROUND(x,-1)

（4）MOD(15,4)　　MOD(-15,4)　　MOD(15,-4)　　MOD(-15,-4)

&&比较%与 MOD()的区别

（5）MAX(10,20,30,40,50)　　MIN(10,20,30,40,50)

MAX("abc","abcd","abcde")　　MIN("abc","abcd","abcde")

MAX({^2016-2-25}，{^2014-2-25}，{^2015-2-25})

2. 字符串函数

（1）LEN("abcde")　　LEN("中国人")　　LEN("a　　b")　　LEN("")

（2）LOWER("Tian　Jin")　　UPPER("Tian　Jin")　　LOWER("中国　Tian　Jin")

（3）"中国" + SPACE(10)+ "天津"　　LEN(SPACE(10))

（4）"x"+ TRIM("　abc　　") + "x"　　"x"+ LTRIM("　abc　　") + "x"

"x"+ ALLTRIM("　abc　　") + "x"

（5）LEFT("abcdefgh",3)　　RIGHT("abcdefgh",3)

SUBSTR("abcdefgh",3,3)　　SUBSTR("abcdefgh",3)　　SUBSTR("abcdefgh",10)

SUBSTR("中国人",3,2)　　SUBSTR("中国",2,1)

（6）OCCURS("ab","0ab0ab0abaab")　　OCCURS("abc","0ab0ab0abaab")

（7）AT("ab","0ab0ab0abaab",1)　　AT("ab","0ab0ab0abaab",2)

（8）STUFF("abcdefgh",2,4,"xx")　　STUFF("abcdefgh",2,0,"xx")　　STUFF("abcdefgh",2,4,"")

3. 日期时间函数

DATE()　　TIME()　　DATETIME()

YEAR({^2014-2-25})　　MONTH(DATE())　　DAY(DATE())

HOUR(DATETIME())　　MINUTE(DATETIME())　　SEC(DATETIME())

4. 转换函数

（1）STR(123.456789,6,2)　STR(123.456789,5,2)　STR(10/3,6,3)　STR(123.456789,8,2)

VAL("56.78")　VAL("-56.78")　VAL("56aa.78")　VAL("aa56.78")

CTOD("2-13-2014")　CTOT("2-13-2014 16:25:30")

DTOC(DATE())　TTOC(DATETIME())

（2）宏替换函数。运行以下命令，分析其结果。

```
x="123"                    &&注意，宏变量中必须两边有 "…"
?&x
x="234"
?&x+100
?x+"100"
```

5. 测试函数

（1）LIKE("ab*","abc")　LIKE("ab?","abc")　LIKE("ab??","abc")　LIKE("ab","abc")

BETWEEN(20,10,30)　BETWEEN(20,10,20)

BETWEEN(20,10,15)　BETWEEN(20,30,10)

BETWEEN(20,null,10)　BETWEEN(20,null,30)

BETWEEN(20,10,null)

（2）运行以下命令，分析其结果。

```
x1=1.23
x2=0
y1="abc"
y2="   "
y3=""
z=.NULL.
?VARTYPE(x1), VARTYPE(y1), VARTYPE(z)
?ISNULL(x2), ISNULL(y2), ISNULL(y3), ISNULL(z)
?EMPTY(x2), EMPTY(y2), EMPTY(y3), EMPTY(z)
?ISNULL(x1), ISNULL(y1)
?EMPTY(x1), EMPTY(y1)
x=20
y=5
?IIF(x>10,x,-x)  IIF(y>10,y,-y)
```

第 3 章

表的基本操作 ‹‹‹

本章资源

数据表是存放在外部文件中相关数据的集合。在 Visual FoxPro 中，存放在数据库中的数据表称为数据库表，未存放在数据库中的表称为自由表。本章介绍不依赖于数据库而独立存在的自由表，以及与自由表有关的操作。

3.1 基本概念

表 3-1～表 3-4 列出了本教材所涉及的 4 个数据表中的部分数据。

表 3-1 xuesheng.dbf

学号	姓名	性别	出生日期	专业	生源地	民族	政治面貌	入学成绩	贷款金额	交费	照片	备注
13011101	巴博华	男	1995-9-9	机械工程	北京	汉族	团员	379.00	0	.F.		
13011102	张晓民	女	1996-11-9	机械工程	北京	汉族	团员	530.00	30000	.T.		
13011103	许志华	男	1995-6-12	机械工程	北京	汉族	党员	507.00	10000	.T.		
13011104	车鸣华	男	1996-1-10	机械工程	北京	汉族	团员	441.00	0	.T.		
13011105	高森华	男	1996-5-28	机械工程	北京	汉族	党员	536.00	40000	.T.		
13011106	何唯华	男	1995-8-2	机械工程	北京	汉族	团员	370.00	30000	.T.		
13011107	惠文民	女	1996-6-18	机械工程	云南	汉族	团员	422.00	30000	.T.		
13011108	景婷民	女	1995-10-22	机械工程	辽宁	藏族	团员	571.00	50000	.T.		

表 3-2 teacher.dbf 表

教师号	姓名	性别	出生日期	学院	职称	专业方向	工龄
80003	宁军华	男	1970-07-17	机械工程学院	教授	机械电子工程	17
80005	宋卿民	女	1970-03-20	机械工程学院	教授	车辆工程	17
80006	宋鹏华	男	1969-08-20	机械工程学院	副教授	机械设计制造及其自动	18
80008	李民	女	1969-04-09	机械工程学院	副教授	材料成型及控制工程	18
80009	李扣华	男	1970-12-11	机械工程学院	副教授	工业工程	17
80010	杨磊民	女	1968-03-05	机械工程学院	副教授	工业设计	18

表 3-3 kecheng.dbf

课程号	教师号	课程名	课时	学分	校区
10010203101	80109	C 语言	60	3	泰达
10010303101	80038	VB 语言	40	2	泰达
10012303101	80008	VF 语言	60	3	泰达
10012303102	80008	VF 语言	60	3	泰达西院
10020101106	91047	计算机辅助设计	40	2	泰达
10020101107	91103	计算机辅助设计	40	2	泰达

表 3-4 chengji.dbf

课程号	学号	成绩
10010203101	13011101	93
10010203101	13011102	52
10010203101	13011103	74
10010203101	13011104	81
10010203101	13011105	78
10010203101	13011106	97
10010203101	13011107	96
10010203101	13011108	94

观察表 3-1～表 3-4 数据表可以看出，数据表中的每一行描述同一对象的不同属性，称为一条记录。每一列描述的是不同对象的同一属性，称为字段或属性。例如，表 3-1 中每一行描述的是一名学生的基本情况。而每一列如“学号”“姓名”等称为“学号”字段、“姓名”字段。而每个字段的最顶端所描述的是该字段的名称，称为字段名，如“学号”“姓名”等。数据表中字段名、字段类型、字段的长度构成了数据表的结构。

1. 字段、字段名、字段值

（1）字段：数据表中的每一列称为一个字段。

（2）字段名：数据表每一列中第一行显示的名称称为字段名。在 Visual FoxPro 中，字段名必须以字母或汉字开头，由字母、汉字、数字或下画线组成。自由表的字段名长度一般不超过 10 个字符，数据库表的字段名最多可以达到 128 个字符。例如，你好、xue_1、a1 等都是合法的字段名，而 123、_aaa 等都不是合法的字段名。

（3）字段值：数据表中每一列除首行外其余内容是该字段的一个具体的值。如“男”“女”为性别字段的值。

2. 字段类型

在 Visual FoxPro 中所有字段都有相应的类型，字段类型说明字段允许的值和值的范围，并且决定数据的存储方式和使用方式。常用的字段类型有：字符型（Character）、数值型（Numeric）、日期型（Date）、逻辑型（Logical）、备注型（Memory）、通用型（General）。在创建表时根据字段的取值来确定该字段的字段类型，如表 3-1 中“姓名”字段中存放的是每名学生的名称，可以确定该字段是字符型，而出生日期字段则应该是日期型。

3. 字段宽度

在数据表中，每一个字段可以取类型相同的不同值，但同一字段的所有字段值的宽度都相同，该宽度称为字段宽度。不同字段类型的宽度是不同的。

（1）字符型字段的宽度应小于等于 254 个字符，超过 254 个字符的文本应使用备注型字段的备注文件存储。

（2）浮点型和数值型字段的宽度=整数位数+小数位数+1（小数点），但字段宽度不能超过 20 B，有效位数是 16 位。

（3）其余字段的字段宽度由系统规定，不需要用户设置。

分析先前给出的 4 个数据表，可以得到 4 个表的结构，如表 3-5～表 3-8 所示。

表 3-5 xuesheng.dbf 表结构

字　段	字 段 名	类　型	宽　度	小数位数
1	学号	字符型	8	
2	姓名	字符型	20	
3	性别	字符型	2	
4	出生日期	日期型	8	
5	专业	字符型	20	
6	生源地	字符型	8	
7	民族	字符型	20	
8	政治面貌	字符型	10	
9	入学成绩	数值型	7	2
10	贷款金额	整型	4	
11	交费	逻辑型	1	
12	照片	通用型	4	
13	备注	备注型	4	

表 3-6 teacher.dbf 表结构

字　段	字 段 名	类　型	宽　度	小数位数
1	教师号	字符型	5	
2	姓名	字符型	20	
3	性别	字符型	2	
4	出生日期	日期型	8	
5	学院	字符型	20	
6	职称	字符型	8	
7	专业方向	字符型	20	
8	工龄	整型	4	

表 3-7 kecheng.dbf 表结构

字　段	字 段 名	类　型	宽　度	小数位数
1	课程号	字符型	12	
2	教师号	字符型	5	
3	课程名	字符型	20	
4	课时	整型	4	
5	学分	整型	4	
6	校区	字符型	8	

表 3-8　chengji.dbf 表结构

字　段	字段名	类　型	宽　度	小数位数
1	课程号	字符型	12	
2	学号	字符型	8	
3	成绩	数值型	7	2

3.2 表的创建

在创建数据表时，我们重点关注数据表的名称、结构和具体的表记录，可以使用表向导、表设计器和命令的方式创建表。

3.2.1 创建表结构

在 Visual FoxPro 中可以采用多种方法来创建表结构：用表向导创建表、用表设计器创建表、用命令创建表。

1. 用表向导创建表

（1）执行“文件→新建”菜单命令，打开“新建”对话框，如图 3-1 所示。

（2）在“新建”对话框中，选择“表”单选按钮，单击“向导”按钮，打开“选择字段”（Select Fields）对话框，如图 3-2 所示。在“样本表”（Sample Tables）列表框中选取 Visual FoxPro 所提供的样表，在“可用字段”（Available Fields）列表框中选取所需字段，单击“下一步”（Next）按钮。

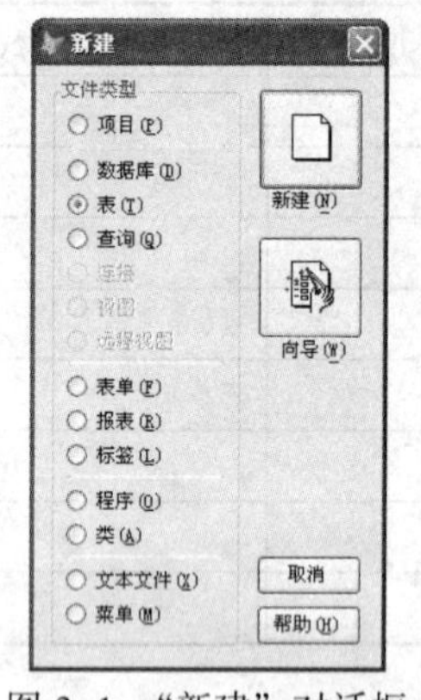

图 3-1　“新建”对话框

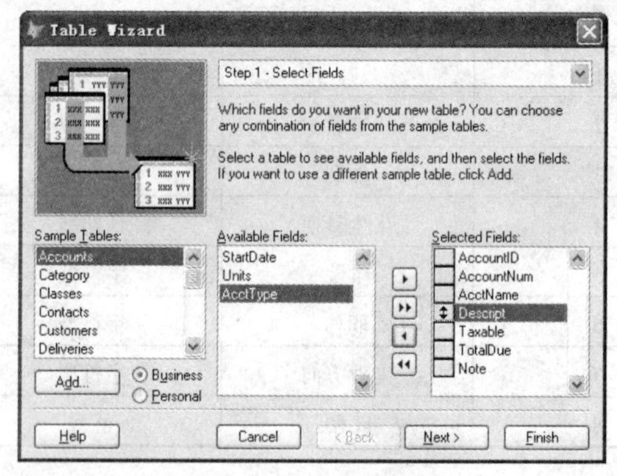

图 3-2　选取字段

（3）在打开的对话框中，选择创建自由表还是将数据表添加到数据库中，如图 3-3 所示。

（4）单击“下一步”按钮，在打开的对话框中设置字段属性，如修改字段名、类型、宽度等，如图 3-4 所示。

（5）单击“下一步”按钮，打开对话框，如图 3-5 所示，为所建立的数据表建立索引。

（6）单击“下一步”按钮，打开对话框，如图 3-6 所示，选择表的保存方法，单击“完成”（Finish）按钮。打开“另存为”对话框，指定文件名并确定文件的保存位置，并保存。

利用表向导工具创建表就是选择一个与系统所提供的数据表类似的样表，可以从中挑选出所需的部分字段，再根据实际需要修改或直接采用原有字段，最后保存文件。相比这种方法，Visual FoxPro 中还允许用户根据需要创建有别于样表的数据表。

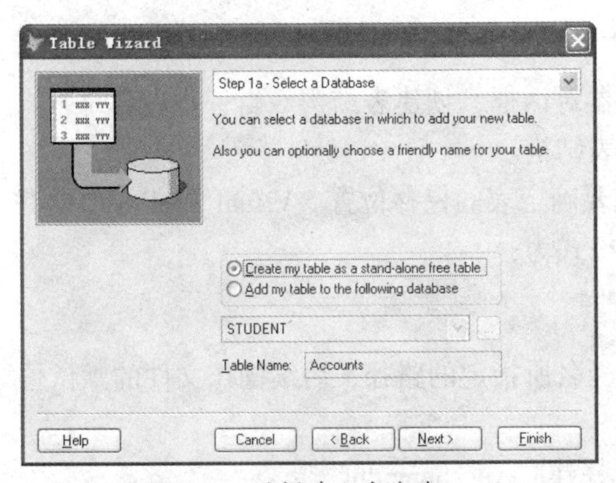

图 3-3 选择建立自由表

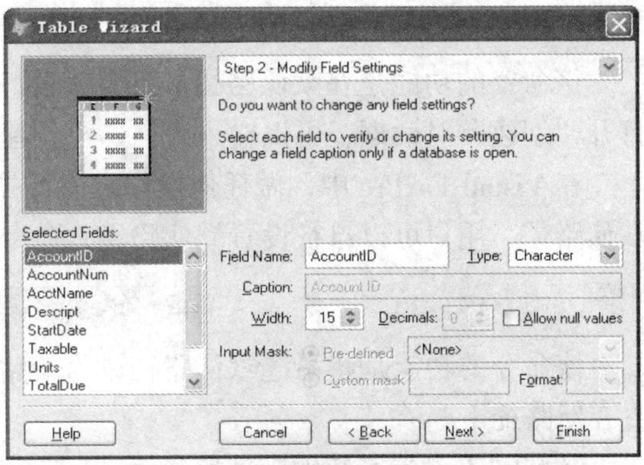

图 3-4 修改字段属性

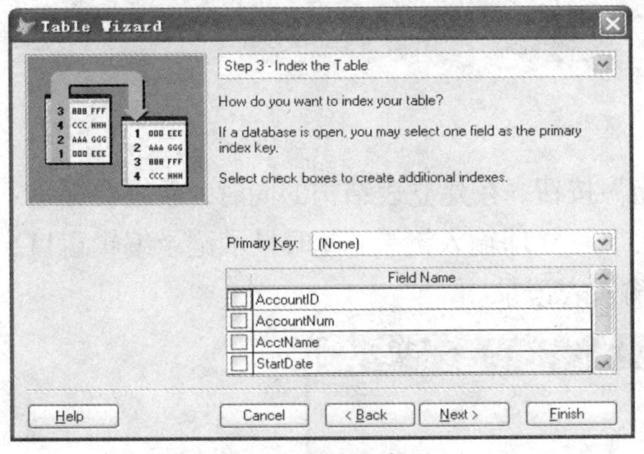

图 3-5 表的主索引

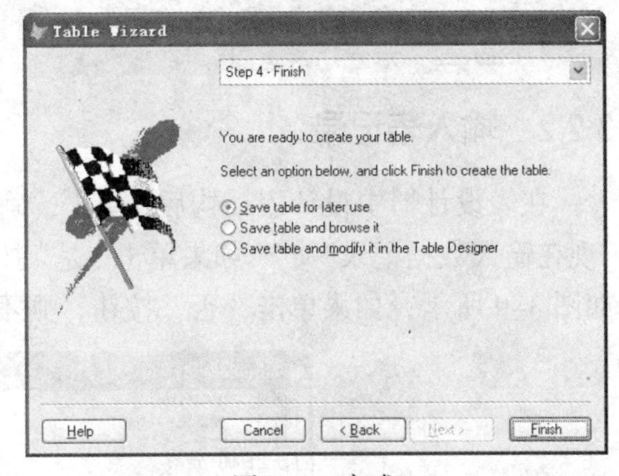

图 3-6 完成

2. 用表设计器创建表

执行“文件→新建”菜单命令，在“新建”对话框中选择“表”单选按钮，单击“新建”按钮，打开“创建”对话框，如图 3-7 所示。

在“创建”对话框中，选择表的保存位置，输入表名。在 Visual FoxPro 中数据表的扩展名为.dbf。单击“保存”按钮，打开“表设计器”对话框，如图 3-8 所示。在对话框中输入表结构的相关信息，单击“确定”按钮，就可以完成表结构的设置。

图 3-7 “创建”对话框

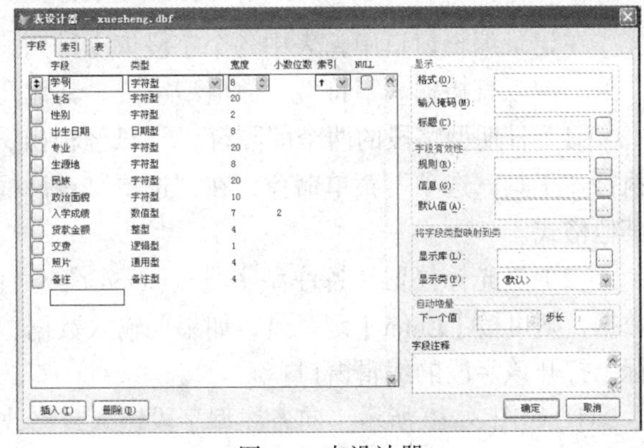

图 3-8 表设计器

3. 用命令方式创建表

创建表的命令格式为：

```
CREATE <表名>
```

该命令的功能是在默认路径下打开表设计器对话框，创建表结构。当省略表名时，将打开“创建”对话框，可以输入表名，再创建表结构。

在 Visual FoxPro 中，做任何操作之前首先要确定表的保存位置。Visual FoxPro 预设有默认路径。用户可以自行设置默认路径，命令格式为：

```
SET DEFAULT TO 新路径名
```

该命令的功能是将系统默认路径设为新路径名所指定的路径，后续操作文件的默认位置在新路径下。

【例 3.1】 设置系统的默认路径为“E:\”，并建立 xuesheng.dbf。

```
SET  DEFAULT  TO  E:\
CREATE  xuesheng.dbf
```

3.2.2 输入表记录

在表设计器中设计表结构后，单击“确定”按钮，在建立表结构的同时，系统会提示：“现在输入数据记录吗？”如果单击“是”按钮，可立即输入记录，此时显示记录编辑窗口，如图 3-9 所示；如果单击“否”按钮，则不输入表记录。

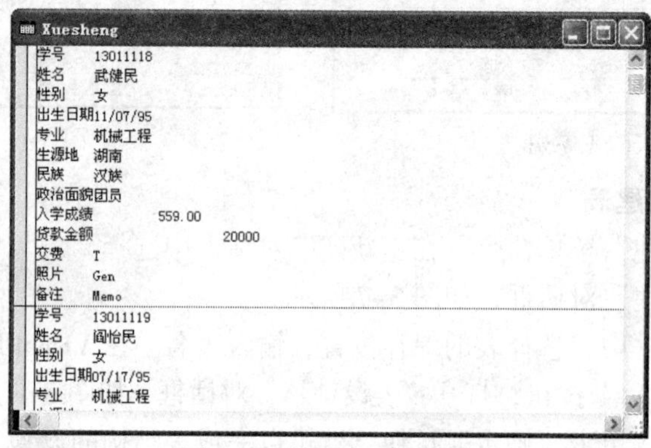

图 3-9 表记录编辑窗口

在记录编辑窗口中，表中各个字段依次排列，字段名右侧文本区的宽度与表结构定义一致，可以直接输入字符型、数值型字段。其他几种类型的字段的输入方法如下：

（1）日期型字段的两个间隔符“/”已经标出，默认日期格式为 mm/dd/yy。也可以通过执行“工具→选项”菜单命令，在“选项”对话框的“区域”选项卡中将日期格式设置为其他格式。

（2）当光标停留在备注型字段（memo）或通用型（gen）字段区域时，如果不想输入数据，则可按【Enter】键跳过；如果要输入数据，可以按【Ctrl+PgDn】组合键或者双击鼠标，打开该字段的编辑窗口。

① 如图 3-10 所示，向备注型字段输入或修改文本信息。

② 如图 3-11 所示，向通用型字段输入或修改多媒体信息。从绘图工具中复制并粘贴图片，或者执行“编辑→位图图像对象→编辑”菜单命令，在其中绘制图像，或者执行“编辑→位图图像对象→打开”菜单命令，打开“绘图”工具，修改图像。

图 3-10 备注字段编辑

图 3-11 通用字段编辑

（3）编辑完成后，按【Ctrl+W】组合键，内容会存储在相应的.fpt 文件中，存储后的 memo 或 gen 的首字母显示为大写。如果想放弃本次输入或修改操作，则按【Esc】键或【Ctrl+Q】组合键。

3.3 在工作区中打开及关闭表

用户在操作数据表之前，必须先打开数据表，将数据表文件从磁盘中读入内存，此时并不显示记录；而操作数据表文件结束后，要及时关闭数据文表，以防数据丢失。打开一个新数据表时，原来打开的数据表会自动关闭。

3.3.1 打开表

在 Visual FoxPro 中，可以使用菜单方式或命令方式打开表。

1. 菜单方式

执行“文件→打开”菜单命令，在“打开”对话框中，如图 3-12 所示，选择路径及打开的数据表，单击“确定”按钮就可以打开表。

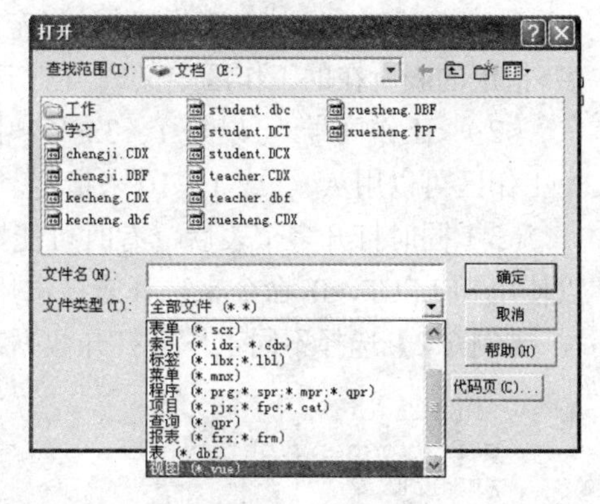

图 3-12 “打开”对话框

2. 命令方式

打开表的命令格式：

```
USE <文件名> [SHARED|EXCLUSIVE|NOUPDATE]
```

说明：

（1）命令的功能是打开当前路径下的数据表。

（2）打开数据表时，若该数据表中含有备注型或通用型字段，则自动打开与表文件主名相同的.fpt 文件。

（3）SHARED 选项表示以共享的方式打开表；EXCLUSIVE 选项表示以独占的方式打开表；NOUPDATE 选项以只读的方式打开表。3 种方式均为可选项，当要修改数据表结构或物理删除表中的记录时，必须使该数据表处于独占方式，否则系统不允许进行修改或删除操作。

3.3.2 关闭表

在 Visual FoxPro 中，可以使用菜单方式或命令方式关闭表。

1. 菜单方式

执行“文件→退出”菜单命令，在关闭 Visual FoxPro 的同时，关闭数据表。

2. 命令方式

关闭数据表的命令格式：

```
USE
```

3.3.3 工作区

在 Visual FoxPro 中，最多可以同时打开 32 767 个数据表，每个打开的数据表都在存储器中开辟一个独立的存储区域，这个存储区域被称为工作区。所以 Visual FoxPro 为数据表提供了 32 767 个工作区。并且允许在每个工作区中打开不同数据表。

改变当前工作区的命令格式：

```
SELECT  <工作区号>|<数据表名>
```

说明：

（1）命令功能：将<工作区号>指定的工作区定义成当前工作区，或将打开的<数据表名>指定的表所在的工作区定义成当前工作区。

（2）<工作区号>可以是 1～32 767 中任意自然数，也可以用字母定义工作区号，前 10 个工作区可以用 A～J 或 1～10 来指定。

（3）同时打开多个表后，有时可能搞不清楚在哪些工作区中已经打开数据表，此时可以使用 SELECT 0 命令来选择未被占用的最小工作区为当前工作区。

【例 3.2】选择不同工作区打开数据表文件。

```
SELECT  A
USE xuesheng.dbf
SELECT  2
USE  chengji.dbf
SELECT  K
USE kecheng.dbf
```

3.4 表结构的操作

3.4.1 显示表结构

对于建立的数据表可以使用菜单和命令和方式显示表结构。

1. 菜单方式

打开表后，执行“显示→表设计器”菜单命令，如图 3-13 所示。打开“表设计器”对话框，如图 3-14 所示。

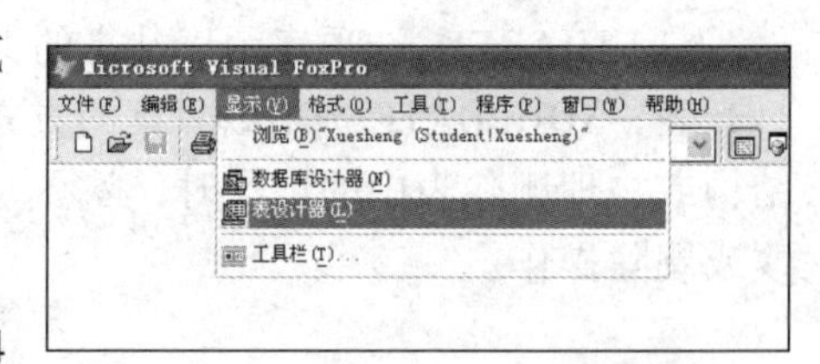

图 3-13 “表设计器”菜单命令

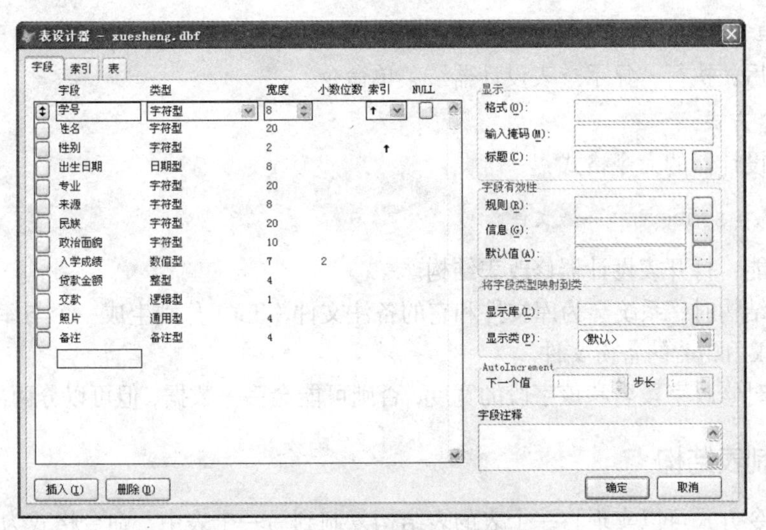

图 3-14 “表设计器”对话框

2. 命令方式

在 Visual FoxPro 中，显示表结构的命令格式如下：

```
LIST  STRUCTURE
DISPLAY  STRUCTURE
```

说明：

（1）命令功能是显示打开表的表结构。

（2）使用命令方式显示表结构时，显示的信息有文件路径、文件名、记录数、库文件最后修改日期、备注文件块大小和每个字段名、类型、宽度及小数位数。

（3）显示的记录总宽度为所有的字段宽度之和加一个字节，多出的一个字节用于存放记录的删除标志。

【例 3.3】使用命令方式显示 kecheng 表的表结构，并分析其结果。

```
USE kecheng
LIST STRUCTURE
```

运行结果如图 3-15 所示。

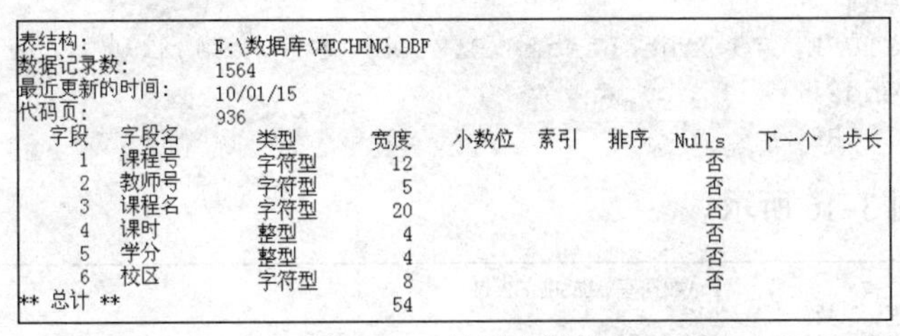

表结构: E:\数据库\KECHENG.DBF
数据记录数: 1564
最近更新的时间: 10/01/15
代码页: 936

字段	字段名	类型	宽度	小数位	索引	排序	Nulls	下一个	步长
1	课程号	字符型	12				否		
2	教师号	字符型	5				否		
3	课程名	字符型	20				否		
4	课时	整型	4				否		
5	学分	整型	4				否		
6	校区	字符型	8				否		
** 总计 **			54						

图 3-15 显示表结构

3.4.2 修改表结构

数据表建立后，有时需要增加、删除字段，修改字段名、字段类型、宽度、小数位数等，可以在表设计器中修改表结构。可以使用菜单方式或命令方式打开表设计器。

1. 菜单方式

打开表后，执行“显示→表设计器”菜单命令。

2. 命令方式

打开表设计器的命令格式：

```
MODIFY  STURCTURE <表文件名>
```

命令功能：打开表设计器修改表结构。

修改表结构时，系统会为库文件和它的备注文件（.fpt）分别生成一个与库文件同名而扩展名为.bak 和.tbk 的备份文件。

不能同时修改字段名和该字段的宽度，否则可能会丢失数据，但可以分两次进行修改。

3.4.3 复制表结构

使用命令方式可以实现将一个表的表结构复制到另一个表中，命令格式为：

```
COPY  STURCTURE  TO  <文件名>  [FIELDS  <字段名>]
```

说明：

（1）命令功能：将当前表的结构复制到指定文件中，仅复制表结构，不复制其中的表记录。

（2）<文件名>是指复制后产生的表名，该表只有结构，没有记录，新表产生后处于关闭状态。

（3）使用[FIELDS　<字段名>]子句，复制后新表的结构只包含指定字段，同时决定这些字段在新表中的排列次序。

（4）若省略[FIELDS　<字段名>]子句，则新表文件的结构与当前表相同。

【例 3.4】复制 xuesheng.dbf 表的结构到 xuesheng1.dbf 中。

```
USE  xuesheng
COPY  STRUCTURE  TO  xuesheng1
```

【例 3.5】将 xuesheng.dbf 中的学号、姓名、性别字段复制到 xuesheng2.dbf 中，并显示 xuesheng2.dbf 的表结构。

```
USE  xuesheng
COPY  STRUCTURE  TO  xuesheng2  FIELDS  学号,姓名,性别
USE  xuesheng2
LIST  STRUCTURE
```

运行结果如图 3-16 所示。

```
表结构:            E:\数据库\XUESHENG2.DBF
数据记录数:        0
最近更新的时间:    09/28/15
代码页:            936
  字段   字段名      类型      宽度  小数位  索引  排序  Nulls  下一个  步长
     1   学号        字符型       8                       否
     2   姓名        字符型      20                       否
     3   性别        字符型       2                       否
** 总计 **                       31
```

图 3-16　复制表结构

3.5 表记录的操作

3.5.1 记录指针

1. 记录指针定义

记录指针是表内部的一种标志。在建立数据表结构并输入记录后，系统会按照输入的先后顺序，给每一条记录赋予一个记录号。在系统内部，记录指针所指向的记录被称为当前记录，对于表记录的操作也使用记录指针定位。

在打开数据表时，记录指针自动指向第一条记录。如执行命令：USE xuesheng，运行结果如图 3-17 所示。表记录在文件中的存储位置如图 3-18 所示。记录指针可以在记录之间移动，以便定位当前记录。

Xuesheng (Student!Xuesheng)　　记录:1/1364　　独占

图 3-17　运行结果

文件首 BOF
第一条记录 TOP
第二条记录
……
第 *n* 条记录
……
最后一条记录 BOTTOM
文件尾 EOF

图 3-18　表记录示意

2. 定位记录指针

（1）记录指针绝对定位

命令格式：

```
GO |GOTO [RECORD]  <记录号>  |TOP|BOTTOM
```

说明：

① 命令功能：把记录指针定位到指定记录。

② GO 与 GOTO 命令的作用相同。

③ RECORD <记录号>：指定一个物理记录号，记录指针移动至该记录。

④ GO TOP：将记录指针定位到第一条记录。

⑤ GO BOTTOM：将记录指针定位到最后一条记录。

（2）指针记录的相对定位

命令格式：

```
SKIP <数值表达式>
```

说明：

① 命令功能：记录指针在数据表记录间移动。

② <数值表达式>：指定指针需要移动的记录数，若省略，则记录指针移到下一条记录，相当于 SKIP 1。

③ 当数值表达式为正值时，记录指针向表文件尾部移动，否则向表头移动。

3. 与文件相关的测试函数

下面介绍一些与文件指针及表相关的测试函数。

（1）表开始测试函数 BOF()

函数格式：BOF()

功能：如果记录指针指向表文件的开始位置，函数返回值为逻辑值.T.，否则为.F.。

（2）表结束测试函数 EOF()

函数格式：EOF()

功能：如果记录指针指向表文件的结束位置，函数返回值为逻辑值.T.，否则为.F.。

（3）当前记录号测试函数 RECNO()

函数格式：RECNO()

功能：返回打开数据表的当前记录号。

（4）记录数测试函数 RECCOUNT()

函数格式：RECCOUNT()

功能：返回当前数据表的记录条数，包括已作逻辑删除的记录，若打开的数据表没有记录，则返回值为 0。

【例 3.6】运行以下命令，观察运行结果。

```
USE  xuesheng
? BOF()          &&输出.F.
SKIP  2
? RECNO()        &&输出 3
? RECCOUNT()     &&输出 1363
? EOF()          &&输出.F.
SKIP  -3
? RECNO()        &&输出 1
GO  BOTTOM
? RECNO()        &&输出 1363
SKIP 1
? EOF()          &&输出.T.
```

3.5.2 浏览表记录

浏览表记录可以有“浏览”和“编辑”两种模式，具体方法为：

1. 菜单方式

打开数据表文件后，执行“显示→浏览”菜单命令，打开表文件浏览窗口，如图 3-19 所示，数据表的所有记录内容显示在窗口中。

此时，执行“显示→编辑”菜单命令，可以将浏览窗口转换成编辑窗口，如图 3-20 所示。

2. 命令方式

使用命令浏览表记录的方式有两种：

（1）方法一

命令格式：

```
BROWSE [FIELDS <字段名表>] [FOR <条件表达式 1>] [WHILE <条件表达式 2>]
```

说明:

① 命令功能：在浏览窗口中显示表记录。

② FIELDS <字段名表>：指定显示的字段。

③ FOR <条件表达式 1>：指定显示记录满足的条件，在指定范围内查找并显示所有满足<条件表达式 1>的记录。

④ WHILE <条件表达式 2>：从当前记录开始，逐一测试记录是否满足<条件表达式 2>，满足条件则显示该记录，遇到第一条不满足条件的记录时，就立刻停止并结束显示操作。

学号	姓名	性别	出生日期	专业	生源地	民族	政治面貌	入学成绩
13011101	巴博华	男	09/09/95	机械工程	北京	汉族	团员	379.00
13011102	张晓民	女	11/09/96	机械工程	北京	汉族	团员	530.00
13011103	许志华	男	06/12/95	机械工程	北京	汉族	党员	507.00
13011104	车鸣华	男	01/10/96	机械工程	北京	汉族	团员	441.00
13011105	高森华	男	05/28/96	机械工程	北京	汉族	党员	536.00
13011106	何唯华	男	08/02/95	机械工程	北京	汉族	团员	370.00
13011107	惠文民	女	06/18/96	机械工程	云南	汉族	团员	422.00
13011108	景婷民	女	10/22/95	机械工程	辽宁	藏族	团员	571.00
13011109	刘云民	女	07/25/95	机械工程	黑龙江	汉族	团员	438.00
13011110	刘欣民	女	11/21/95	机械工程	湖南	汉族	团员	473.00
13011111	刘越民	女	10/25/96	机械工程	湖南	藏族	团员	421.00
13011112	柳苹民	女	01/22/96	机械工程	湖南	汉族	团员	519.00
13011113	骆臻民	女	04/22/96	机械工程	湖南	汉族	团员	469.00

图 3-19 浏览窗口

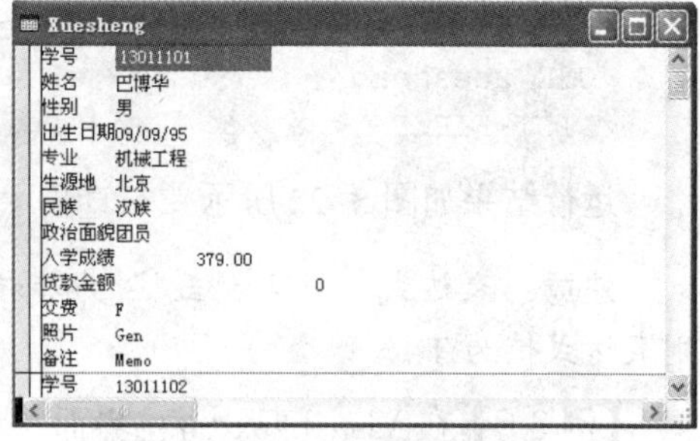

图 3-20 编辑窗口

【例 3.7】在浏览窗口中，浏览 xuesheng 表中所有汉族的男生的记录。

```
USE xuesheng
BROWSE FOR 民族="汉族" AND 性别="男"
```

浏览结果如图 3-21 所示。

学号	姓名	性别	出生日期	专业	生源地	民族	政治面貌	入学成绩	贷款金额
13011101	巴博华	男	09/09/95	机械工程	北京	汉族	团员	379.00	0
13011103	许志华	男	06/12/95	机械工程	北京	汉族	党员	507.00	10000
13011104	车鸣华	男	01/10/96	机械工程	北京	汉族	团员	441.00	0
13011105	高森华	男	05/28/96	机械工程	北京	汉族	党员	536.00	40000
13011106	何唯华	男	08/02/95	机械工程	北京	汉族	团员	370.00	30000
13011201	李东华	男	05/27/95	机械工程	吉林	汉族	团员	433.00	20000
13011202	王铖华	男	10/12/96	机械工程	广东	汉族	团员	522.00	20000
13011204	高迪华	男	12/19/95	机械工程	西藏	汉族	团员	463.00	10000
13011205	管莹华	男	03/23/96	机械工程	四川	汉族	团员	411.00	40000
13011206	贺玺华	男	07/14/96	机械工程	宁夏	汉族	团员	523.00	10000
13011207	姜敏华	男	03/16/96	机械工程	海南	汉族	团员	419.00	30000
13011208	李培华	男	09/09/96	机械工程	台湾	汉族	团员	536.00	0

图 3-21 浏览结果

（2）方法二

命令格式:

```
LIST|DISPLAY [<范围>] [FIELDS <字段名表>] [FOR <条件表达式>] [WHILE
<条件表达式>] [OFF]
[TO PRINTER ] [TO FILE <文件名>]
```

说明:

① 命令功能：在显示器上显示当前表中的数据记录。

② <范围>：指操作范围，有以下几种情况：

- ALL：所有记录；

- NEXT　<n>：包括当前记录在内的 n 条记录；
- RECORD　<n>：第 n 条记录；
- REST：从当前记录开始剩下的所有记录。

③ OFF：显示结果不包含记录号。

④ TO PRINTER：在打印机上输出显示结果。

⑤ TO FILE <文件名> ：将显示结果保存在一个文本文件中。

⑥ LIST 和 DISPLAY 的区别：当省略范围时，LIST 的默认范围为所有记录，而 DISPLAY 的默认范围是当前记录；LIST 连续显示表中记录，而 DISPLAY 分屏显示记录内容。

【例 3.8】在 Visual FoxPro 主界面显示 xuesheng 表中所有姓王的男生姓名和入学成绩。

```
USE xuesheng
LIST FIELDS 姓名, 性别, 入学成绩  FOR  姓名="王*"  AND  性别="男"
```

运行结果如图 3-22 所示，一直显示到最后记录。

注意：*表达式“姓名="王"”为非精确比较，此时只要“姓名”字段的首字符为"王"则表达式值为.T.。*

【例 3.9】在 Visual FoxPro 主界面显示 xuesheng 表中所有少数民族学生的姓名及专业。

```
USE xuesheng
LIST  FIELDS  姓名, 民族,专业 FOR  民族<>"汉族"
```

运行结果如图 3-23 所示，一直显示到最后记录。

```
1141  王爱华        男     366.00
1168  王爱华        男     474.00
1169  王爱华        男     397.00
1170  王爱华        男     370.00
1232  王洋华        男     526.00
1298  王欢华        男     509.00
1299  王薇华        男     536.00
1316  王博华        男     376.00
1357  王芝华        男     509.00
```

图 3-22　例 3.8 显示结果

```
1158  李亭民     满族      包装工程
1181  邓勤民     蒙古族    包装工程
1190  刘爱华     满族      包装工程
1228  骆云华     满族      行政管理
1252  胡芮华     满族      应用数学
1275  韩憬华     满族      应用数学
1298  王欢华     满族      应用数学
1321  张夫华     满族      食品工程
1338  李淦华     满族      行政管理
1361  袁阳华     满族      行政管理
```

图 3-23　例 3.9 显示结果

3.5.3　增加表记录

在数据表维护过程中，经常需要向表文件中增加记录。增加记录包括追加记录、导入其他文件中的记录和插入记录。

追加记录是指在表文件的尾部添加记录，可以一条一条地添加，也可以将一个表文件的记录整体添加到另一个文件的尾部。

1. 逐条追加

（1）菜单方式

在“浏览”或“编辑”模式下，执行“显示→追加模式”菜单命令，如图 3-24 所示。在打开的窗口中可以逐条输入新记录。

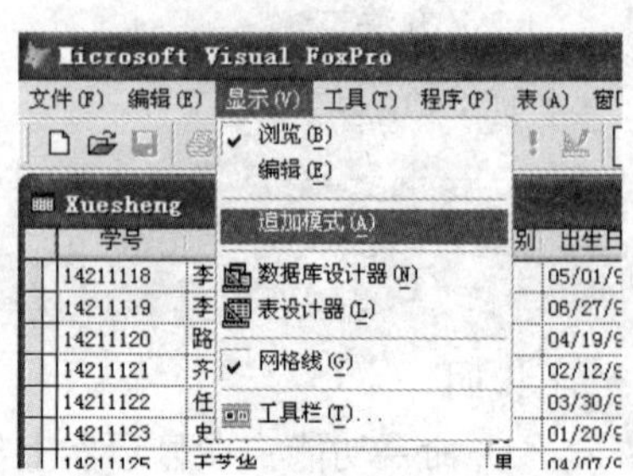

图 3-24　“追加模式”菜单命令

（2）命令方式

追加记录的命令格式：

```
APPEND  [BLANK]
```

说明：

① 命令功能：向当前表中表记录结尾处追加记录。

② 如果省略 BLANK 子句，就会出现记录的编辑窗口，窗口中有空白记录等待用户输入数据。如果有[BLANK]子句，则追加一条空白记录。

2. 整体追加

（1）可以使用菜单方式将一个表中的记录整体追加到另一个表中。

【例 3.10】使用菜单方式，将 kecheng 表中记录整体追加到 chengji 表的末尾。

具体方法为：

① 打开源数据表 chengji 表，在“浏览”或“编辑”模式下，执行“表→追加记录”菜单命令，如图 3-25 所示。打开“追加来源”对话框，如图 3-26 所示。

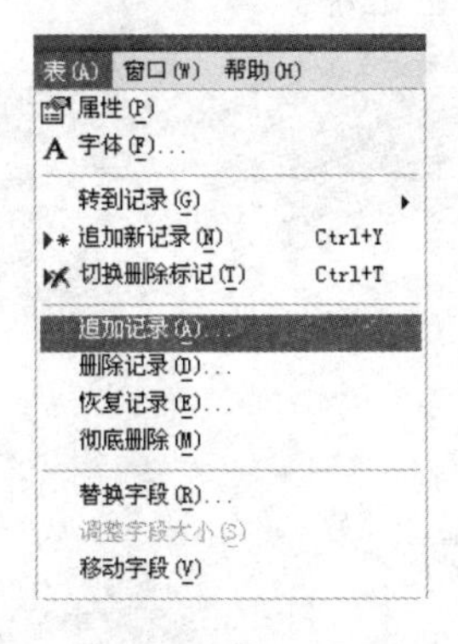

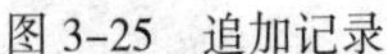

图 3-25 追加记录

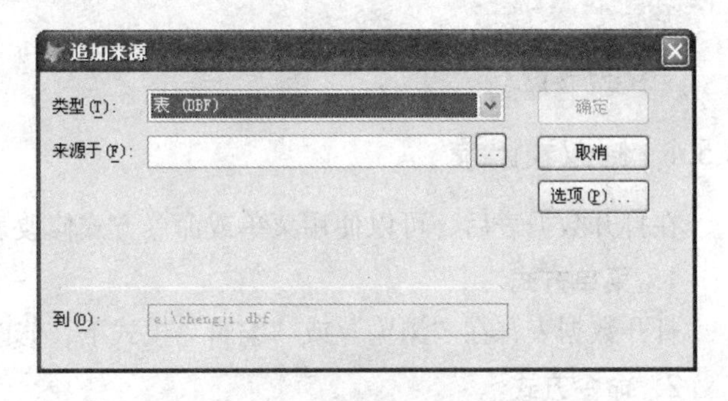

图 3-26 “追加来源”对话框

② 单击“来源于”文本框后的按钮，在“打开”对话框中选择 kecheng 表，并单击“确定”按钮。

③ 返回到“追加来源”对话框中，单击“选项”按钮，打开“追加来源选项”对话框，如图 3-27 所示。

④ 单击“字段”按钮，选择要追加的字段，单击“For”按钮设置记录的条件。设置后单击“确定”按钮，即可将满足条件的记录添加到当前表的尾部。

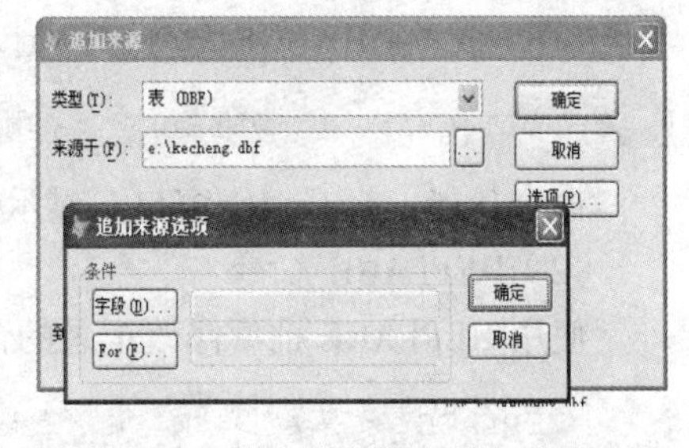

图 3-27 “追加来源选项”对话框

（2）可以使用命令方式将表中的记录整体追加到表中。命令格式：

```
APPEND  ROM  <文件名>  [FIELDS <字段名表>]  [FOR <条件>]
```

说明：

① 命令功能：从文件名指定的表文件中将符合条件的记录追加到当前表的尾部。

② 只有名称和类型匹配的字段内容才能予以追加，如果源文件字段的宽度大于当前表相应字段的宽度，字符型字段将被截尾，数值型字段填写“*”号表示溢出。

【例 3.11】用命令方式实现【例 3.10】的操作。

```
USE chengji
APPEND FROM e:\kecheng.dbf
```

3. 插入记录

在数据表中插入记录时，首先移动记录指针明确当前记录，然后利用命令方式在相应的位置插入新记录。命令格式：

```
INSERT  [BEFORE]  [BLANK]
```

说明：

(1) 命令功能：在当前指定位置插入新记录。

(2) 如果没有 BEFORE 子句，则在当前记录后插入一条新记录；当有 BEFORE 子句时，在当前记录之前插入一条记录。

(3) 若有 BLANK 子句时，则插入一条空记录。

【例 3.12】在 xuesheng 表中第 5 条记录的后边插入一条空记录。

```
USE xuesheng
GO 5
INSERT BLANK
```

3.5.4 修改表记录

在打开数据表后，可以使用菜单或命令方式修改表记录。

1. 菜单方式

打开数据表，在“浏览”或“编辑”模式下，修改表记录。

2. 命令方式

(1) EDIT|CHANGE 命令

EDIT 或者 CHANGE 命令修改记录的命令格式：

```
EDIT|CHANGE   [FIELDS <字段名表>]  [范围] [FOR <条件表达式>]
```

命令功能：打开编辑窗口，显示并修改符合条件的记录。

(2) REPLACE 命令

使用 REPLACE 批量修改记录的命令格式：

```
REPLACE  <字段 1>  WITH <表达式 1> , <字段 2>  WITH <表达式 2>…
    [范围]  [FOR  <条件表达式>]
```

命令功能：在打开的表中，用表达式的值替换满足条件的记录的相应字段的值。

【例 3.13】打开 xuesheng 表，将所有日语专业男生的入学成绩增加 10 分。

```
USE  xuesheng
REPLACE  ALL  入学成绩 WITH 入学成绩+10 FOR 专业="日语" AND  性别="男"
```

3.5.5 表记录与数组之间的数据传送

数据表以记录的方式存储和使用，Visual FoxPro 提供了在数组和表记录之间方便地进行数据交换的功能。

1. 将数据表中当前记录复制到数组

将数据表中当前记录复制到数组的命令格式：

```
SCATTER [FIELDS <字段名表>] TO <数组名>
```

命令功能：将数据表的当前记录从指定字段表中的第一个字段开始，依次复制到新建数组的数组元素中。

【例 3.14】将 xuesheng 表中第 3 条记录的学号、姓名、性别、专业字段复制到数组 AA 中，并显示。

```
USE xuesheng
DIMENSION AA (5)
STORE 100 TO AA(5)
GO 3
SCATTER FIELDS 学号,姓名,性别,专业 TO AA
LIST MEMORY LIKE AA
```

运行结果如图 3-28 所示。

```
AA              Priv    A  程序1
        (   1)          C  "13011103"
        (   2)          C  "许志华                "
        (   3)          C  "男"
        (   4)          C  "机械工程              "
        (   5)          N  100           (       100.00000000)
```

图 3-28 运行结果

2. 将数组中的数据复制到表的当前记录中

将数组中的数据复制到表的当前记录中的命令格式：

```
GATHER FROM <数组名> [FIELDS <字段名表>]
```

命令功能：将数组中的数据作为一条记录复制到数据表的当前记录中，从第一个数组元素开始，依次向字段名表指定的字段填写数据。

【例 3.15】分析下列命令序列。

```
USE  xuesheng
GO 4
SCATTER  TO  AA  memo
?AA(1),AA(2),AA(3)
AA(6)="河南"
GATHER  FROM  AA
```

3.5.6 删除表记录

在 Visual FoxPro 中，删除表记录分为两步：逻辑删除和物理删除。逻辑删除对要删除的记录添加删除标记；物理删除则将添加了删除标记的记录从表中彻底删除。

1. 逻辑删除

（1）菜单方式

打开数据表后，在浏览模式下，单击记录左侧的小方框，使得该方框变成黑色，即添加了删除标记，如图 3-29 所示。如若恢复，再次单击黑色方框使其变回浅色即可。

Xuesheng

学号	姓名	性别	出生日期	专业	来源	民族
14115229	吴皕华	男	12/12/94	应用数学	天津	汉族
14115230	张伟华	男	08/30/95	应用数学	上海	汉族
14115231	张子民	女	04/18/95	应用数学	重庆	汉族
14115232	周雪民	女	11/30/94	应用数学	河北	汉族
14115233	朱泽民	女	03/17/95	应用数学	河南	汉族
14115234	赵悦民	女	02/25/96	应用数学	云南	汉族
14149201	蔡俊民	女	12/22/94	食品工程	辽宁	汉族
14149202	陈洋民	女	01/16/96	食品工程	黑龙江	汉族
14149203	龚麟民	女	05/01/95	食品工程	黑龙江	汉族
14149204	宫震民	女	06/27/96	食品工程	黑龙江	汉族
14149205	沈子民	女	04/19/95	食品工程	黑龙江	汉族
14149206	孙长民	女	02/12/96	食品工程	黑龙江	汉族
14149207	田春华	男	03/30/96	食品工程	江苏	汉族
14149208	王博华	男	01/20/95	食品工程	浙江	汉族
14149209	吴琦华	男	04/07/95	食品工程	山西	汉族

图 3-29　逻辑删除

（2）命令方式

使用命令方式逻辑删除记录的命令格式：

```
DELETE  <范围>  FOR  <条件表达式>
```

命令功能：为表中满足条件的记录添加删除标记。

添加了删除标记的记录并没有真正删除。当执行 PACK 命令时，才将带有删除标记的记录从表中物理删除。可以使用 RECALL 命令恢复添加删除标记的记录。

【例 3.16】逻辑删除 xuesheng 表中所有日语专业且入学成绩在 400 分以下的学生记录。

```
USE xuesheng
DELETE FOR 专业="日语" AND 入学成绩<400
```

2．物理删除

（1）菜单方式

打开数据表，在“浏览”模式下，执行“表→彻底删除”菜单命令，如图 3-30 所示，就可以物理删除添加了删除标记的记录。

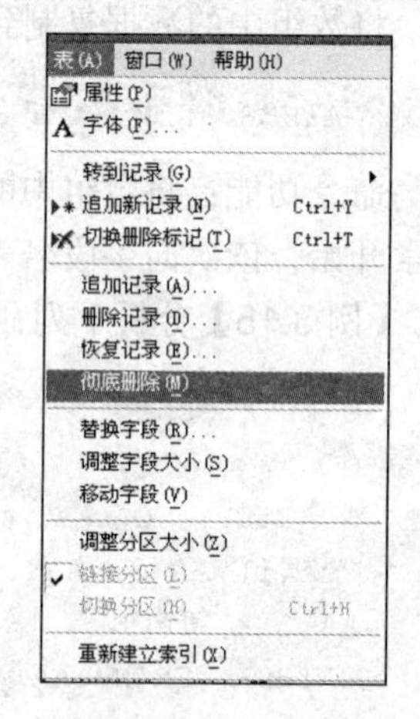

图 3-30　“彻底删除记录”菜单

（2）命令方式

① PACK 命令的格式：

```
PACK
```

命令功能：将当前表中带有删除标记的记录，从表中真正删除。

② ZAP 命令格式：

```
ZAP
```

命令功能：物理删除当前表中的所有记录，只保留结构。

说明：ZAP 等同于先执行 DELETE ALL，再执行 PACK。一旦使用 ZAP 命令删除记录后，将不能进行恢复，所以必须谨慎使用 ZAP 命令。

3．恢复带删除标记的记录

（1）菜单方式

① 在当前表的“浏览”或“编辑”模式下，执行“表→恢复记录”菜单命令，如图 3-31

所示，打开“恢复记录”对话框，如图 3-32 所示。

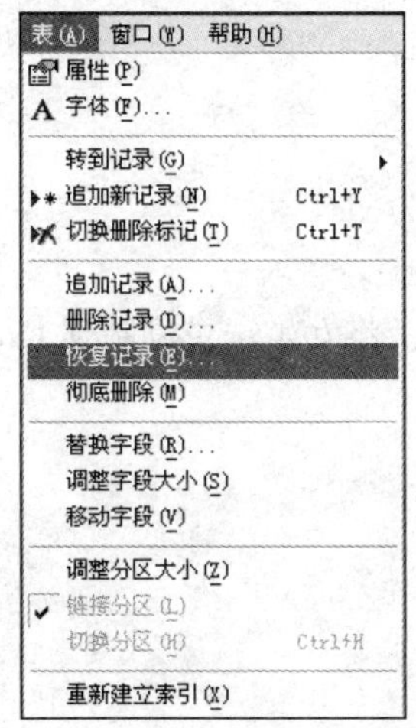

图 3-31 “恢复记录”菜单命令

图 3-32 “恢复记录”对话框

② 在“恢复记录”对话框中可以选择作用范围、恢复记录的条件等，去除符合指定条件记录的删除标记。

（2）命令方式

使用 RECALL 命令恢复逻辑删除记录的命令格式：

```
RECALL [<范围>] [FOR <条件表达式>] [WHILE <条件表达式>]
```

命令功能：恢复满足一定条件的被逻辑删除的记录的删除标记。

说明：默认范围为当前记录。

3.6 表文件操作

1. 复制表文件

使用 COPY 命令复制表文件的命令格式：

```
COPY FILE <文件名1.dbf > TO <文件名2.dbf >
```

命令功能：将“文件名 1.dbf”表中的内容复制到“文件名 2.dbf”表中。

说明：在进行文件复制之前，必须先关闭“文件名 1.dbf”表。如果“文件名 1.dbf”包括备注文件，那么在复制时，还需要将备注文件“文件名 1.fpt”也复制为“文件名 2.fpt”。

【例 3.17】将 xuesheng 表复制到 student 文件中。

```
USE
COPY file xuesheng.dbf  TO aa.dbf
COPY file xuesheng.fpt  TO aa.fpt
```

2. 复制表的记录

使用 COPY TO 命令复制表记录的命令格式：

```
COPY TO <文件名> [范围] [FOR <条件>] [TYPE XLS|SDF]
```

命令功能：将当前表中一定范围内满足条件的记录复制到指定的新表或其他格式的文件中。

说明：

（1）<文件名>：复制后产生新表，新表处于关闭状态。

（2）TYPE XLS：复制后新文件为 Excel 文件，扩展名为.xls。

（3）TYPE SDF：复制后新文件为文本文件，扩展名为.txt。

【例 3.18】将 xuesheng 表中男生记录复制到 student1.txt，将女生记录复制到 Excel 文件 student2.xls 中。

```
USE xuesheng
COPY  TO  student1  TYPE SDF  FOR  性别="男"
COPY  TO  student2  TYPE XLS  FOR  性别="女"
```

3.7 排　　序

在数据表中输入的记录通常按输入的先后顺序排列，有时用户需要改变排列顺序，例如将 xuesheng 表中的记录按入学成绩由高到低排列，此时需要使用排序或索引。

排序是根据数据表中某一字段的值重新排列记录。排序会产生一个新的数据表，而原表中记录的排列顺序不变。

使用 SORT 命令排序的格式：

```
SORT  TO  <新文件名>  ON <字段1> [/A][/D][/C], <字段2> [/A][/D][/C], …
     [范围][FOR <条件>] [FIELDS <字段名表>]
```

命令功能：将当前表按照指定字段进行排序，并形成新文件。

说明：

（1）ON<字段名>：按照字段名的值进行排序，排序不能针对备注或通用型字段。如果对多个字段排序，先按字段 1 排序，再按字段 2 排序。

（2）/A 表示升序（默认值）；/D 表示降序；/C 表示不区分字母的大小写。

（3）省略范围和条件时，对所有记录排序。

（4）FIELDS <字段名表>：指定排序后得到的新表中所包含的字段。省略该短语时，默认包含所有字段。

【例 3.19】对 xuesheng 表按专业升序排列，当专业相同时，按入学成绩降序排列，生成 student1.dbf，且新表中只包含学号、姓名、专业、入学成绩字段。

```
USE xuesheng
SORT TO student1.dbf ON 专业,入学成绩/D  FIELDS  学号,姓名,专业,入学成绩
```

3.8 索　　引

数据表中的记录在存储器中的存储顺序称为物理顺序。按照某一字段排序后形成的新文件改变了物理顺序，而原文件的物理顺序不变。

索引不改变数据表记录的物理顺序，它按照某一关键字建立记录的逻辑顺序，形成索

引文件，索引文件中只包含索引关键字和记录号。因为索引按照关键字排序，所以在索引中通过关键字查询时可以快速定位，并通过记录号在数据表中找到对应记录。当打开索引文件时，增加、删除和修改源数据表记录的关键字段值时，索引文件也会自动更新。索引与数据表的关系如图 3-33 所示。

数据表

记录号	学号	姓名	性别	…
1	13011106	何唯华	男	…
2	13011101	巴博华	男	…
3	13081116	胡平民	女	…
4	13081117	库尔民	女	…
5	13011111	刘越民	女	…
6	13011107	惠文民	女	…
7	13011109	刘云民	女	…
8	13011104	车鸣华	男	…
9	13011110	刘欣民	女	…
10	13081119	莱晗民	女	…
11	13011103	许志华	男	…
12	13081120	刘钿民	女	…
13	13011102	张晓民	女	…
14	13011105	高森华	男	…
15	13081118	李慧民	女	…
16	13011108	景婷民	女	…

索引

记录号	关键字（学号）
2	13011101
13	13011102
11	13011103
8	13011104
14	13011105
1	13011106
6	13011107
16	13011108
7	13011109
9	13011110
5	13011111
3	13081116
4	13081117
15	13081118
10	13081119
12	13081120

图 3-33　索引与数据表的关系

3.8.1　索引分类和索引文件

1. 索引分类

Visual FoxPro 中的索引分为主索引、候选索引、唯一索引和普通索引，其含义如表 3-9 所示。

（1）主索引：是一种只能在数据库表中建立的索引，用来在永久关系中的主表与被引用表之间建立参照完整性。主索引的关键字不允许有重复值。一张表只能创建一个主索引，创建主索引的关键字称为主关键字。

（2）候选索引：候选索引与主索引具有相同的特性。建立候选索引的字段称为候选关键字。一个表可以建立多个候选索引，候选索引要求字段值唯一。在数据库表和自由表中均可建立候选索引。

（3）唯一索引：是指索引项唯一，以指定字段的首次出现值为基础，选定一组记录，对记录进行排序，输出时无重复值。每一个表可以建立多个唯一索引。

（4）普通索引：普通索引可以决定记录的顺序，字段允许出现重复值，每一个表可以建立多个普通索引。

表 3-9　Visual FoxPro 中的索引

类　型	关键字重复值	说　明	索引个数
主索引	不允许	仅适用于数据库表，可用于在永久关系中建立参照完整性	仅一个
候选索引	不允许	可用作主关键字，可用于在永久关系中建立参照完整性	允许多个
唯一索引	允许，但输出无重复	为与以前版本兼容而设置	
普通索引	允许	可以作为一对多永久关系的“多方”	

2．索引文件

数据表按照某一索引表达式建立索引后，会产生一个索引文件。索引文件中包含索引表达式的值和相应的记录号。在 Visual FoxPro 中，常见的索引文件有单索引文件和复合索引文件。复合索引文件又分为结构复合索引文件和非结构复合索引文件。

（1）单索引文件（.idx）

单索引文件只包含一个索引，只有升序，且只能用命令方式建立。如果一个表要建立多个索引，使用单索引文件就需要建立多个索引文件，操作和维护不太方便。

（2）复合索引文件（.cdx）

复合索引文件可以包含多个索引，每个索引有一个索引标识，代表记录的一种逻辑顺序。

① 如果索引文件主名与表的主文件名相同，称为结构化复合索引文件，它随着表的打开而打开，在增加记录时会自动进行维护。

② 非结构复合索引文件与表的主文件名不同，在定义时由用户为之命名。当表文件打开或关闭时，该文件不会自动打开或关闭，必须用户自己操作。具体特征如表 3-10 所示。

表 3-10　索引文件的种类

索 引 类 型	特　　征	关键字数目
单索引文件（.idx）	必须明确地打开，文件的基本名由用户定义，一般作为临时索引文件	单关键字表达式
结构化复合索引文件（.cdx）	使用和表文件名相同的索引名，随表的打开而自动打开，可以看成表结构的一部分	多关键字表达式，每个索引由索引标识名区分
非结构化复合索引文件（.cdx）	必须明确地打开，使用和表名不同的索引名，其中不能创建主索引	多关键字表达式，每个索引由索引标识名区分

3.8.2　建立索引

可以在表设计器中建立索引，也可以使用命令建立索引。

1．在表设计器中建立索引

在打开表后，打开“表设计器”对话框，如图 3-34 所示。选择“索引”选项卡，再设置相关参数即可。

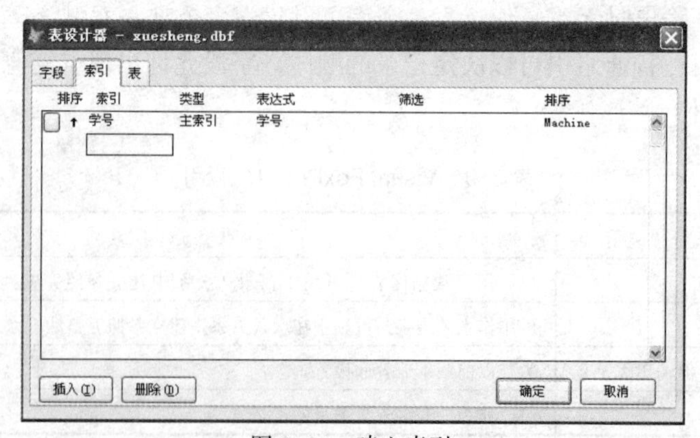

图 3-34　建立索引

在“字段”选项卡中也能建立索引，但只能建立普通索引，且索引关键字是单一字段。如图 3-35 所示，在“字段”选项卡中选择要索引的字段后，在对应的索引列选择升序或降序，就可以产生单字段普通索引，索引名与字段名相同。

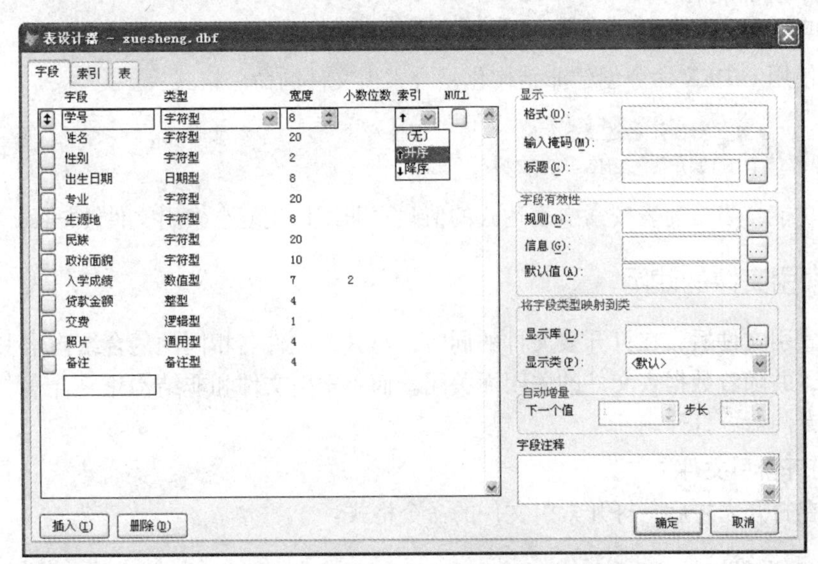

图 3-35　在“字段”选项卡中设置字段普通索引

2. 用命令建立索引

（1）使用 INDEX 命令创建单一文件索引的命令格式：

```
INDEX  ON  <索引表达式> TO  <索引文件名>  [FOR  <条件表达式>]  [ASC][DESC]
```

命令功能：为当前表按<索引表达式>的值建立单索引（.idx）文件。

说明：

① <索引表达式>：可以是字段名，包含字段名的表达式。

② <索引文件名>：建立一个单独的索引文件，扩展名为.idx。

③ [ASCENDING]表示升序，[DESCENDING]表示降序，默认为升序。

【例 3.20】以学号为索引表达式，为 xuesheng 表建立单索引文件。

```
USE xuesheng
INDEX  ON 学号 TO a1.idx
```

（2）使用 INDEX 命令建立结构复合索引文件的命令格式：

```
INDEX ON <索引表达式> TAG <索引名> [FOR <条件表达式>] [ASC][DESC][UNIQUE]
[CANDIDATE]
```

命令功能：为当前表按<索引表达式>的值建立结构符合索引文件。

说明：

① <索引表达式>：对多个字段建立索引时，用“+”连接，要求字段的字段类型相同。

② TAG<索引名>：给出索引名，多个索引可以建立在一个结构化复合索引文件中，索引文件主名与表名相同，扩展名为.cdx。

③ [UNIQUE]：唯一索引。

④ [CANDIDATE]：候选索引，若与 UNIQUE 两者都省略，则建立普通索引。

【例 3.21】以学号为索引表达式，为 xuesheng 表建立结构化复合索引文件。

```
USE  xuesheng
INDEX  ON  学号  TAG  学号
```

（3）使用 INDEX 命令创建非结构化复合索引文件的命令格式：

```
INDEX  ON  <索引表达式> TO  <索引文件名> OF <索引文件名>  [FOR <条件表达式>]
[ASC][DESC] [UNIQUE][CANDIDATE]
```

命令功能：为当前表按索引表达式的值建立非结构化复合索引文件（.cdx）。

3.8.3 索引文件的使用

建立索引文件后，在打开表文件的同时，与其主文件名相同的复合结构索引文件会自动被打开，并随着数据表文件的关闭而关闭。而单索引文件和非结构化复合索引文件，则需要使用专门命令打开。

1. 打开索引文件

（1）在打开表之后，打开索引文件的命令格式：

```
SET  INDEX  TO <索引文件名>
```

命令功能：打开<索引文件名>指定的索引文件。

说明：<索引文件名>中可以包含多个文件，用“,”隔开，可以包含.idx 或.cdx 文件。

【例 3.22】打开 xuesheng 表，创建索引关键字段为“姓名”的单索引文件，打开索引并浏览。

```
USE xuesheng
INDEX  ON 姓名 TO a1.idx
SET INDEX TO a1.idx
BROWSE
```

显示结果如图 3-36 所示。

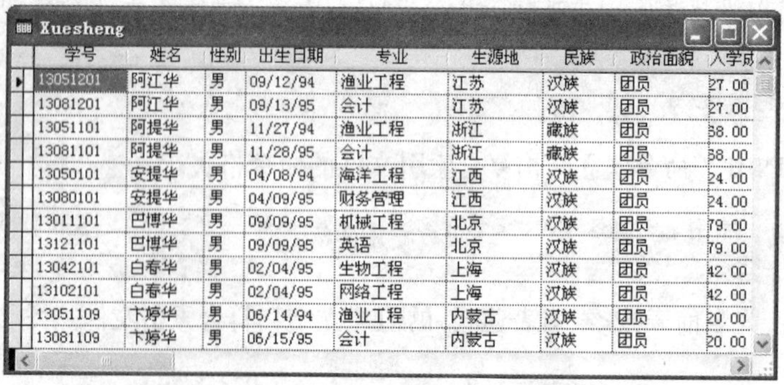

Xuesheng

学号	姓名	性别	出生日期	专业	生源地	民族	政治面貌	入学成
13051201	阿江华	男	09/12/94	渔业工程	江苏	汉族	团员	27.00
13081201	阿江华	男	09/13/95	会计	江苏	汉族	团员	27.00
13051101	阿提华	男	11/27/94	渔业工程	浙江	藏族	团员	58.00
13081101	阿提华	男	11/28/95	会计	浙江	藏族	团员	58.00
13050101	安提华	男	04/08/94	海洋工程	江西	汉族	团员	24.00
13080101	安提华	男	04/09/95	财务管理	江西	汉族	团员	24.00
13011101	巴博华	男	09/09/95	机械工程	北京	汉族	团员	79.00
13121101	巴博华	男	09/09/95	英语	北京	汉族	团员	79.00
13042101	白春华	男	02/04/95	生物工程	上海	汉族	团员	42.00
13102101	白春华	男	02/04/95	网络工程	上海	汉族	团员	42.00
13051109	卞婷华	男	06/14/94	渔业工程	内蒙古	汉族	团员	20.00
13081109	卞婷华	男	06/15/95	会计	内蒙古	汉族	团员	20.00

图 3-36 索引文件的显示结果

（2）在打开表的同时打开索引文件的命令格式：

```
USE  <表文件名>  INDEX  <索引文件名表>
```

命令功能：在打开表的同时，打开<索引文件名表>指定的索引文件。

【例 3.23】打开 xuesheng 表，创建索引关键字段为“姓名”的单索引文件，打开索引并浏览。

```
USE xuesheng
INDEX  ON 姓名 TO a1.idx
USE
USE xuesheng INDEX a1.idx
BROWSE
```

2. 关闭索引文件

索引文件打开后，可以关闭。其命令格式为：

```
CLOSE INDEX   或者   SET INDEX TO
```

命令功能：关闭当前工作区中除了结构复合索引文件以外的索引文件。

3. 删除索引

（1）删除单一索引文件或非结构化复合索引文件时，只要删除索引文件即可。

（2）可以使用表设计器或者命令方式删除结构化复合索引。

① 删除结构化复合索引文件中的索引标识，必须先打开数据表文件，打开“表设计器”对话框，在“索引”选项卡中选定要删除的索引标识后，单击“删除”按钮即可。

② 使用命令方式删除索引的命令格式：

```
DELETE  TAG  <索引名>
```

命令功能：删除索引名所对应的索引。

说明：用命令方式可以删除全部索引项。

```
DELETE  TAG  ALL
```

【例 3.24】删除 xuesheng 表的结构化复合索引文件中索引名为“学号”的索引。

```
USE  xuesheng
DELETE  TAG  学号
```

4. 更新索引

对于非结构复合索引文件，如果在打开数据表时没有将索引文件一起打开，那么当对数据表作诸如增删改操作后，索引文件不会自动更新。为了使得索引文件与数据表同步，用户必须更新索引文件。更新索引文件的命令格式：

```
REINDEX
```

【例 3.25】在 xuesheng 表中追加一条记录，更新相应的索引文件。

```
USE xuesheng
INDEX  ON 姓名 TO a1.idx
SET INDEX TO a1.idx
USE
USE xuesheng
APPEND
```

```
SET INDEX TO a1.idx
REINDEX
```

3.9 查　询

在数据表或索引文件中查询，可以使得记录指针快速定位到符合条件的第一条记录。

3.9.1 顺序查找命令（LOCATE）

LOCATE 命令的格式：

```
LOCATE [范围] [FOR <条件表达式>][WHILE <条件表达式>]
```

命令功能：将记录指针定位到符合条件的第一条记录上。

在顺序查找结束后，可以使用函数来测试查找情况：

（1）EOF()：当指针到达表文件的结尾时，函数值为.T.，否则为.F.。

（2）FOUND()：如果找到记录，函数值为.T.，否则为.F.。

【例 3.26】查询 xuesheng 表中机械制造专业的学生的学号、姓名、性别、专业和出生日期。

```
USE xuesheng
LOCATE FOR 专业="机械制造"
?FOUND()
DiSPLAY FIELDS 学号,姓名,性别,专业,出生日期
```

运行结果如图 3-37 所示。

图 3-37　显示第一条查找记录

在 xuesheng 表中有许多专业为机械制造的记录，例 3.24 中用 LOCATE 命令只找到了第一条，如果想继续向下寻找，应使用 CONTINUE 命令。命令格式：

```
CONTINUE
DISPLAY
```

运行结果如图 3-38 所示

```
记录号  学号      姓名      性别 专业      出生日期
    49  13014102 李炉华     男   机械制造  12/19/95
```

图 3-38　继续查找记录

多次重复使用 CONTINUE 与 DISPLAY 命令，可以查找到所有满足条件的记录。当 FOUND()函数返回值为.F.时，后边不再有满足条件的记录。

3.9.2 在索引文件中的查询

在 Visual FoxPro 中，可以使用 SEEK 和 FIND 命令实现在索引文件中对于关键字的快速查询。

1. FIND 命令

FIND 命令的格式：

```
FIND  <字符串>|<数值>
```

命令功能：在一个索引文件中，查找与命令中<字符串>或<数值>相同的第一条记录。

说明：

（1）在索引关键字中查找与指定的字符串或数值相匹配的第一条记录。

（2）命令行中的字符串可不用定界符。

（3）如果查找字符变量，必须使用&定界符。

（4）SKIP 命令可以查找下一条符合条件的记录。

【例 3.27】以下命令序列的运行结果如图 3-39 所示，分析其结果。

```
USE xuesheng
INDEX  ON 姓名  TO  A1                      &&打开索引
FIND  陈康华                                 &&查找姓名
?FOUND()                                    &&如果找到，函数值为.T.
DISPLAY  学号,姓名,性别,专业,出生日期       &&显示当前记录
X='李炉华'
FIND  &X                                    &&查找变量
? FOUND()
DISPLAY  学号,姓名,性别,专业,出生日期
USE
```

```
.T.
   记录号  学号      姓名                   性别  专业        出生日期
       48  13014101  陈康华                 男    机械制造    01/02/96
.T.
   记录号  学号      姓名                   性别  专业        出生日期
       49  13014102  李炉华                 男    机械制造    12/19/95
```

图 3-39　FIND 命令运行结果

2. SEEK 命令

SEEK 命令的格式：

```
SEEK  <表达式>
```

命令功能：在索引文件中查找索引关键字值与指定表达式值相等的记录。

说明：在索引文件中查找第一条索引关键字与指定表达式值相等的记录，找到后可用 SKIP 命令继续向下查找，表达式要根据不同的数据类型加相应定界符。

【例 3.28】以下命令序列的运行结果如图 3-40 所示，分析其结果。

```
USE xuesheng
INDEX  ON  性别  TO A2
SEEK "男"
?FOUND()
DISPLAY  学号,姓名,性别,专业,出生日期
USE
```

```
.T.
记录号 学号      姓名         性别 专业          出生日期
    1  13011101 巴博华        男   机械工程      09/09/95
```

图 3-40 SEEK 命令运行结果

几种查询方式的比较，如表 3-11 所示。

表 3-11 查询方式比较

比 较 项 目	LOCATE	FIND	SEEK
查询范围	表文件，有无索引均可	索引文件	索引文件
查询内容	字符型、数值型、日期型、逻辑型表达式	字符串常量、数值型常量	字符型、数值型、日期型表达式或逻辑型字段
命令特点	与 CONTINUE 命令配合使用	与 SKIP 命令配合使用	与 SKIP 命令配合使用
查询速度	慢	快	快

3.10 统　计

Visual FoxPro 不仅能对数据表进行排序、索引、查询等操作，还可以使用一些命令完成统计、计算等功能。

1. 统计命令（COUNT）

统计命令的格式：

```
COUNT  <范围>  [FOR <条件表达式>]  [WHILE<条件表达式>]  [TO<内存变量>]
```

命令功能：统计指定范围内满足条件的记录个数。

说明：如果省略<范围>，则范围为表中的全部记录。

【例 3.29】统计 xuesheng 表中的生源地为“北京”的记录条数。

```
USE  xuesheng
COUNT  FOR 生源地="北京"  TO  n
?n
```

2. 求和与求平均值命令（SUM|AVERAGE）

求和与求平均值命令的格式：

```
SUM|AVERAGE  <字段名表>  <范围>  [FOR <条件表达式>] [WHILE<条件表达式>]
        [TO <内存变量>| ARRAY <数组名>]
```

命令功能：对当前表中数值型字段求和或求平均值。

说明：对数值型字段进行求和（或平均值）后，结果存放在内存变量中。如果省略字段名列表，则对当前表中所有数值型字段分别求和（或平均值），存放在数组中。

【例 3.30】求 xuesheng 表中所有日语专业女生的入学成绩的平均值，存放在内存变量 a 中，并查看结果。

```
USE xuesheng
AVERAGE 入学成绩 FOR 性别="女" AND 专业="日语"  TO  a
?a
```

3. 计算命令（CALCULATE）

计算命令的格式：

```
CALCULATE <表达式> <范围> [FOR <条件表达式>] [WHILE<条件表达式>]
      [TO <内存变量> | ARRAY <数组名>]
```

命令功能：在指定范围内对满足条件的记录进行相应计算，将结果保存在内存变量或数组中。

说明：命令格式中的<表达式>可以是多种不同的运算，如表3-12所示。

表3-12 计算函数

函 数 名	说 明	函 数 名	说 明
CNT()	统计记录个数	MIN()	最小值
AVG()	平均值	VAR()	均方差
SUM()	求和	STD()	标准差
MAX()	最大值	NPV()	净现值

【例3.31】统计xuesheng表中所有男生的入学成绩的最高分、最低分和平均值。

```
USE xuesheng
CALCULATE MAX(入学成绩), MIN(入学成绩), AVG(入学成绩) TO max, min, avg
```

运行结果如图3-41所示。

MAX(入学成绩)	MIN(入学成绩)	AVG(入学成绩)
588.00	350.00	461.96

图3-41 CALCULATE命令运行结果

4. 分类汇总（TOTAL）

分类汇总命令的格式：

```
TOTAL TO <文件名> ON <关键字> [FIELDS <数值型字段表>] <范围>
    [FOR <条件表达式>] [WHILE<条件表达式>]
```

命令功能：对已排序或索引的表，在指定范围内对指定关键字相同的记录进行分组并对数值型字段求和。

说明：在FIELDS <数值型字段表>指出要汇总的字段。

【例3.32】对于xuesheng表按性别进行分类，分别统计男、女生入学成绩的和，将结果存放在zongfen.dbf表中。

```
USE xuesheng
INDEX ON 性别 TAG xingbie
TOTAL TO zongfen ON 性别 FIELDS 入学成绩
USE zongfen
LIST FIELDS 性别,入学成绩
USE
```

运行结果如图3-42所示。

```
1 男    356952.00
2 女    272705.00
```

图3-42 TOTAL命令运行结果

习　题

一、单项选择题

1. 数据表文件的扩展名是（　　）。

A. .fpt　　B. .dbf　　C. .dbc　　D. .bak

2. 根据关系模型的有关理论，以下说法中错误的是（　　）。

A. 二维表中的每一列均有唯一的字段名

B. 二维表中不允许出现完全相同的两行

C. 二维表中行的顺序、列的顺序可以任意交换

D. 二维表中行的顺序、列的顺序不可以任意交换

3. 在 Visual FoxPro 中，表结构取决于（　　）。

A. 字段的个数、名称、类型和长度　　B. 字段的个数、名称、顺序

C. 字段的个数、顺序　　D. 记录和字段的个数、顺序

4. 在定义表结构时，以下（　　）数据类型的字段宽度是定长的。

A. 字符型、货币型、数值型　　B. 字符型、货币型、整型

C. 备注型、逻辑型、数值型　　D. 日期型、备注型、逻辑型

5. 用表设计器创建一张自由表时，不能实现的操作是（　　）。

A. 设置某字段可以接受 NULL 值　　B. 设置表中某字段的类型为通用型

C. 设置表的索引　　D. 设置表中某字段的默认值

6. 关于表的备注型字段和通用型字段，以下叙述中错误的是（　　）。

A. 字段宽度不能由用户设置

B. 都能存储文字和图像数据

C. 字段宽度都是 4

D. 存储的内容都保存在与表文件名相同的.fpt 文件中

7. 在表结构中，日期时间型、逻辑型和通用型字段的宽度分别为（　　）。

A. 6、1、4　　B. 8、1、4　　C. 8、3、10　　D. 8、1、任意

8. 表文件如果包含有 2 个备注型字段和 1 个通用型字段，则创建表文件后，Visual FoxPro 将自动建立（　　）个 FPT 文件。

A. 0　　B. 1　　C. 2　　D. 3

9. 1 个字段名至少需要 1 个字符，最多不能超过（　　）个字符。

A. 2　　B. 5　　C. 10　　D. 255

10. 在 Visual FoxPro 中，每一个工作区中最多能打开数据表的数量是（　　）。

A. 1个　　B. 2个

C. 任意个，根据内存资源而定　　D. 35 535 个

11. 假如 xuesheng.dbf 表已经在某个工作区中打开，且别名为 student，选择 xuesheng 表所在的工作区为当前工作区的命令是（　　）。

A. SELECT　0　　B. USE　xuesheng

C. SELECT　xuesheng　　D. SELECT　student

12. 命令 SELECT 0 的功能是（　　）。

A. 选择编号最小的未使用工作区　　B. 选择 0 号工作区

C. 关闭当前工作区中的表　　D. 选择当前工作区

13. 执行 USE sc IN 0 命令的结果是（　　）。

A. 选择 0 号工作区打开 sc 表　　B. 选择空闲的最小号工作区打开 sc 表

C. 选择 1 号工作区打开 sc 表　　D. 显示错误信息

14. 以下命令中，（　　）命令不能关闭表文件。

A. USE　　B. CLOSE　Tables　　C. CLEAR　　D. CLOSE　ALL

15. 在 Visual FoxPro 中，假设 student 表中有 40 条记录，?RECCOUNT( )命令的显示结果是（　　）。

A. 0　　B. 1　　C. 40　　D. 出错

16. 当前记录号可以使用函数（　　）求得。

SA. EOF()　B. BOF()　　C. RECC()　　D. RECNO()

17. 当前正在打开数据表的记录指针已达到尾部，则函数 EOF()的值是（　　）。

A. 0　　B. 1　　C. .T.　　D. .F.

18. 执行命令 USE XS（回车），SKIP -1 后，显示值一定是.T.的命令是（　　）。

A. ?BOF()　　B. ?EOF()

C. ?RECCOUNT()=1　　D. ?RECNO()=1

19. 在当前打开的表中，以下命令中能显示“书名”以“计算机”开头的所有图书的是（　　）。

A. LIST　FOR　LIKE("计算机*",书名)　B. LIST　FOR　书名="计算机*"

C. LIST　FOR　书名="计算机%"　　D. LIST　WHERE　书名="计算机"

20. 在 Visual FoxPro 中，APPEND BLANK 命令的作用是（　　）。

A. 在表的尾部添加记录　　B. 在当前记录之前插入新记录

C. 在表的任意位置添加记录　　D. 在表的首行添加记录

21. 要为当前表的所有女职工增加 100 元工资，应使用的命令是（　　）。

A. REPLACE　ALL 工资 WITH 工资+100

B. REPLACE　工资 WITH 工资+100　FOR 性别="女"

C. CHANGE　ALL　工资　WITH　工资+100

D. CHANGE　ALL　工资　WITH　工资+100　FOR 性别="女"

22. 彻底删除记录数据可以分两步来实现，这两步是（　　）。

A. PACK 和 ZAP　　B. PACK 和 RECALL

C. DELETE 和 PACK　　D. DELE 和 RECALL

23. 以下关于 ZAP 命令的叙述中，正确的是（　　）。

A. ZAP 命令只能删除当前表的当前记录

B. ZAP 命令只能删除当前表的带有删除标记的记录

C. ZAP 命令能删除当前表的全部记录

D. ZAP 命令能删除表的结构和全部记录

24. 恢复表中所有被逻辑删除记录的命令是（　　）。

A. REDELETE　　B. RECALL　　C. REPACK　　D. RESET

25. 使用索引的主要目的是（　　）。

A. 提高查询速度　　B. 节省存储空间　C. 防止数据丢失　D. 方便管理

26. 以下关于索引的叙述中正确的是（　　）。

A. 当数据库表建立索引后，表中记录的物理顺序将被改变

B. 索引的数据将与表的数据存储在一个物理文件中

C. 建立索引是创建一个索引文件，该文件包含有指向表记录的指针

D. 使用索引可以加快对表的更新操作

27. 已知表中有字符型字段"职称"和"性别"，建立一个首先按"职称"排序、当"职称"相同时再按"性别"排序的索引，正确的命令是（　　）。

A. INDEX　ON　职称+性别　TO　ttt

B. INDEX　ON　性别+职称　TO　ttt

C. INDEX　ON　职称,性别　TO　ttt

D. INDEX　ON　性别,职称　TO　ttt

28. 在 Visual FoxPro 中，使用 SEEK 命令查找匹配的记录，当查找到匹配的第一条记录后，如果还需要查找下一条记录，通常使用的命令是（　　）。

A. GOTO　　B. SKIP　　C. CONTINUE　D. GO

29. 在 Visual FoxPro 中，使用 LOCATE　FOR 命令按条件查找记录，当查找到满足条件的第一条记录后，如果还需要查找下一条满足条件的记录，应使用（　　）。

A. LOCATE　FOR 命令　　B. SKIP 命令

C. CONTINUE 命令　　D. GO 命令

30. 统计 xuesheng 表中英语专业学生入学成绩的最高分，正确的语句是（　　）。

A. COUNT　TO　sa　FOR　专业="英语"

B. COUNT　TO　sa　FOR　入学成绩

C. CALCULATE　MAX(入学成绩)　TO　sa　FOR　专业="英语"

D. TATAL　TO　sa　ON　专业　FIELDS　入学成绩

二、填空题

1. 建立一个新的表文件，一般分为两步进行，第一步是________，第二步是________。

2. 在表的末尾加入一条空记录的命令是________。

3. CREATE　C:\abc.dbf 命令将打开________对话框。

4. 二维表中的列称为关系的________，行称为关系的________。

5. Visual FoxPro 中，索引分为________、________、________、________。

6. 在 Visual FoxPro 中，修改表结构的命令是________。

7. 将 chengji 表中的记录按学号和成绩排序，存放到 chengji1 中，正确的语句是________。

8. 将系统路径设置的 E:盘下，命令为________。

9. 将当前打开的 chengji 表中所有的"成绩"字段都增加 5 分，可以使用的命令是________。

10. 对 xuesheng 表完成以下操作，写出相应的命令语句。

（1）复制表结构到 student.dbf 中。

____

（2）将表的当前记录的学号、姓名、专业字段复制到数组 SS 中。

____

（3）统计表中男生人数。

____

（4）计算日语专业学生入学成绩的平均值。

____

（5）分别统计表中男同学、女同学入学成绩的总和。

____

三、简答题

1. 简述使用向导创建表的过程。
2. 简述 DELETE 和 ZAP 命令在删除表记录时的区别。
3. 简述 EDIT 命令与 BROWSE 命令的区别。
4. 简述使用 TOTAL TO 命令进行统计的步骤。
5. 简述排序的主要功能。
6. 简述索引的主要功能。

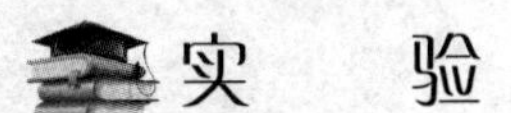

实验目的

1. 掌握建立表、输入数据的方法。
2. 掌握表的基本操作方法。
3. 掌握表的复制、删除、导出方法。
4. 掌握表的排序、索引，查询、统计方法。

实验内容

一、建表

1. 使用 SET DEFAULT TO E:\命令，将默认路径改为 E:\。

2. 使用表向导建立 Accounts 表。

3. 使用表设计器，建立表 xuesheng.dbf、kecheng.dbf，使用命令 CREATE chengji.dbf，创建 chengji.dbf、teacher.dbf 表，各个表的结构参照图 3-43～图 3-46。在各个表中输入若干条记录。

4. 使用“文件→打开”菜单命令或者运行命令 USE，打开 xuesheng.dbf；使用命令 USE、CLOSE TABLES、CLOSE ALL 命令关闭打开的表。当打开表后，注意观察 Visual FoxPro 窗口底部的状态栏，当前打开表状态，如图 3-47 所示。

学号	字符型	8	
姓名	字符型	20	
性别	字符型	2	
出生日期	日期型	8	
专业	字符型	20	
生源地	字符型	8	
民族	字符型	20	
政治面貌	字符型	10	
入学成绩	数值型	7	2
贷款金额	整型	4	
交费	逻辑型	1	
照片	通用型	4	
备注	备注型	4	

图 3-43　xuesheng.dbf

教师号	字符型	5
姓名	字符型	20
性别	字符型	2
出生日期	日期型	8
学院	字符型	20
职称	字符型	8
专业方向	字符型	20
工龄	整型	4

图 3-44　teacher.dbf（*选做）

课程号	字符型	12
教师号	字符型	5
课程名	字符型	20
课时	整型	4
学分	整型	4
校区	字符型	8

图 3-45　kecheng.dbf （*选做）

课程号	字符型	12	
学号	字符型	8	
成绩	数值型	7	2

图 3-46　chengji.dbf　（*选做）

5. 在 4 个工作区中，分别打开 xuesheng、kecheng、chengji、teacher 表，显示 4 个表的记录。

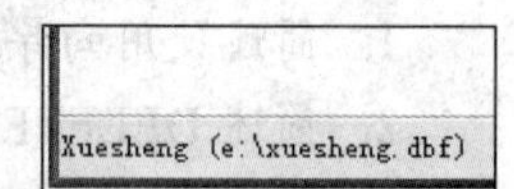

图 3-47　状态栏

```
USE xuesheng IN 1
SELECT 2
USE kecheng
USE chengji IN 3
USE teacher IN 4
SELECT 1
LIST
SELECT  2
LIST
SELECT 3
LIST
SELECT 4
LIST
CLOSE ALL
```

6. 用 LIST STRUCTURE 或 DISPLAY STRUCTURE 命令显示 teacher 表的表结构，利用 TO FILE <文件名>命令将显示结果输出到文件 structure1.txt 中。

7. 使用命令 MODIFY STRUCTURE 打开表设计器，修改 xuesheng.dbf 表结构，增加字段“体重”，数据类型为“数字”。（提示：应该先 CLOSE ALL，再打开表 USE xuesheng.dbf，然后才能修改结构）

8. 使用 COPY STRUCTURE 命令，将 xuesheng 表中学号、姓名、性别、出生日期、专业、入学成绩到新表 xuesheng1.dbf 中，并显示 xuesheng1.dbf 的表结构。

二、表记录的操作

1. 记录定位。执行以下代码，分析其结果。

```
USE xuesheng
? BOF(), EOF(), RECNO(), RECCOUNT()
GO 2
? BOF(), EOF(), RECNO(), RECCOUNT()
GO TOP
```

```
? BOF(), EOF(), RECNO(), RECCOUNT()
SKIP -1
? BOF(), EOF(), RECNO(), RECCOUNT()
GO BOTTOM
?EOF(),RECNO(),RECCOUNT()
SKIP 1
? RECNO(),RECCOUNT()
```

2. 打开 kecheng 表，执行“显示”菜单中的“浏览”或“编辑”命令，观察不同的浏览模式下表记录显示方式的区别。

3. 使用 LIST 或 DISPLAY 命令浏览表记录。

（1）显示 xuesheng 表中的所有男同学记录。

（2）显示 xuesheng 表中所有学生的学号、姓名、性别、专业、入学成绩、贷款否。

（3）显示 1996 年后出生学生的学号、姓名、性别、专业、入学成绩。

（4）显示 chengji 表中所有“成绩>=60”的课程号、成绩。

（5）显示 teacher 表中姓“李”教师的教师号、姓名、学院、职称。

（6）显示 kecheng 表中前 10 条记录的课程号、课程名、教师号、学分。

（7）显示 kecheng 表中记录号为偶数“RECNO()%2=0”的记录课程的课程名、课时、学分。

4. 打开表后，使用 APPEND 命令，向各表中追加图 3-48 所示的数据。

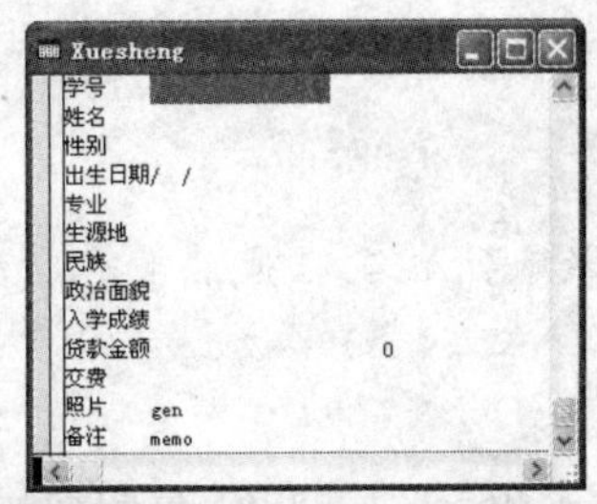

Xuesheng

学号	姓名	性别	出生日期	专业	生源地	民族	政治面貌	入学成绩	贷款金额	交费
13011101	巴博华	男	09/09/95	机械工程	北京	汉族	团员	379.00	0	F
13011102	张晓民	女	11/09/96	机械工程	北京	汉族	团员	530.00	30000	T
13011103	许志华	男	06/12/95	机械工程	北京	汉族	党员	507.00	10000	T
13011104	车鸣华	男	01/10/96	机械工程	北京	汉族	团员	441.00	0	T
13011105	高森华	男	05/28/96	机械工程	北京	汉族	党员	536.00	40000	T
13011106	何唯华	男	08/02/95	机械工程	北京	汉族	团员	370.00	30000	T

Kecheng

课程号	教师号	课程名	课时	学分	校区
10010203101	80109	C语言	60	3	泰达
100102031010	80016	C语言	60	3	泰达
100102031011	80003	C语言	60	3	泰达西院
100102031012	80062	C语言	60	3	泰达西院
100102031013	80062	C语言	60	3	泰达西院

图 3-48　向表中添加的数据记录

5. 插入和修改记录。

（1）使用 INSERT、INSERT BEFORE 命令，向 kecheng 表中的第 2 条记录之后和之前插入新记录，并编辑内容。

（2）使用 INSERT BLANK 命令向 kecheng 表中插入空记录，使用 EDIT 或 CHANGE 命令编辑内容。

（3）使用 EDIT 命令修改 teacher 第 5 条记录的职称为“教授”。

（4）使用 BROWSE 命令修改 teacher 表第 8 条记录的专业方向为“机械设计”。

（5）使用 REPLACE 命令，将 teacher 表中所有性别“女”职称是“教授”的教师的工龄增加 2 年。

6. 复制表的当前记录。

（1）使用 SCATTER TO 命令，将 xuesheng 表当前记录复制到数组 AA 中。

```
USE xuesheng
DIMENSION AA(5)
GO 2
DISPLAY
SCATTER FIELDS 学号,姓名,性别,专业,入学成绩 TO AA
LIST  MEMORY LIKE AA
```

（2）使用 GATHER FROM 命令，将数组 AA 复制到 teacher 表当前记录。

```
USE teacher
DIMENSION AA(5)
aa(1)="99904"
aa(2)="张晓楠"
aa(3)="男"
aa(4)="1978/03/03"
aa(5)="理学院"
GO 2
GATHER FROM AA FIELDS 教师号,姓名,性别,出生日期,学院
DISPLAY
```

三、表的复制、删除

1. 使用 COPY FILE TO 命令，将 xuesheng.dbf 复制到新表 xuesheng2.dbf 中，将备注文件 xuesheng.fpt 复制到 xuesheng2. fpt 中。（注意：先关闭 xuesheng.dbf）

2. 使用 COPY TO 命令，将 teacher 表中所有“男”教师的记录的教师号、姓名、性别、出生日期、学院、职称、专业方向、工龄字段：

（1）复制到新表 teacher1.dbf 中；

（2）复制到新文档 teacher2.xls 中（TYPE XLS）；

（3）复制到新文档 teacher3.txt 中（TYPE SDF）；

3. 使用 DELETE FILE 命令，彻底删除 teacher3.txt 文件。

四、删除记录

打开 teacher1.dbf 完成以下操作：

（1）使用 DELETE 命令，删除所有工龄>15 的记录。

（2）使用 RECALL 命令，恢复所有工龄<20 的记录。

（3）使用 PACK 命令，物理删除所有带有删除标记的记录。

（4）使用 ZAP 命令，物理删除表中的所有记录。

五、排序

1. 打开 teacher 表，使用 SORT TO 命令，将所有工龄>10 的男教师，按出生日期排序到 t2 中，包括教师号、姓名、性别、出生日期、专业方向，并且显示新表。

2. 打开 xuesheng 表使用 SORT TO 命令，按性别、学号排序到 stu1 中，包括学号、姓名、性别、出生日期、专业，并且显示新表。

六、计数与统计

1. 使用 COUNT TO 命令，统计 kecheng 表的记录数。

2. 使用 COUNT TO 命令，统计 teacher 表中职称是“教授”的记录数。

3. 使用 SUM TO 命令，统计 xuesheng 表中“男”生的入学成绩之和。

4. 使用 AVERAGE TO 命令，统计 chengji 表中课程号是 10010203101 的成绩的平均值。

5. 使用 CALCULATE TO 命令，统计 xuesheng 表中男生的入学成绩的最高值、最低值、平均值。

6. 使用 TOTAL TO 命令，按照专业分类汇总，统计各专业的学生的入学成绩总和。

七、索引

1. 在表设计器中，为 xuesheng 表，建立索引名为 xh，类型为“唯一索引”，升序。

2. 在表设计器中，为 chengji 表，建立索引名为“学号课号”，类型为“普通索引”，升序。

3. 使用 INDEX ON 命令创建索引。

```
USE teacher
INDEX ON  教师号  TO xx1 Unique
LIST
INDEX ON 专业方向+教师号 TO xx2
LIST
```

4. 使用索引

（1）执行以下命令，查看索引的效果。

```
USE  teacher  INDEX xx2                    &&带索引 xx2 打开 teacher
LIST
```

（2）执行以下命令，查看索引的效果。

```
USE  teacher
SET  INDEX  TO  xx2.idx
LIST
```

八、查询

1. 对于 teacher 表使用“LOACATE FOR”命令，找到“工龄>=15”且“学院="电子信息与自动化学院"”的教师。

```
USE teacher
LOCATE FOR 工龄>=15 AND 学院="电子信息与自动化学院"
DISPLAY
CONTINUE
DISPLAY
```

2. 对于 xuesheng 表先建立“学号”索引，使用 FIND 命令找到学号为 13080101 的记录；先建立“入学成绩”索引，使用 FIND 命令找到入学成绩为 500 的记录。

```
USE xuesheng
INDEX ON 学号 TO xx4
FIND "13080101"
?FOUND()
DISPLAY
INDEX on 入学成绩 TO xx5
FIND 500
?FOUND()
DISPLAY
```

3. 对于 chengji 表先建立“成绩”索引，使用 SEEK 命令找到成绩为 75.00 的记录。

```
USE chengji
INDEX ON 成绩 TO xx5
x=75.00
SEEK x
?FOUND()
DISPLAY
SKIP
DISPLAY
```

第 4 章

数据库操作 «<

本章资源

数据库是数据表的集合，一个数据库中可以包含多个表，表之间可以通过关键字段建立关联。例如 student 数据库中包括 xuesheng 表、chengji 表、kecheng 表和 teacher 表。在 Visual FoxPro 中，数据库文件的扩展名是.dbc，其中存储包含的表及表之间的关联，以及依赖于表的视图、连接和存储过程等。

4.1 数据库的创建和使用

在 Visual FoxPro 中，可以通过多种方法创建和使用数据库。

4.1.1 数据库的创建

一个应用程序是许多文件、数据、文档和对象的集合，在 Visual FoxPro 中这些对象通过项目文件来统一组织和管理。一个项目就是一个应用程序，它是文件、数据、文档和对象的集合。一个项目对应一个项目管理文件，扩展名为.pjx，如“成绩管理.pjx”。项目管理器是 Visual FoxPro 的管理中心，用于在应用系统的开发过程中组织管理项目中的所有文件。

在创建数据库之前，可以先创建一个项目，具体操作如下：

执行“文件→新建”菜单命令，打开“新建”对话框，如图 4–1 所示。选择“项目”单选按钮，单击“新建”按钮。在“创建”对话框中，选择项目保存的位置及项目文件名，如图 4–2 所示。单击“保存”按钮后，打开“项目管理器”窗口，如图 4–3 所示。

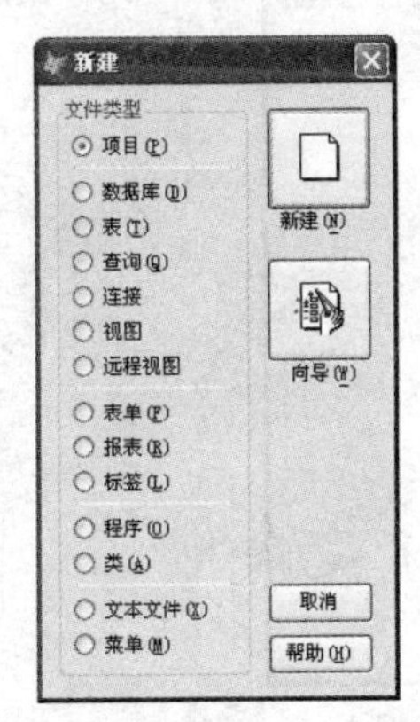

图 4–1 “新建”对话框

图 4–2 “创建”对话框

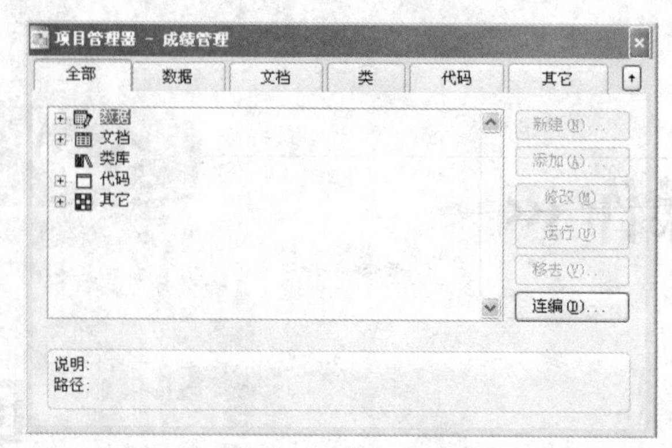

图 4-3 “项目管理器”窗口

在 Visual FoxPro 中可以使用项目管理器、菜单、命令 3 种方式创建数据库。

1. 使用项目管理器创建数据库

使用项目管理器可以创建一个项目所需的文件，也包括创建数据库，具体方法如下：

（1）在项目管理器窗口中，选择“数据”选项卡的“数据库”项，如图 4-4 所示。单击“新建”按钮，打开“新建数据库”对话框，如图 4-5 所示。单击“新建数据库”按钮，打开“创建”对话框，如图 4-6 所示。选择保存位置，并输入数据库文件名（如 student1.dbc）。

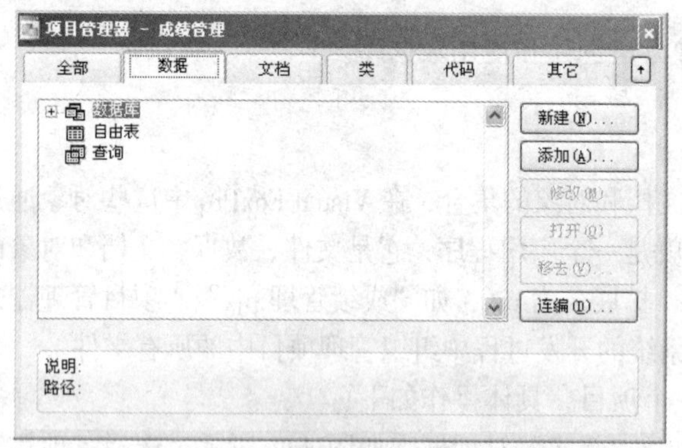

图 4-4 项目管理器的“数据”选项卡

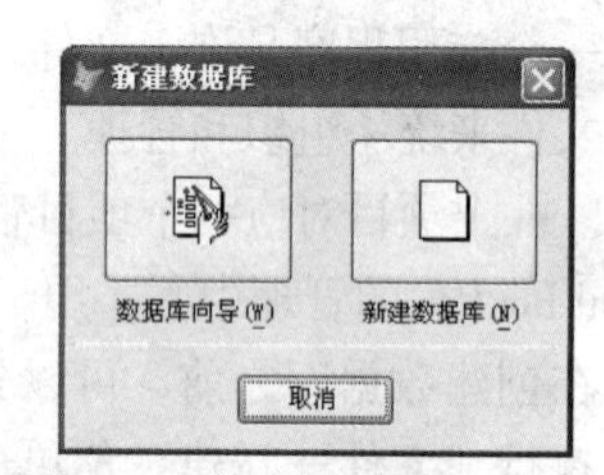

图 4-5 “新建数据库”对话框

图 4-6 “创建”对话框

（2）单击“保存”按钮后，打开数据库设计器，如图 4-7 所示。此时，已经建立了数据库 student1.dbc，数据库保存在项目中，在 Visual FoxPro 窗口的菜单栏中会出现“数据库”菜单。这个数据库是空的，后面还需要创建数据库表和其他对象。

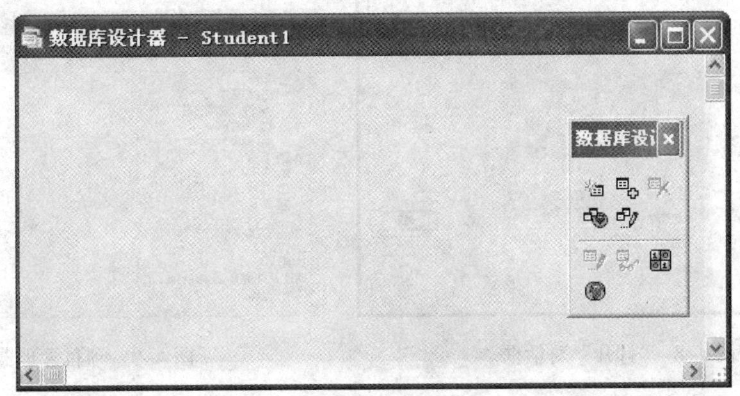

图 4-7 “数据库设计器”窗口

2. 使用菜单创建数据库

执行“文件→新建”菜单命令，打开“新建”对话框，选择“数据库”单选按钮并单击“新建”按钮，打开“创建”对话框，选择保存位置并输入数据库文件名（如 student1.dbc），单击“保存”按钮，系统会自动打开数据库设计器。

3. 使用命令创建数据库

创建数据库的命令格式：

```
CREATE  DATABASE  [<数据库名>/?]
```

命令功能：在当前路径或者指定路径下创建一个数据库文件。

说明：

（1）<数据库名>/?：如果不指定数据库名称或使用“?”，都会弹出“创建”对话框。

（2）使用命令创建数据库后不打开数据库设计器，但是数据库处于打开状态。

【例 4.1】 在 D 盘根目录下创建“学生档案”数据库。

```
SET DEFAULT TO  D:\
CREATE DATABASE 学生档案                  &&在默认位置创建数据库
CREATE DATABASE e:\数据库\student.dbc     &&在"e:\数据库"路径下创建数据库 student
```

4.1.2 数据库的使用

1. 打开数据库

在 Visual FoxPro 中，可以通过 3 种方式打开数据库。

（1）在项目管理器中打开数据库

如果数据库保存在项目“成绩管理.pjx”中，那么可以在项目管理器中打开数据库。执行“文件→打开”菜单命令，打开“打开”对话框，如图 4-8 所示。选择项目名称，如“成绩管理.pjx”，单击“确定”按钮，打开项目管理器窗口，如图 4-9 所示。在“数据”选项卡中“数据库”选项下找到指定数据库，单击“修改”按钮，打开数据库设计器。

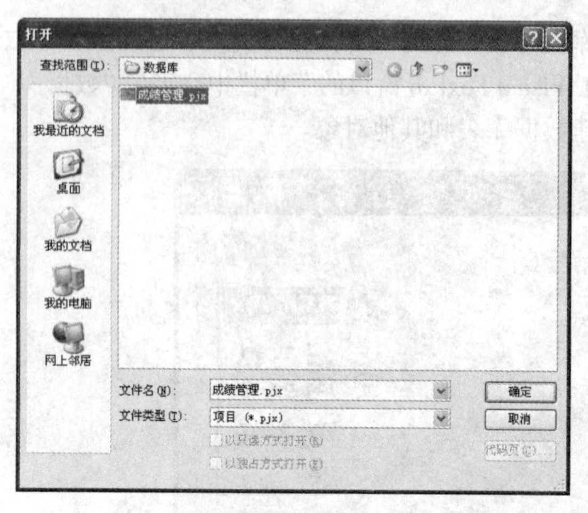

图 4-8 “打开”对话框

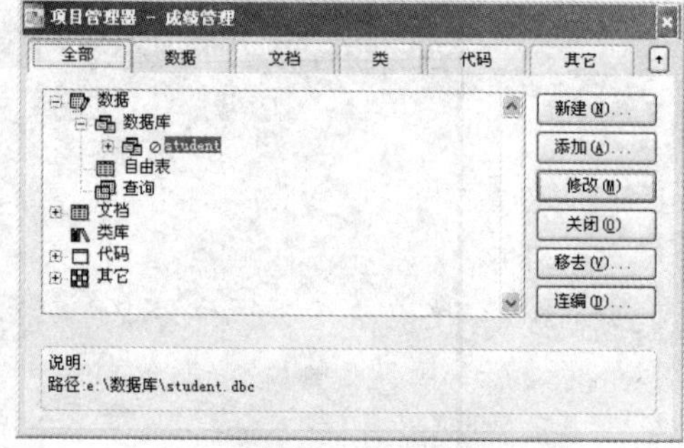

图 4-9 项目管理器

（2）使用菜单打开数据库

执行“文件→打开”菜单命令，打开“打开”对话框，如图 4-10 所示。选择文件类型为“数据库（*.dbc）”，选择数据库文件的位置及数据库名，单击“确定”按钮，打开数据库并打开数据库设计器窗口。

图 4-10 “打开”对话框

（3）使用命令打开数据库

打开数据库的命令格式：

```
OPEN  DATABASE  [<文件名>|?]
```

命令功能：打开指定的数据库文件。

说明：

① 如果之前有打开的数据库文件，则先关闭已经打开的数据库文件。

② 如命令中省略库文件的扩展名，系统默认为.dbc。

③ 如命令中省略了可选项或选择了“?”，则打开“打开”对话框，在其中选择数据库文件。

【例 4.2】打开“学生档案”数据库。

```
OPEN DATABASE student.dbc
```

2. 修改数据库

在 Visual FoxPro 中，可以在数据库设计器中修改数据库，包括添加、移去或删除对象等。修改数据库的命令格式：

```
MODIFY  DATABSE  [<数据库名>|?]
```

命令功能：打开<数据库名>指定的数据库文件。

说明：

（1）没有参数，则显示的数据库设计器，修改当前打开的数据库。

（2）如果没有当前数据库，且未指定数据库名，则弹出“打开”对话框，在其中选择数据库文件。

【例 4.3】修改“学生档案”数据库。

```
MODIFY DATABASE student.dbc
```

3. 关闭数据库

使用数据库后，需要将数据库关闭，具体方法如下：

（1）在项目管理器中关闭数据库

在“项目管理器”中选择需要关闭的数据库文件，单击“关闭”按钮即可。

（2）使用数据库设计器关闭数据库

关闭数据库设计器，即关闭了相应的数据库文件。

（3）使用命令关闭数据库

关闭数据库的命令格式：

```
CLOSE DATABASE [ALL]
```

命令功能：关闭当前打开的数据库，同时关闭这个数据库中已经打开的各种文件。

说明：

① 如不带[ALL]，表示关闭当前数据库和表

② 带[ALL]，表示关闭当前打开的数据库和数据库表、自由表及索引文件。

4. 删除数据库

可以将不再使用的数据库删除。删除数据库后，数据库中原有的数据表会成为自由表。可以用两种方法删除磁盘上的数据库文件。

（1）在项目管理器中删除数据库

在项目管理器中选择要删除的数据库文件，单击“移去”按钮或按【Delete】键，将弹出提示对话框，如图 4-11 所示，询问是否从项目中移去或删除数据库。

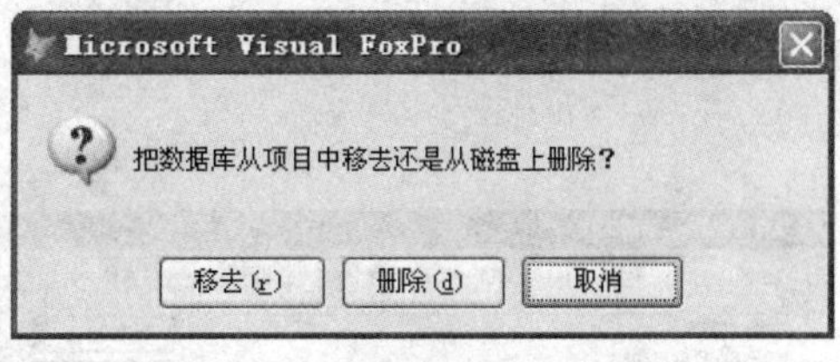

图 4-11　删除数据库提示对话框

按钮功能：

① 移去：只是从项目管理器中删除数据库，数据库文件仍保存在磁盘中。

② 删除：从项目管理器中删除数据库，并删除磁盘上相应的数据库文件。

（2）使用命令删除数据库

删除数据库的命令格式：

```
DELETE  DATABASE  <数据库名>|? [DELETE TABLES][RECYCLE]
```

命令功能：删除数据库文件及其表文件。

说明：

① 要删除数据库，必须先关闭数据库。

② [DELETE　TABLES]：同时删除数据库包含的表文件。

③ [RECYCLE]：将删除的数据库及表文件送入回收站。

【例 4.4】分析以下命令序列。

```
CREATE  DATABASE  教师管理
CLOSE DATABASE
DELETE DATABASE 教师管理 RECYCLE
```

4.2 数据库中的表

在第 3 章中介绍的数据表不属于任何数据库，称为自由表。将自由表添加到数据库后，这些表就属于某一数据库了，此时称它们为数据库表。数据库中的多个表之间可以存在一定的关联关系。

4.2.1 创建数据库表

在打开数据库后，可以在数据库中建立、添加数据表，这些数据表就成为数据库表了，可以使用 3 种方法新建数据库表。

1．使用项目管理器建立数据库表

使用项目管理器建立数据表的操作如下：

（1）在项目管理器中选中数据库，如 student.dbc；选择“表”选项，单击“新建”按钮，如图 4–12 所示。

（2）打开“创建”对话框，如图 4–13 所示。在“创建”对话框中选择保存位置、输入数据表名，单击“保存”按钮。在打开的表设计器中设计表结构，还可以继续输入表记录，这里创建的新表属于数据库中。

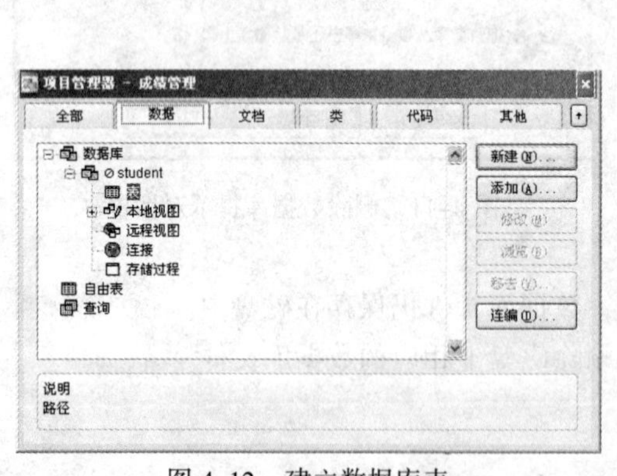

图 4–12　建立数据库表

图 4–13　“创建”对话框

2．利用数据库设计器创建数据库表

在打开数据库后，在数据库设计器中有两种方式可以创建数据库表。

（1）单击数据库设计器工具栏中的“新建表”按钮，如图 4–14 所示。

（2）右击数据库设计器空白处，在弹出的快捷菜单中选择“新建表”命令，如图 4–15 所示。

两种方式都会打开“创建”对话框，选择保存位置、输入数据表名，在打开表设计器中设计表结构，还可以继续输入表记录。这里创建的新表属于数据库。

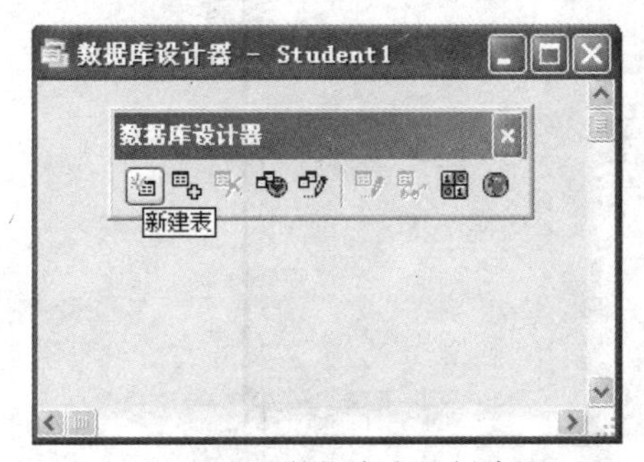

图 4-14　数据库表的创建

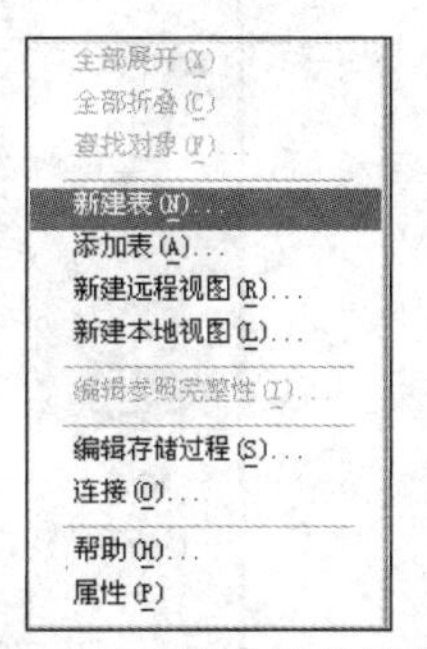

图 4-15　“新建表”快捷菜单

3．使用菜单创建数据库表

在打开数据库后，执行“数据库→新建表”菜单命令，创建数据库表。

4．使用命令创建数据库表

创建数据库表的命令格式：

```
CREATE  <表名>
```

命令功能：在打开数据库后，打开表设计器，创建数据库表。

【例 4.5】使用命令打开表设计器，在数据库 student1 中创建数据表 kecheng。

```
OPEN DATABASE  student1
CREATE  kecheng
```

4.2.2　向数据库中添加自由表

在 Visual FoxPro 中，可以将已存在的自由表添加到数据库中。

1．使用数据库设计器向数据库中添加自由表

有两种常用方式：

（1）单击数据库设计器工具栏中“添加表”按钮，如图 4-16 所示。

（2）右击数据库设计器空白处，在弹出的快捷菜单中选择“添加表”命令，如图 4-17 所示。

以上两种方式都可以弹出“选择表名”对话框，如图 4-18 所示。选择所需的自由表，即可将自由表添加到数据库中。

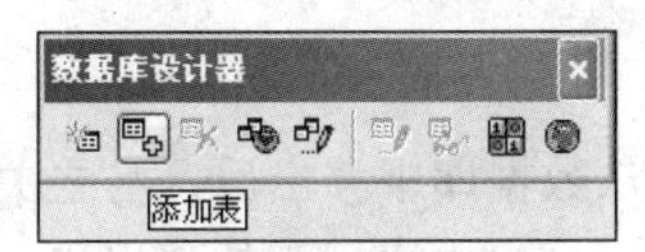

图 4-16　“添加表”按钮

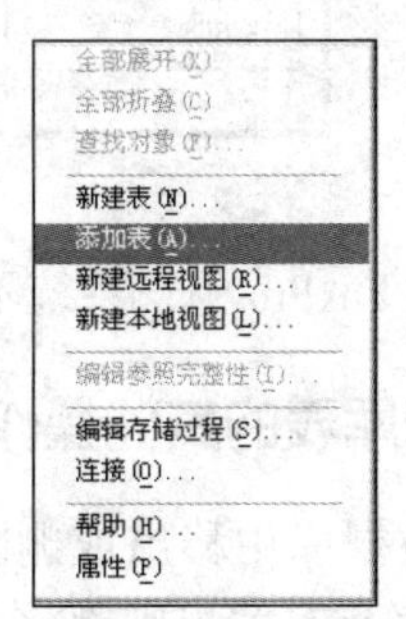

图 4-17　“添加表”快捷菜单

图 4-18 “选择表名”对话框

2．使用菜单添加数据库表

在打开数据库后，执行“数据库→添加表”菜单命令，选择自由表添加到数据库中。

3．使用命令方式添加数据库表

添加数据库表的命令格式：

```
ADD  TABLE  表文件名
```

命令功能：在当前打开的数据库中添加一个自由表。

【例 4.6】向数据库 student 中添加自由表 kecheng。

```
OPEN DATABASE student
ADD  TABLE  kecheng
```

在数据库中创建数据库表、添加自由表后，数据库设计器中显示该数据库中所包含的表，如图 4-19 所示。

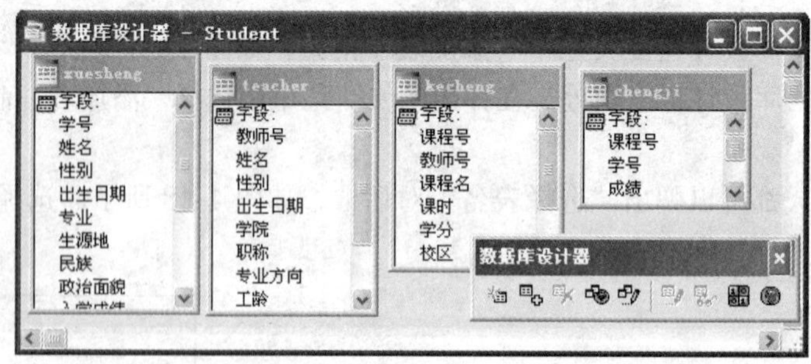

图 4-19 数据库设计器

在 Visual FoxPro 中，系统不允许将一个数据库中的表添加到另一个数据库中。

4.2.3 数据库表的其他操作

可以从数据库中移出或删除数据表。数据库表从数据库中移出后，与之关联的所有索引、默认值及有关规则都将消失，这个表会成为一个自由表，表的移出也会影响到数据库中与该表有关系的其他表。删除数据表时，将数据表从数据库中移出的同时也从磁盘上删除。

1. 移去数据库表

（1）在项目管理器中移去表

在“项目管理器”窗口的“数据”选项卡中选中要移出数据库的表，单击“移去”按钮，如图 4-20 所示，可将数据表从数据库中移出，并成为自由表。

（2）使用菜单移去表

① 在数据库设计器中，右击数据表，执行快捷菜单的“删除”命令。

② 在数据库设计器中，选中数据表，执行“数据库→移去”菜单命令。

以上两种方式会弹出对话框，如图 4-21 所示。单击“移去”按钮，即可移出数据库表。

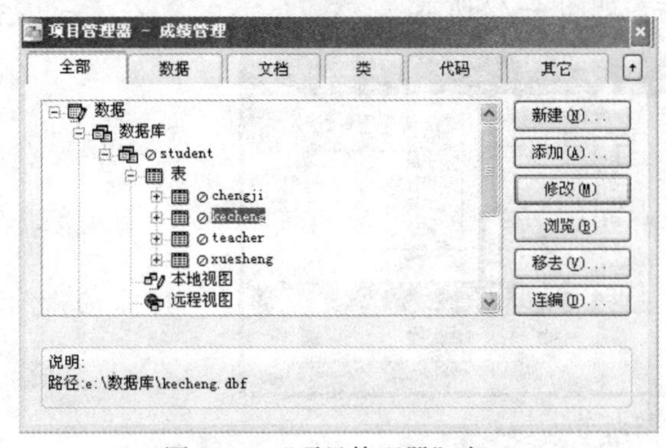

图 4-20 “项目管理器”窗口

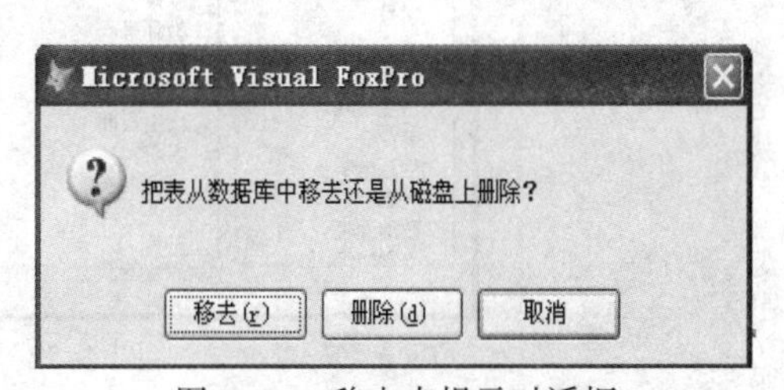

图 4-21 移去表提示对话框

（3）使用命令移出表

移出数据库表的命令格式：

```
REMOVE  TABLE  [<表名>|?>] [DELETE] [RECYCLE]
```

命令功能：从当前数据库中移去表名指定的表。

说明：

① 若选 DELETE 子句，在将表移出的同时从磁盘删除。

② 若选 RECYCLE 子句，将表放入回收站。

2. 删除数据库表

（1）使用菜单删除表

在数据库设计器中，右击要移去的数据表，执行快捷菜单中的“删除”命令，在图 4-21 所示提示对话框中单击“删除”按钮，即可删除数据库表。

（2）使用命令删除数据表

删除数据表的命令格式：

```
DROP  TABLE  <表名>  [RECYCLE]
```

命令功能：从数据库中删除数据表。

说明：

① 省略 RECYCLE 子句时，在当前数据库中移出指定数据库表，并从磁盘删除。

② RECYCLE 子句，将删除表放入回收站。

4.3 表之间的关系

在 Visual FoxPro 中，为了更好地管理和使用数据库表，可以对数据库中的数据库表建立关系。 按照数据表之间的连接方式不同，可以将数据表之间的关系分为一对多（1:*n*）、一对一（*n*:1）、多对多（*m*:*n*）3 种。

1. 建立关系

在 Visual FoxPro 中，最常用的是一对多关系，比如 student 数据库中的 xuesheng 表与 chengji 表，两个表依据学号字段形成一对多关系。建立关系的过程如下：

（1）打开数据库后，进入数据库设计器，如图 4-22 所示。

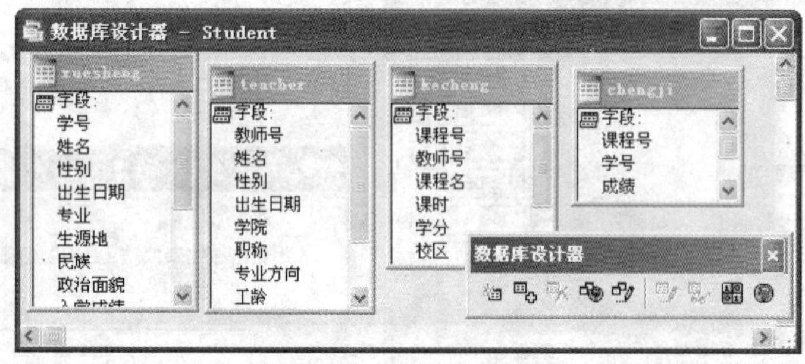

图 4-22 数据库设计器

（2）分析两个数据表可知，“学号”字段是两个表之间的关联字段，xuesheng 表是父表，chengji 表是子表。右击 xuesheng 表，执行快捷菜单中的“修改”命令，在其中创建“学号”字段的主索引，如图 4-23 所示；为子表 chengji 创建“学号”字段的普通索引，如图 4-24 所示。此时两个表窗口的下方将显示索引，如图 4-25 所示。

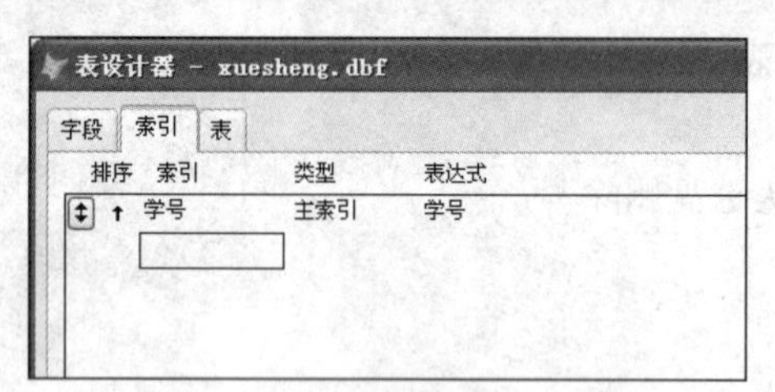

图 4-23 xuesheng 表主索引

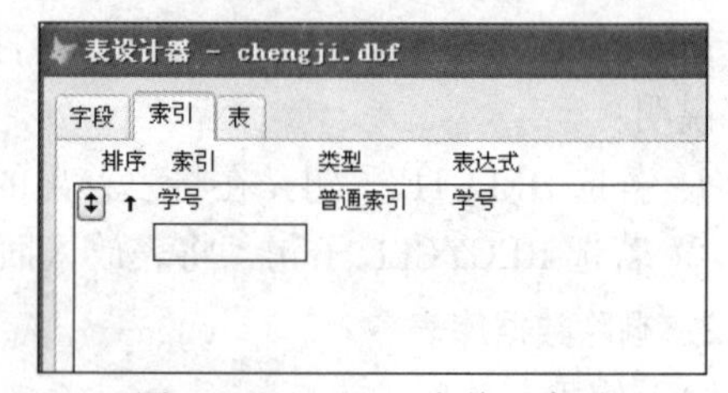

图 4-24 chengji 表普通索引

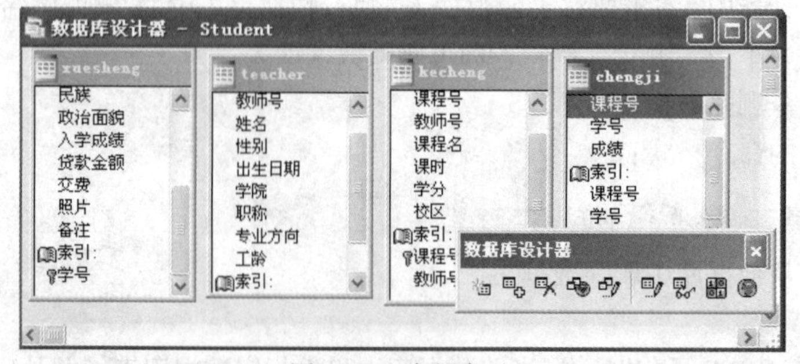

图 4-25 表的索引

（3）在数据库设计器中，拖动父表（xuesheng 表）中主索引“学号”，放置到子表（chengji 表）中普通索引“学号”上，释放鼠标左键。如图 4-26 所示，两个表之间出现一对多的连接线，一对多关系建立完毕。

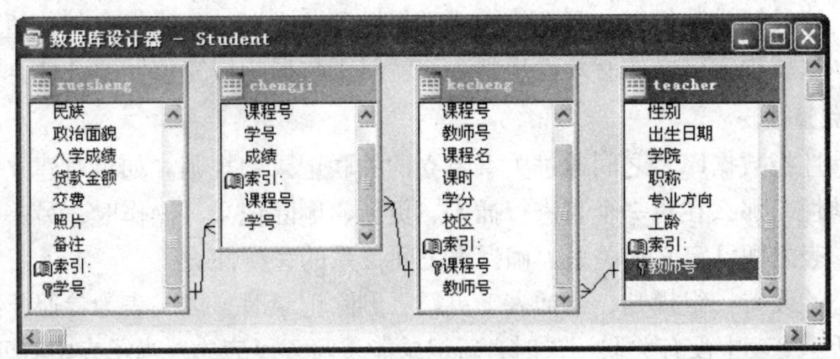

图 4-26　建立关系

2. 编辑关系

（1）改变关系

关系建立后，还可以随时编辑或修改关系，具体方法为：

在数据库设计器中双击关系连接线，或右击关系连接线，执行快捷菜单中的“编辑关系”命令，打开“编辑关系”对话框，如图 4-27 所示。通过选择主表和子表的关联字段编辑关系，单击 OK 按钮。

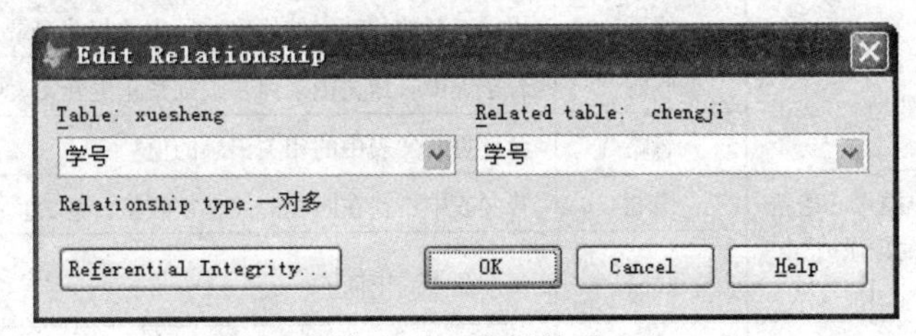

图 4-27　编辑关系

（2）删除关系

在数据库设计器中，右击关系连接线，执行快捷菜单中的“删除关系”命令，删除两个表之间的关系连线，从而删除这个关系。也可以单击关系，按【Delete】键删除关系。

4.4　数据完整性

4.4.1　数据完整性概念

数据完整性是指保证数据正确的特性，数据完整性包括实体完整性、域完整性和参照完整性。

1. 实体完整性

实体完整性指主关键字的值在关系中必须是非空且不能重复，即在一个关系中主关键字不允许重复。在 Visual FoxPro 中，通过主关键字或候选关键字来保证实体完整性，系统会自动进行实体完整性检查。例如，在 student 数据库中的 xuesheng 表中对“学号”字段建立主索引，其字段值不能为空，且不能重复。

2. 域完整性

域完整性包括字段的取值类型和取值范围、字段的有效性规则等。例如，在向 xuesheng 表的“性别”字段输入数据时，只允许输入“男”和“女”，如果输入其他值，系统会提示错误信息，这就称为字段的有效性规则，它就属于数据的域完整性的一种。

3. 参照完整性

参照完整性指数据库表之间通过关系建立的关联记录的规则。如果对建立关系的表设置了参照完整性，那么在对一个表进行插入、更新、删除记录等操作时，另一个表同步进行，从而保护表之间已定义的关系，确保表之间关系的完整性。

参照完整性设置一组规则，当插入、更新、删除记录时，以父表为参照，控制子表如何操作。包括：父表中没有关联记录时，新记录能否写入子表中；当子表中有匹配数据时，父表中的记录能不能删除；当父表记录被修改将造成子表出现孤立记录时，父表中的记录能否被修改等。

设置参照完整性有 3 个规则：更新规则、删除规则和插入规则。在每个规则下有分别包含级联、限制和忽略等不同选项，具体规则如表 4-1 所示。

表 4-1 参照完整性规则

分类	选项	含义
更新规则：当改变父表中的记录时，子表中的记录如何处理	级联	用父表新的关键字的值修改子表的相关记录
	限制	若子表中有相关记录存在，则禁止更新父表中相关字段的值
	忽略	允许更新父表中的相关记录的值
插入规则：当在子表中插入一条新记录或更新一条已存在的记录时，父表对子表的动作产生何种回应	限制	若父表中不存在匹配的关键字段值，则禁止在子表中插入
	忽略	允许在子表中插入
删除规则：当父表中的记录被删除时，子表中相关记录如何处理	级联	当父表中删除记录时，子表中所有相关记录都被删除
	限制	如果子表中含有相关记录，则父表中的记录禁止删除
	忽略	不论是否存在关联记录，都允许删除父表中的记录

4.4.2 设置域完整性

域完整性包括字段的取值类型和取值范围、字段的有效性规则等。本节介绍如何进行字段的有效性规则设置。

【例 4.7】对于 student 数据库中的 xuesheng 表，设置“性别”字段的域完整性。

具体方法为：

（1）打开数据库设计器，找到 xuesheng 表。右击 xuesheng 表，执行快捷菜单中的“修改”命令，打开表设计器，如图 4-28 所示。

（2）选中需要设置有效性规则的字段（如“性别”字段），重点设置以下内容：

① 规则：设置字段的有效性规则。本例为“性别="男" or 性别="女"”。

② 信息：当违背字段有效性规则时的提示信息。本例为“"输入错误，请重新输入!"”。注意：信息两端需要字符型常量定界符。

③ 默认值：字段的默认值。

(3) 进行参数设置后，域完整性设置如图 4-28 所示。此时，在录入数据时，如果“性别”字段输入了出“男”和“女”以外的数据，将提示出错，如图 4-29 所示。

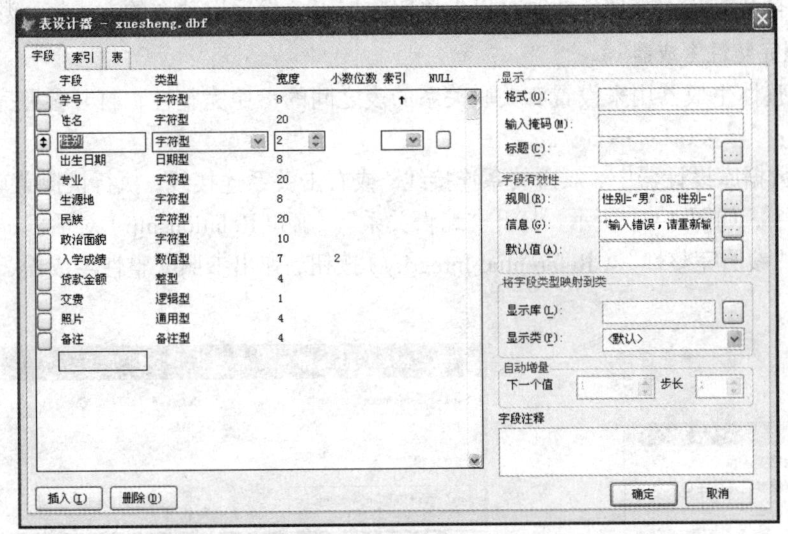

图 4-28 字段的有效性规则

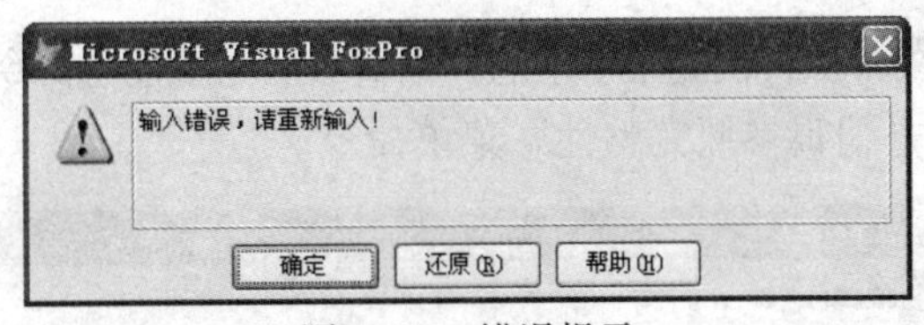

图 4-29 错误提示

4.4.3 设置参照完整性

参照完整性指数据库表之间通过关系建立的关联记录的规则。本节介绍如何进行参照完整性设置。

在 Visual FoxPro 中，设置参照完整性前，必须先建立数据库表之间的关系。具体步骤如下：

1. 打开数据库设计器

打开数据库设计器，建立表之间的关联关系，如 xuesheng 表和 chengji 表之间的一对多关系，如图 4-30 所示。

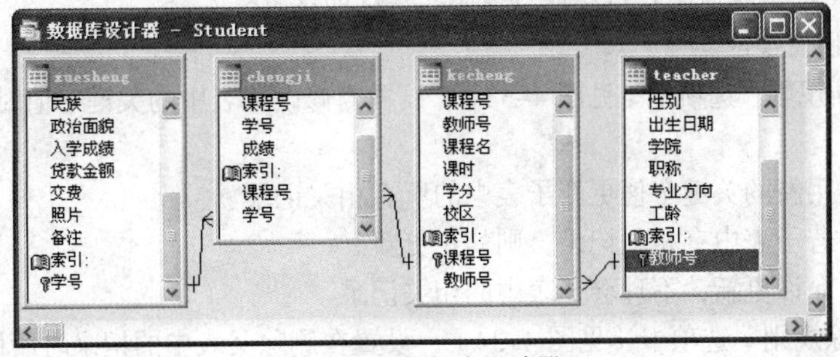

图 4-30 数据库设计器

2．清理数据库

建立参照完整性之前必须先清理数据库，执行“数据库→清理数据库”命令。有时在清理数据库时会出现“数据库的表正在使用时不能发布 PACK 命令”的提示信息，说明此时数据库的打开方式不合理。此时可以先关闭数据库，然后以独占的方式打开数据库。

3．参照完整性生成器

参照完整性生成器用来设置有关联关系的表之间的参照完整性，打开参照完整性生成器方法如下：

（1）在数据库设计器中，双击关系连接线，或右击关系连接线，执行快捷菜单中的“编辑关系”命令，如图 4-31 所示，打开“编辑关系”（Edit Relationship）对话框，如图 4-32 所示。单击“参照完整性”（Referential Integrity）按钮，弹出参照完整性生成器，如图 4-33 所示。

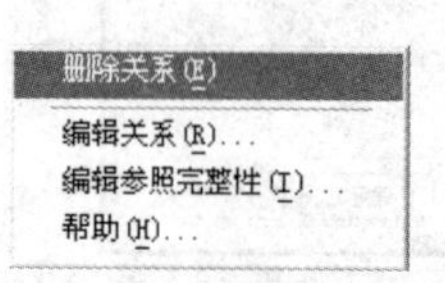

图 4-31 “编辑关系”快捷菜单

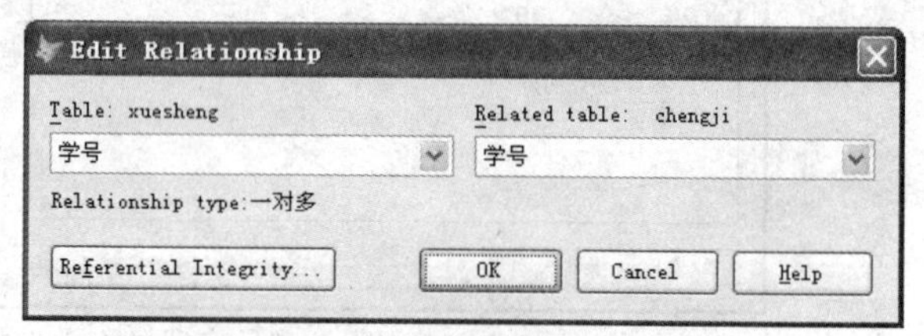

图 4-32 “编辑关系”对话框

（2）右击关系连接线，执行快捷菜单中的“编辑参照完整性”命令，如图 4-31 所示。

（3）执行“数据库→编辑参照完整性”菜单命令。

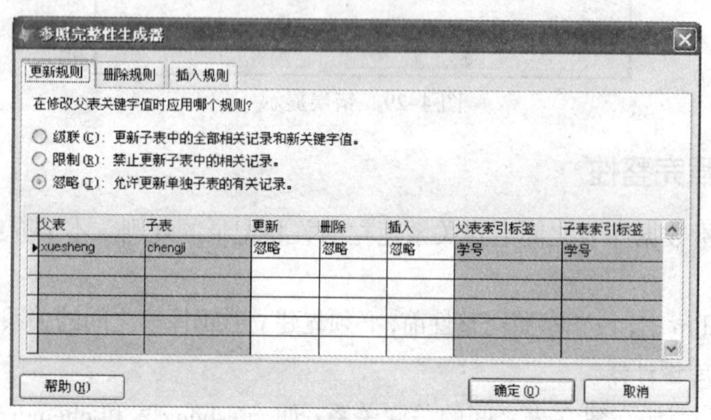

图 4-33 参照完整性生成器

在参照完整性生成器中，可以进行参照完整性的设置。

4．设置参照完整性

（1）“更新规则”选项卡（见图 4-33）：设置当修改父表中的关键字值时使用的规则。各选项的功能：

① 级联：用新的关键字值更新子表中的所有相关记录。

② 限制：若子表中有相关记录，则禁止更新。

③ 忽略：允许更新，不理会子表中的相关记录。

（2）“删除规则”选项卡（见图 4-34）：设置在删除父表中的记录时所用的规则。各选项的功能：

① 级联：删除子表中的所有相关记录。

② 限制：若子表中有相关记录，则禁止删除。

③ 忽略：允许删除，不理会子表中的相关记录。

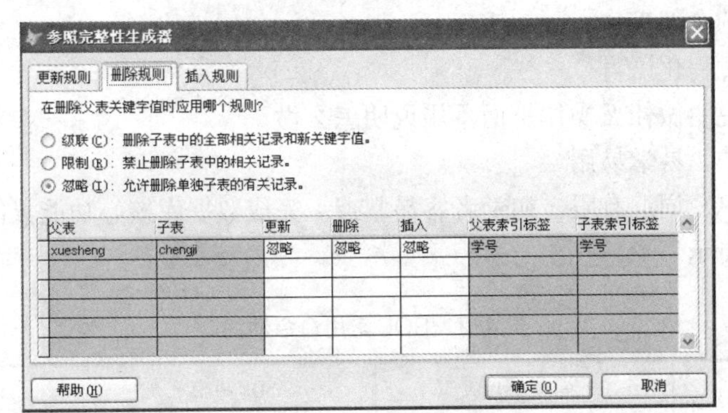

图 4-34　删除规则

（3）“插入规则”选项卡（见图 4-35）：设置在子表中插入新纪录或者更新现有记录时应遵循的规则。各选项功能：

① 限制：若父表中没有匹配的关键字段，则禁止插入。

② 忽略：允许插入。

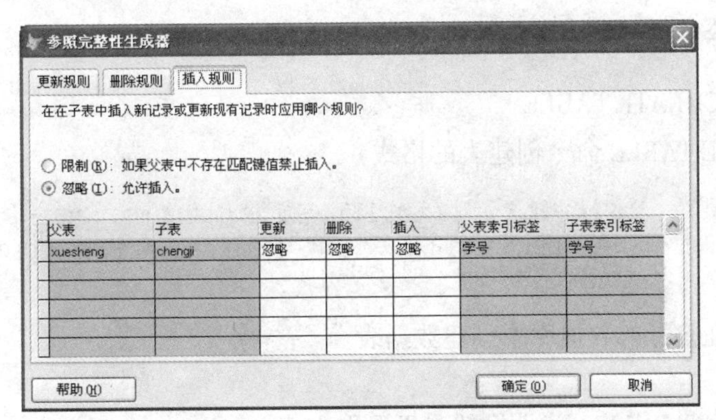

图 4-35　插入规则

完成参数完整性设置后，单击“确定”按钮，在“确认”对话框中单击“是”按钮，系统将生成参照完整性代码，并把这些代码存储在数据库中。

在设置关系的参照完整性后，对主表和子表记录的更新、删除和插入，就必须遵守参照完整性。

4.5　SQL

4.5.1　SQL 特点

SQL（Structured Query Language，结构化查询语言）是关系数据库操作的标准语言，它包括数据定义、数据操纵、数据查询和数据控制 4 部分。Visual FoxPro 支持数据定义、数据查询和数据操纵的 SQL。

（1）SQL 是一体化的语言

SQL 提供了一系列完整的数据定义、数据查询、数据操纵和数据控制等功能，可以完成数据库活动中的全部工作。

（2）高度非过程化语言

用户只需要说明做什么操作，而不用说明怎么做。

（3）语言简洁，易学易用

SQL 语法简单，词汇有限，初学者容易掌握。完成数据库核心功能只能需要 9 个命令动词，如表 4-2 所示。

表 4-2　SQL 常用命令动词

SQL 功能	命 令 动 词	SQL 功能	命 令 动 词
数据定义	CREATE、ALTER、DROP	数据查询	SELECT
数据操纵	INSERT、UPDATE、DELETE	数据控制	GRANT、REVOKE

（4）SQL 可以直接以命令方式交互使用，也可以以程序方式使用。

由于 Visual FoxPro 自身在安全控制方面的缺陷，它没有提供数据控制的功能，即不支持 GRANT 命令和 REVOKE 命令。本节重点介绍数据定义和数据操纵方面的 SQL 命令。

4.5.2　SQL 命令

1. 创建表（CREATE TABLE）

使用 CREATE TABLE 命令创建表的格式：

```
CREATE  TABLE 表名(<字段名 1> <类型 1>(<宽度>) [NULL|NOT NULL] [CHECK <逻辑表达式>] [ERROR <出错信息>] [DEFAULT <表达式 1>] [PRIMARY KEY|UNIQUE][TAG<>索引标识名 1],<字段名 2>,…<字段名 n>…)
```

命令功能：在打开的数据库中创建数据表。

说明：

（1）[NULL|NOT NULL]：说明字段是否可取空值。

（2）CHECK <逻辑表达式>] [ERROR <出错信息>]：说明字段的有效性规则，<逻辑表达式>是有效性规则，<错误信息>是当字段有效性规则检查出错时给出的提示信息。

（3）[DEFAULT　<表达式 1>]：使用表达式值作为字段的默认值。

（4）[PRIMARY KEY|UNIQUE]：以该字段创建索引，PRIMARY KEY 指定创建主索引，UNIQUE 创建候选索引，不允许重复值。

（5）[TAG<>索引标识名 1]：索引标识名。

【例 4.8】用 CREATE 命令创建 xuesheng 表。

```
OPEN DATABASE student
CREATE TABLE xuesheng(学号 c(10) PRIMARY KEY,姓名 C(10),性别 C(2) CHECK (性别='男'or 性别='女') ERROR "输入错误" )
```

2．修改表（ALTER TABLE）

（1）使用 ALTER TABLE 命令向表中增加字段的格式：

```
ALTER  TABLE <表名>  ADD [column] <字段名> <类型>[(宽度,小数位数)]
```

命令功能：向现有数据库表中增加字段。

说明：该命令中关于字段类型、宽度等要求与 CREATE TABLE 命令一致。

（2）使用 ALTER TABLE 命令修改字段属性的格式：

```
ALTER  TABLE <表名> ALTER [column] <字段名> <类型>[(宽度,小数位数)]
```

命令功能：修改表字段。

（3）使用 ALTER TABLE 命令删除字段的格式：

```
ALTER  TABLE <表名>  DROP  [column]  <字段名>
```

命令功能：删除现有数据库表中指定的字段。

（4）使用 ALTER TABLE 命令修改字段名的格式：

```
ALTER  TABLE <表名>  RENAME [column] <字段名 1> TO <字段名 2>
```

命令功能：修改字段名。

【例 4.9】分析以下命令序列

```
USE xuesheng
ALTER  TABLE  xuesheng ADD COLUMN 身高 N(6,2)       &&表中增加“身高”字段
ALTER  TABLE  xuesheng ADD COLUMN 爱好 C(20)        &&表中增加“爱好”字段
ALTER  TABLE  xuesheng  ALTER  COLUMN 爱好 C(50)    &&将“爱好”字段类型 C(50)
ALTER  TABLE  xuesheng  RENAME  COLUMN 爱好 to 特长 &&将“爱好”字段改名为“特长”
ALTER  TABLE  xuesheng  DROP  COLUMN  特长          &&删除“特长”字段
```

3．插入记录（INSERT INTO）

使用 INSERT INTO 命令向表中插入记录的格式：

```
INSERT  INTO  <表名>[ (<字段名 1>,<字段名 2>…)]  VALUES(<表达式 1>,<表达式 2>…)
```

命令功能：在指定表的尾部添加一条新纪录，其各个字段的值为 VALUES 后面各个表达式的值。

说明：

（1）在插入记录时，如果为表的所有字段赋值时，表名后的字段名可以省略。

（2）在插入记录时，如果只给部分字段赋值，需要列出需要赋值的字段名。

（3）字段名必须与数据的位置一一对应。

（4）插入的各个数据类型必须是对应字段能够接受的。

【例 4.10】用 INSERT 命令，向 xuesheng 表和 chengji 表中各插入一条新记录。

```
   INSERT INTO xuesheng(学号,姓名,性别,出生日期,入学成绩) VALUES ("123","李丽","
女",{^1996-10-12},456.50)
   INSERT  INTO  chengji(课程号,课序号,学号,成绩) VALUES("1001020310","2","
13011101",95)
```

4．更新表记录（UPDATE）

使用 UPDATE 命令更新记录的格式：

```
UPDATE  <表名>  SET  字段名 1=表达式 1,[字段名 2=表达式 2,]…[WHERE <条件>]
```

命令功能：更新满足条件的记录中指定字段的值。

说明：如果省略条件表达式，则更新所有记录

【例 4.11】用 UPDATE 命令将 xuesheng 表中所有日语专业的学生的入学成绩增加 10 分。

```
UPDATE  xuesheng  SET  入学成绩=入学成绩+10  WHERE 专业="日语"
```

5．删除表记录（DELETE）

使用 DELETE 命令删除记录的格式：

```
DELETE  FROM  <表名> [WHERE  <条件表达式>]
```

命令功能：逻辑删除符合条件的记录，给记录添加删除标记。

说明：如省略条件表达式，则删除全部记录。

【例 4.12】用 DELETE 命令删除 xuesheng 表中所有入学成绩在 400 分以下的学生记录。

```
USE  xuesheng
DELETE  FROM  xuesheng  WHERE  入学成绩<400
PACK                                      &&物理删除已经逻辑删除的记录
```

习　　题

一、单项选择题

1. 以下关于数据库表和自由表的叙述中错误的是（　　）。
   A. Visual FoxPro 中的表可分为自由表和属于数据库的表
   B. 自由表是独立的表，不属于任何数据库
   C. 数据库表和自由表的表设计器功能完全相同
   D. 可以将数据库中的表移除，使其成为自由表
2. 向数据库中添加表时错误的是（　　）。
   A. 可以将一个自由表直接添加到数据库中
   B. 可以将一个数据库表直接添加到另一个数据库中
   C. 可以在项目管理器中将自由表拖放到数据库中
   D. 欲使一个数据表称为另一个数据库的表，则必须使其成为自由表
3. 在 Visual FoxPro 中，以下叙述中正确的是（　　）。
   A. 关系也被称为表单　　　　B. 数据库文件不存储用户数据
   C. 表文件的扩展名是.dbc　　D. 多个表存储在一个物理文件中
4. 在 Visual FoxPro 中，以下叙述正确的是（　　）。
   A. 数据库允许对字段设置默认值
   B. 自由表允许对字段设置默认值
   C. 自由表或数据库都允许对字段设置默认值
   D. 自由表或数据库都不允许对字段设置默认值

5. 以下关于空值（NULL）的叙述中正确的是（　　）。
   A. 空值等于空字符串　　B. 空值等于数值 0
   C. 空值等于字段或变量还没有确定的值　　D. Visual FoxPro 不支持空值
6. 在 Visual FoxPro 中，关系数据库管理系统所管理的关系是（　　）。
   A. 一个 DBF 文件　　B. 若干个二维表
   C. 一个 DBC 文件　　D. 若干个 DBC 文件
7. CREATE DATABASE 命令用来建立（　　）。
   A. 数据库　　B. 关系　　C. 表　　D. 数据文件
8. 打开数据库的命令是（　　）。
   A. USE　　B. USE DATABASE
   C. OPEN　　D. OPEN DATABASE
9. 打开数据库 abc 的正确命令是（　　）。
   A. OPEN DATABASE abc　　B. USE abc
   C. USE DATABASE abc　　D. OPEN abc
10. 创建数据库后，系统会自动生成扩展名为（　　）的 3 个文件。
   A. .SCX、.SCT、.SPX　　B. .DBC、.DCT、.DCX
   C. .PJX、.PJT、.RPJ　　D. .DBF、.DBT、.FPT
11. MODIFY STRUCTURE 命令的功能是（　　）。
   A. 修改记录值　　B. 修改表结构
   C. 修改数据库结构　　D. 修改数据库或表结构
12. 在数据库中建立表的命令是（　　）。
   A. CREATE　　B. CREATE DATABASE
   C. CREATE QUERY　　D. CREATE FORM
13. 对表 SC（学号 C(8),课号 C(4),成绩 N(3),备注 C(20)）可以插入的记录是（　　）。
   A. ('20080101','c1','90',NULL)　　B. ('20080101','c1',90,'成绩优秀')
   C. ('20080101','c1','90','成绩优秀')　　D. ('20080101',c1,'90',NULL)
14. 关闭数据库的命令是（　　）。
   A. CLOSE DATABASE　　B. CLEAR
   C. USE　　D. CREATE
15. 删除数据库的命令是（　　）。
   A. OPEN DATABASE　　B. CREATE DATABASE
   C. MODIFY DATABASE　　D. DELETE DATABASE
16. 将数据库中的表移出数据库的命令是（　　）。
   A. ADD TABLE　　B. REMOVE TABLE
   C. DELETE　　D. CLEAR ALL

17. 在 Visual FoxPro 中，若建立索引的字段值不允许重复，并且一个表中只能创建一个，这种索引应该是（　　）。
   A. 候选索引　　B. 普通索引　　C. 主索引　　D. 唯一索引

18. 创建 teacher 表，包含教工号、姓名和工龄字段，其中教工号字段为主键，命令为（　　）。

A. CREATE TABLE teacher (教工号 C(10) PRIMARY,姓名 C(20),工龄 N(6,2))

B. CREATE TABLE teacher (教工号 C(10) FOREIGN,姓名 C(20),工龄 N(6,2))

C. CREATE TABLE teacher (教工号 C(10) FOREIGN KEY,姓名 C(20),工龄 N(6,2))

D. CREATE TABLE teacher(教工号 C(10) PRIMARY KEY,姓名 C(20),工龄 N(6,2))

19. 以下能修改表结构的命令是（　　）。

A. INSERT　　B. ALTER　　C. UPDATE　　D. CREATE

20. 删除 xuesheng 表中的入学成绩字段，应执行的命令是（　　）。

A. DELETE TABLE xuesheng DELETE COLUMN 入学成绩

B. ALTER TABLE xuesheng DELETE COLUMN 入学成绩

C. ALTER TABLE xuesheng DROP COLUMN 入学成绩

D. DELETE TABLE xuesheng DROP COLUMN 入学成绩

21. 从订单表中删除签订日期为 2012 年 1 月 10 日之前（含）的订单记录，正确的命令是（　　）。

A. DROP FROM 订单 WHERE 签订日期<={^2012-1-10}

B. DROP FROM 订单 FOR 签订日期<={^2012-1-10}

C. DELETE FROM 订单 WHERE 签订日期<={^2012-1-10}

D. DELETE FROM 订单 FOR 签订日期<={^2012-1-10}

22. 计算每名运动员的"得分"的正确 SQL 语句为（　　）。

A. UPDATE 运动员 FIELD 得分=2*2 分球+3*分球+罚篮

B. UPDATE 运动员 FIELD WITH 2*2 分球+3*3 分球+罚篮

C. UPDATE 运动员 SET 得分 WITH 2*2 分球+3*3 分球+罚篮

D. UPDATE 运动员 SET 得分=2*2 分球+3*3 分球+罚篮

23. 为运动员表增加一个"得分"字段，正确的语句是（　　）。

A. CHANGE TABLE 运动员 ADD 得分 N(4)

B. ALTER DATA 运动员 ADD 得分 N(4)

C. ALTER TABLE 运动员 ADD 得分 N(4)

D. CHANGE TABLE 运动员 INSERT 得分 N(4)

24. 在 Visual FoxPro 中，数据库表中字段的有效性规则的设置可以在（　　）中进行。

A. 项目管理器　　B. 数据库设计器

C. 表设计器　　D. 表单设计器

25. 假设在数据库表的表设计器中，字符型字段"性别"已被选中，正确的有效性规则设置是（　　）。

A. ='男'.OR.'女'　　B. 性别='男'.OR.'女'　　C. $'男女'　　D. 性别$'男女

26. 参照完整性的规则不包括（　　）。

A. 更新规则　　B. 删除规则　　C. 插入规则　　D. 检索规则

27. 在 Visual FoxPro 中，参照完整性的更新规则不包括（　　）。

A. 允许　　B. 级联　　C. 忽略　　D. 限制

28. 在 Visual FoxPro 中，定义数据的有效性规则时，在规则框输入的表达式类型是（　　）。

A. 数值型　　B. 字符型　　C. 逻辑型　　D. 日期型

二、填空题

1. 创建数据库 stu.dbc 的命令是________，打开该数据库的命令是________，修改该数据库的命令是________

2. 在当前数据库新建表 t1 的命令是________，添加自由表 t2.dbf 的命令是________，移去表 t2 的命令是________。

3. 数据库表之间的关系包括________、________和________。

4. 数据库的数据完整性包括________、________和________。

5. 删除表之间的关系，方法是：单击关系连线，按________键。

6. 建立参照完整性的方法是执行“数据库”菜单中的________命令。

7. 在 Visual FoxPro 中参照完整性包括________、________、________。

8. 为 xuesheng 表增加一个“平均成绩”字段（N，6，2），使用的 SQL 命令是________。

9. 将“产品”表的“名称”字段名修改为“产品名称”，使用的命令是________。

10. 向 xuesheng 表中添加一条新记录，字段学号、姓名、出生日期和入学成绩，值分别为：1001、张芳、1994-12-12 和 450.00，则正确的 SQL 语句是________。

11. 如果一条 SQL 语句过长，可以添加________使其断开，而且不影响执行结果。

12. “图书”表中有字符型字段“图书号”，能够删除图书号是“A10001”的图书记录的 SQL 语句是________。

三、简答题

1. 简述 Visual FoxPro 中数据库可以包括哪些内容。
2. 简述数据库表与自由表的区别。
3. 简述如何建立数据库表之间的一对多关系。
4. 简述什么是实体完整性。
5. 简述什么是域完整性。
6. 简述什么是参照完整性。
7. 简述如何设置数据库表 chengji 中的成绩必须在 0 到 100 之间。
8. 简述数据库的参照完整性中更新规则、删除规则、插入规则的作用。
9. 简述 SQL 语句的特点。
10. 简述 SQL 语句的数据定义命令包括哪些，分别的功能。
11. 简述 SQL 语句的数据操作命令包括哪些，分别的功能。

实　验

实验目的

1. 掌握创建、修改、删除数据库的方法。
2. 掌握创建、添加、移除、删除表的方法。

3. 掌握建立表之间永久性关系的方法。

4. 掌握表使用 SQL 语言创建、修改、删除表，插入、更新、删除记录的方法。

实验内容

一、数据库操作

1. 使用 SET DEFAULT TO E:\命令，将默认路径改为 E:。

2. 数据库操作：

（1）使用 CREATE DATABASE 命令创建数据库 Student.dbc 和 Stu2.dbc。

（2）使用 OPEN DATABASE 命令打开数据库 Stu2.dbc。

（3）使用 CLOSE DATABASE 命令关闭数据库。

（4）使用 DELETE DATABASE 命令删除数据库 Stu2.dbc。

3. 打开数据库 Student.dbc，使用 MODIFY DATABASE 命令在数据库设计窗口中修改数据库：

（1）使用 ADD TABLE 命令添加自由表 xuesheng、kecheng、chengji、teacher。

（2）使用 REMOVE TABLE 命令移除表 teacher。

4. 在数据库设计器中，选择 xuesheng.dbf，在表设计器中为“入学成绩”字段设置有效性规则为“入学成绩>=300 AND 入学成绩<700”，“性别”字段有效性规则为“性别="男" .OR. 性别="女"”，并设置合适的提示信息，如“输入错误，请重新输入”。

5. 在数据库设计器中，完成以下操作：

（1）为 xuesheng 表建立字段“学号”的主索引；为 kecheng 表建立字段“课程号”的主索引，字段“教师号”的普通索引；为 chengji 表建立字段“学号”和“课程号”的两个普通索引；为 teacher 表建立字段“教师号”的主索引。

（2）建立以索引“学号”的 xuesheng 表和 chengji 表的一对多关系，建立以索引“课程号”的 kecheng 和 chengji 的一对多关系，建立以索引“教师号”的 teacher 表和 kecheng 表的一对多关系。

（3）增加以上一对多关系的删除、插入、更新的限制。

二、SQL 操作

注意：一条命令后加上“;”，再按【Enter】键，此时语句续行不执行。

1. CREATE TABLE 语句

（1）创建表 t1：

CREATE TABLE t1(学号 C(8) PRIMARY key, 姓名 c(20), 性别 c(2), 出生日期 D, 爱好 c(20))

（2）使用 CREATE TABLE 命令，创建表 t2（教师号 C(5)，教师名 C(20)，性别 C(2)，出生日期 D）。

（3）使用 CREATE TABLE 命令，创建表 t3（xh C(5)，xm C(20)）。

（4）使用 CREATE TABLE 命令，创建表 t4（学号，姓名，性别，出生日期，爱好）。

（5）创建表 t5：

CREATE TABLE t5(学号 c(8) PRIMARY key, 姓名 c(20), 性别 c(2) check(性别="男"

OR 性别="女") ERROR "性别只能为 男或女",出生日期 D,入学成绩 n(3) check(入学成绩>=300 AND 入学成绩<=700) ERROR "入学成绩在 300～700 之间" DEFAULT 0)

2. DROP TABLE 语句

使用 DROP TABLE 命令删除表 t1。

3. ALTER 语句

（1）在 t2 中增加“特长”字段，长度为 20。

（2）将 t2 的“教师号”字段长度改为 10。

（3）在 t2 中将“特长”字段的名字改为 techang。

（4）在 t2 表中增加一个“身高”字段（N，4）。

（5）在 t2 中删除 techang 字段。

4. 记录操作

（1）向 t4 表中插入记录：

INSERT INTO t4 (学号, 姓名, 性别, 出生日期, 爱好) values("13011101","张小雅","女",{^2014-2-25},"篮球")

（2）使用 INSERT INTO 命令，向 chengji 表中插入新记录值为("10010303101","13080102",90)。

（3）使用 INSERT INTO 命令，向 t2 表中插入一个教师(10003, 张小雅,男,1980-2-2,网球,170)。

（4）使用 INSERT INTO 命令，向 teacher 表中插入你的任课老师的记录。

（5）使用 UPDATE 命令，修改 xuesheng 表，使得所有“女”生入学成绩增加 10 分，交费为.T.。

（6）使用 UPDATE 命令，修改 teacher 表中所有“教授”职称的“女”教师，“工龄”增加 5 年。

（7）使用 DELETE 命令，删除 xuesheng 表中所有“入学成绩<300 且交费=.F.”的记录。

（8）使用 DELETE 命令，删除 kecheng 表中所有校区是“泰达西院”、课程名是“C 语言”的相关记录。

第 5 章

查询和视图 «‹

本章资源

Visual FoxPro 的查询和视图用于实现数据的检索，从数据表中快速获取所需数据。本章介绍查询和视图的创建和使用，以及查询和视图的区别。

5.1 查　询

查询能从数据表或视图中提取出满足条件的记录，并按指定的输出类型定向输出查询结果。查询文件的扩展名为.qpr。查询结果是通过运行查询文件得到的一个基于表或视图的动态数据合集，查询的数据源可以是一个或多个自由表、数据库表或视图。

5.1.1 创建查询

在 Visual FoxPro 中，可以通过查询向导、查询设计器和命令 3 种方式创建查询。

1．使用查询向导创建单一查询（Query Wizard）

使用查询向导可以创建以系统提供的查询文件为模板的查询。

具体方法为：

（1）新建查询

执行“文件→新建”菜单命令，在“新建”对话框中选择“查询”单选按钮，单击“向导”按钮，打开“向导选择”对话框，如图 5-1 所示。

图 5-1 “向导选择”对话框

（2）选择字段（Select Fields）

在“向导选择”对话框中选择“查询向导”(Query Wizard)，单击“确定”按钮，打开“查询向导”对话框。选择查询的数据源，可以从多个数据表或视图选择字段，如选择 xuesheng、kecheng、chengji 表的字段，如图 5-2 所示。

（3）关系表（Relate Tables）

单击“Next”按钮，进入步骤 2。当在步骤 1 中选择了多个表的字段时，需要设置多个表之间的关联关系，如图 5-3 所示。

（4）筛选记录（Filter Records）

单击“Next”按钮，进入步骤 3，设置查询条件，如学生的性别为"男"，如图 5-4 所示。

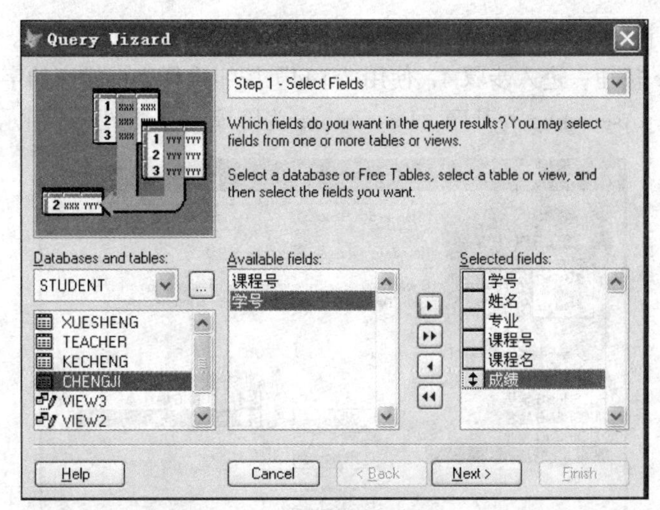

图 5-2　查询向导步骤 1

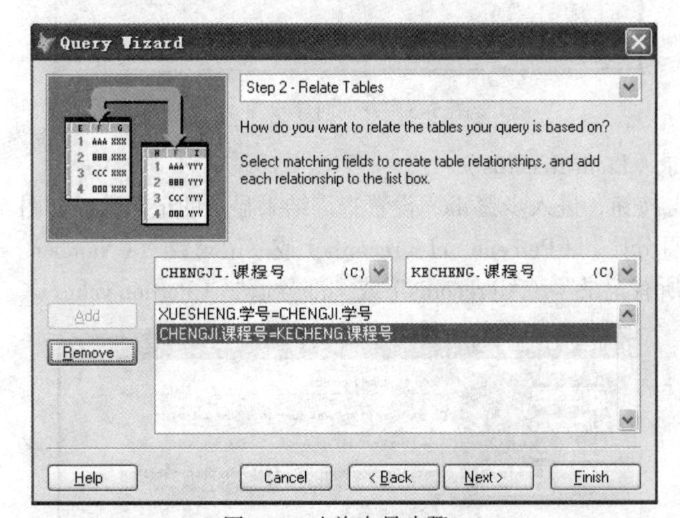

图 5-3　查询向导步骤 2

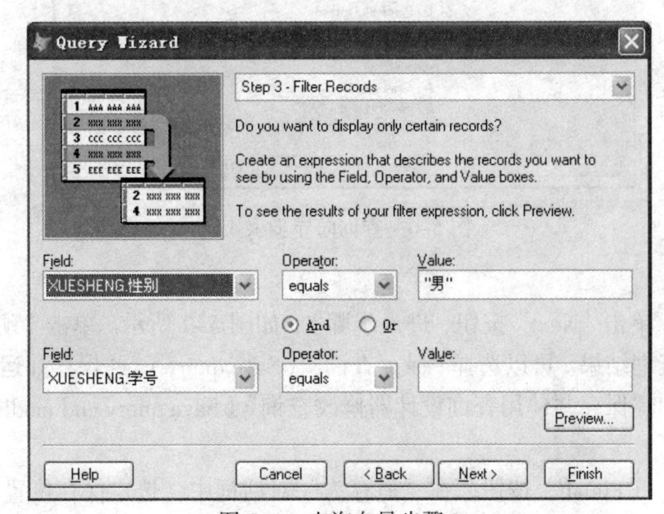

图 5-4　查询向导步骤 3

（5）记录排序（Sort Records）

单击“Next”按钮，进入步骤 4，使用“Add”按钮选择查询排序的字段，选择排序方式（默认为升序，Ascending 为升序，Descending 为降序），如图 5-5 所示。

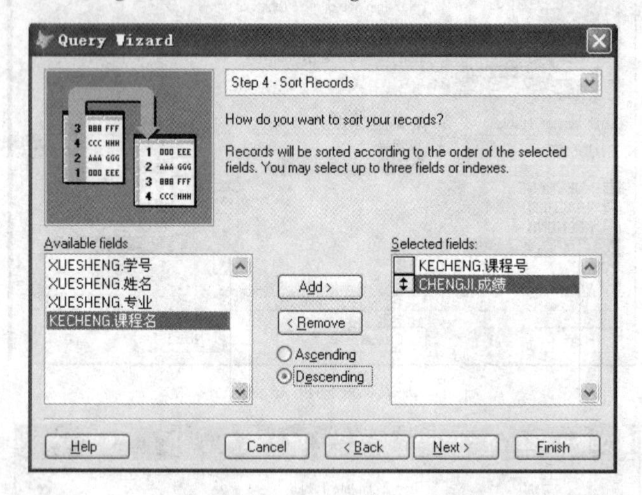

图 5-5　查询向导步骤 4

（6）限制记录（Limit Records）

单击“Next”按钮，进入步骤 4a，设置查询结果显示的记录数，如图 5-6 所示。可以选择显示“记录百分比”（Percent of records）或“记录数”（Number of records）选项，选择显示“所有记录”（All records）或“部分值”（Portion value）。

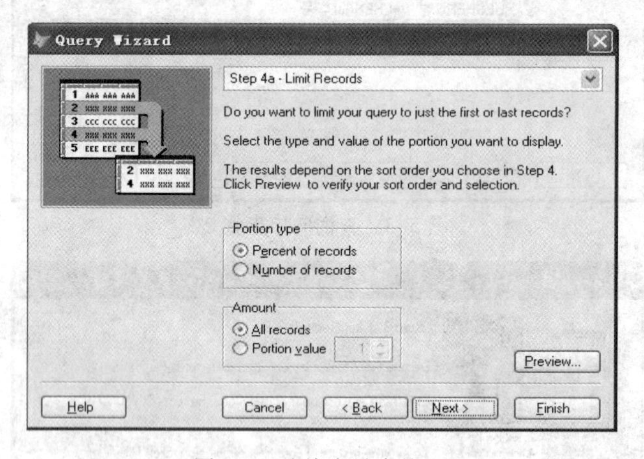

图 5-6　查询向导步骤 4a

（7）完成

设置完成后，单击“Next”按钮，进入步骤 5，如图 5-7 所示。单击“预览”（Preview）按钮，可以预览查询结果。可以选择“保存查询”（Save query）、“保存并运行查询”（Save query and run it）和“保存并使用查询设计器修改查询”（Save query and modify it in the Query Designer）选项。

单击“完成”（Finish）按钮，在“另存为”对话框中，选定保存位置，输入文件名，如 query1.qpr。

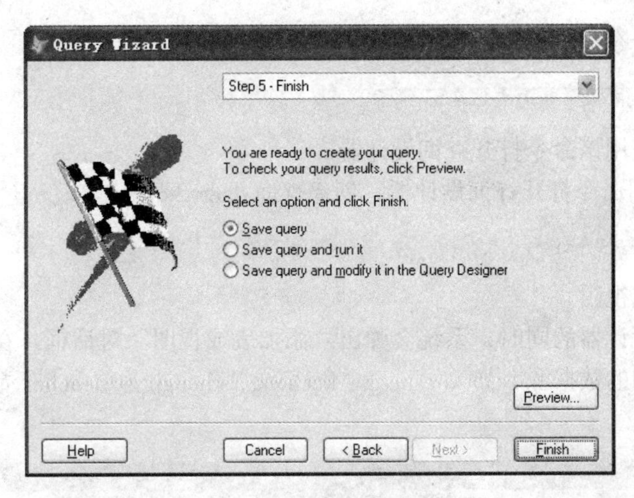

图 5-7　查询向导步骤 5

2. 使用查询设计器创建查询

使用查询设计器创建查询的过程分为以下几步：

① 选择查询数据源（自由表、数据库表和视图）。

② 选择出现在查询结果中的字段。

③ 设置查询条件。

④ 设置查询结果的排序及分组依据。

⑤ 选择查询去向。

（1）打开查询设计器

可以使用以下两种方法打开查询设计器来创建查询：

方法一：在项目管理器的“数据”选项中选择“查询”选项，单击“新建”按钮，如图 5-8 所示。在“新建查询”对话框中单击“新建查询”按钮打开查询设计器。此时创建的查询，将直接包括在项目中。

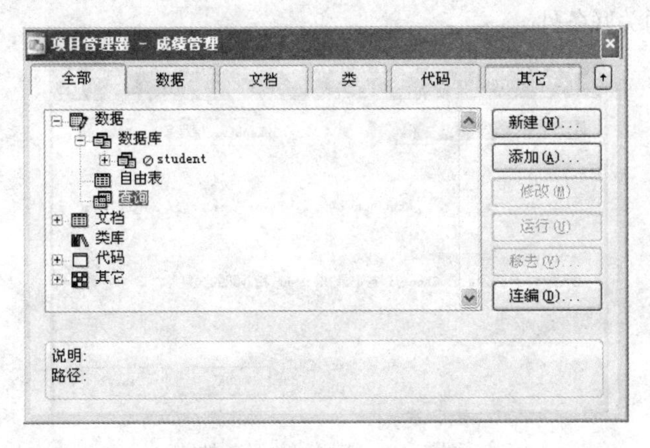

图 5-8　“项目管理器”窗口

方法二：执行“文件→新建”菜单命令，在“新建”对话框中选择“查询”单选按钮，单击“新建”按钮，打开查询设计器。

方法三：用命令创建查询。命令格式：

```
CREATE  QUERY  <查询文件名>
```

命令功能：使用该命令打开查询设计器。

【例 5.1】使用命令打开查询设计器，创建查询 query2.qpr。

```
CREATE  QUERY  query2.qpr
```

（2）添加表或视图

在打开查询设计器的同时，系统会弹出“添加表或视图”对话框。在该对话框中选择表或视图作为查询的数据源，如 xuesheng、kecheng、chengji 和 teacher 数据表，如图 5-9 所示。

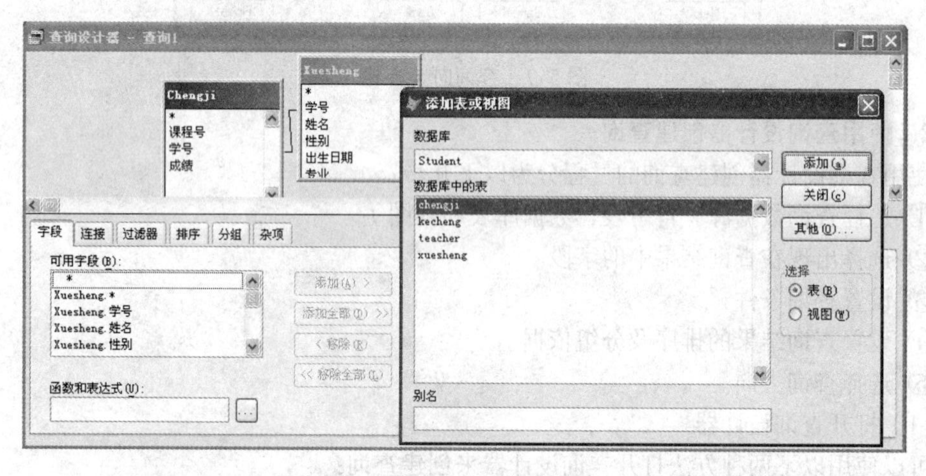

图 5-9　为查询添加数据源

在选择数据源时，如果表之间存在一对多关系，查询会自动使用两个表之间的关系，在表之间显示连接线。如果两个表之间的关系不能使用，则会显示图 5-10 所示的对话框，设置两个表之间的关联条件。

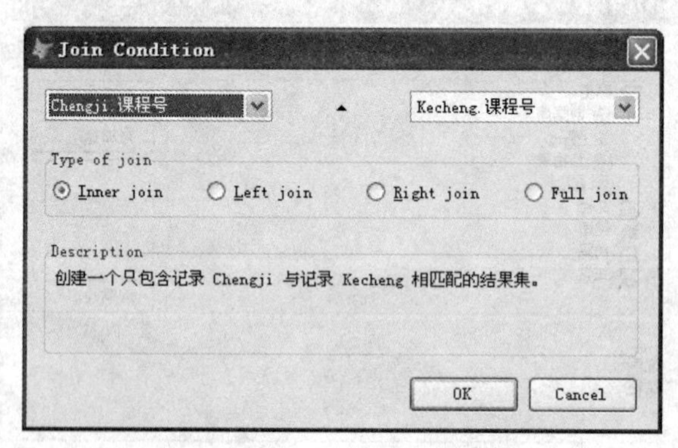

图 5-10　表之间关联条件

（3）查询设计

进入查询设计器，如图 5-11 所示。通过该窗口中的“字段”“连接”“过滤器”“排序”“分组”“杂项”6 个选项卡设置查询。

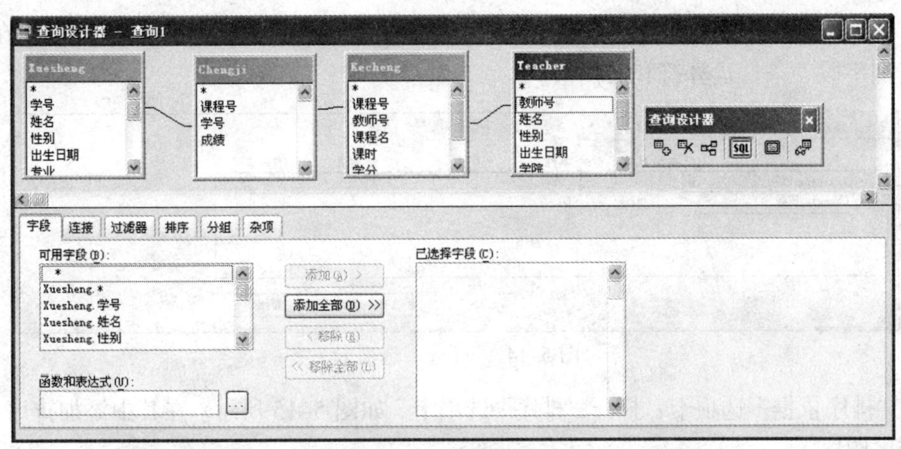

图 5-11 查询设计器

（4）查询设计器中各选项卡的设置

①“字段”选项卡：可用字段中列出了数据源中所有字段，根据需要通过“添加”“全部添加”“移除”或“移除全部”按钮将查询字段添加到已选择字段中，如图 5-12 所示。

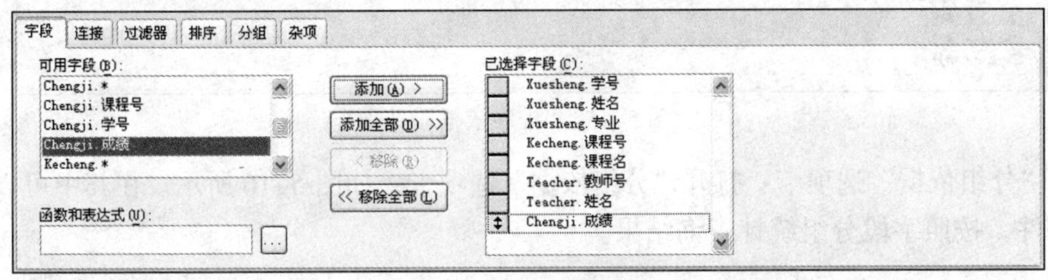

图 5-12 “字段”选项卡

②“连接”选项卡：打开“连接”选项卡，在其中设置表之间的连接关系，如图 5-13 所示。表之间的连接类型有：内部连接、左连接、右连接、完全连接，默认连接方式是内部连接。

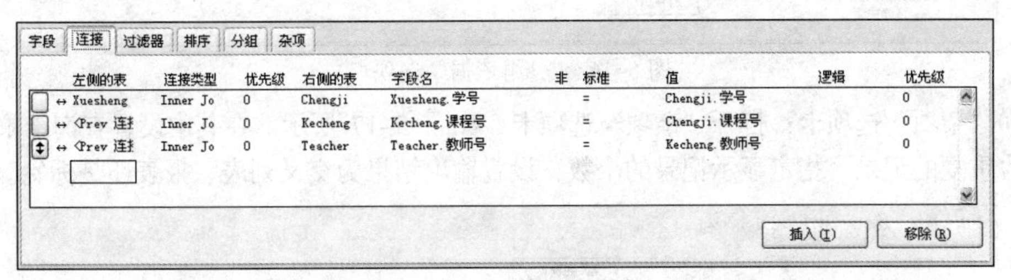

图 5-13 “连接”选项卡

各连接方式的含义为：

- 内部连接（Inner join）：指定满足条件的记录包含在查询结果中。
- 左连接（Left Outer join）：指定连接条件的记录，以及连接条件左侧表中的所有记录，即使不符合查询条件也会包含在查询结果中。
- 右连接（Right Outer join）：指定连接条件的记录，以及连接条件右侧表中的所有记录，即使不符合查询条件也会包含在查询结果中。
- 完全连接（Full join）：指定所有记录都包含在查询结果中。

③“筛选”选项卡：打开“筛选”选项卡，输入查询的条件，如图 5-14 所示。在其中选择查询字段、条件运算符和实例值。

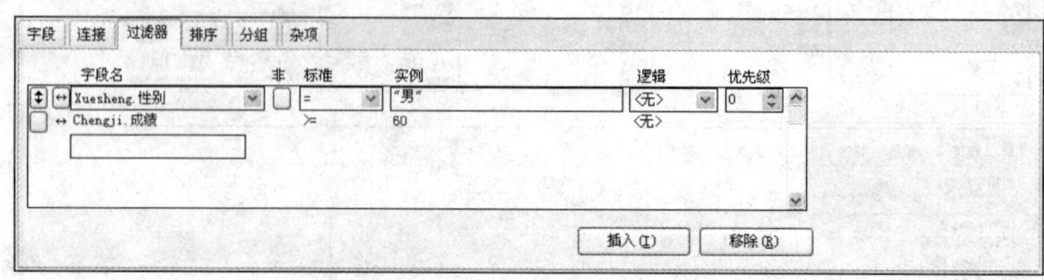

图 5-14 “筛选”选项卡

④“排序依据”选项卡：打开“排序”选项卡，如图 5-15 所示。在其中添加排序字段，设置排序顺序。

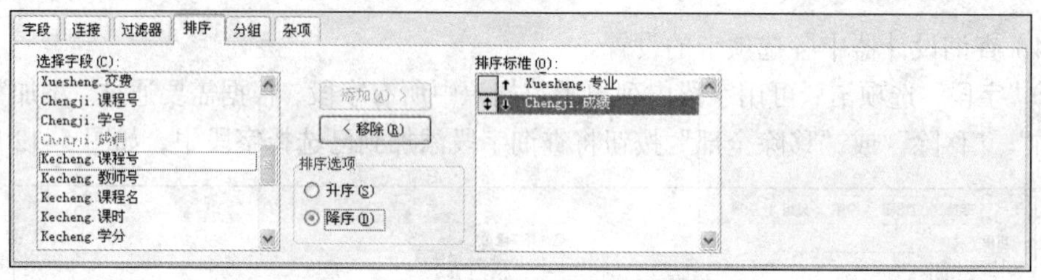

图 5-15 “排序依据”选项卡

⑤“分组依据”选项卡：打开“分组依据”选项卡，如图 5-16 所示。在其中可以设置分组条件，按照字段分组统计查询结果。

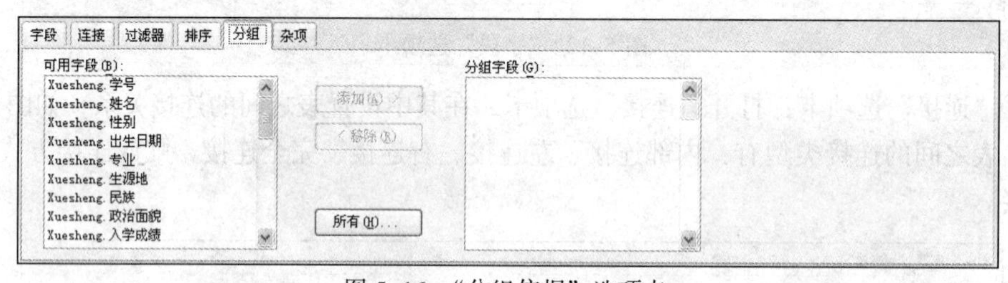

图 5-16 “分组依据”选项卡

⑥“杂项”选项卡：打开“杂项”选项卡，如图 5-17 所示。在其中设置查询结果中是否包含重复的记录，指定显示记录的个数；设置输出结果为交叉列表、报表还是标签。

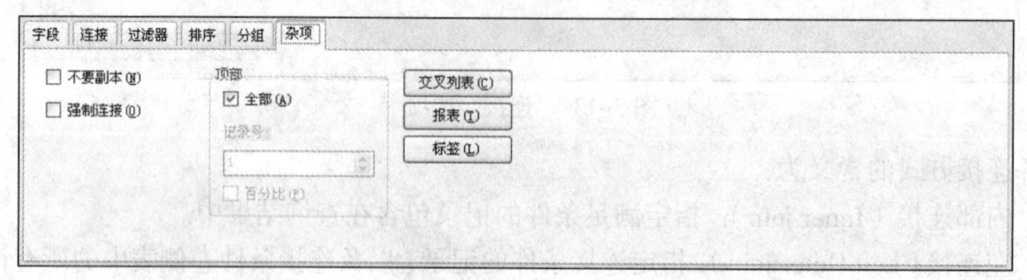

图 5-17 “杂项”选项卡

（5）保存查询

查询设计器中各选项卡设置完成后，可以保存查询。在“另存为”对话框中，选择保存位置，并输入文件名。

5.1.2 使用查询

在创建查询后，就可以使用查询，包括运行、修改和查看查询源代码。

1. 运行查询

查询文件中保存了查询的相关信息。在运行查询时，会按照查询的设置和查询的去向输出查询结果。运行查询的方法包括：

（1）在项目管理器中运行

在 Visual FoxPro 中，可以直接将查询创建在项目中，也可以将查询添加到项目中。打开项目管理器，在“数据”选项卡中选择“查询”选项，单击“添加”按钮，可以选择查询文件，将其添加到项目中。

选中项目中的查询文件，单击“运行”按钮，将会运行查询。

（2）菜单方式

在查询设计器窗口中，执行“查询→运行查询”菜单命令。

（3）在查询设计器窗口中创建查询后，单击工具栏中的“运行查询”[!]按钮，运行查询。

（4）命令方式

运行查询的命令格式：

```
DO <查询文件名>
```

命令功能：运行指定的查询文件。

说明：用命令方式运行查询时，查询文件必须带扩展名.qpr。

【例 5.2】 使用命令运行 query2.qpr。

```
DO query2.qpr
```

命令的运行结果如图 5-18 所示。

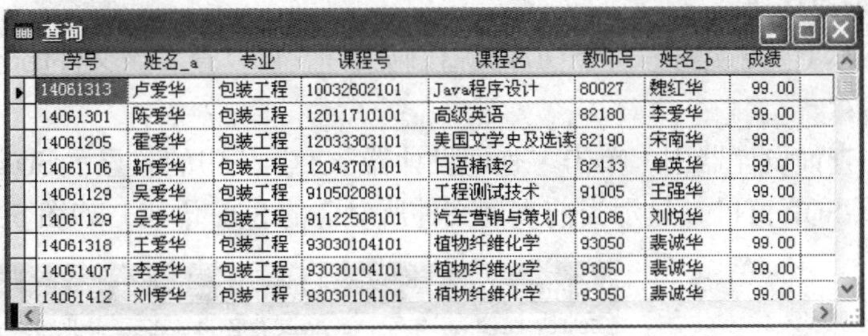

查询

学号	姓名_a	专业	课程号	课程名	教师号	姓名_b	成绩
14061313	卢爱华	包装工程	10032602101	Java程序设计	80027	魏红华	99.00
14061301	陈爱华	包装工程	12011710101	高级英语	82180	李爱华	99.00
14061205	霍爱华	包装工程	12033303101	美国文学史及选读	82190	宋南华	99.00
14061106	靳爱华	包装工程	12043707101	日语精读2	82133	单英华	99.00
14061129	吴爱华	包装工程	91050208101	工程测试技术	91005	王强华	99.00
14061129	吴爱华	包装工程	91122508101	汽车营销与策划（	91086	刘悦华	99.00
14061318	王爱华	包装工程	93030104101	植物纤維化学	93050	裴诚华	99.00
14061407	李爱华	包装工程	93030104101	植物纤維化学	93050	裴诚华	99.00
14061412	刘爱华	包装工程	93030104101	植物纤維化学	93050	裴诚华	99.00

图 5-18 查询的运行结果

2. 修改查询

创建查询后，还可以根据需要通过查询设计器修改查询。

具体方法如下：

（1）项目管理器方式：在项目管理器中，选中“数据”选项卡中的某个查询，单击“修改”按钮，打开查询设计器，修改查询。

（2）命令方式：

打开查询设计器修改查询的命令格式：

```
MODIFY QUERY <查询文件名>
```

命令功能：打开查询设计器，修改查询文件。

【例 5.3】使用命令方式，打开查询设计器修改 query2.qpr。

```
MODIFY QUERY  e:\数据库\query2.qpr
```

3．设置查询去向

在查询设计器中，可以选择查询结果的输出方向。单击“查询设计器”工具栏中的“查询去向”按钮，如图 5-19 所示。打开 “查询去向”对话框，如图 5-20 所示。选择浏览（Browse）、临时表（Cursor）、表（Table）、屏幕（Screen）等查询结果的输出方式。

说明：

（1）浏览：打开浏览窗口显示查询结果。

（2）临时表：将查询结果保存在临时表中。

（3）表：将查询结果保存在数据表中。

（4）屏幕：将查询结果显示在 Visual FoxPro 的主屏幕上。

图 5-19 “查询去向”按钮

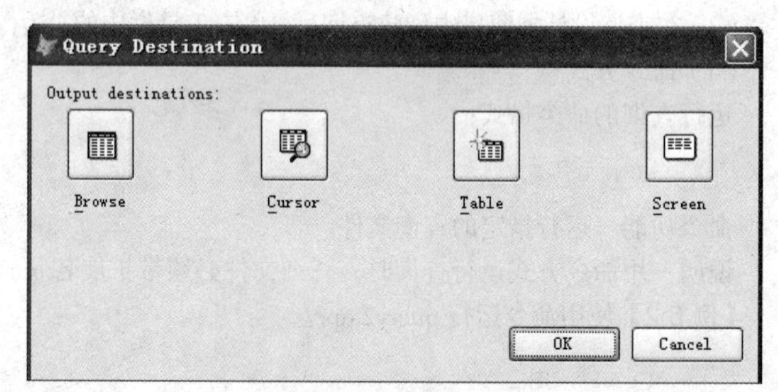

图 5-20 查询去向

4．查看查询源代码

查询文件实际上是创建了一个 SQL 的源代码文件，可以查看该文件的 SQL 代码。

具体方法为：

方法一：在查询设计器中，单击“查询设计器”工具栏中的“显示 SQL 窗口”（见图 5-21），打开 SQL 窗口，显示当前查询文件所对应的 SQL 语句，如图 5-22 所示。

图 5-21 “显示 SQL 窗口”按钮

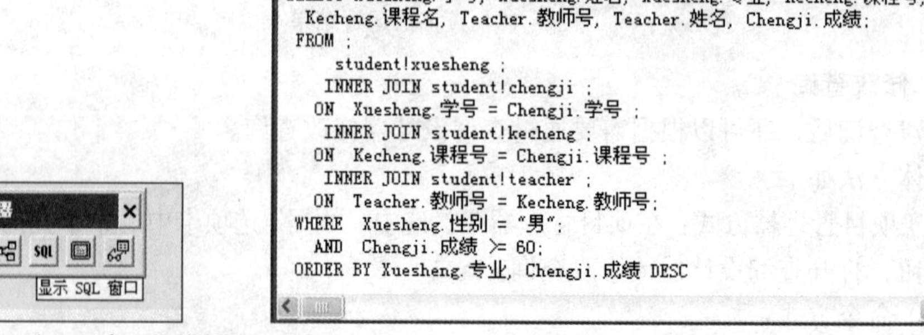

图 5-22 SQL 代码

方法二：在查询设计器中，执行“查询→查看 SQL 语句”菜单命令，也能打开 SQL 窗口。

5.2 SQL-SELECT 命令

在 SQL 中，查询使用 SELECT 命令，它的基本形式为 SELECT-FROM-WHERE。基本语法结构为：

```
SELECT  [ALL|DISTINCT] [TOP nExpr][PERCENT]  <字段名或表达式表>
FROM <表名 1>  [INNER|LEFT|RIGHT|FULL JOIN]  <表名 2>  ON… ;
WHERE  <条件表达式> [GROUP  BY …][HAVING……] [ORDER BY…]
```

其基本结构中各个子句的含义如表 5-1 所示。

表 5-1　SELECT 子句含义及与查询设计器的对应关系

SQL-SELECT 子句	含　义	在查询设计器中对应操作
SELECT	输出的字段或字段表达式	“字段”选项卡
ALL、DISTINCT、TOP、 PERCENT	输出记录数	“杂项”选项卡
FROM	选择数据源	“添加表或视图”对话框
INNER|LEFT|RIGHT|FULL JOIN	连接类型	“连接”选项卡
ON	连接条件	“连接”选项卡
WHERE	查询条件	“过滤器”选项卡
GROUP BY	查询结果分组	“分组”选项卡
ORDER BY	查询结果排序	“排序”选项卡

用 SQL-SELECT 命令进行数据库查询主要分为简单查询、嵌套查询、连接查询、使用库函数查询和分组查询等。

5.2.1 单表查询

1. 无条件的简单查询

无条件的简单查询命令格式：

```
SELECT  [ALL|DISTINCT]  <字段名列表>  FROM  <数据表名>
```

说明：

（1）[ALL]：查询结果显示全部记录。

（2）[DISTINCT]：查询结果中重复的记录只显示一条。

（3）<字段名列表>：查询结果中显示的字段。

【例 5.4】查询 xuesheng 表中所有学生的学号及姓名。

```
SELECT 学号, 姓名 FROM  xuesheng
```

在 Visual FoxPro 的命令窗口中，直接输入并运行该 SQL 命令，查询结果如图 5-23 所示。

图 5-23　select 运行结果

【例 5.5】查询 xuesheng 表中所有专业。

```
SELECT  DISTINCT  专业  FROM  xuesheng
```

【例 5.6】查询 xuesheng 表中所有记录的所有字段。

```
SELECT  *  FROM  xuesheng    &&“*”是通配符，表示输出所有字段
```

2．条件查询

可以使用 WHERE 子句指定查询的条件，其子句的格式为：

```
WHERE  <条件表达式>
```

说明：条件表达式可以是由字段名、比较运算符、常量组成的逻辑表达式。常用的比较运算符如表 5-2 所示。

表 5-2　WHERE 子句中常用的比较运算符

运　算　符	含　义
=、>、<、>=、<=、!=或 <>、 ==	比较大小或是否匹配
AND 、OR 、 NOT	复合条件
BETWEEN…AND	在……之间
IN	在……中
LIKE	与……匹配

（1）简单条件查询

【例 5.7】查询 xuesheng 表中所有男同学的学号及姓名。

```
SELECT  学号, 姓名  FROM  xuesheng  WHERE  性别="男"
```

（2）复杂条件查询

当 WHERE 子句中条件比较复杂，包括多个关系表达式时，可以使用 AND、OR、NOT 连接成逻辑表达式。

【例 5.8】查询 xuesheng 表中所有男同学且入学成绩在 400 分以上的同学的信息。

```
SELECT  *  FROM  xuesheng  WHERE  性别="男" AND  入学成绩>400
```

（3）范围查询

当条件为字段在指定范围内时，可以使用 BETWEEN　AND 关键字。使用该关键字时，范围包括两端的边界值。如“入学成绩　BETWEEN　400　AND　500”，当入学成绩为 400 或 500 时结果也为.T.。

【例 5.9】查询 xuesheng 表中所有男同学、入学成绩在 400～500 分之间的同学的信息。

```
SELECT * FROM xuesheng WHERE 性别="男"  AND 入学成绩 BETWEEN 400 AND 500
```

IN 也可以描述字段在指定范围中，IN 表示在所列举出的几个值之一。例如：

```
专业 in ("机械工程"," 机械制造","化学工程")
```

【例 5.10】查询 xuesheng 表中所有男同学入学成绩是 400 或 500 分的同学的信息。

```
SELECT * FROM xuesheng WHERE  性别="男"  AND  入学成绩 IN(400,500)
```

【例 5.11】查询 xuesheng 表中专业为"机械工程" "机械制造"或者"化学工程"的所有男同学的信息。

```
SELECT * FROM xuesheng WHERE 性别="男"  AND 专业;
IN ("机械工程","机械制造","化学工程")
```

（4）字符串匹配查询

可以使用 LIKE 进行字符串的匹配查询，具体格式为：

```
WHERE  <字段名>  LIKE  <字符串>
```

<字符串>中可以使用通配符：

① %：任意多个字符。

② _：一个字符。

【例 5.12】查询 xuesheng 表中所有姓王的男同学的信息。

```
SELECT * FROM xuesheng WHERE 性别="男" AND 姓名 LIKE "王%"
```

【例 5.13】查询 xuesheng 表中所有姓名为“李军某”的男同学的信息。

```
SELECT * FROM xuesheng WHERE 性别="男" AND 姓名 LIKE "李军_"
```

3. 查询结果排序

在 SELECT 语句中使用 ORDER BY 子句实现查询结果的排序，该子句的格式为：

```
ORDER  BY  <排序字段 1>  [ASC|DESC], <排序字段 2>  [ASC|DESC],…
```

说明：ASC 表示升序排列，DESC 为降序排列，默认是按升序排列，也可按一列或多列进行排序。

【例 5.14】查询 xuesheng 表中所有姓王的男同学的信息，并按入学成绩降序排列。

```
SELECT * FROM xuesheng WHERE 性别="男" AND 姓名 LIKE "王%";
ORDER  BY 入学成绩 DESC
```

【例 5.15】查询 xuesheng 表中所有记录，先按入学成绩降序排列，再按学号升序排列

```
SELECT * FROM xuesheng  ORDER  BY 入学成绩 DESC, 学号 ASC
```

当对 SELECT 查询指定排序字段后，如果只显示部分记录，可用 TOP 短语实现，其格式为：

```
TOP  n  [PERCENT]
```

说明：TOP　n 表示前 n 条记录，TOP　n　PERCENT 表示前百分之 n 的记录。当使用 TOP 短语时，必须使用 ORDER BY 子句进行排序。

【例 5.16】查询 xuesheng 表入学成绩前 10 名的学生记录。

```
SELECT * TOP 10 FROM xuesheng ORDER BY 入学成绩 DESC
```

【例 5.17】查询 xuesheng 表入学成绩前 10%的学生记录。

```
SELECT * TOP 10 PERCENT FROM xuesheng ORDER BY 入学成绩 DESC
```

4．在查询中使用函数

SQL 语句不但可以查询记录，还可以在查询时使用函数进行统计。可用函数如表 5-3 所示。

表 5-3　查询中使用的函数

函　数	功　能
COUNT(*)	统计记录个数
SUM(<字段名>)	计算数值型字段的和
AVG(<字段名>)	计算数值型字段的平均值
MAX(<字段名>)	求字段的最大值
MIN(<字段名>)	求字段的最小值

【例 5.18】查询 xuesheng 表所有男生的入学成绩的最大值、最小值及平均值、人数。

```
SELECT MAX(入学成绩),MIN(入学成绩),AVG(入学成绩), COUNT(*) FROM xuesheng;
Where 性别="男"
```

查询结果如图 5-24 所示。

查询

Max_入学成绩	Min_入学成绩	Avg_入学成绩	Cnt
549.00	350.00	447.87	797

图 5-24　SELECT 运行结果

【例 5.19】查询 chengji 表中课程数目。

```
SELECT COUNt(DISTINCT 课程号) FROM chengji
```

5．分组与统计查询

可以使用 GROUP　BY 子句将查询结果进行分组统计。该子句格式为：

```
GROUP BY <字段名>
```

【例 5.20】查询并统计 xuesheng 表中每个专业的平均入学成绩、平均贷款金额。

```
SELECT 专业, AVG(入学成绩), AVG(贷款金额) FROM xuesheng GROUP BY 专业
```

查询结果如图 5-25 所示。

在 SELECT 语句中，可以使用短语 AS 为字段和表达式指定别名，从而使查询结果更加

清晰。其格式为：

```
<字段和表达式> AS 别名
```

将【例 5.20】的语句修改为以下语句，查询结果如图 5-26 所示。

```
SELECT 专业, AVG(入学成绩) AS 平均成绩, AVG(贷款金额) AS 平均贷款;
from xuesheng GROUP BY 专业
```

在 GROUP BY 子句中，可以使用 HAVING 短语来进一步限定分组条件，具体格式为：

```
GROUP BY <字段名> HAVING <条件>
```

查询

专业	Avg_入学成绩	Avg_贷款金额
包装工程	463.44	21111
财务管理	465.52	23432
海洋工程	465.52	22835
化学工程	452.94	17040
会计	464.37	25076
机械工程	470.57	18085
机械制造	459.40	22058
计算机应用	452.94	16320
日语	459.40	20882

图 5-25　查询结果

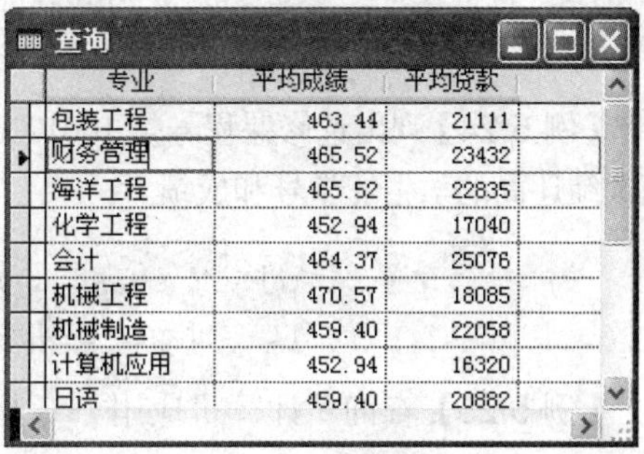

查询

专业	平均成绩	平均贷款
包装工程	463.44	21111
财务管理	465.52	23432
海洋工程	465.52	22835
化学工程	452.94	17040
会计	464.37	25076
机械工程	470.57	18085
机械制造	459.40	22058
计算机应用	452.94	16320
日语	459.40	20882

图 5-26　查询结果

【例 5.21】查询 xuesheng 表中每个专业的平均入学成绩、平均贷款金额，只显示平均入学成绩在 400 分以上的专业。

```
SELECT 专业, AVG(入学成绩) AS 平均成绩, AVG(贷款金额) AS 平均贷款;
FROM xuesheng GROUP BY 专业 HAVING 平均成绩>=400
```

6. 嵌套查询

在 SELECT 语句的 WHERE 子句中包括另一个 SELECT 语句，称为嵌套查询。其中 WHERE 子句中包括的查询称为子查询。

例如，要查询选修"VB 语言"课程的学生的学号。经过分析，发现学号和课程名不在同一个数据表中，但是所在的 kecheng 表和 chengji 表之间有关联，此时可以使用嵌套查询。

一般情况下，嵌套查询不超过 3 层。

嵌套查询分为：返回单一值的查询和返回一组值的查询。

（1）返回单一值的查询

返回单一值的查询指的是子查询只能得到一个值。

【例 5.22】查询所有选修 VB 语言课程的学生的学号。

```
SELECT 学号 FROM chengji WHERE 课程号=(SELECT 课程号 FROM kecheng;
WHERE 课程名="VB 语言")
```

（2）返回一组值的子查询

如果子查询能返回多个值，通常可以使用 ANY、ALL、IN 等关键字指明在 WHERE 子句中怎样使用这些返回值。ANY、ALL、IN 关键字的功能如表 5-4 所示。

表 5-4　ANY 、ALL、IN 功能

关 键 字	用　法	说　明
ANY	<字段> <比较符> ANY (<子查询>)	字段内容满足子查询中的任意值
ALL	<字段> <比较符> ALL(<子查询>)	字段内容满足子查询中的所有值
IN	<字段> IN (<子查询>)	字段内容是子查询中的一部分

【例 5.23】列出选修课程号为 1001020310 的学生中成绩比选修课程号为 9907320710 的最低成绩还高的学生的学号和成绩。

```
SELECT 学号, 成绩 FROM  chengji  WHERE  课程号='1001020310' AND 成绩>ANY;
 (SELECT 成绩 FROM chengji WHERE 课程号='9907320710')
```

【例 5.24】列出选修课程号是 1001020310 的学生中成绩比选修课程号是 9907320710 的最高成绩还高的学生的学号和成绩。

```
SELECT 学号,成绩 FROM chengji WHERE 课程号='1001020310' AND 成绩>ALL;
 (SELECT 成绩 FROM chengji WHERE 课程号='9907320710')
```

【例 5.25】查询“计算机应用”专业的学生选修的所有课程的课程号。

```
SELECT DISTINCT 课程号 FROM chengji WHERE 学号 IN;
 (SELECT 学号 FROM xuesheng WHERE 专业="计算机应用")
```

5.2.2　多表查询

在数据库查询时，通过多个表之间关联的字段查询多个表的记录的查询称为多表查询。关联的字段被称为连接字段。例如，xuesheng 表中的“学号”字段和 chengji 表中的“学号”字段。

1. 通过 WHERE 子句进行多表查询

【例 5.26】查询 xuesheng、chengji、kecheng 三个表中所有选修课成绩大于 60 分的男生的记录，显示学号、姓名、专业、课程名和成绩字段。

```
SELECT xuesheng.学号,xuesheng.姓名,xuesheng.专业,kecheng.课程号,;
kecheng.课程名,chengji.成绩;
FROM xuesheng,kecheng,chengji;
WHERE xuesheng.学号=chengji.学号;
AND  chengji.课程号= kecheng.课程号;
AND xuesheng.性别="男" AND chengji.成绩>60
```

说明：

（1）在 FROM 子句列出所有的数据表。

（2）在 WHERE 子句中除了要描述查询条件外，还要指明多表之间的连接条件。

假如 3 个表 A、B 和 C 的记录数分别为 m、n 和 t，如果没有指定连接条件，表 A 的一条记录会与 B 所有记录联连得到 n 条记录，表 A 和表 B 连接形成 $m*n$ 条记录，这称为笛卡儿积。这些记录由与表 C 连接形成 $m*n*t$ 条记录。当指定了连接条件，从中挑出符

合连接条件的记录。如“xuesheng.学号=chengji.学号　AND　chengji.课程号= kecheng.课程号”。

（3）出现同名字段时，写成“数据表名.字段名”形式，如 xuesheng.学号。

2．多表的连接查询

对于多表的连接查询，使用 INNER　JOIN 子句实现。

【例 5.27】利用 INNER JOIN 查询实现【例 5.26】中的查询。

```
SELECT  xuesheng.学号,xuesheng.姓名,xuesheng.专业,  kecheng.课程号,;
kecheng.课程名, chengji.成绩;
FROM  xueshcng ;
INNER JOIN  chengji;
ON  xuesheng.学号=chengji.学号;
INNER  JOIN kecheng ;
ON  chengji.课程号==kecheng.课程号;
WHERE   xuesheng.性别="男"  AND  chengji.成绩>60
```

5.2.3　查询结果处理

查询结果通常显示在浏览窗口中，我们也可采用其他方法处理查询结果。

1．将查询结果保存到表文件中

可以使用 INTO 短语，将查询结果保存到表文件中，短语格式为：

```
INTO  TABLE|DBF  <表名>
```

【例 5.28】查询学生表中所有计算机应用专业女生的信息，将结果保存到 jsj.dbf，并浏览。

```
SELECT  *  FROM xuesheng  WHERE 专业="计算机应用"  AND  性别="女" INTO TABLE  jsj
USE  jsj
BROWSE
```

2．将查询结果输出到临时表中

可以使用 INTO 短语，将查询结果输出到临时表中，短语格式为：

```
INTO  CURSOR <临时表名>
```

临时表是一个只读的.dbf 临时文件，当查询结束时，该临时文件为当前文件。当关闭该文件时，该文件自动删除。

【例 5.29】查询学生表中所有计算机应用专业女生的信息，并将结果保存到临时表 aaa 中，并显示。

```
SELECT 学号,姓名 FROM xuesheng WHERE 专业="计算机应用" AND 性别="女";
INTO CURSOR aaa
BROWSE
USE
```

查询的运行结果如图 5-27 所示。

学号	姓名
13101128	江盼民
13101129	李玲民
13101130	任爽民
13101131	王乔民
13101132	张力民
13101133	邹丽民
13101229	李璇民
13101232	张敏民
13101233	佟雅民

图 5-27　查询结果

3. 将查询结果输出到文本文件中

使用短语将查询结果输出到文本文件中的格式为：

```
TO  FILE  <文本文件名>  [ADDITIVE]
```

说明：选项[ADDITIVE]使得查询结果以追加方式追加到文本文件尾部。省略[ADDITIVE]，则新建或以覆盖的方式添加到文本文件中。

【例 5.30】查询学生表中所有计算机应用专业女生的信息，并将结果保存到文本文件 hhh 中。

```
SELECT 学号,姓名 FROM xuesheng WHERE 专业="计算机应用" AND 性别="女" TO FILE hhh
```

运行查询后，用记事本打开 hhh.txt 文件，如图 5-28 所示。

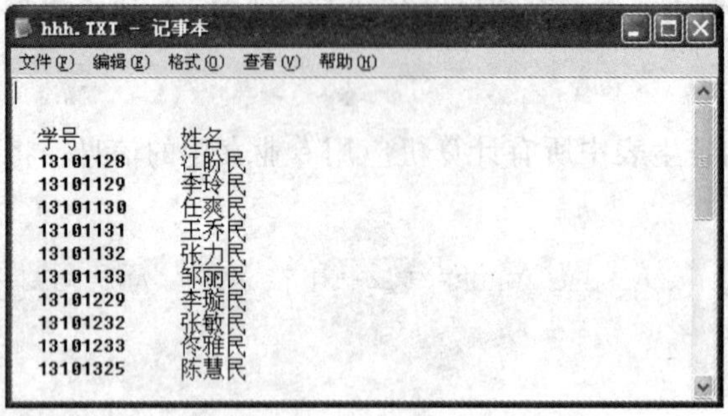

学号	姓名
13101128	江盼民
13101129	李玲民
13101130	任爽民
13101131	王乔民
13101132	张力民
13101133	邹丽民
13101229	李璇民
13101232	张敏民
13101233	佟雅民
13101325	陈慧民

图 5-28　查询结果

4. 将查询结果保存到数组中

使用短语将查询结果保存到数组中的格式为：

```
INTO  ARRAY  <数组名>
```

说明：将查询结果保存到数组中，如果数组不存在，系统会自动定义数组。

【例 5.31】查询学生表中所有计算机应用专业女生的信息，并将查询结果输出到数组 abc 中。

```
SELECT 学号,姓名 FROM xuesheng WHERE 专业="计算机应用" AND 性别="女";
INTO ARRAY abc
DISPLAY MEMORY LIKE abc
```

运行查询后，显示内存中的数组 abc，如图 5-29 所示。

```
ABC            Pub          A
  (   1,    1)              C   "13101128"
  (   1,    2)              C   "江盼民      "
  (   2,    1)              C   "13101129"
  (   2,    2)              C   "李玲民      "
  (   3,    1)              C   "13101130"
  (   3,    2)              C   "任爽民      "
  (   4,    1)              C   "13101131"
  (   4,    2)              C   "王乔民      "
  (   5,    1)              C   "13101132"
  (   5,    2)              C   "张力民      "
  (   6,    1)              C   "13101133"
  (   6,    2)              C   "邹丽民      "
  (   7,    1)              C   "13101229"
  (   7,    2)              C   "李璇民      "
```

图 5-29　查询结果

5. 将查询结果输出到打印机

使用短语将查询结果输出到打印机的格式为：

```
TO  PRINTER
```

说明：将查询结果输出到打印机，打印机将打印出输出结果。

【例 5.32】查询学生表中所有计算机应用专业女生的信息，并将查询结果输出到打印机打印出来。

```
SELECT 学号,姓名 FROM xuesheng WHERE 专业="计算机应用" AND 性别="女"  TO  PRINTER
```

6. 将查询结果输出到屏幕上

使用短语将查询结果输出到屏幕上的格式为：

```
TO  SCREEN
```

说明：将查询结果显示在 Visual FoxPro 的主屏幕上。

【例 5.33】查询学生表中所有计算机应用专业女生的信息，并将查询结果输出到屏幕上。

```
SELECT 学号,姓名 FROM xuesheng WHERE 专业="计算机应用" AND 性别="女"  TO  SCREEN
```

运行查询时，在主屏幕显示的部分内容如图 5-30 所示。

学号	姓名
13101128	江盼民
13101129	李玲民
13101130	任爽民
13101131	王乔民
13101132	张力民
13101133	邹丽民
13101229	李璇民
13101232	张敏民
13101233	佟雅民
13101325	陈慧民
13101326	德珍民

图 5-30　查询结果输出在屏幕上

5.3　视　　图

视图是一种虚拟表，它从现有的一个或者多个数据表和视图中提取数据。这些数据并不实际存储，仅保存视图的定义。视图可以作为其他查询与视图的数据源，可以当成数据表使用。视图可以修改数据表中的数据，并永久保存。

视图分为本地视图和远程视图。本地视图是指以本地数据表和本地视图作为数据源的视图。远程视图是指以远程数据表和远程视图为数据源的视图。本节只介绍本地视图。

（1）视图与查询的比较：

相同点：

① 两者都从数据源查找满足一定条件的记录，并选定部分字段。

② 自身不保存数据，结果随着数据源的变化而变化。

不同点：

① 视图可以作为其他视图或查询的数据源，而查询不能。

② 视图可以更新数据表，而查询不能。

③ 视图是数据库的一部分，而查询不属于数据库。

④ 视图的数据源可以是数据库表或视图，而查询的数据源不仅可以数据库表或视图，还可以是自由表。

（2）视图与表的比较：

相同点：两者都可以作为查询和视图的数据源。

不同点：

① 视图是虚拟表，不存储数据，而表存储数据。

② 视图的内容随着数据源变化而变化，表的内容则稳定，可以由用户修改。

③ 视图是数据库的一部分，而数据表可以属于数据库，也可以是自由表。

5.3.1 创建视图

视图是依赖于数据库而存在的，所以在创建视图之前要打开数据库。在 Visual FoxPro 中创建视图时，系统在当前数据库中保存视图的定义。

1. 使用视图向导创建视图

具体步骤为：

（1）打开现有数据库 student.dbc，如图 5-31 所示。

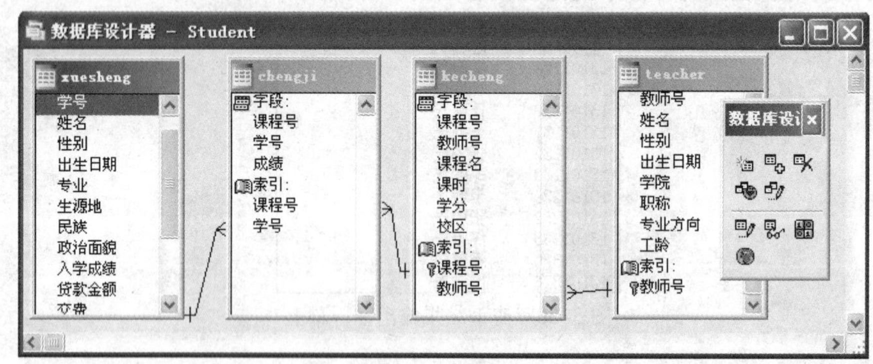

图 5-31　student.dbc 数据库设计器

（2）打开本地视图向导。方法有：

① 执行“文件→新建”菜单命令，打开“新建”对话框，在其中选择“视图”类型，单击“向导”按钮，打开“本地视图向导”对话框。

② 右击数据库设计器的空白处，执行快捷菜单中的"新建本地视图"命令，打开"新建本地视图"对话框，如图 5-32 所示，单击"视图向导"按钮。

打开的本地视图向导如图 5-33 所示。

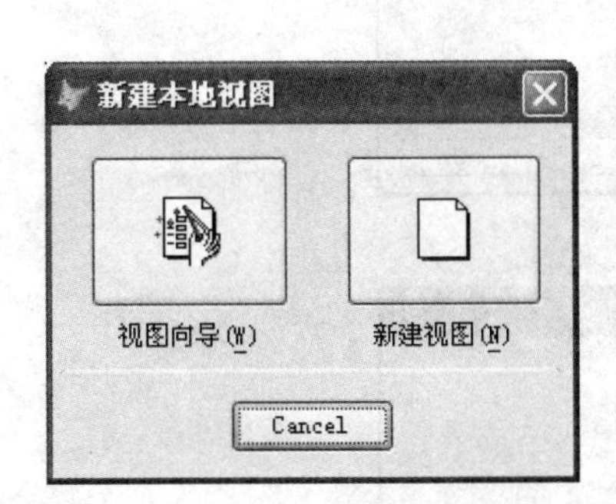

图 5-32 "新建本地视图"对话框

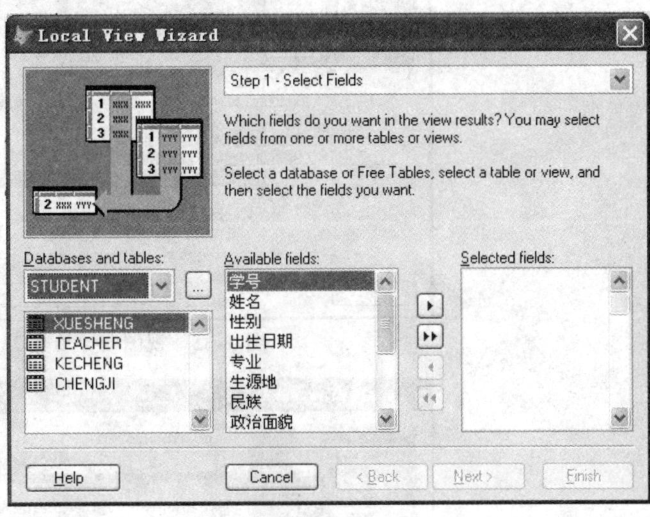

图 5-33 视图向导步骤 1

（3）选择字段（Select Fields）。在本地视图向导中选择多个数据表，如 xuesheng、kecheng、teacher、chengji 表，从"可用字段"（Available Fields）中将字段放置到"已选字段"（Selected Fields）中，如图 5-34 所示。

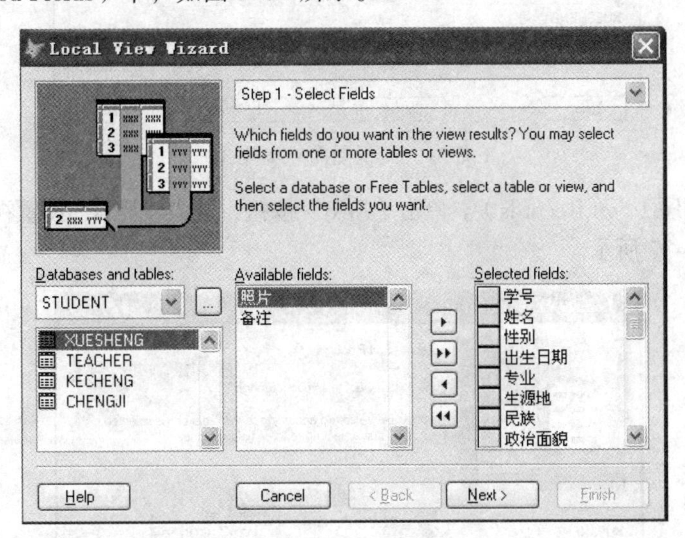

图 5-34 选择数据源、字段

（4）关系表（Relate Tables）。单击"Next"按钮，进入步骤 2，选择关联字段后，使用"Add"按钮设置视图数据表之间的关联关系，如图 5-35 所示。

（5）筛选记录（Filter Records）。单击"Next"按钮，进入步骤 3，设置视图的筛选条件，如图 5-36 所示。

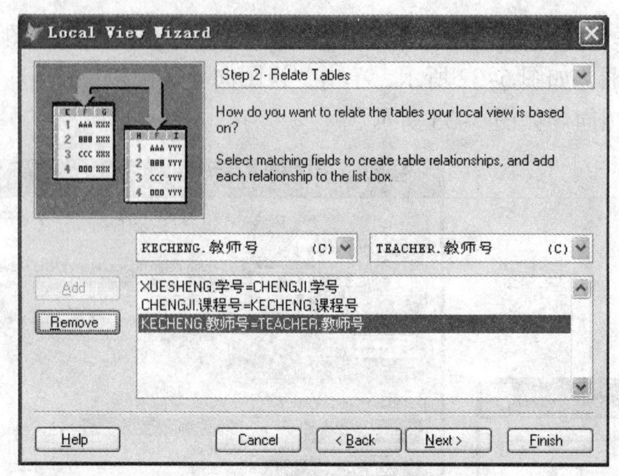

图 5-35 视图向导步骤 2

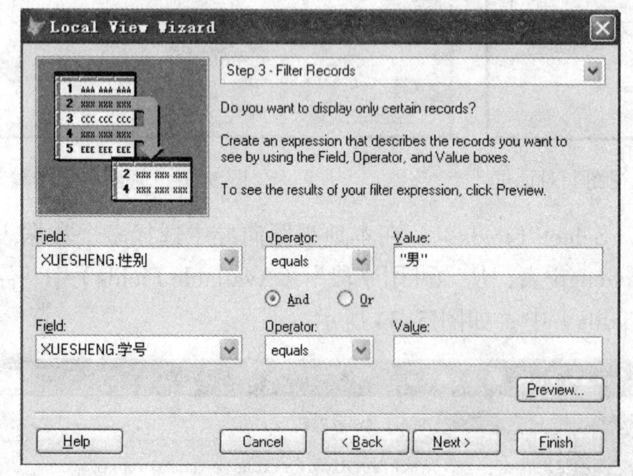

图 5-36 视图向导步骤 3

（6）记录排序（Sort Records）。单击“Next”按钮，进入步骤 4，设置视图的排序依据及顺序，如图 5-37 所示。

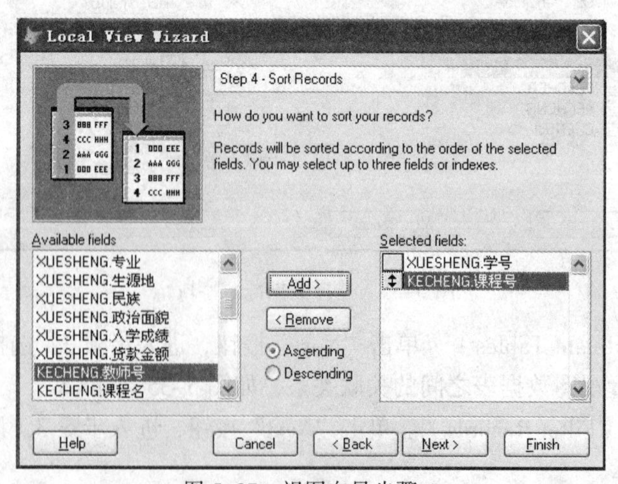

图 5-37 视图向导步骤 4

（7）部分记录（Limit Records）。单击“Next”按钮，进入步骤 4a，设置视图中包括的记录数或百分比，如图 5-38 所示。

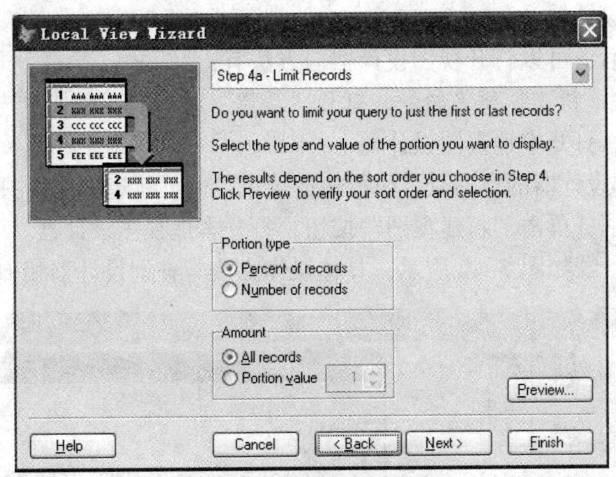

图 5-38　视图向导步骤 4a

（8）完成（Finish）。单击“Next”按钮，进入步骤 5，如图 5-39 所示。选择保存视图后的操作。单击“Finish”按钮，打开“视图名”（View Name）对话框，如图 5-40 所示。输入视图名，如 view1。

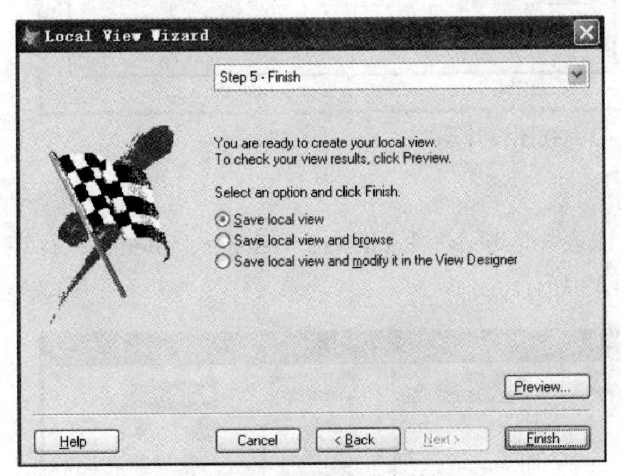

图 5-39　视图向导步骤 5

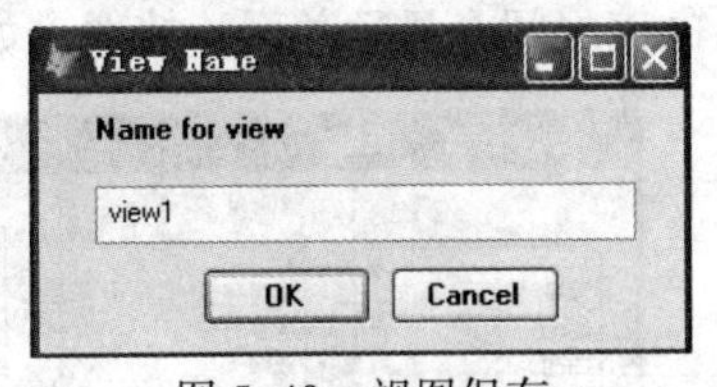

图 5-40　视图保存

单击“OK”按钮，视图保存在数据库中，如图 5-41 所示。

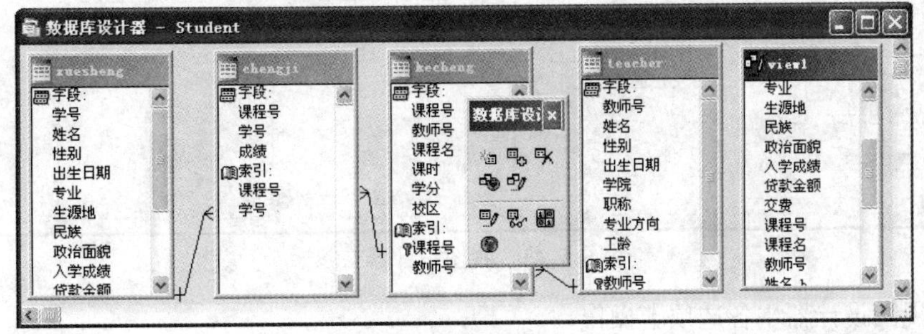

图 5-41　视图 view1

2. 利用视图设计器创建视图

在 Visual FoxPro 中，可以使用视图设计器创建和修改视图。

(1) 打开视图设计器

在打开数据库后，可以打开视图设计器。方法有：

① 执行“文件→新建”菜单命令，打开“新建”对话框，在其中选择“视图”类型，单击“新建”按钮，打开本地视图设计器。

② 右击数据库设计器的空白处，执行快捷菜单中的“新建本地视图”命令，打开“新建本地视图”对话框，单击“新建视图”按钮，打开本地视图设计器。

打开的视图设计器如图 5-42 所示，具体操作方法与查询设计器相似。

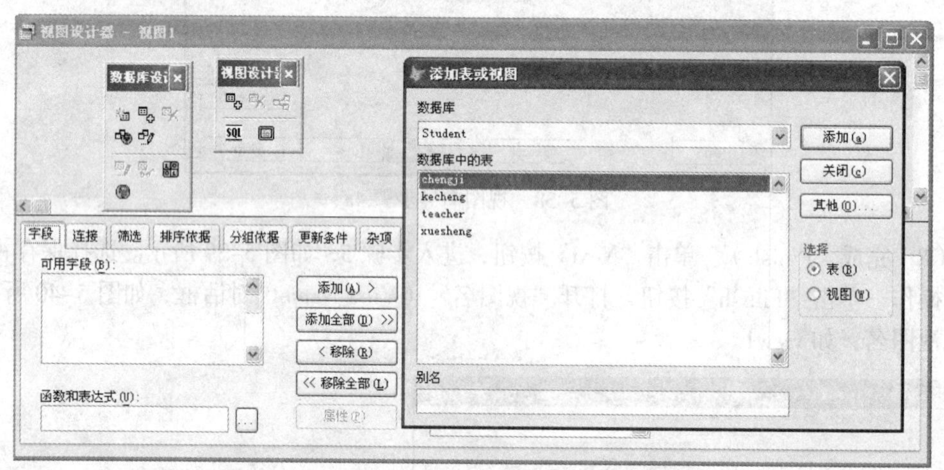

图 5-42　视图设计器一

(2) 添加表和视图

在“添加表和视图”对话框中，添加表 xuesheng、kecheng、Teacher、chengji。存在关系的表之间会显示关系连接线，如图 5-43 所示。

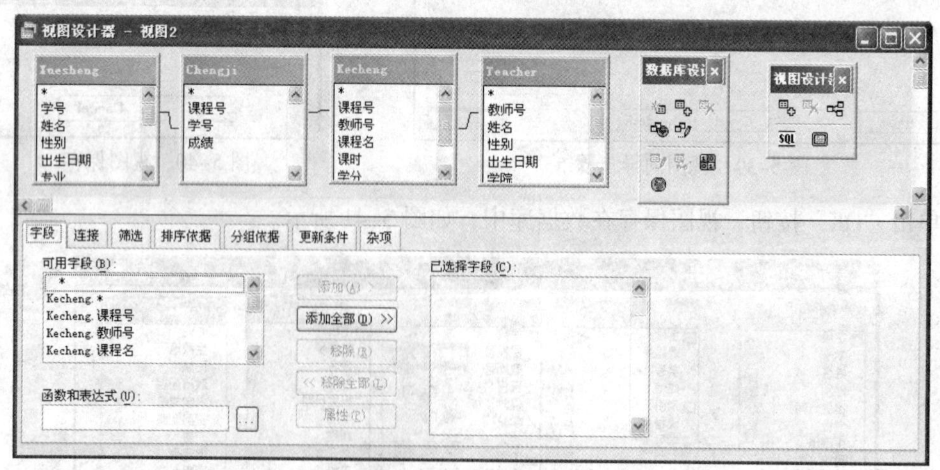

图 5-43　视图设计器二

(3) 视图设计器中各选项卡操作

①“字段”选项卡：选择视图将包括的各个数据表的字段，如图 5-44 所示。

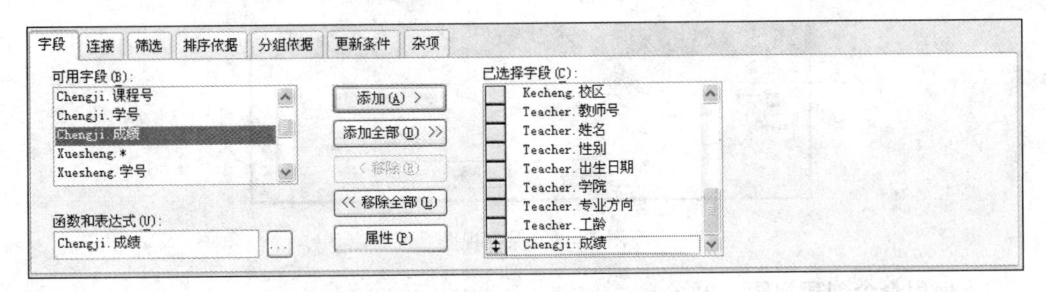

图 5-44 “字段”选项卡

②“连接”选项卡：设置多个表之间的连接关系，如图 5-45 所示。

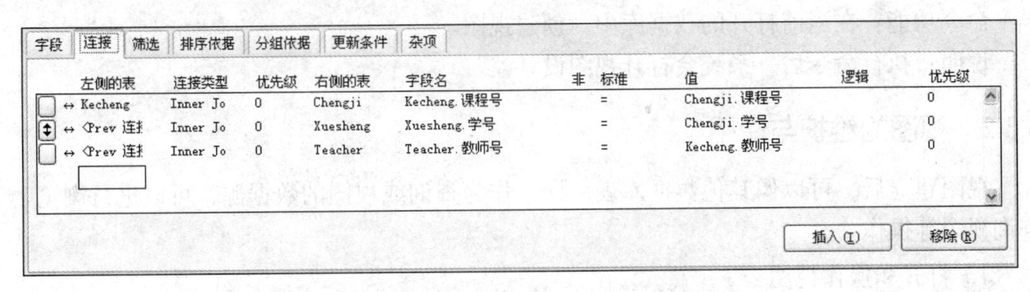

图 5-45 “连接”选项卡

③ “筛选”选项卡：设置视图的筛选条件，如图 5-46 所示。

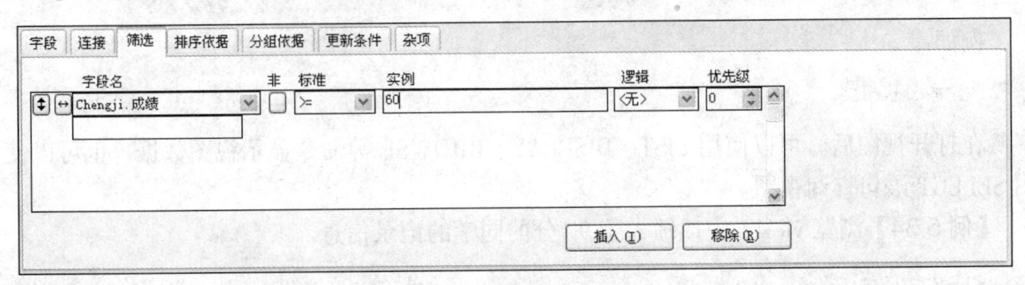

图 5-46 筛选”选项卡

④“排序依据”选项卡：设置排序的字段和排序顺序，如图 5-47 所示。

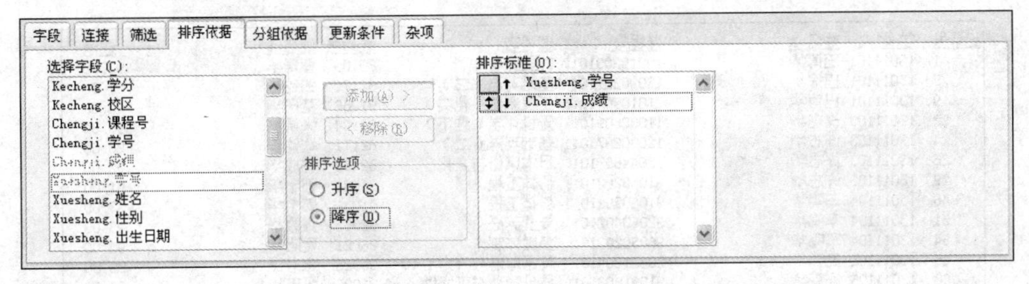

图 5-47 “排序依据”选项卡

（4）保存视图

视图建立完成后，保存视图，打开如图 5-48 所示的保存对话框，输入视图名，如 view2，视图保存在数据库中。

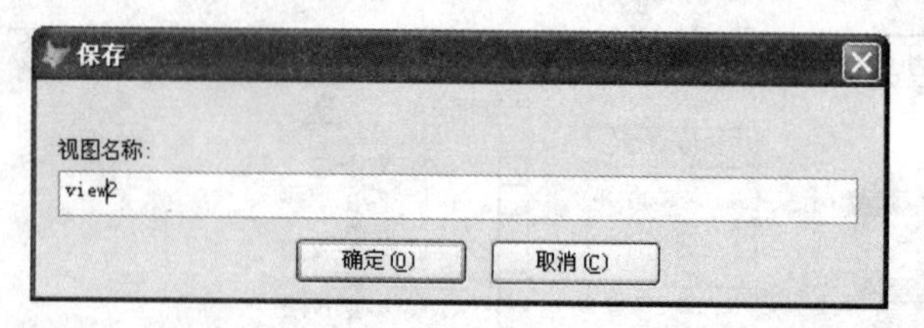

图 5-48　保存视图

3. 使用命令创建视图

使用命令创建视图的命令格式：

```
CREATE  VIEW
```

命令功能：在当前打开的数据库中，创建视图。

说明：执行命令后，系统会打开视图设计器。

5.3.2　视图的维护与使用

视图建立后，可以像其他数据库表一样，作为查询或视图的数据源，可以进行浏览、查询视图等操作。

1. 打开和操作视图

打开视图的命令格式：

```
USE  <视图名>
```

例如：

```
USE view1
```

在打开视图后，可以使用 LIST、DISPLAY、BROWSE 等命令显示视图数据，也可以使用 SELECT 语句查询视图。

【例 5.34】浏览 view 1 中成绩大于 90 分的同学的记录信息。

```
USE  view1
DISPLAY FIELDS 学号,姓名,课程号,课程名,教师号,姓名,成绩 FOR 入学成绩>500
```

运行结果如图 5-49 所示。

记录号	学号	姓名 A	课程号	课程名	教师号	姓名 B	成绩
1	13011101	巴博华	10010203101	C语言	80109	曹华华	93.00
5	13011101	巴博华	12030207101	基础英语（二）	82171	钱钧华	97.00
9	13011101	巴博华	91010504101	工程制图（化类）	91068	楚庆华	90.00
22	13011103	许志华	11030609101	无机化学（理下）	81124	张娟民	98.00
24	13011103	许志华	12030207101	基础英语（二）	82171	钱钧华	90.00
26	13011103	许志华	12044607101	日本风俗与文化	82162	林成华	92.00
29	13011103	许志华	91060202101	粉体工程	91031	郭宁华	91.00
48	13011104	车鸣华	91060202101	粉体工程	91031	郭宁华	93.00
51	13011104	车鸣华	92060402101	专业英语	92053	张霞华	93.00
54	13011104	车鸣华	96030203101	多媒体制作	96021	贾阳华	90.00
65	13011105	高森华	20021204101	英语口语与听力（4）	90023	章月民	99.00
68	13011105	高森华	91091803101	质量管理与可靠性	91025	张英华	97.00

图 5-49　部分浏览结果

2. 查询视图

视图可以作为查询的数据源，可以利用 SELECT 命令查询视图。

【例 5.35】查询 view1 中选修 C 语言课程的学生的姓名、专业。

```
SELECT 姓名_A AS 学生姓名,专业, 课程名 FROM view1 WHERE 课程名='C语言'
```

运行结果如图 5-50 所示。

学生姓名	专业	课程名
巴博华	机械工程	C语言
许志华	机械工程	C语言
车鸣华	机械工程	C语言
高森华	机械工程	C语言
何唯华	机械工程	C语言
李东华	机械工程	C语言
王铖华	机械工程	C语言
赵宇华	机械工程	C语言

图 5-50　查询结果

3. 修改视图

可以使用命令打开视图设计器并修改视图，命令格式：

```
MODIFY  VIEW  <视图名>
```

命令功能：打开视图设计器，修改视图。

【例 5.36】使用命令打开视图设计器，修改视图 view1。

```
MODIFY  VIEW  view1
```

4. 删除视图

可以使用命令删除视图，命令格式：

```
DROP  VIEW  <视图名>
```

【例 5.37】使用命令删除视图 view1。

```
DROP  VIEW  view1
```

5. 视图更名

可以使用命令修改视图名，命令格式：

```
RENAME  VIEW  <源视图名>  TO <目标视图名>
```

【例 5.38】使用命令将视图 view1 的名字改为 view3。

```
RENAME  VIEW  view1  TO  view3
```

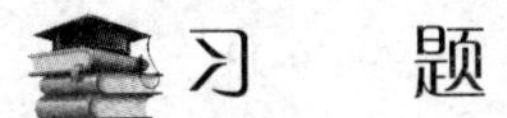

习　　题

一、单项选择题

1. 以下选项中，用于运行查询的命令是（　　）。

   A. CREATE QUERY　　B. DO QUERY

   C. MODIFY QUERY　　D. DELETE QUERY

2. 查询设计器中的“筛选”选项卡对应 SQL 语句中的（　　）子句。

A. WHERE　　B. FROM　　C. ORDER BY　　D. GROUP BY

3. 以下关于查询设计器的说法中，错误的是（　　）。

A. “字段”选项卡用于指定查询显示的字段

B. “筛选”选项卡用于指定查询的条件

C. “排序依据”选项卡用于指定排序的字段和方式

D. “连接”选项卡用于将两个字段组合在一起

4. 在 SELECT 语句中，能消除重复记录的方法是（　　）。

A. 使用索引　　B. 使用 TOP 子句

C. 使用 ORDER BY 子句　　D. 使用 DISTINCT 子句

5. 在 SELECT 语句中，只显示前 20 条记录的子句是（　　）。

A. TOP 20　　B. TOP 20 PERCENT　　C. ID<=20　　D. ORDER BY 20

6. 在 SELECT 语句中，查询入学成绩在 400 和 500 之间学生的条件子句是（　　）。

A. WHERE 入学成绩 BETWEEN 400 AND 500

B. WHERE 入学成绩>=400 AND <=500

C. WHERE 入学成绩>=400 Or 入学成绩<=500

D. WHERE 入学成绩>=400 Or <=500

7. 在 SELECT 语句中，与表达式“成绩 BETWEEN 60 AND 100”等价的是（　　）。

A. 成绩>=60 AND <=100　　B. 成绩>60 AND <100

C. 成绩>=60 AND 成绩<=100　　D. 成绩>60 AND 成绩<100

8. 在 SELECT 语句中，查询专业为“英语”“日语”或“计算机应用”的学生的 WHERE 子句是（　　）。

A. 专业="英语"、"日语"或者"计算机应用"

B. 专业="英语" AND 专业= "日语" AND 专业= "计算机应用"

C. 专业="英语" OR "日语" OR "计算机应用"

D. 专业 IN ("英语","日语","计算机应用")

9. 在 SELECT 语句中，查询所有姓“宁”的学生 WHERE 子句是（　　）。

A. WHERE 姓名="宁*"　　B. WHERE 姓名="宁%"

C. WHERE 姓名 LIKE "宁*"　　D. WHERE 姓名 LIKE "宁%"

10. 在 Select 语句中，查询出生日期在 1996 年 9 月 1 日及其以后的学生的条件子句是（　　）。

A. WHERE 出生日期>=1996 年 9 月 1 日

B. WHERE 出生日期>={1996-9-1 }

C. WHERE 出生日期>= {^1996-9-1}

D. WHERE 出生日期>="1996 年 9 月 1 日"

11. 在 Select 语句中，查询专业为“会计”且性别为“男”的学生的条件子句是（　　）。

A. WHERE 性别="男" AND 专业="会计"

B. WHERE 性别="男" OR 专业="会计"

C. WHERE 专业 IS "会计" AND 性别 IS "男"

D. WHERE 专业 IS "会计" OR 性别 IS "男"

12. 在 SELECT 语句中，使得结果按专业升序、性别降序、再按入学成绩降序排列的子句是（　　）。

A. ORDER BY 专业, 性别 ASC,入学成绩 ASC

B. ORDER 专业 DESC, 性别,入学成绩

C. ORDER BY 专业, 性别 DESC,入学成绩 DESC

D. ORDER 专业 ASc, 性别, 入学成绩 DESC

13. 以下 SQL 语句中，能查询选修了课号“01010908101”的学生的信息的是（　　）。

A. SELECT * FROM Xuesheng WHERE 学号=;
(SELECT 学号 FROM chengji WHERE 课号="01010908101")

B. SELECT * FROM Xuesheng WHERE 学号 IN;
(SELECT 学号 FROM chengji WHERE 课号="01010908101")

C. SELECT * FROM Xuesheng WHERE 学号 IN;
SELECT 学号 FROM chengji WHERE 课号="01010908101"

D. SELECT * FROM Xuesheng WHERE 学号=;
SELECT 学号 FROM chengji WHERE 课号="01010908101"

14. 以下 SQL 语句中，能查询出所有入学成绩比“日语”专业的入学成绩最高分还要高的学生记录的是（　　）。

A. SELECT * FROM Xuesheng WHERE 入学成绩> ALL ;
(SELECT 入学成绩 FROM Xuesheng WHERE 专业="日语")

B. SELECT * FROM Xuesheng WHERE 入学成绩 > ANY ;
(SELECT 入学成绩 FROM Xuesheng WHERE 专业="日语")

C. SELECT * FROM Xuesheng WHERE 入学成绩> SOME ;
(SELECT 入学成绩 FROM Xuesheng WHERE 专业="日语")

D. SELECT * FROM Xuesheng WHERE 入学成绩> IN;
(SELECT 入学成绩 FROM Xuesheng WHERE 专业="日语")

15. 以下SQL语句中，能查询出Xuesheng表中记录数目和平均入学成绩的是(　　)。

A. SELECT COUNT(*), SUM(入学成绩) FROM Xuesheng

B. SELECT Rount(*), AVG(入学成绩) FROM Xuesheng

C. SELECT Rount (*), SUM(入学成绩) FROM Xuesheng

D. SELECT COUNT(*), AVG(入学成绩) FROM Xuesheng

16. 以下 SQL 语句中，能查询出 Chengji 表中各门课程的最高分的是（　　）。

A. SELECT 课号,MAX(成绩) AS 最高分 FROM chengji GROUP BY 课号

B. SELECT 课号,MAX(成绩) AS 最高分 FROM chengji GROUP 课号

C. SELECT 课号,MIN(成绩) AS 最高分 FROM chengji GROUP BY 课号

D. SELECT 课号,MIN(成绩) AS 最高分 FROM chengji GROUP 课号

17. 在 SELECT 语句中，为了查询学号为“13121111”的学生信息以及其所选课程的课号和成绩，FROM 和 WHERE 子句是（　　）。

A. FROM Xuesheng AND Chengji ;
WHERE Xuesheng.学号=Chengji.学号 AND Xuesheng.学号="13121111"

B. FROM Xuesheng,Chengji ;
WHERE Xuesheng.学号=Chengji.学号 AND Xuesheng.学号 Is "13121111"

C. FROM Xuesheng AND Chengji ;
WHERE Xuesheng.学号=Chengji.学号 AND Xuesheng.学号 Is "13121111"

D. FROM Xuesheng,Chengji ;
WHERE Xuesheng.学号=Chengji.学号 AND Xuesheng.学号="13121111"

18. 使用连接查询 Chengji 表中成绩>=90 与 Xuesheng 表的学生信息的语句是(　　)。

A. SELECT * FROM Xuesheng INNER JOIN chengji;
WHERE Xuesheng.学号= Chengji.学号 AND chengji.成绩>=90

B. SELECT * FROM Xuesheng INNER JOIN chengji;
ON Xuesheng.学号=Chengji.学号 WHERE chengji.成绩>=90

C. SELECT * FROM Xuesheng INNER chengji;
WHERE Xuesheng.学号= Chengji.学号 AND chengji.成绩>=90

D. SELECT * FROM Xuesheng INNER chengji;
ON Xuesheng.学号= Chengji.学号 AND chengji.成绩>=90

19. 以下语句中，能将查询结果保存在一个永久表 x1 中的是（　　）。

A. SELECT * FROM Xuesheng WHERE 入学成绩>=450 INTO TABLE x1

B. SELECT * FROM Xuesheng WHERE 入学成绩>=450 INTO ARRAY x1

C. SELECT * FROM Xuesheng WHERE 入学成绩>=450 INTO CURSOR x1

D. SELECT * FROM Xuesheng WHERE 入学成绩>=450 TO FILE x1

20. 以下关于视图与查询的描述中错误的是（　　）。

A. 视图和查询都能按照条件筛选出记录

B. 视图和查询都不保存数据

C. 视图和查询都可以作为其他查询和视图的数据源

D. 视图只能保存在数据库中

21. 以下关于视图与表的描述中错误的是（　　）。

A. 视图和表都可以作为其他查询和视图的数据源

B. 视图的数据不会随着源数据的变化而变化

C. 视图是虚拟表，不保存数据

D. 视图可以带参数，而表不能

22. 以下关于查询的描述中，错误的是（　　）。

A. 可以使用查询向导创建查询

B. 可以使用查询设计器创建查询

C. 可以使用 CREATE QUERY 命令打开查询设计器

D. 可以使用 CREATE VIEW 命令打开查询设计器

23. 以下选项中，用于删除视图的命令是（　　）。

A. CREATE VIEW　　　　B. DROP VIEW

C. MODIFY VIEW　　　　D. RENAME VIEW

24. 以下选项中，视图设计器有而查询设计器中没有的是（　　）。

A. 连接　　　　　B. 筛选　　　　C. 更新条件　　D. 排序依据

二、填空题

1. ________从指定数据源中提取满足条件的记录，并按照指定输出类型定向输出结果。
2. 在 Visual FoxPro 中，可以使用________和________来创建查询。
3. 在 Visual FoxPro 中，可以使用________命令打开查询设计器，创建查询；可以使用________命令打开查询设计器，修改查询。
4. 在 Visual FoxPro 中，可以使用________命令打开视图设计器，创建视图；可以使用________命令打开视图设计器，修改视图。
5. 在 Visual FoxPro 中，能够将视图 v1 改为 v2 的命令是________。
6. 现有查询文件 q1.qpr，可以使用________命令运行该查询。
7. 查询设计器中的“排序依据”选项卡对应 SQL 语句中的________子句。
8. 将查询结果保存在文本文件 x1.txt 中的语句是 SELECT * FROM Xuesheng ________；将查询结果保存在数组 a1 中的是 SELECT * FROM Xuesheng ________；将查询结果保存在临时表 t2 中的是 SELECT * FROM Xuesheng ________。
9. 查询中 Xuesheng 表中所有专业的语句是 SELECT ________ 专业 FROM Xuesheng。
10. 查询“英语”专业入学成绩前 20 名的学生的是：

```
SELECT _______ * FROM Xuesheng WHERE 专业 ________  _______。
```

11. 查询 Chengji 表中课号为“01020410101”中成绩在 60 到 90 之间的语句是：

```
SELECT * FROM Chengji WHERE 课号 _______ AND 成绩 _______。
```

12. 查询 Xuesheng 表中“英语”专业的姓“张”的学生的语句是：

```
SELECT * FROM Chengji WHERE  专业 _______ AND 姓名 _______。
```

13. 查询 Xuesheng 表中“英语”“日语”和“计算机”专业的学生的语句是：

```
SELECT * FROM Xuesheng WHERE _______。
```

14. 使得查询结果按照专业（降序）、性别（升序）、出生日期（降序）排列的语句是：

```
SELECT * FROM Xuesheng _______
```

15. 能查询学号为“13121101”的学生所选的课程在 Kecheng 表中的课程信息的语句是：

```
SELECT * FROM Kecheng WHERE 课号 In _______。
```

16. 能查询 Xuesheng 表中“英语”专业的平均入学成绩的语句是：

```
SELECT _______ AS 平均成绩, _______ AS 最高成绩 FROM Xuesheng WHERE _______
```

17. 查询 Chengji 表中课号为“01011211201”的选课人数和平均成绩的语句是：

```
SELECT _______ AS 人数, _______ AS 平均成绩 FROM Chengji WHERE _______
```

18. 查询 Xuesheng 表中各个专业的人数和最高入学成绩的语句是：

```
Select _______ As 人数, _______ As 最高成绩 FROM Xuesheng _______。
```

19. 查询选修课号为“01060502101”的课程信息（课名）和学生信息（学号、姓名）

的语句是：

```
SELECT _______ FROM _______ WHERE_______。
```

20. 能使用连接查询入学成绩超过 450 分的学生信息以及其所选课程的详细信息的语句是：

```
SELECT * FROM Xuesheng INNER JOIN  chengji _______;
       ON  Kecheng.课号 = Chengji.课号 _______WHERE _______。
```

三、简答题

1. 简述视图和查询的相同点和不同点。
2. 简述视图和表的相同点和不同点。
3. 简述使用查询向导创建查询的主要过程。
4. 简述使用查询设计器创建查询的主要过程。
5. 简述多表关联查询的设计过程。
6. 简述视图能进行哪些操作。
7. 简述使用视图设计器创建视图的主要过程。

实验目的

1. 掌握创建、修改、删除、执行查询的方法。
2. 掌握 SQL-SELECT 语句的使用。
3. 掌握创建、修改、删除、执行视图的方法。
4. 掌握使用视图的方法。

实验内容

一、查询操作

1. 使用查询向导创建 xuesheng 表的单表查询 ex0501.qpr，选取学号、姓名、性别、出生日期、专业、入学成绩、贷款否字段，筛选条件为“专业="英语"”“入学成绩>=400”，按照“入学成绩”排序，显示前 100 条记录。使用 DO QUERY 命令运行该查询；使用 MODIFY QUERY 命令打开查询并修改；使用“查询→查看 SQL”菜单命令，查看 SQL 源代码，分析其含义。

2. 使用 CREATE QUERY 命令，在查询设计器中创建多表查询 ex0502.qpr，选择 xuesheng、kecheng、chengji 表，按照表间的参照关系连接 INNER JOIN，筛选条件为空，按照“学号”“课号”排序，查询去向设置为浏览；使用 DO QUERY 命令运行该查询。

二、SQL-SELECT 语句

1. 简单查询

（1）查询 chengji 表所有记录、所有字段。

（2）查询 kecheng 表中所有学分是 3 的课程的课程号、课程名和校区。

（3）查询 teacher 表中所有的专业方向，不允许重复（DISTINCT）。

（4）查询 xuesheng 表所有记录，显示学号、姓名、入学成绩字段，按照“入学成绩”字段降序排序。

（5）查询 teacher 表中所有性别为“男”的记录，显示所有字段，按照学院、工龄排序。

2. 特殊选项的查询

（1）按照“课号”排序，查询 kecheng 表中前 10 条记录（TOP N）。

（2）按照“课号”排序，查询 kecheng 表中前 10%记录（TOP N PERCENT）。

（3）使用 BETWEEN AND 查询 xuesheng 表中入学成绩在 400～600 之间的学生的学号、姓名、入学成绩。

（4）使用 LIKE 查询 teacher 表中所有姓“张”的教师的教师号、姓名、专业方向。

（5）使用 IN 查询 teacher 表中理学院、外语学院、法政学院所有教师的教师号、姓名、性别、专业方向。

3. 分组统计

（1）查询 xuesheng 表所有男学生的入学成绩的平均分、最高分、最低分。

（2）查询 xuesheng 表所有入学成绩>500 的学生的人数、平均分、最高分。

（3）按照“专业”分组统计 xuesheng 表中各个专业的平均入学成绩、学生人数。

（4）按照“性别”分组统计 xuesheng 表中，学生人数、平均分、最高分、最低分。

（5）按照“课号”分组统计 chengji 表中各门课程的平均成绩。

（6）按照“学号”分组统计 chengji 表中各位学生的平均成绩。

（7）按照“学院”查询 teacher 表中国际学院教师工龄的最高值。

（8）按照“学院”分组统计 teacher 表中各个学院的教师数和工龄的平均值。

4. 嵌套查询

（1）返回单值的嵌套查询：查询“姓名="刘云民"”的学生，在 chengji 表中所选修的所有课程的课程号。

（2）返回一组值的子查询：查询“入学成绩>=540”的学生，在 chengji 表中所选修的所有课程的学号、课号、成绩。

（3）返回一组值的子查询：查询“入学成绩>=540”的学生，在 chengji 表中所选修的所有课程的学号、课号、课名、成绩（需要关联查询 chengji、kecheng 表）。

5. 简单连接查询

（1）用 WHERE 的多表关联查询

查询 xuesheng、kecheng、chengji 表所有专业为“英语”、成绩>=60 的成绩，显示学号、姓名、专业、课号、课名、成绩，按照“学号”排序。

（2）使用 INNER JOIN 连接实现（1）的多表查询。

6. 查询结果处理

查询 kecheng 表中所有记录所有字段，并用以下方式处理查询结果：

（1）结果存放到数组 arr 中（INTO ARRAY），并显示数组内容。

（2）结果存放在临时文件 tmp 中（INTO CURSOR）。

（3）结果存放在永久表 kc1.dbf 中（INTO TABLE）。

（4）结果存放在文本文件 kc1.txt 中（TO FILE）。

三、视图操作

1. 使用 CREATE VIEW 命令，在视图设计器中创建视图 chengji_view，选择 xuesheng、kecheng、chengji 表，按照表间的参照关系连接 INNER JOIN，筛选条件为空，按照“学号”排序。

2. 使用 CREATE VIEW 命令，在视图设计器中创建视图 chengji_view2，选择 xuesheng、kecheng、chengji 表，按照表间的参照关系连接 INNER JOIN，筛选条件为空，按照“课号”排序。

3. 使用视图

（1）使用 USE 命令打开视图 chengji_view。

（2）使用“LIST FOR 姓名="巴博华"”语句，显示该生的所有信息。

（3）使用 SELECT 语句，查询“姓名="巴博华"”的学生的所有成绩。

（4）使用 MODIFY VIEW 命令，修改 chengji_view2，按照“成绩”排序。

（5）使用 RENAME VIEW 命令，修改 chengji_view2 名字为 cj_View2。

（6）使用 DROP VIEW 命令，删除 cj_View2。

程序设计

本书之前介绍的操作方式主要包括菜单方式和命令窗口方式。这两种方式虽然简单、易于掌握，但是一次只能执行一条命令，在解决复杂问题需要执行多条命令时，就很不方便。程序可以一次执行多条命令，可以用于解决复杂问题。程序设计包括两种方式：结构化程序设计和面向对象的程序设计。

结构化程序设计以顺序结构、选择结构、循环结构作为基本程序结构，本章介绍结构化的程序设计方法。

6.1 程　序

6.1.1 程序和算法

1. 程序

程序是能够完成特定任务的命令序列。它具有以下优点：

（1）可以保存为文件，反复修改和保存。

（2）可以重复执行。

（3）多个程序之间可以相互调用。

2. 算法

算法就是解决一个问题所采取的一系列步骤。算法给出解决问题的方法和步骤，它是程序的灵魂，它决定如何操作数据，如何解决问题。同一个问题可以有多种不同算法。

【例 6.1】 输入樱桃的价格和斤数，计算樱桃的总价。

```
Step1:  输入价格 p
Step2:  输入斤数 n
Step3:  total=p*n
Step4:  输出 total
Step5:  算法结束
```

其中 p、n 和 total 是变量，它们各占用一块内存，如图 6-1 所示。变量可以被赋值，也可以取出值参加运算。在本例中，当输入价格 p=10，斤数 n=20 时，总价为 200 元。

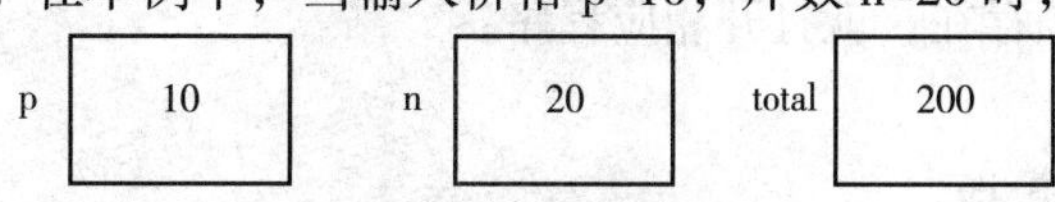

图 6-1　变量示意图

算法的表示方法有很多种，常用的有自然语言、伪代码、传统流程图、N–S 流程图和 PAD 图等。【例 6.1】算法的传统流程图如图 6–2 所示，该算法的 N–S 流程图如图 6–3 所示。

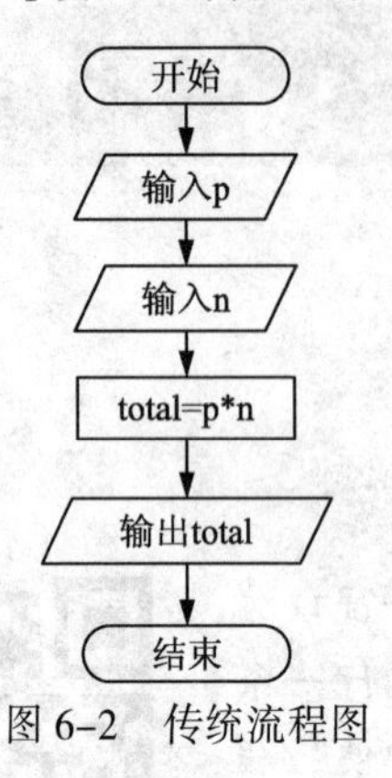

图 6–2　传统流程图

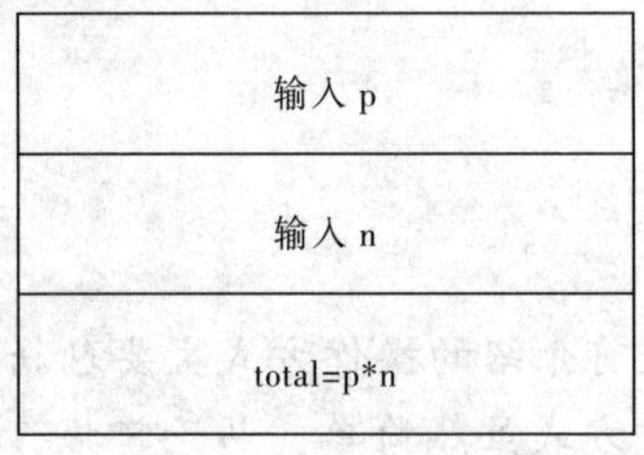

图 6–3　N–S 流程图

6.1.2　程序编写和运行

1. 创建程序文件

可以通过以下 3 种方法创建新程序：

（1）项目管理器：如图 6–4 所示，在“代码”选项卡中选中“程序”选项，单击“新建”按钮，打开程序编辑窗口。

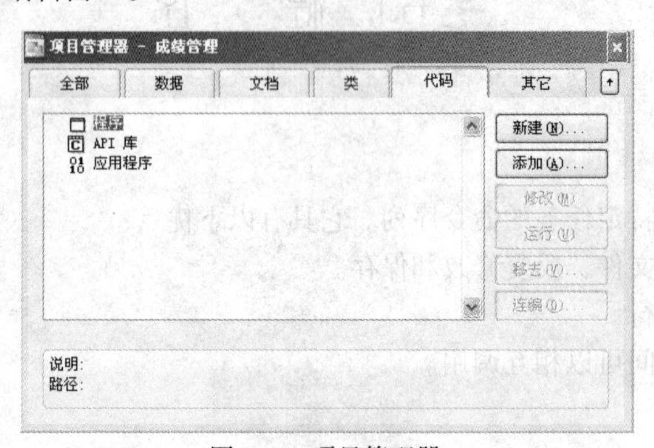

图 6–4　项目管理器

（2）菜单：执行“文件→新建”菜单命令，打开“新建”对话框，选中“程序”单选按钮，单击“新建”按钮，打开程序编辑窗口。

（3）使用命令：打开程序编辑窗口。命令格式：

```
MODIFY COMMAND [文件名]
```

说明：

① 文件名的扩展名为.prg，可以省略。

② 程序名可以省略。

③ 如果文件已经存在，就打开相应程序。

2. 运行程序

运行程序的方法包括：

（1）菜单：执行“程序→运行”菜单命令，在“运行”对话框中选中要运行的程序，单击“运行”按钮。

（2）项目管理器：如图 6-5 所示，如果程序保存在项目中，可在“代码”选项卡中选中程序，单击“运行”按钮。

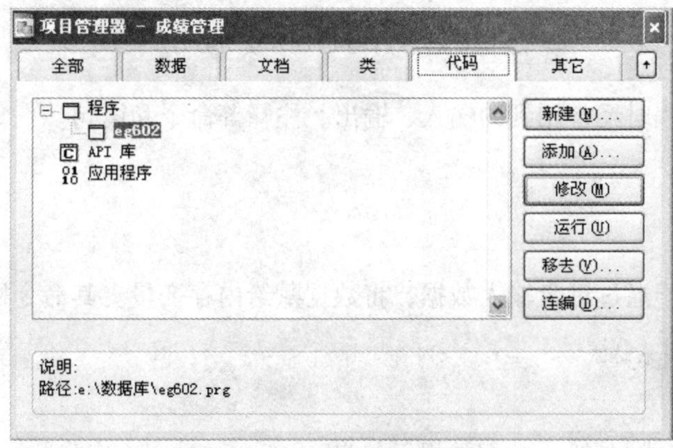

图 6-5 从项目管理器运行程序

（3）单击“运行” ! 按钮，或者按快捷键【Ctrl+E】，运行当前打开的程序。

（4）命令：执行程序的命令格式为：

```
DO <文件名> [WITH <参数值>]
```

说明：

① 命令的扩展名.prg 可以省略。

② 程序可以带参数。

【例 6.2】编写并执行【例 6.1】的程序。

（1）执行命令“MODIFY COMMAND e:\数据库\eg602.prg”，打开的窗口如图 6-6 所示，在其中编写程序，保存文件。

（2）执行“DO e:\数据库\eg602.prg”命令，运行结果显示在 Visual FoxPro 的主窗口中，如图 6-7 所示。

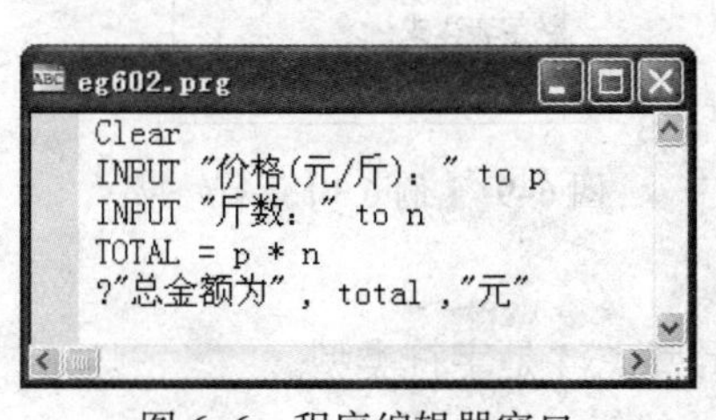

图 6-6 程序编辑器窗口

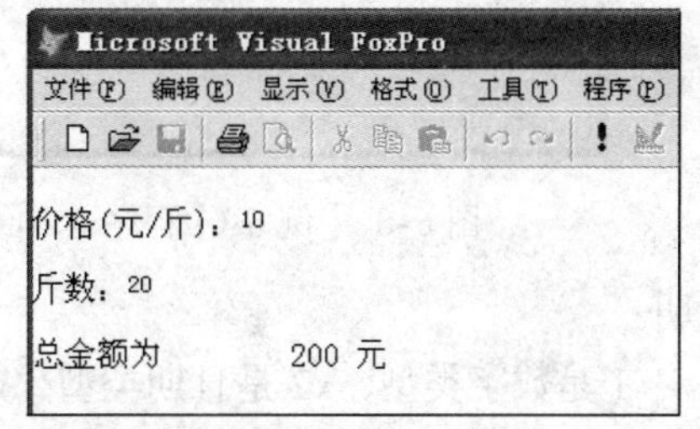

图 6-7 程序运行结果

3. 修改程序

修改程序的方式：

（1）菜单：执行“文件→打开”菜单命令，找到对应程序，打开程序并进行修改。

（2）项目管理器：在项目管理器中选中程序，单击“修改”按钮。

（3）命令：修改程序的命令格式为：

```
MODIFY COMMAND <文件名>
```

例如，执行“MODIFY COMMAND e:\数据库\eg602.prg”命令，打开文件并修改。

6.2 常用命令和语句

本节介绍在编程时经常用到的输入、输出、注释等命令和语句。

6.2.1 数据输入

1. INPUT 命令

INPUT 命令用于通过键盘输入数据，将数据赋给内存变量。其命令格式为：

```
INPUT [<字符表达式>] TO [<内存变量>]
```

说明

（1）<字符表达式>是输入数据的提示信息。

（2）输入的数据可以是常量、变量、表达式。

（3）输入字符、逻辑型、日期型常量时要加上各自的合法定界符。如"程序设计"、{^2015-08-09}、.T.。

【例 6.3】编写并执行图 6-8 所示的程序 eg603.prg，输入数据和输出结果如图 6-9 所示。

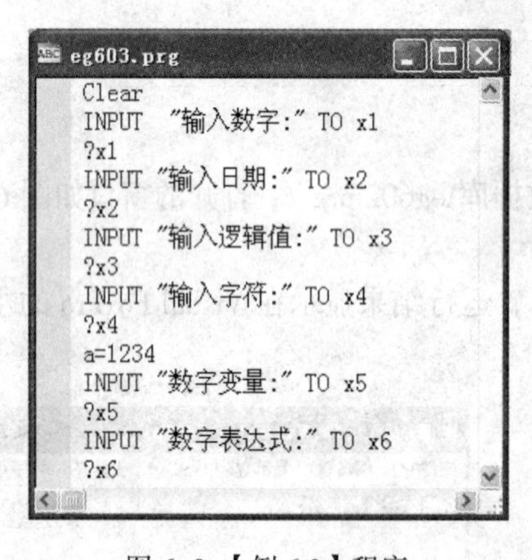

图 6-8 【例 6.3】程序

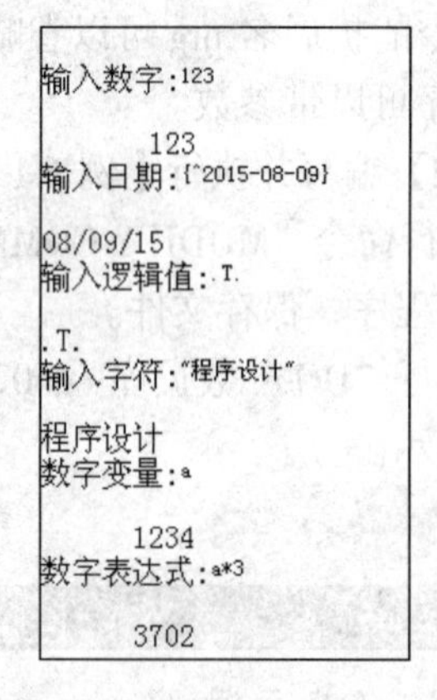

图 6-9 【例 6.3】运行结果

说明：

（1）x1 是数字类型，x2 是日期类型，x3 是逻辑型，x4 是字符类型。

（2）x5 是数字类型，输入变量名 a，获得变量 a 的值。

（3）x6 是数字类型，输入表达式 a*3，获得表达式的值。

2. ACCEPT 命令

ACCEPT 命令通过键盘输入字符型数据，将字符型数据赋给内存变量。命令格式为：

```
ACCEPT [<字符表达式>] TO [<内存变量>]
```

说明：

（1）<字符表达式>是输入字符数据的提示信息。

（2）只能输入字符型数据。

（3）输入的字符串不需要加定界符，否则定界符也作为字符串的一部分。

【例 6.4】编写并执行以下程序 eg604.prg，输入字符串数据和输出结果如图 6-10 所示。

```
CLEAR
ACCEPT "输入数字:" TO x1
?x1
ACCEPT "输入字符串:" TO x2
?x2
ACCEPT "输入加定界符字符串:" TO x3
?x3
```

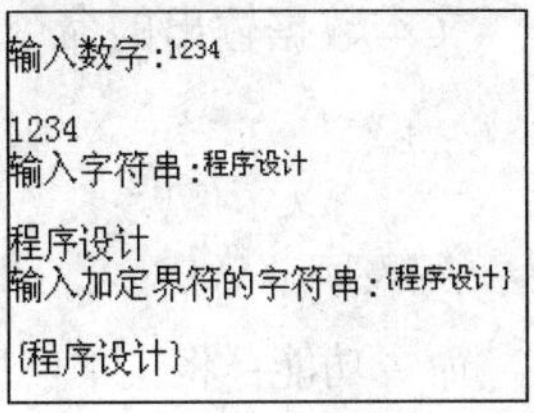

说明：

（1）变量 x1、x2、x3 都是字符类型。

（2）虽然输入 1234，但是 x1 接收的仍然是字符"1234"。

（3）输入"{程序设计}"，两边的定界符"{}"也作为字符串的一部分赋给变量 x3。

输入数字:1234
1234
输入字符串:程序设计
程序设计
输入加定界符的字符串:{程序设计}
{程序设计}

图 6-10 【例 6.4】运行结果

3. WAIT 命令

WAIT 命令功能是暂停程序的运行，等待一段时间或者用户按下任意键时，程序继续运行。其命令格式为：

```
WAIT  [<字符表达式>]  [ TO <内存变量>]  [WINDOW]  [TIMEOUT  <数值表达式>]
```

说明：

（1）[<字符表达式>]是提示信息，可以省略。

（2）[TO <内存变量>]在等待时，按下的键对应的字符赋给内存变量。

（3）[WINDOW]选项在主窗口右上角出现提示窗口，其中显示<字符表达式>信息，如果省略此选项，提示信息显示在主窗口中。

（4）[TIMEOUT <数值表达式>] 指定等待的秒数，等待的时间到达后程序继续向后执行。

【例 6.5】编写并执行以下程序 eg605.prg：

```
CLEAR
WAIT "欢迎开始Visual FoxPro程序设计!" TO x WINDOW TIMEOUT 10
?x
```

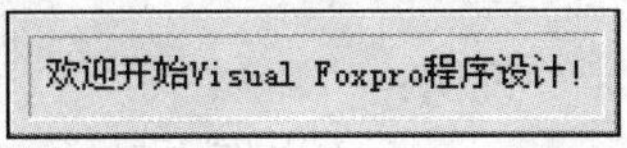

程序运行时显示结果如图 6-11 所示，等待 10 秒后，程序继续向后运行。如果在键盘上按【d】键，那么字符"d"赋给变量 x，输出字符"d"。

欢迎开始Visual Foxpro程序设计!

图 6-11 【例 6.5】的等待窗口

6.2.2 数据输出

1. 基本输出命令? | ??

命令? | ??的功能是将表达式输出在 Visual FoxPro 的主窗口上，其命令格式为：

```
?|??  <表达式 1>[, <表达式 2>…]
```

说明：

（1）?：换行后输出表达式。

（2）??：不换行在当前光标处输出表达式。

【例 6.6】编写并执行以下程序 eg606.prg，输出结果如图 6-12 所示。

```
1234
56789
Visual Foxpro程序设计
```

图 6-12 【例 6.6】运行结果

```
CLEAR
?1234
?56789
?"Visual FoxPro"
??"程序设计"
```

2. 文本数据输出

文本数据输出的命令格式为：

```
TEXT
    <文本信息>
ENDTEXT
```

命令功能：将文本信息输出到 Visual FoxPro 的主窗口上。

【例 6.7】编写并执行以下程序 eg607.prg，输出结果如图 6-13 所示。

```
----------------------------
    欢迎开始学习
    Visual Foxpro程序设计
----------------------------
123567
```

图 6-13 【例 6.7】运行结果

```
CLEAR
TEXT
----------------------------
    欢迎开始学习
    Visual FoxPro 程序设计
----------------------------
ENDTEXT
?123567
```

6.2.3 格式化输入和输出

1. 格式化输入命令

格式化输入的命令格式为：

```
@<行号>,<列号> [GET <内存变量名或字段名> [DEFAULT <默认值>] [MESSAGE <提示信息>] [RANGE <输入值的下限>,<输入值的上限>] [SIZE <文本框高度>,<文本框宽度>] [VALID <条件表达式>]
```

说明：

（1）在文本框中显示<内存变量名>的初始值或者当前记录<字段名>的取值；在文本框中输入值赋给<内存变量>，或者修改当前记录<字段名>字段的取值。

（2）<行号>, <列号>指定文本框的左上角位置；[SIZE <文本框高度>,<文本框宽度>]指文本框的高度和宽度。

（3）设置了[DEFAULT <默认值>]时，<内存变量名>可以不事先定义，文本框显示<默认值>；否则，变量必须事先定义。

（4）[MESSAGE <提示信息>]执行在 Visual FoxPro 状态栏显示的提示信息。

（5）[RANGE <输入值的下限>,<输入值的上限>]指定输入数值的范围，当输入值超出范围时，显示输入范围提示；[VALID <条件表达式>]指定输入数值必须符合的条件，如果输入值不符合条件，则显示“无效输入”提示信息。

（6）命令运行时在文本框显示内存变量或者字段的当前值。当执行命令 READ 时，语句被激活，等待用户从键盘输入数据，直到按【Enter】键时才继续执行。

2. 激活命令 READ

将光标落入尚未激活的第一个@...GET 文本框中进行输入。

3. 格式化输出命令

格式化输出命令的格式为：

```
@<行号>,<列号>  SAY  <表达式> [SIZE <文本框高度>,<文本框宽度>]
```

说明：

（1）在指定的行列位置，输出<表达式>。

（2）格式化输出命令经常与@...GET 命令合用，在文本框之间给出提示。

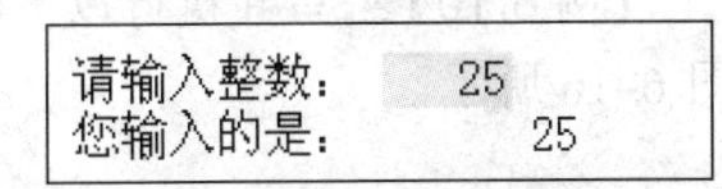

图 6-14 【例 6.8】运行结果

【例 6.8】 编写程序 eg608.prg，程序运行时的输入和输出如图 6-14 所示。

```
CLEAR
@5,1 SAY "请输入整数: " GET X DEFAULT 1 RANGE 10,10000;
MESSAGE "请输入正确的数"  SIZE 1,5 VALID X%5==0
READ
@6,1 SAY "您输入的是: "
@6,12 SAY X
RETURN
```

说明：

（1）文本框的默认值为 1。

（2）输入数字的范围为 10～10000。

（3）输入的数字必须能被 5 整除。

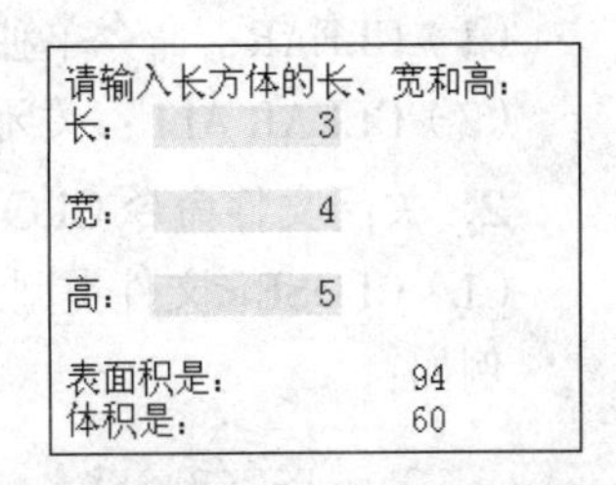

图 6-15 【例 6.9】运行结果

【例 6.9】 使用格式命令，输入长方体的长、宽和高，计算并输出其表面积和体积。

编写程序 eg609.prg，程序运行时的输入和输出如图 6-15 所示。

```
CLEAR
@3,1 SAY "请输入长方体的长、宽和高: "
@4,1 SAY "长: " GET a DEFAULT 0
READ
@6,1 SAY "宽: " GET b DEFAULT 0
READ
@8,1 SAY "高: " GET c DEFAULT 0
READ
```

```
    area=2*(a*b+b*c+a*c)
    v=a*b*c
    @10,1 SAY "表面积是: "
    @10,12 SAY area
    @11,1 SAY "体积是: "
    @11,12 SAY v
    RETURN
```

6.2.4 注释语句

注释语句本身不会被执行，主要用于解释语句的功能。Visual FoxPro 的注释有 3 种格式：

（1）&&　[<注释内容>]

说明：是行尾注释，书写在命令行的尾部，解释该行命令。

（2）*| NOTE　[<注释内容>]

说明：*和 NOTE 是行首注释，以*和 NOTE 开始的行后边的内容都是注释。

【例 6.10】编写并执行以下程序 eg610.prg，输入和输出结果如图 6–16 所示。

价格(元/斤)：10
斤数：20
总金额为　　200 元

图 6–16 【例 6.10】运行结果

```
    CLEAR
    *计算总金额
    INPUT "价格(元/斤): " to p              &&输入价格
    INPUT "斤数: " to n                     &&输入斤数
    TOTAL = p * n                           &&计算总金额
    ?"总金额为" , total ,"元"               &&输出总金额
    NOTE 程序结束
```

6.2.5 环境设置语句

1．清除命令 CLEAR

（1）CLEAR：命令单独使用，清除 Visual FoxPro 主窗口的所有信息。

（2）CLEAR ALL：关闭所有文件，清空所有内存变量。

2．关闭文件命令 CLOSE

（1）CLOSE <文件类型>：关闭指定类型的文件。

例如：

```
    CLOSE DATABASES                &&关闭数据库
    CLOSE TABLES                   &&关闭当前打开的表
    CLOSE INDEXES                  &&关闭索引文件
```

（2）CLOSE ALL：关闭所有文件。

6.3 顺序结构程序设计

顺序结构按照程序的先后顺序执行语句，它是程序设计中最简单的控制结构。它一般包括输入、计算处理和输出 3 个部分，如图 6–17 所示。

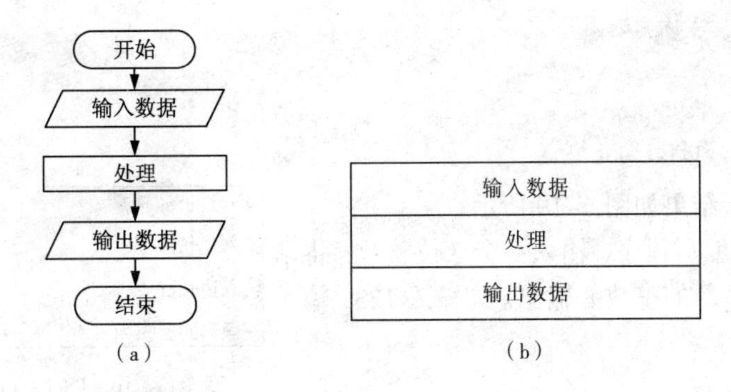

图 6-17　顺序结构处理过程

在编写程序解决实际问题时，一般包括以下步骤：

（1）分析问题：分析问题的原理、定义，找出其中的规律。

（2）设计算法：根据分析结果，设计解决问题的算法。

（3）编写程序：编写程序，并调试、运行。

【例 6.11】 编写程序，输入三角形的 3 条边长 a、b 和 c，求三角形的面积。

（1）分析：

根据数学知识，在已知三角形的三条边时可以使用海伦公式来求其面积。

$$s=\frac{a+b+c}{2} \qquad \text{area}=\sqrt{s(s-a)(s-b)(s-c)}$$

（2）算法设计：

根据前述分析，要计算三角形面积需要先输入三角形的 3 条边长，然后利用海伦公式计算面积。求三角形面积算法的传统流程图如图 6-18（a）所示，其 N-S 流程图如图 6-18（b）所示。

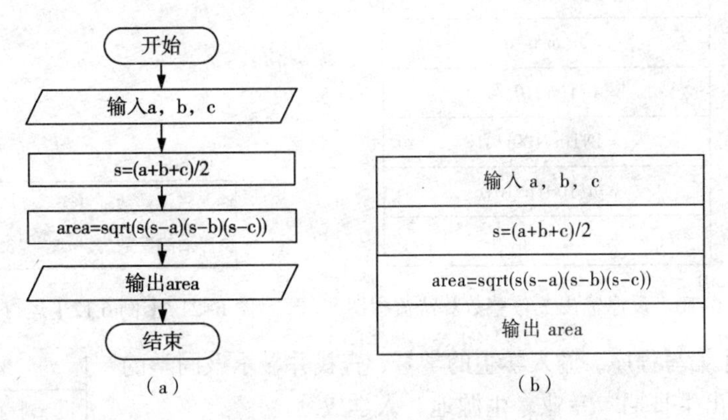

图 6-18　三角形面积算法

（3）编写程序：

编写程序时，只要对照算法逐条使用 Visual FoxPro 编写程序就可以了。对照算法，编写程序 eg611.prg 如下：

```
CLEAR
INPUT "输入边长 a: " TO a
INPUT "输入边长 b: " TO b
```

```
INPUT "输入边长 c: " TO c
s=(a+b+c)/2                              &&周长一半
area=sqrt(s*(s-a)*(s-b)*(s-c))           &&面积
?"三角形的面积为",area
```

程序的运行结果如图 6-19 所示。

```
输入边长a: 3
输入边长b: 4
输入边长c: 5
三角形的面积为          6.0000000000000000
```

图 6-19 【例 6.11】运行结果

【例 6.12】编写程序，输入一个 3 位整数，将其反序得到一个新的整数并输出。如输入 123，输出 321。

（1）分析：

要将整数的数位对调，首先必须求得其个位、十位和百位数，然后计算得到对调后的数。

（2）算法设计：

根据上述分析，求解此问题的算法如图 6-20 所示。

（3）编写程序：

编写程序 eg612.prg，程序的运行结果如图 6-21 所示。

```
CLEAR
INPUT "输入三位整数 m: " TO m
a=m%10                              &&取得个位数字
b=INT(m/10)%10                      &&取得十位数字
c=INT(m/100)%10                     &&取得百位数字
n=a*100+b*10+c                      &&算出反序的数
?"反序后的整数为",n
```

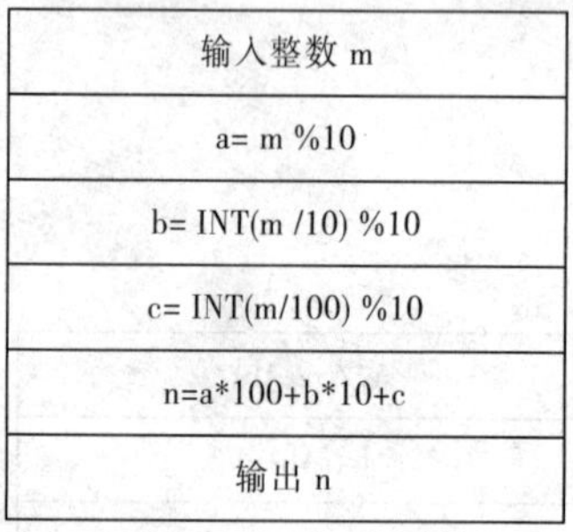

输入整数 m
a= m %10
b= INT(m /10) %10
c= INT(m/100) %10
n=a*100+b*10+c
输出 n

图 6-20　反序输出 3 位整数算法流程图

```
输入三位整数m: 123
反序后的整数为         321
```

图 6-21 【例 6.12】运行结果

【例 6.13】编写程序，输入学生的学号，查找并显示该同学的姓名、性别、出生日期、专业、生源地、入学成绩。

（1）分析和算法设计：

解决此问题的步骤为输入学号、查找学生和显示数据，具体算法如图 6-22 所示。

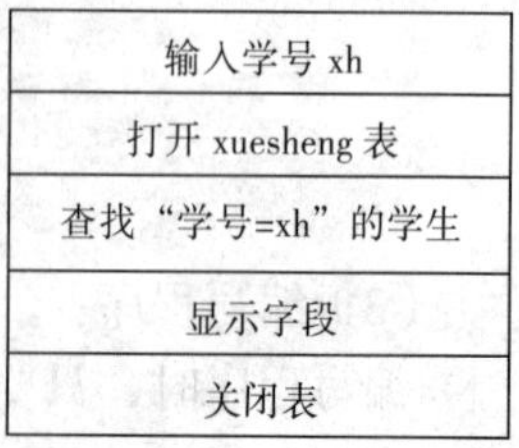

输入学号 xh
打开 xuesheng 表
查找“学号=xh”的学生
显示字段
关闭表

图 6-22　查找学生算法

（2）编写程序：

编写程序 eg613.prg，程序的运行结果如图 6-23 所示。

```
CLEAR
ACCEPT "输入学号: " TO xh
```

```
USE xuesheng                    &&打开表
LOCATE FOR 学号=xh              && 查找
DISPLAY 学号,姓名,性别,出生日期,生源地,入学成绩
USE                             &&关闭表
```

```
输入学号：13011108
   记录号  学号      姓名                性别  出生日期  生源地   入学成绩
        8  13011108  景婷民              女    10/22/95  辽宁       571.00
```

图 6-23 【例 6.13】运行结果

6.4 程序调试

在编程中经常有错误发生，很少有程序第一次运行就完全正确。计算机先驱 Grace Murray Hopper 博士发现的第一个硬件错误是在一个计算机组件中有一只大昆虫，因此错误常被称为 Bug，而发现并纠正错误的过程称为调试，即 Debug。

6.4.1 程序错误

编程中常见的错误一般分为两种：①语法错误；②逻辑错误。

1. 语法错误

语法错误是指不符合语法规则的错误。在程序运行时，系统将进行语法检查，发现错误时将给出提示，编程者可以根据提示信息修改程序。常见的语法错误有：①命令拼写错，命令格式错；②变量未定义；③数据类型不匹配；④表达式错误。

当出现程序错误提示对话框时，可以进行以下操作：

（1）取消：直接结束程序的执行。

（2）挂起：暂停执行当前程序，返回系统的命令窗口。在命令窗口中使用 RESUME 命令或者“程序→恢复”菜单命令继续执行程序。

（3）忽略：忽略当前错误，继续执行下一条语句。

（4）帮助：打开 Visual FoxPro 的帮助。

【例 6.14】编写程序 eg614.prg，运行时将会弹出图 6-24 所示的错误提示。

```
CLEAR
INPUT  "输入英里数：" miles          && 语法错误：缺少 TO
kms=0.621mile                       && 错误：缺少*，找不到变量 mile
?"对应的公里数",kms
```

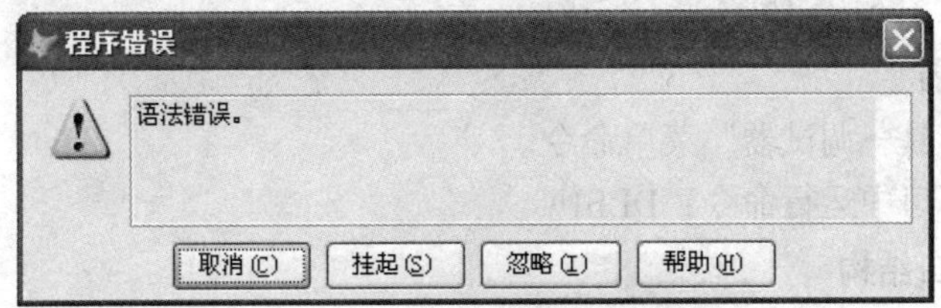

图 6-24 语法错误提示

2. 逻辑错误

逻辑错误是指由于不正确的算法导致的错误，或者系统检查不出来的其他编程错误。

逻辑错误只是得不到期望的结果，运行时不会有错误信息。这种错误必须由编程者自己检查纠正。

6.4.2 程序调试语句

程序运行时，可以使用一些程序调试命令改变程序的运行顺序。

（1）中断语句 CANCEL

中断正在执行的程序，清除私有变量，返回系统的命令窗口。

（2）挂起语句 SUSPEND

暂停执行当前程序，返回系统的命令窗口。在命令窗口中使用 RESUME 命令或者“程序→恢复”菜单命令继续执行程序。

（3）RESUME

恢复被挂起的程序，从暂停的位置继续执行。

（4）DO

调用另一个程序。

（5）RETURN

结束当前执行的程序，返回上一级程序或命令窗口。

（6）QUIT

退出 Visual FoxPro 系统。

【例 6.15】编写和运行程序 eg615.prg。

```
CLEAR
INPUT  "输入英里数: " TO miles
SUSPEND                                    &&挂起
kms=0.621*miles
?"对应的公里数",kms
RETURN                                     &&结束程序
```

说明：

① 当程序运行到 SUSPEND 语句时，程序暂停，返回命令窗口。

② 在命令窗口中，运行 RESUME 语句将返回继续执行程序。

6.4.3 调试器

调试器可以单步追踪程序的运行，同时观察内存变量的情况，从而帮助编程者发现程序的逻辑错误，如图 6-25 所示。

1. 打开调试器

（1）执行“工具→调试器”菜单命令。

（2）在命令窗口中运行命令：DEBUG。

2. 调试器窗口结构

调试器窗口包括以下窗口：

（1）跟踪窗口：显示调试的程序代码，跟踪程序的执行。

（2）监视窗口：监视表达式在程序调试时的取值变化。

（3）调用堆栈窗口：显示当前处于执行状态的程序或过程。

（4）调试输出窗口：显示正在执行的程序的输出状态。

（5）局部窗口：显示模块中的内存变量的名称、类型和取值。

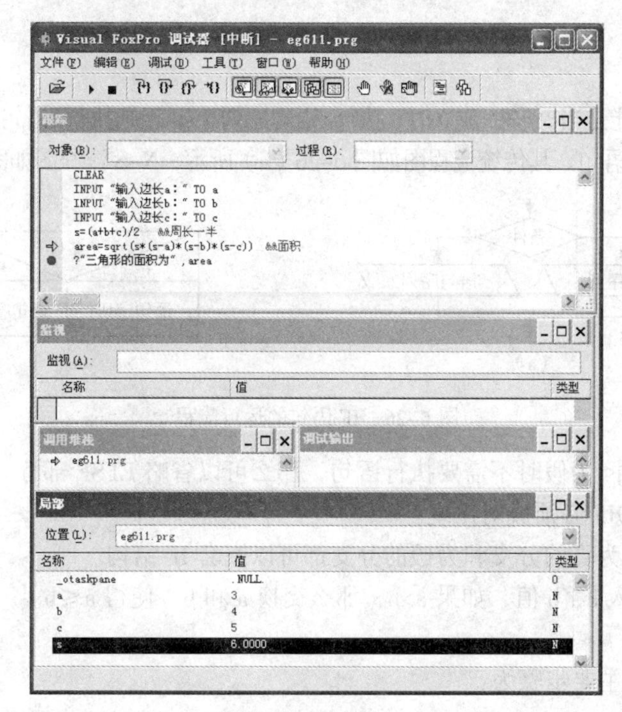

图 6-25 调试器

3. 调试器操作

（1）运行（快捷键【F5】）：执行调试窗口中打开的程序，暂停在断点处。

（2）单步追踪（快捷键【F8】）：单步执行下一行代码。

（3）断点：光标落在需要暂停程序执行的位置，单击“切换断点”或者按【F9】键，在该行左侧会出现红色圆点。当程序运行到断点处时，程序将会暂停执行。

【例 6.16】使用调试器打开程序 eg611.prg，单步调试程序。

（1）打开调试器，打开 eg611.prg，如图 6-25 所示。

（2）按【F8】键，单步跟踪运行程序，在局部窗口监测变量的取值。

（3）在需要中断的行按【F9】键，该行出现断点，按【F5】键运行程序，到达断点处，程序将会暂停。此时可以观察变量的取值情况。

6.5 选择结构程序设计

选择结构按照一定的条件由判断语句或者选择语句构成双重或者多重走向的程序。

6.5.1 IF 命令

IF 命令的格式：

```
IF <条件>
```

```
    <语句序列 1>
[ELSE
    <语句序列 2>
]
ENDIF
```

说明：

（1）命令的功能是当<条件>成立时，执行<语句序列 1>；否则执行<语句序列 2>，然后继续执行 ENDIF 后边的语句。其传统流程图如图 6-26（a）所示，N-S 流程图如图 6-26（b）所示。

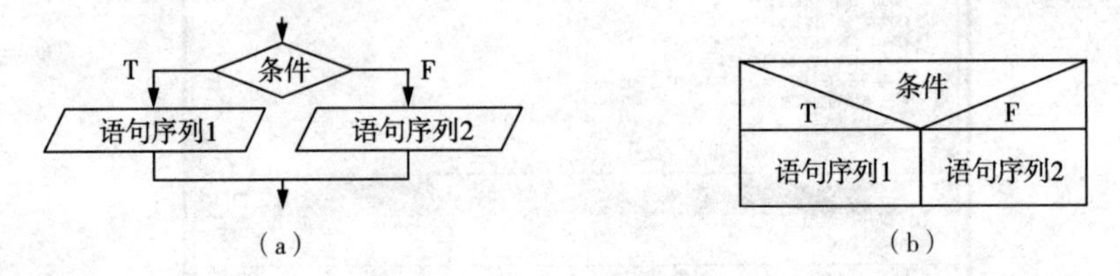

图 6-26　IF 语句的运行流程

（2）如果<条件>为假时不需要执行语句，那么可以省略 ELSE 部分。

（3）IF 和 ENDIF 必须成对出现。

（4）在<条件>为真的分支和为假的分支都可以嵌套 IF 结构。

【例 6.17】 输入 a、b 值，如果 a>b，那么交换 a 和 b，使得 a≤b。

（1）分析：

解决该问题的主要步骤为：

① 输入变量 a、b。

② 如果条件 a>b 为真，则交换 a 和 b；否则转入③。

③ 输出 a、b。

（2）算法设计：

算法的传统流程图如图 6-27（a）所示，N-S 流程图如图 6-27（b）所示。此算法在条件为真的分支上有语句，而在条件为假的分支上则什么都不做。

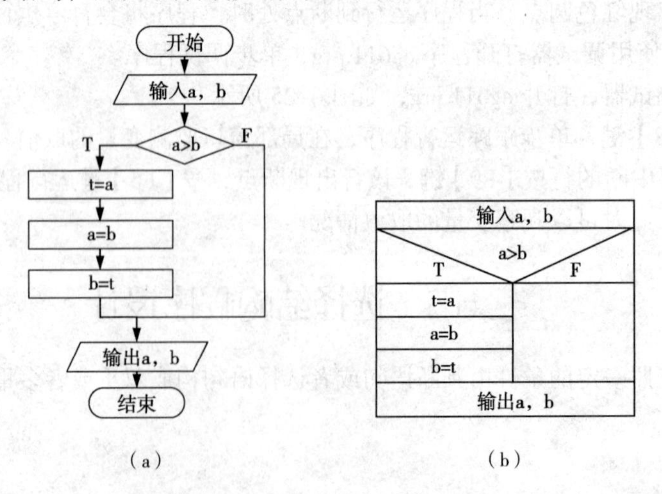

图 6-27　交换两个数算法流程图

学习提示：

① 算法依然应该包括输入、处理和输出 3 个部分，其中处理部分为选择结构。

② 使用中间变量 t 交换两个变量 a 和 b 数值的方法常用在一些经典算法中，交换过程如图 6-28 所示，应注意理解和掌握。

（3）编写程序：

编写程序 eg617.prg，运行结果如图 6-29 所示。

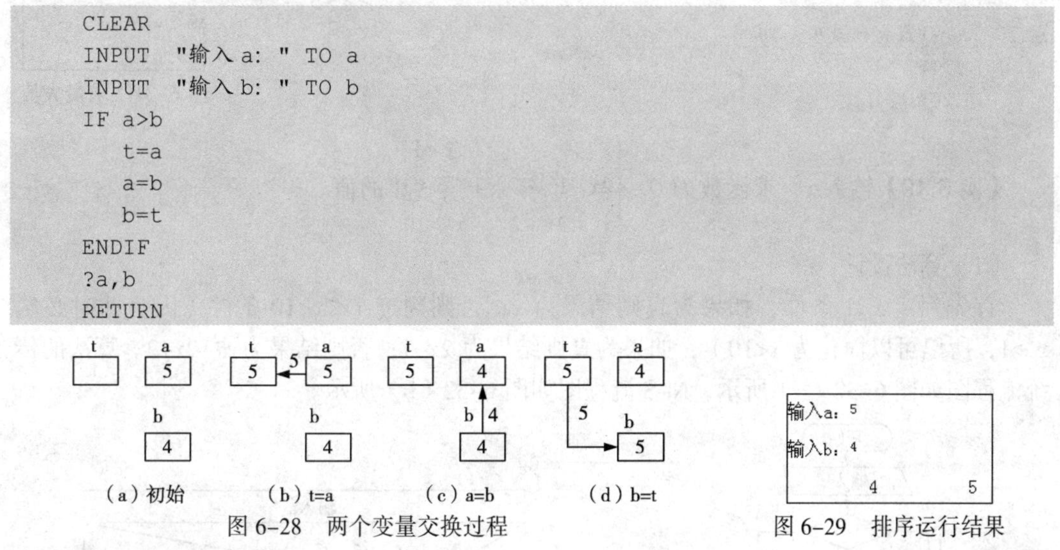

```
CLEAR
INPUT  "输入 a: " TO a
INPUT  "输入 b: " TO b
IF a>b
   t=a
   a=b
   b=t
ENDIF
?a,b
RETURN
```


图 6-28　两个变量交换过程

图 6-29　排序运行结果

学习提示：

① 注意选择结构编程的缩进结构，可以增加程序的可读性。按【Tab】键使得语句向右缩进几格。

② 当程序为多分支结构时，必须对每一个分支分别进行输入和测试。

③ 在调试程序时，应该坚持使用调试器调试选择结构的程序：（i）调试器打开程序。（ii）按【F8】键，单步跟踪运行程序，在局部窗口监测变量的取值，观察分支的运行情况。

【例 6.18】输入 a、b 值，输出其中较大的数。

（1）算法设计：

算法的传统流程图如图 6-30（a）所示，算法的 N-S 流程图如图 6-30（b）所示。此算法的真和假两个分支都有语句。

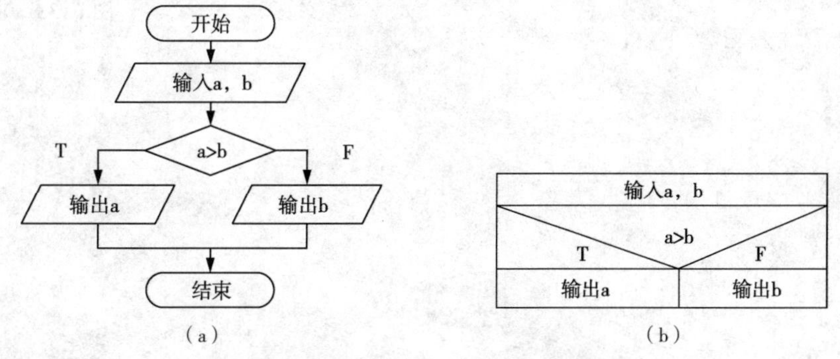

图 6-30　输出较大的数算法流程图

（2）编写程序：

编写程序 eg618.prg，运行结果如图 6-31 所示。

```
CLEAR
INPUT  "输入 a: " TO a
INPUT  "输入 b: " TO b
IF a>b
   ?"最大值是"  ,a
ELSE
   ?"最大值是"  ,b
ENDIF
RETURN
```

```
输入a: 5
输入b: 4
最大值是          5
```

图 6-31　求最大值

【例 6.19】输入 x，求函数 $f(x)=\begin{cases} x & x<1 \\ 2x-1 & 1\leqslant x<10 \\ x^2+2x+2 & x\geqslant 10 \end{cases}$ 的值。

（1）算法设计：

首先判定 $x<1$ 条件，如果为真则结果为 x；否则判定 $1\leqslant x<10$ 条件（因为此时必然 $x\geqslant 1$，所以可以简化为 $x<10$），如果为真则结果为 $2x-1$；否则结果为 x^2+2x+2。算法的传统流程图如图 6-32（a）所示，N-S 流程图如图 6-32（b）所示。

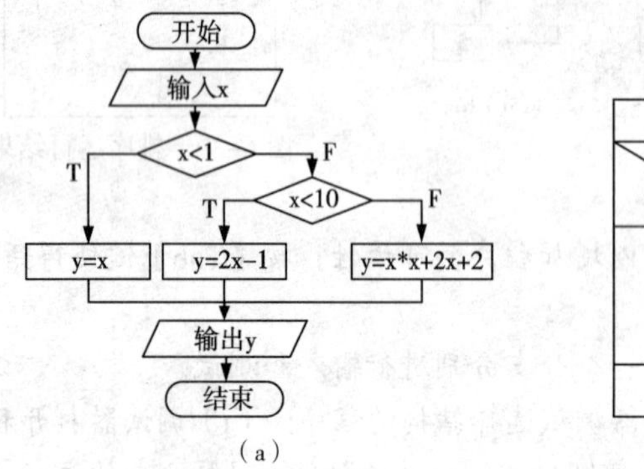

（a）

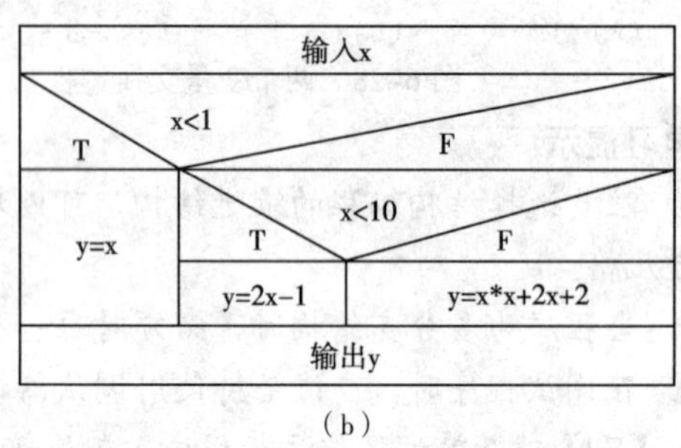

（b）

图 6-32　分段函数算法流程图

（2）编写程序：

编写程序 eg619.prg，运行结果如图 6-33 所示。

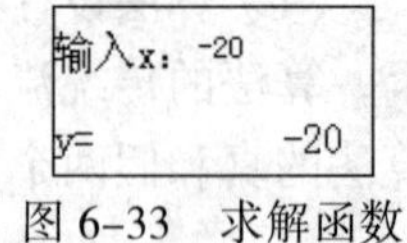

图 6-33　求解函数

```
CLEAR
INPUT  "输入 x: " TO x
IF x<1
   y=x
ELSE
   IF x<10   &&嵌套的 IF
       y=2*x-1
   ELSE
       y=x*x+2*x+2
   ENDIF
ENDIF
?"y=",y
RETURN
```

【例 6.20】编写程序，输入 3 位整数，判断它是否水仙花数。所谓水仙花数是指各位数字的立方和等于该数本身的整数。例如$153=1^3+5^3+3^3$，所以 153 为水仙花数。

（1）算法设计：

要判断整数 m 是否水仙花数，必须先求出其百位、十位和个位数字，然后判断各位数字的立方和是否等于 m，如果相等，则 m 为水仙花数。设计的算法如图 6-34 所示。

（2）编写程序：

编写程序 eg620.prg，运行结果如图 6-35 所示。

```
CLEAR
INPUT  "输入三位整数 m: " TO m
a=INT(m / 100)
b=INT(m / 10) % 10
c=m % 10
IF m=a^3+b^3+c^3
   ?m,"是水仙花数"
ELSE
   ?m,"不是水仙花数"
ENDIF
RETURN
```

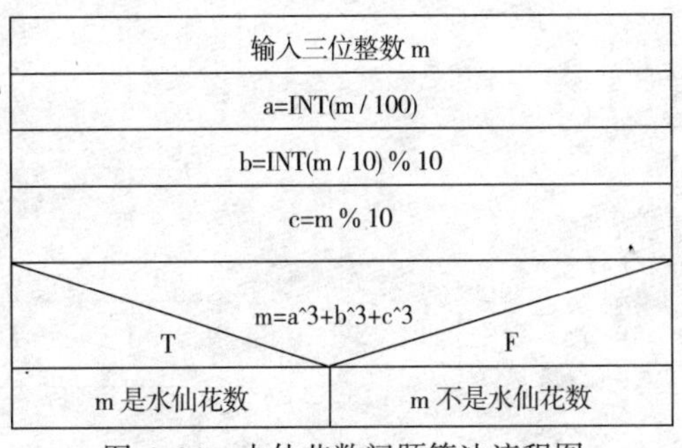

图 6-34　水仙花数问题算法流程图

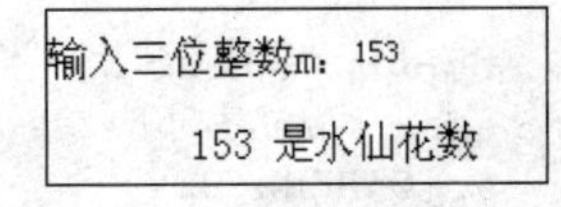

图 6-35　水仙花数

【例 6.21】编写程序，输入学号 xh，查找并显示该同学的姓名、性别、出生日期、专业、生源地、入学成绩；如果找不到，显示没有找到。

（1）算法设计：

先使用 LOCATE FOR 查找，然后判断是否找到，算法如图 6-36 所示。

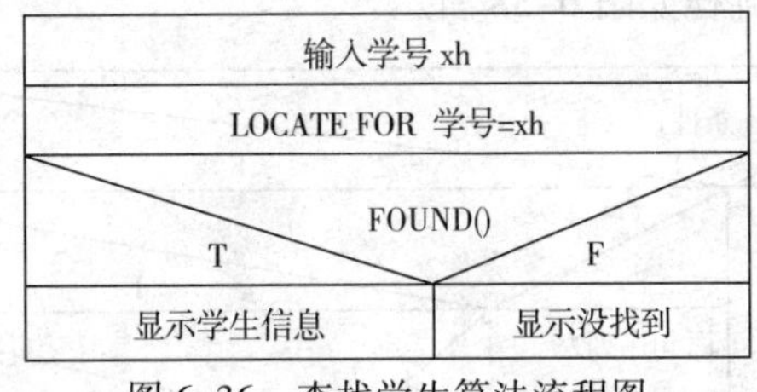

图 6-36　查找学生算法流程图

（2）编写程序：

编写程序 eg621.prg，运行结果如图 6-37 所示。

```
CLEAR
ACCEPT "输入学号: " TO xh
```

```
USE xuesheng                                    &&打开表
LOCATE FOR 学号=xh                              && 查找
IF FOUND()
   DISPLAY 学号,姓名,性别,出生日期,生源地,入学成绩
ELSE
   ?"学号为", xh, "没有找到"
ENDIF
USE                                             &&关闭表
```

输入学号：13011102

记录号	学号	姓名	性别	出生日期	生源地	入学成绩
2	13011102	张晓民	女	11/09/96	北京	530.00

图 6-37　查找学生

6.5.2　多分支语句

IF 语句经常用来实现较少分支结构的程序；也可以通过嵌套实现多分支选择结构的程序，但是编写复杂，可读性较差，容易出错。在 Visual FoxPro 中，经常用 DO CASE 结构实现多分支选择结构程序。

命令格式：

```
DO CASE
   CASE <条件 1>
       <语句序列 1>
  [CASE <条件 2>
       <语句序列 2>
       …
   CASE <条件 n>
       <语句序列 n>]
  [OTHERWISE
       <语句序列 n+1>]
ENDCASE
```

说明：

（1）不管有几个 CASE 条件成立，都只执行最先成立的一个 CASE 条件后边的语句序列。

（2）如果所有 CASE 条件都为假，那么执行 OTHERWISE 后边的语句序列。

DO CASE 命令的执行流程如图 6-38 所示。

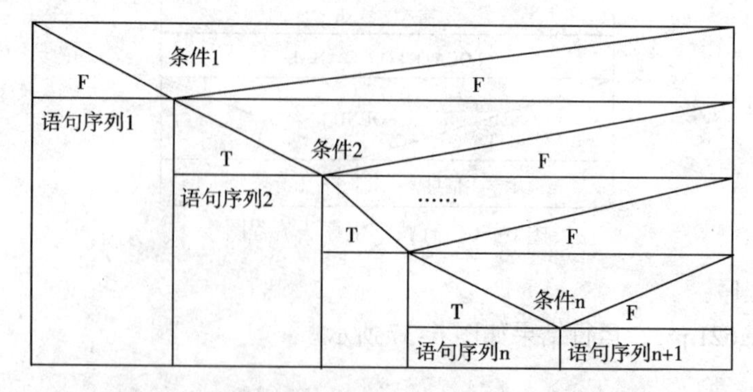

图 6-38　DO CASE 执行过程

【例 6.22】编写程序，输入学生的学号，按照该生入学成绩判断奖学金金额：581 以上的 5000 元，551 到 580 之间的 4000 元，531 到 550 分之间的 3000 元，500 到 530 分之间的 2000 元，500 分以下的不发奖学金。

编写程序 eg622.prg，运行结果如图 6-39 所示。

```
CLEAR
ACCEPT "输入学号: " TO xh
USE xuesheng                    &&打开表
LOCATE FOR 学号=xh              &&查找
IF FOUND()
   DISPLAY 学号,姓名,性别,出生日期,生源地,入学成绩
   DO CASE
      CASE 入学成绩>=581
          p=5000
      CASE 入学成绩>=551
          p=4000
      CASE 入学成绩>=531
          p=3000
      CASE 入学成绩>=500
          p=2000
      OTHERWISE
         p=0
   ENDCASE
   ?"该生的奖学金为",p ,"元"
ELSE
   ?"学号为",xh,"没有找到"
ENDIF
USE                             &&关闭表
```

```
输入学号：13011108
   记录号  学号      姓名                  性别  出生日期  生源地    入学成绩
        8  13011108  景婷民                女    10/22/95  辽宁        571.00
该生的奖学金为        4000 元
```

图 6-39　计算奖学金程序运行结果

6.6　循环结构程序设计

循环结构的程序在执行过程中，某段代码重复执行若干次。循环结构程序设计是学习编程的重点。

6.6.1　DO WHILE 循环语句

循环结构的程序可以通过 DO WHILE…ENDDO 语句来编写，其命令格式如下：

```
DO WHILE  <条件>
   <语句序列 1>
   [LOOP]          &&不执行后续语句，直接返回 DO WHILE
```

```
    [EXIT]          &&直接退出循环
    <语句序列 2>
ENDDO
```

说明：

（1）当<条件>成立时，执行 DO WHILE…ENDDO 之间循环体语句序列；循环体执行完毕，返回 DO WHILE 处再次判断<条件>是否成立，决定是否循环。当<条件>不成立时，结束循环，继续执行 ENDDO 之后的语句。其流程如图 6-40（a）所示。

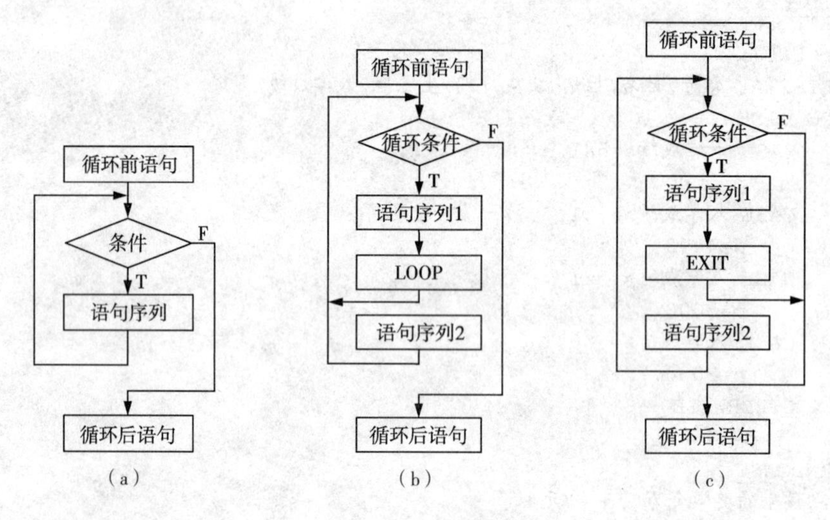

图 6-40　循环流程

（2）若循环中运行了 LOOP 语句，则不再执行 LOOP 之后的循环体语句，直接返回 DO WHILE 处重新判断条件。流程如图 6-40（b）所示。

（3）若循环中运行了 EXIT 语句，直接跳出本次循环，开始执行 ENDDO 之后的语句。流程如图 6-40（c）所示。

【例 6.23】输入整数 n，计算 n!。

（1）分析：

使用循环计算 n! 的过程如下：

① 输入 n

② s=1，i=1

③ 如果 i<=n，那么转入④，否则转入⑦

④ s=s*i

⑤ i=i+1

⑥ 转到③

⑦ 输出 s

（2）算法设计：

此算法的传统流程图如图 6-41（a）所示，其 N-S 流程图如图 6-41（b）所示。在本算法中，每次循环变量 i 的值增加 1，经过 n 次循环后，i 的值为 n+1，使得循环条件 i<=n 为假，从而结束循环。

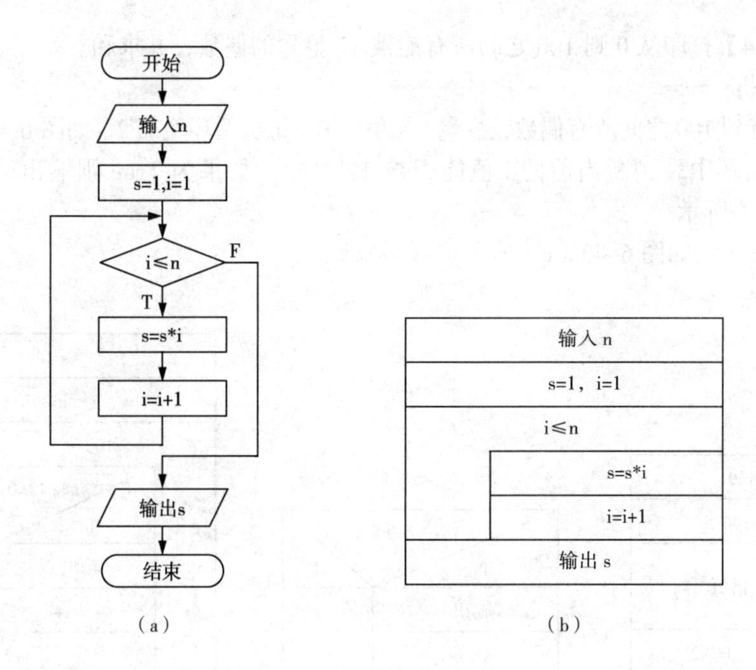

图 6-41　阶乘算法流程图

（3）编写程序

编写程序 eg623.prg，运行结果如图 6-42 所示。

```
CLEAR
INPUT "输入整数 n: " TO n
s=1
i=1
DO WHILE  i<=n                         &&条件
   s=s*i
   i=i+1
ENDDO
?STR(n)+"!=", s
RETURN
```

学习提示：

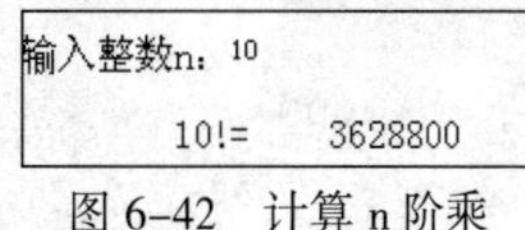

图 6-42　计算 n 阶乘

① 注意循环结构编程的缩进结构，循环体语句向右缩进几格，增加程序的可读性。

② 在调试循环结构程序时，应该坚持使用调试器调试。通过按【F8】键，单步跟踪运行程序，在局部窗口监测变量的取值，观察循环的运行情况。

循环算法设计的基本过程：

① 观察问题，找出循环的规律。

② 在算法设计中，将复杂的问题分解为多个小问题，分别解决，最后综合在一起。可以采用两种策略：

a. 由内到外：先将每次循环过程中执行的语句序列设计好，然后外边套上循环结构。

b. 由外到内：先设计好循环结构，后设计循环体内的语句序列。

③ 循环体中的语句序列可以是顺序结构、选择结构，也可以是循环结构。

【例 6.24】打印从 0 到 100 之间所有能被 12 整除的偶数，并求和。

（1）分析：

① 从 0 到 100 之间所有偶数，变量 i 初值为 0，每次循环增加 2，如图 6–43（a）所示。

② 在循环中，判断当前的 i 值能否被 12 整除，如果为 True 则输出 i 并求和，如图 6–43（b）所示。

③ 完整算法如图 6–43（c）所示。

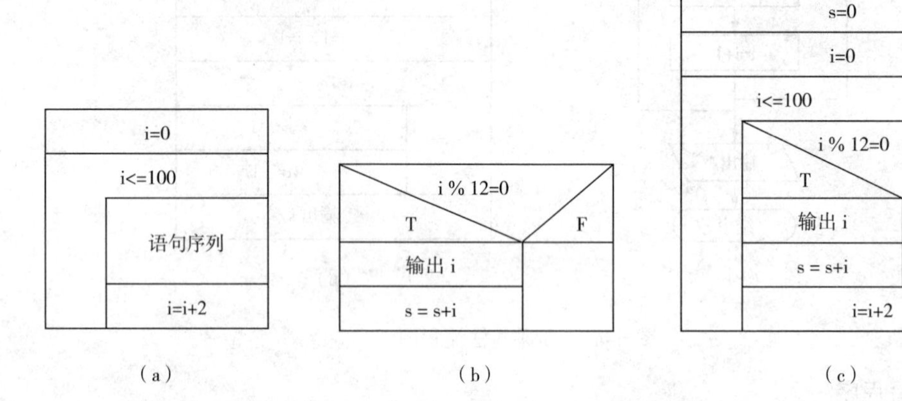

（a） （b） （c）

图 6–43 “0～100 之间能被 12 整除的偶数和”算法

（2）编程程序：

编写程序 eg0624.prg，程序的运行结果如图 6–44 所示。

```
CLEAR
s=0
i=0
DO WHILE i<=1000      &&条件
   IF i%12=0
      ? i
      s=s+i
   ENDIF
   i=i+2              &&循环变量
ENDDO
?"sum=", s
RETURN
```

```
      0
     12
     24
     36
     48
     60
     72
     84
     96
sum=       432
```

图 6–44 计算能被 12 整除的偶数和

在 Visual FoxPro 中，循环变量也可以是表的记录指针。在循环中通过 SKIP 命令移动指针，直到指针指向表的结尾时（此时 EOF()为.T.）循环结束，从而处理表的所有记录，如图 6–45 所示。

```
程序的一般写法如下:
USE <表名>
GO TOP
DO WHILE NOT EOF()
   <语句序列>
   SKIP
ENDDO
USE
```

也可以通过使用 LOCATE FOR 命令指向第 1 条符合条件的记录，然后在循环中使用 CONTINUE 命令，继续指向下一条符合条件的记录，从而处理表中所有符合条件的记录，如图 6-46 所示。

```
USE <表名>
LOCATE FOR <条件表达式>
DO WHILE NOT EOF()
   <语句序列>
   CONTINUE
ENDDO
USE
```

打开表
GO TOP
NOT EOF()
<语句序列>
SKIP
关闭表

图 6-45　指针处理表

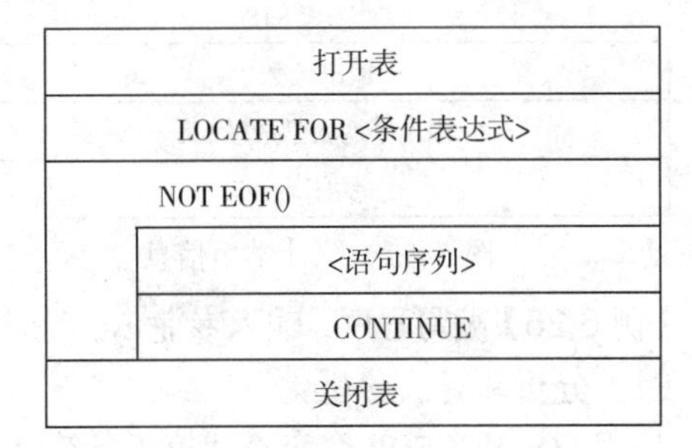

图 6-46　LOCATE FOR 处理表

【例 6.25】编写程序，统计 xuesheng 表中生源地为“天津”的女生的人数和入学成绩的平均值。

（1）分析和算法设计：

使用指针作为循环变量，处理表的所有记录。对每条记录，使用选择结构判断是否符合条件，并进行计数求和操作。算法如图 6-47 所示。

（2）编写程序：

编写程序 eg625.prg，程序的输出结果如图 6-48 所示。

```
CLEAR
USE xuesheng
n=0
s=0
GO TOP
DO WHILE NOT EOF()
   IF  生源地="天津" AND 性别="女"
       n=n+1
       s=s+入学成绩
   ENDIF
   SKIP
ENDDO
?"符合条件的人数为",n
?"平均入学成绩为",s/n
USE
RETURN
```

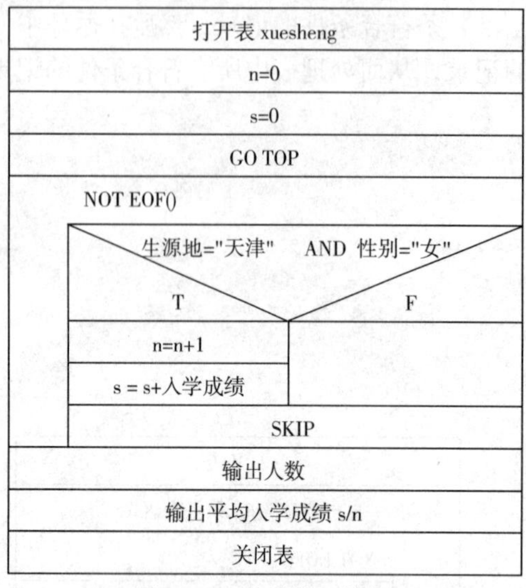

图 6-47　统计学生信息

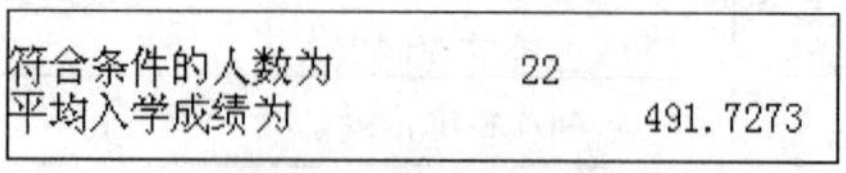

符合条件的人数为　　　22
平均入学成绩为　　　491.7273

图 6-48　统计学生

【例 6.26】编写程序，输入专业 zy，统计 xuesheng 表中所有专业为 zy 的学生贷款的总额。

（1）分析和算法分析：

使用 LOCATE FOR 命令查找第 1 条符合条件的记录，然后在循环中使用 CONTINUE 命令，继续指向下一条符合条件的记录。对找到的每一条记录求贷款的综合。算法如图 6-49 所示。

（2）编写程序：

编写程序 eg626.prg，程序的运行结果如图 6-50 所示。

```
CLEAR
ACCEPT "请输入专业: " TO zy
USE xuesheng
s=0
LOCAT FOR 专业=zy
DO WHILE NOT EOF()
   s=s+贷款金额
   CONTINUE
ENDDO
?"该专业""学生的贷款总额为", s
use
RETURN
```

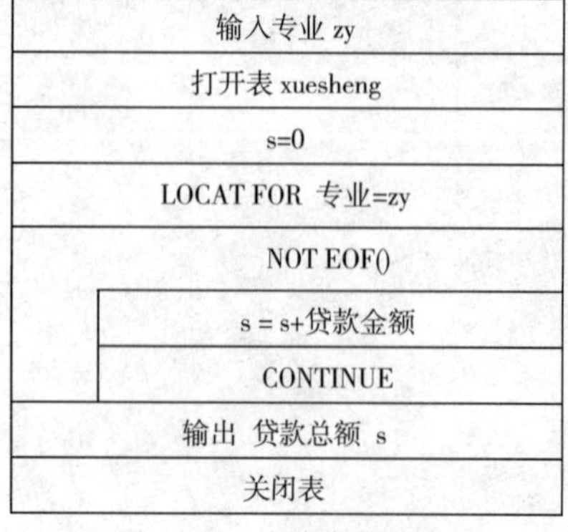

图 6-49　统计贷款总额

请输入专业：计算机应用
专业为 计算机应用 学生的贷款总额为　　2040000

图 6-50　某专业学生贷款总金额

6.6.2 FOR 语句

FOR 计数型循环，主要用于循环次数已知的情况。

其一般形式为：

```
FOR <循环变量>=初值 TO <终值> [STEP <步长>]
    <语句序列>
    [LOOP]
    [EXIT]
ENDFOR
```

说明：

（1）循环的运行流程如图 6–51 所示，循环变量为 i。

（2）STEP 值可以为正数或负数，如果 STEP 值省略，则默认为 1。

（3）继续循环的条件：循环变量介于初值和终值之间。当 STEP 为正数时，终值应该比初值大，才会进入循环；当 STEP 为负数时，终值应该比初值小，才会进入循环。

【例 6.27】计算 s=1+3+5+7+9+…+101。

编写程序 eg627.prg，程序的运行结果如图 6–52 所示。

```
CLEAR
s=0
FOR i=1 TO 101 STEP 2
   s=s+i
ENDFOR
?" 奇数的和为",s
RETURN
```

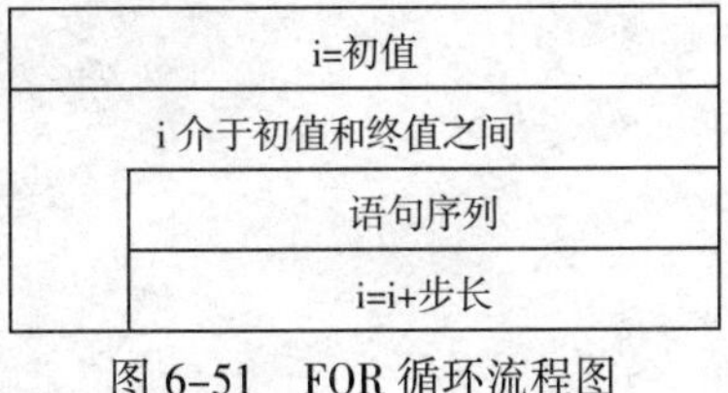

图 6–51 FOR 循环流程图

奇数的和为 2601

图 6–52 求奇数的和

6.6.3 SCAN 语句

SCAN 循环扫描表的记录，并处理记录，其一般形式为：

```
SCAN [FOR <条件>]
<语句序列>
[LOOP]
[EXIT]
ENDSCAN
```

说明：

（1）在当前表中，记录指针自动移到满足条件的记录上，运行<语句序列>；然后将指针自动移到下一条记录满足条件的记录上，运行<语句序列>，直到超出范围。

（2）默认范围为表的所有记录。如果不指定[FOR <条件>]，则扫描表所有记录。

【例 6.28】编写程序，输入专业 zy，分别统计 xuesheng 表中专业为 zy 的男生和女生的人数。

编写程序 eg628.prg，程序的运行结果如图 6-53 所示。

```
CLEAR
ACCEPT "请输入专业: " TO zy
USE xuesheng
n1=0                                  &&男生人数
n2=0                                  &&女生人数
SCAN                                  &&整个表范围扫描纪录
   IF 专业=zy AND 性别="男"
      n1=n1+1
   ENDIF
   IF 专业=zy AND 性别="女"
      n2=n2+1
   ENDIF
ENDSCAN
?zy,"男生人数为", n1
?zy,"女生人数为", n2
use
RETURN
```

【例 6.29】编写程序 eg0629.prg，显示 xuesheng 表中生源地为“天津”且入学成绩超过 500 的学生，并统计其人数。

```
CLEAR
USE xuesheng
n=0                                   &&男生人数
SCAN  FOR 生源地="天津" AND 入学成绩>=540
   ?学号,姓名,专业,生源地,入学成绩
   n=n+1
ENDSCAN
?"符合条件的人数为", n
use
RETURN
```

程序的运行结果如图 6-54 所示。

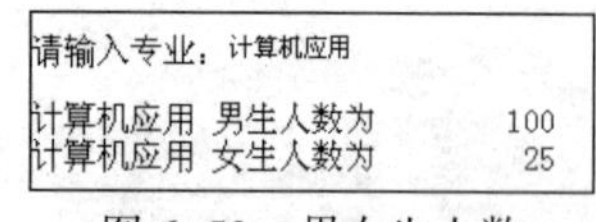

图 6-53　男女生人数

```
13031227 韩爽华      化学工程      天津      546.00
13031232 张敏民      化学工程      天津      549.00
13101227 韩爽华      计算机应用    天津      546.00
13101232 张敏民      计算机应用    天津      549.00
符合条件的人数为          4
```

图 6-54　符合条件人数

6.6.4　循环的嵌套

在循环体中，还可以包括循环语句，称为循环的嵌套。Visual FoxPro 的 3 种循环结构可以相互嵌套使用。

【例 6.30】百钱买百鸡问题。假定公鸡每只 2 元，母鸡每只 3 元，小鸡每只 0.5 元。现有 100 元，要求买 100 只鸡，编程求出公鸡只数 x、母鸡只数 y 和小鸡只数 z。

（1）分析和算法设计：

采用穷举法，x、y 和 z 的可能取值在 0 到 100 之间，循环的次数为 101*101*101。因为公鸡每只 2 元，母鸡每只 3 元，因此 0≤x≤50，而 0≤y≤33，0≤z≤100，此时循环的次数为 51*34*101，算法如图 6–55 所示。

（2）编写程序：

编写程序 eg630.prg，程序运行结果如图 6–56 所示。

```
CLEAR
?"      公鸡","      母鸡","      小鸡"
FOR x=0 TO 50                                        &&公鸡数
   FOR y=0 TO 33                                     &&母鸡数
       FOR Z=0 TO 100                                &&小鸡数
           IF x+y+z=100 AND 2*X+3*Y+0.5*Z=100
               ?x,y,z
           ENDIF
       ENDFOR
   ENDFOR
ENDFOR
RETURN
```

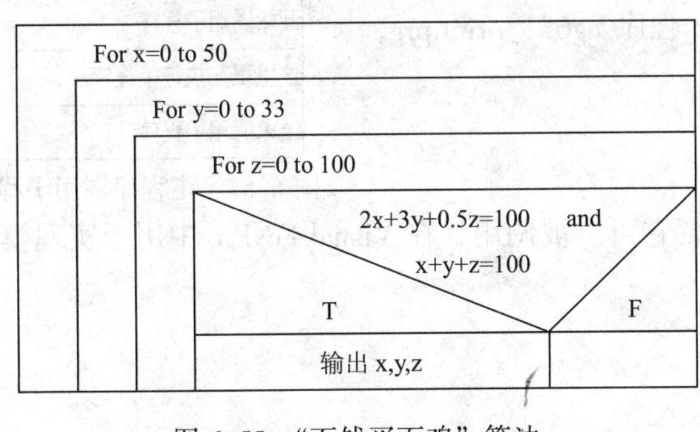

图 6–55 “百钱买百鸡”算法

公鸡	母鸡	小鸡
0	20	80
5	17	78
10	14	76
15	11	74
20	8	72
25	5	70
30	2	68

图 6–56 “百钱买百鸡”程序运行结果

6.7 模块化程序设计

在实际编程时，一个复杂问题的程序可能有几千行或更多，如果都编写在一个文件或程序中，编写时容易出错且调试困难。

模块化的程序设计，将大的问题逐步细化，分解为主程序模块和多个子程序模块，主程序模块可以调用子程序模块。每个模块都是具有独立功能的程序，可以单独编写和调试，可以相互调用。模块化的程序设计，简化了编写和调试，提高了程序的可读性，有利于程序的后期维护。

在 Visual FoxPro 中，子程序模块可以是程序文件、过程 PROCEDURE 或者函数。

6.7.1 子程序文件

在 Visual FoxPro 中，可以编写一个主程序文件和多个子程序文件，主程序文件可以调用子程序文件，子程序之间也可以相互调用。主调用程序可以使用以下命令调用子程序文件：

```
DO <子程序文件名>
```

说明：

被调用的子程序，可以通过命令 RETURN，返回到主调用程序本次调用的位置。

【例 6.31】主程序调用子程序举例。

编写子程序文件 eg631_print.prg，代码如下：

```
?"------------------------"
?"这里正在执行子程序"
?"------------------------"
RETURN   &&返回主调用程序
```

编写主程序 eg631.prg，代码如下：

```
CLEAR
?"开始调用子程序"
DO  eg631_print.prg    &&调用子程序
?"结束调用子程序"
RETURN
```

运行主程序 eg631.prg 时，将调用子程序 eg631_print.prg，程序的运行结果如图 6-57 所示。

```
开始调用子程序
------------------------
这里正在执行子程序
------------------------
结束调用子程序
```

图 6-57　主程序调用子程序

6.7.2　过程

过程是能实现特定功能的命令集合，它可以被调用，在 Visual FoxPro 中用于实现模块化的程序设计。

1. 过程的书写格式

过程的命令格式如下：

```
PROCEDURE <过程名>
    [PARAMETERS <形参表>]
    <语句序列>
     [RETURN|TO MASTER]
ENDPROC
```

2. 过程的调用

过程调用的格式为：

```
DO  <过程名>  [WITH <实参表>]
```

说明：

（1）如果过程带有参数，则应根据<形参表>给出对应的<实参表>。

（2）如果过程不带参数，则只需要“DO　<过程名>”即可。

3. 文件的建立和保存

过程文件保存位置有两种：

（1）一个或者多个过程可以与主程序在同一个文件中，位于主程序的后面。此时过程可以直接被调用。

（2）一个或者多个过程单独编写在独立文件中，与主程序不在同一个文件中。

当过程和主调用程序不在同一文件时，在调用之前，需要先打开过程所在的过程文件，命令格式为：

```
SET PROCEDURE TO [<过程文件名列表>] [ADDITIVE]
```

（1）<过程文件名列表>可以指定一个或则多个过程文件名。

（2）[ADDITIVE]选项如果没有，则在打开过程文件时，关闭原先打开的过程文件。

过程文件使用完后，还应该关闭过程文件，命令两种：

（1）SET PROCEDURE TO

（2）CLOSE PROCEDURE

【例 6.32】主程序和过程在同一文件中。

编写程序 eg632.prg，代码如下：

```
CLEAR
?"--------------------"
DO  p1                                  &&调用过程 p1
DO  p2                                  &&调用过程 p2
?"--------------------"
RETURN
PROCEDURE P1
?"我爱学编程"
    RETURN                              &&之间返回主调用函数
    ?"我爱学数学"
    RETURN
ENDPROC
PROCEDURE P2
    ?"我爱 Visual FoxPro"
    RETURN
ENDPROC
```

程序的运行结果如图 6-58 所示。因为 RETURN 语句直接返回主调用程序，语句“?"我爱学数学"”未执行。

```
--------------------
我爱学编程
我爱Visual Foxpro
--------------------
```

图 6-58 调用程序

【例 6.33】主程序和过程不在同一文件中。

编写程序 eg633.prg，代码如下：

```
CLEAR
SET PROCEDURE TO eg0633_proc.prg &&打开过程文件
?"--------------------"
DO  p1                          &&调用过程 p1
DO  p2                          &&调用过程 p2
?"--------------------"
SET PROCEDURE TO                &&关闭过程文件
RETURN
```

编写程序 eg633_proc.prg，代码如下：

```
PROCEDURE P1
    ?"我爱学编程"
    RETURN                          &&之间返回主调用函数
ENDPROC
PROCEDURE P2
    ?"我爱 Visual FoxPro"
    RETURN
ENDPROC
```

程序的运行结果如图 6-59 所示。

```
我爱学编程
我爱Visual Foxpro
```

图 6-59　调用程序

4. 过程的参数传递

如果定义过程时指定了形参，那么在调用时必须给出实参。

说明：

（1）多个实参之间用“,”隔开。实参个数不能多于形参。如果实参个数少于形参，那么剩余的形参的默认值为.F.。

（2）实参可以是常量、变量或者表达式。

（3）当实参是常量或表达式时，将值传递给对应的形参。

（4）当实参是变量时，将实参的地址传递给形参，此时改变形参的值，也将同时改变实参变量的值。

【例 6.34】编写过程 triangle，其功能是计算三角形的面积。在主程序中输入三角形 3 条边长，调用过程 triangle 求三角形面积。

编写以下代码，程序的运行结果如图 6-60 所示。

```
CLEAR
input "三角形边长 a:" to a
input "三角形边长 b:" to b
input "三角形边长 c:" to c
s=0
DO triangle WITH a,b,c,s             &&实参为变量
?"三角形的面积为",s
DO triangle WITH a*2,b*2,c*2,s       &&实参为表达式
?"三角形的面积为",s
DO triangle WITH 4,5,6,s             &&实参为常量
?"三角形的面积为",s
RETURN

PROCEDURE triangle
    PARAMETERS a,b,c,area            &&形参
    s=(a+b+c)/2
    area=SQRT(s*(s-a)*(s-b)*(s-c))
    RETURN
ENDPROC
```

```
三角形边长a:3

三角形边长b:4

三角形边长c:5

三角形的面积为         6.000000000000000
三角形的面积为        24.000000000000000
三角形的面积为         9.921567416492215O
```

图 6-60　三角形面积

6.7.3　自定义函数

本书已经介绍了很多 Visual FoxPro 的系统函数如 SQRT()、ABS()、STR()等，可以在程序中调用。编程人员也可以自定义函数，自定义函数与定义过程很相似，不同之处就是它可以通过 RETURN 命令返回值。

1．函数的书写格式

```
FUNCTION <函数名>
    [PARAMETERS <形参表>]
    <语句序列>
    [RETURN [表达式]]
ENDFUNC
```

说明：[RETURN [表达式]]返回主调用程序，并将[表达式]取值作为函数的返回值；如果省略[表达式]，则函数的值为.T.。

2．函数的调用

函数调用的命令格式：

```
函数名([实参表])
```

说明：实参和形参的传递关系与过程 PROCEDURE 相同。

【例 6.35】 编写函数 fac()，其功能是计算参数 n 的阶乘，在主程序中调用函数 fac()，计算 $\sum_{n=1}^{m} n! = 1!+2!+\cdots+m!$。

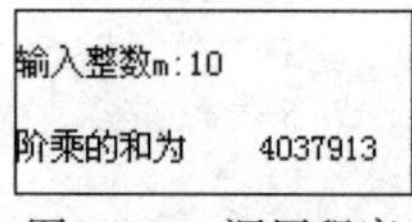

图 6-61　调用程序

编写以下代码，程序的运行结果如图 6-61 所示。

```
CLEAR
input "输入整数m:" to m
s=0
FOR i=1 TO m
    s=s+fac(i)      &&调用函数
ENDFOR
?"阶乘的和为",s
RETURN

FUNCTION fac
    PARAMETERS n    &&形参
    p=1
    FOR i=1 TO n
```

```
        p=p*i
    ENDFOR
    RETURN p          &&函数返回值
ENDFUNC
```

6.7.4 变量的作用域

变量的作用域指的是变量在什么范围内有效。在 Visual FoxPro 中，变量的作用域包括全局变量、局部变量、私有变量和变量的隐藏。

1. 全局变量

在程序的任何模块中都可以使用的变量称为全局变量，也称为公共变量。全局变量必须先定义后使用。建立全局变量有两种方法：

（1）在命令窗口中直接建立，例如：a=123。

（2）在程序中使用 PUBLIC 命令创建，格式如下：

```
PUBLIC  <内存变量表>
```

说明：

① 可以一次定义多个变量，变量名之间用“,”隔开。变量定义后的默认初值为.F.。

② 全局变量建立后，将一直存在，程序结束后也不会消失，直到退出 Visual FoxPro。可以使用 CLEAR MEMORY 或者 RELEASE 命令来清除全局变量。

【例 6.36】全局变量举例。

（1）在命令窗口运行以下命令：

```
x=123              &&在命令窗口定义全局变量 x
y="程序设计"       &&定义全局变量 y
?x,y
```

（2）编写程序 eg636.prg，代码如下：

```
PUBLIC a,b         &&程序中定义全局变量 a、b
a=123
b="Visual FoxPro"
?a,b
?x,y               &&调用全局变量 x,y
DO p1
PROCEDURE p1
?a,b               &&调用全局变量 a,b
?x,y               &&调用全局变量 x,y
ENDPROC
```

（3）在运行程序 eg636.prg 后，建立了全局变量 a 和 b。在命令窗口运行以下命令，可以调用全局变量 a 和 b。

```
?a,b               &&调用全局变量 a 和 b
```

（4）使用 CLEAR MEMORY 命令，清除所有的全局变量。

2. 局部变量

只能在建立它的模块中使用而不能被其他模块使用的变量称为局部变量。可以使用

LOCAL 命令创建局部变量，格式为：

```
LOCAL <变量表>
```

说明：

（1）一次定义多个局部变量，变量名用“,”隔开。

（2）局部变量在定义它的程序中有效，程序运行完毕，局部变量自动释放。

3. 私有变量

在程序中直接建立的变量称为私有变量，它的作用域是本模块以及其调用的下属各层模块。

【例 6.37】局部变量和私有变量举例。

编写程序 eg637.prg，运行并分析其错误提示和结果。

```
CLEAR
PUBLIC a,b       &&程序中定义全局变量 a、b
a=12
b=34
LOCAL c          &&局部变量
c=78
d=90             &&私有变量
?a,b,c,d         &&a,b,c,d 都可以调用
DO p1
DO p2
?x,y             &&报错，调用过程 p1 的私有变量
RETURN
PROCEDURE p1
   LOCAL x,y     &&局部变量 x,y，作用域为本过程
   m=4           &&私有变量，只在本过程及下层过程有效
   ?a,b          &&成功，调用全局变量 a、b
   ?c            &&报错，调用主程序的局部变量 c
   ?d            &&成功，调用主程序的私有变量 d
   ?m            &&成功
ENDPROC
PROCEDURE p2
   ?x,y          &&报错
   ?m            &&报错
   ?d            &&成功
ENDPROC
```

4. 隐藏变量

使用 PRIVATE 命令隐藏变量，使得变量在当前模块及其下级模块中失效，当程序返回上一级模块时，被隐藏的模块自动恢复有效性。PRIVATE 命令有两种格式：

（1）PRIVATE <内存变量表>

（2）PRIVATE ALL [LIKE <通配符>|EXCEPT <通配符>]

【例 6.38】隐藏变量举例。

编写程序 eg638.prg，运行并分析其错误提示和结果。

```
CLEAR
```

```
PUBLIC a          &&定义全局变量 a
a=12
b=34              &&私有变量 b
?a,b              &&成功
PRIVATE a,b       &&隐藏 a,b
?a,b              &&报错，a,b 被隐藏
DO p1
RETURN
PROCEDURE p1
   ?a,b           &&报错，a,b 被隐藏
   c=1234
   ?c  &&成功
   PRIVATE c
   ?c             &&报错，c 被隐藏
ENDPROC
```

习　　题

一、单项选择题

1. 在 Visual FoxPro 中，程序文件的扩展名是（　　）。
   A. .dbf　　B. .prg　　C. .dbc　　D. .scx
2. 在 Visual FoxPro 中，用于建立程序文件 p1 的命令是（　　）。
   A. Do p1　　B. MODIFY p1
   C. MODIFY COMMAND p1　　D. EDIT COMMAND p1
3. 在 Visual FoxPro 中，能运行程序文件 p1 的命令是（　　）。
   A. Do p1　　B. MODIFY p1
   C. MODIFY COMMAND p1　　D. EDIT COMMAND p1
4. 以下关于 INPUT 命令的说法中正确的是（　　）。
   A. 不接受字符型　　B. 不接受日期型
   C. 可以接受数值型　　D. 不接受逻辑型
5. 以下关于 ACCEPT 命令的说法中正确的是（　　）。
   A. 只接受字符型　　B. 只接受日期型　　C. 只接受数值型　　D. 只接受备注型
6. 以下关于 WAIT 命令的说法中错误的是（　　）。
   A. 暂停程序的执行　　B. 等待一段时间可以自动返回程序执行
   C. 用户按任意键可以返回程序执行　　D. 不能将输入的字符存入变量
7. 在 Visual FoxPro 中，能够将文本原样输出的是（　　）。
   A. ?　　B. ??　　C. TEXT　ENDTEXT　　D. OUTPUT
8. 以下关于格式化输入命令@...GET 的说法中错误的是（　　）。
   A. 可以指定输入框的默认值　　B. 可以设置输入框的高度和宽度
   C. 设置输入数据的范围　　D. 不能设置输入数据的有效性条件
9. 以下选项中（　　）不是正确的注释语句。
   A. && 注释 1　　B. * 注释 1　　C. NOTE 注释 1　　D. ?注释 1

10. 能够打开调试器窗口的命令是（　　）。

A. DEBUG　　B. DO　　C. MODIFY　　D. RETURN

11. 在调试器窗口，用于显示模块变量取值的窗口是（　　）。

A. 跟踪窗口　　B. 监视窗口　　C. 局部窗口　　D. 调用堆栈窗口

12. 在调试器窗口，单步跟踪执行下一行程序代码的快捷键是（　　）。

A. F7　　B. Shift+F7　　C. F8　　D. F1

13. 以下选项中，能够中断程序的执行，返回命令窗口的是（　　）。

A. CLEAR　　B. CANCEL　　C. QUIT　　D. SUSPEND

14. 以下选项中，能够清空主窗口显示结果的是（　　）。

A. CLEAR　　B. CANCEL　　C. QUIT　　D. CLOSE

15. 程序设计的三种基本结构不包括（　　）。

A. 顺序　　B. 选择　　C. 循环　　D. 跳转

16. 在 Visual FoxPro 中，不能配对使用的是（　　）。

A. IF—ENDIF　　B. DO CASE—ENDDO

C. DO WHILE—ENDDO　　D. FOR—ENDFOR

17. 在 Visual FoxPro 中，以下关于 DO CASE…ENDCASE 的说法中错误的是（　　）。

A. 不管有几个条件为真，只有最前边为真的分支才运行

B. 一个 DO CASE…ENDCASE 中只可以有一个 OTHERWISE 分支

C. 如果所有条件都不成立，才执行 OTHERWISE 的分支

D. 一个 DO CASE…ENDCASE 中，条件为真的分支都会执行

18. 在 Visual FoxPro 中，以下关于 DO WHILE…ENDDO 的说法中错误的是（　　）。

A. LOOP 语句直接转到 DO WHILE 处重新判断条件

B. EXIT 语句直接跳出循环，继续执行 ENDDO 后边的语句

C. DO WHILE 后边的条件为真时，继续执行循环体内的语句

D. DO WHILE 循环先执行循环体，后判断条件

19. 以下关于 SCAN…ENDSCAN 语句的说法中错误的是（　　）。

A. SCAN 语句用于扫描表的记录

B. FOR 条件指定循环扫描符合条件的记录

C. WHILE 条件指的是找到第 1 条不符合条件的记录循环就结束

D. SCAN 语句中不能包括 EXIT 命令

20. SCAN…ENDSCAN 语句通过（　　）控制循环。

A. SKIP　　B. CONTINUE　　C. LOOP　　D. 记录指针

21. 以下关于 FOR…ENDFOR 循环语句的说法中错误的是（　　）。

A. 步长为正，当循环变量<=终值时执行循环

B. 步长为负，当循环变量>=终值时执行循环

C. 可以在循环体中改变循环体变量的值

D. 循环初值必须比终值小

22. 在过程中，可以使用（　　）返回上层调用它的程序。

A. RETURN　　B. EXIT　　C. QUIT　　D. CLOSE

23. 调用过程 PROCEDURE proc1 PARAMETERS x1,x2 的语句是（　　）。

A. DO proc1 WITH 3,4　　B. DO proc1 (3,4)

C. DO proc1　3,4　　D. proc1 WITH 3,4

24. 在函数 FUNCTION f1 PARAMETERS x1 中，函数的返回值通过（　　）获得。

A. RETURN <函数值>　　B. 函数名=<函数值>

C. x1=<函数值>　　D. FUNCTION=<函数值>

25. 调用函数 FUNCTION f1 PARAMETERS x1,x2 时，可以使用（　　）语句获得函数返回值。

A. y=f1(3,4)　　B. y=f1 WITH 3,4　　C. y= f1 3,4　　D. DO f1(3,4) TO y

26. 在所有模块中都可以使用的变量是（　　）。

A. 局部变量　　B. 私有变量　　C. 本地变量　　D. 全局变量

27. 只能在定义的过程中使用的变量是（　　）。

A. 局部变量　　B. 私有变量　　C. 本地变量　　D. 全局变量

28. 在程序中直接定义的变量，能被本程序以及下级模块调用的变量是（　　）。

A. 局部变量　　B. 私有变量　　C. 本地变量　　D. 全局变量

29. 在命令窗口中建立的变量是（　　）。

A. 局部变量　　B. 私有变量　　C. 本地变量　　D. 全局变量

30. 以下语句中能够定义局部变量 x 和 y 的是（　　）。

A. LOCAL x,y　　B. PUBLIC x,y　　C. PRIVATE x,y　　D. GLOBAL x,y

二、填空题

1. 运行程序文件 p1.prg 的命令是________。

2. ACCEPT 命令只能接受________数据，INPUT 命令输入字符型、逻辑型和________型数据需要加定界符，输入________型数据不加定界符。

3. 屏幕输出的命令________换行，屏幕输出的命令________不换行。

4. 程序设计的三种基本结构包括________、________和________。

5. 程序中不符合语法规定的错误称为________，程序的算法设计和处理逻辑的错误称为________。

6. 使用参数 a 和 b 调用过程 PROCEDURE proc1 PARAMETERS x,y 的语句是________。

7. 使用参数 a 和 b 调用函数 FUNCTION fun1 PARAMETERS x,y，并将函数返回值赋给变量 z 的语句是________。

8. 在过程中定义局部变量 x 和 y 的语句是________，定义全局变量 x 和 y 的语句是________。

9. 按照变量的作用域，内存变量可以分为________、________和________。

10. 运行以下程序，输入 3 时的输出结果是________。

```
INPUT "请输入 x" TO x
y=x*x+2*x+1
?y
```

11. 以下程序输入学号，查询该生选修的课号、课名、课时、学分。请将程序补充完整。

```
ACCEPT "请输入学号" TO xh
SELECT kecheng.* FROM ________________ WHERE ________________
RETURN
```

12. 运行以下程序时，输入-3 的输出结果是________。

```
INPUT "请输入 x" To x
IF x>0
   y=x^2+2*x
ELSE
   y=x^2-2*x
ENDIF
?y
```

13. 运行以下程序时输入 3 和-3，输出结果是________。

```
INPUT "请输入 x" TO x
INPUT "请输入 y" TO y
DO CASE
CASE  x>0 AND y>0
   ?x*y
CASE   x<0 AND y<0
   ?-x*y
OTHERWISE
   ?x+y
ENDCASE
```

14. 以下程序，输入课名 km，查找该课程，如果找到则显示该课程的信息，否则显示未找到的提示信息。请将程序补充完整。

```
USE kecheng
ACCEPT "请输入课名" To km
LOCATE ____________________
IF ________________________
   DISPLAY
ELSE
   ?"没有找到该课程"
ENDIF
USE
```

15. 运行以下程序的输出结果是________。

```
sum=0
i=1
DO WHILE i<10
   sum=sum+i
   i=i+3
ENDDO
?sum
```

16. 运行以下程序的输出结果是________。

```
sum=0
i=1
```

```
DO WHILE i<10
   i=i+1
   IF i%2=0
       LOOP
   ENDIF
   sum=sum+i
ENDDO
?sum
```

17. 以下程序输入入学成绩 cj，使用 DO WHILE 循环查询所有入学成绩>=cj 的学生信息。请将程序补充完整。

```
USE xuesheng
INPUT "请输入入学成绩" to cj
DO WHILE ____________________
   IF ______________________
       DISPLAY
   ENDIF
   SKIP
ENDDO
USE
```

18. 运行以下程序的输出结果是________。

```
s=0
FOR i=1 TO 10
   s=s+i
   IF s>=5
       exit
   ENDIF
ENDFOR
?s
```

19. 以下程序计算 1*3*5*…*9，请将程序补充完整。

```
s=1
FOR ________________________
   s=s*i
ENDFOR
?s
```

20. 以下程序输入课号和成绩，统计 chengji 表中选修课程号=kh、成绩>=cj 的学生人数，请将程序补充完整。

```
USE chengji
ACCEPT "课号: " TO kh
INPUT "成绩: " TO cj
num=0
SCAN ________________________
    _________________________
    DISPLAY
ENDSCAN
```

```
?num
USE
```

21. 以下程序输入专业名称，统计 xuesheng 表中，该专业学生的平均入学成绩，请将程序补充完整。

```
USE xuesheng
ACCEPT "专业: " to zy
num=0
sum=0
SCAN
   ______________________
   num=num+1
   sum= ______________________
ENDIF
DISP
ENDSCAN
?sum/num
use
```

22. 运行以下程序的输出结果是________。

```
a=3
b=4
c=0
DO proc1 WITH a,b,c
?c
PROCEDURE proc1
   PARAMETERS x,y,z
   z=2*x*y
   RETURN
ENDPROC
```

23. 以下程序的功能是计算 3!/4!，请将程序补充完整。

```
a=3
b=4
c=______________________
?c
FUNCTION  func1
   ______________________
   s=1
   FOR i=1 TO n
      s=s*i
   ENDFOR
   ______________________
ENDFUNC
```

24. 运行以下程序的输出结果是________。

```
a=3
b=4
?a,b
DO proc1
```

```
?a,b
PROCEDURE proc1
   LOCAL b
   a=5
   b=6
   ?a,b
ENDPROC
```

三、简答题

1. 简述程序的优点。
2. 简述什么是语法错误，以及如何调试。
3. 简述什么是逻辑错误，以及如何调试。
4. 简述模块化程序设计的优点。

实　　验

实验目的

1. 掌握顺序、选择和循环结构的算法设计。
2. 掌握程序的设计和调试。
3. 掌握过程和函数的编写和调用。
4. 掌握使用调试器窗口调试程序。

实验内容

一、顺序结构程序设计

1. 设计算法编写程序，输入华氏温度 F，根据公式 $C=\dfrac{5}{9}(F-32)$ 计算并输出摄氏温度。

2. 设计算法编写程序，输入矩形的长和宽，计算并输出面积和周长。

3. 设计算法编写程序，输入两个点的坐标（x_1,y_1）和（x_2,y_2），计算并输出两点的距离。

4. 设计算法编写程序，输入一个五位整数，将它反向输出。例如输入 12345，输出 54321。

5. 编写程序，输入教师的姓名 xm，在 teacher 表中找到姓名为 xm 的教师的教师号、姓名、性别、出生日期、学院、职称、专业方向、工龄。

6. 编写程序，输入课程号 kh，在 kecheng 表中找到该课程，显示其课程号、课程名、课时、学分、校区。

7. 编写程序，输入专业 zy 和入学成绩 cj。使用 SELECT 语句查询 xuesheng 表中专业为 zy、入学成绩>=cj 的学生信息。

二、选择结构程序设计

1. 设计算法编写程序，输入 3 个数，求其最大值。

2. 设计算法编写程序，输入变量 x，计算以下分段函数的值（使用 IF…ELSE…ENDIF）。

$$f(x)=\begin{cases}x^2+2x+1 & x<0\\ x^2-2x+1 & 0<=x<10\\ 3x^2+1 & x>=10\end{cases}$$

3. 设计算法编写程序，输入变量 a 和 b，根据以下公式计算并输出 f(a,b)的值。

$$f(a,b)=\begin{cases}\log(a)+\log(b) & a>0,b>0\\ \cos(a)+\cos(b) & a>0,b<=0\\ \sin(a)+\sin(b) & a<=0\end{cases}$$

4. 设计算法编写程序，判断两位整数 m 是否守形数。守形数是指该数本身等于自身平方的低位数，例如 25 是守形数，因为 25^2=625，而 625 的低两位是 25。

5. 编写程序，输入课程号 kh，在 kecheng 表中查找该课程，如果找到，则显示其课程号、课程名、课时、学分、校区，如果未找到则显示提示信息。

6. 编写程序，输入教师的教师号 JSHH，在 teacher 表查找该教师，如果找到，则显示其教师号、姓名、性别、出生日期、学院、职称、专业方向、工龄，如果未找到，则显示提示信息。

7. 编写程序，输入专业 zy、性别 xb、入学成绩 cj，查找（使用 LOCATE 命令）专业为 zy、性别为 xb、入学成绩>=cj 的学生，如果找到显示（使用 DISPLAY）该生信息，否则显示未找到的提示信息。

8. 编写程序，输入学号 xh、课程号 kh，在 chengji 表中找到该生的该门课程的成绩，根据以下规则输出其分数等级（使用 DO CASE…ENDCASE）。

$$\text{等级}=\begin{cases}\text{优秀} & cj>=90\\ \text{良} & 80<=cj<90\\ \text{中} & 70<=cj<80\\ \text{及格} & 60<=cj<70\\ \text{不及格} & cj<60\end{cases}$$

三、循环结构程序设计

1. 设计算法编写程序，计算公式$\sum_{x=1}^{20}(2x^2+3x+1)$的值（使用 DO　WHILE　ENDDO）。

2. 设计算法编写程序，计算 $\pi=2\times\frac{2^2}{1\times3}\times\frac{4^2}{3\times5}\times\frac{6^2}{5\times7}\times\cdots\times\frac{(2n)^2}{(2n-1)\times(2n+1)}$，$n\leqslant1000$（使用 DO WHILE…ENDDO）。

3. 设计算法编写程序，显示 1～1000 中所有能同时被 4 和 6 整除的整数（使用 FOR…ENDFOR）。

4. 设计算法编写程序，找出所有的水仙花数。水仙花数是指一个三位数，其三个数位的立方和等于该数，如 $153=1^3+5^3+3^3$（使用 FOR　ENDFOR）。

5. 设计算法编写程序，求所有的两位守形数。守形数是指该数本身等于自身平方的低位数，例如 25 是守形数，因为 25^2=625，而 625 的低两位是 25（使用 FOR　ENDFOR）。

6. 设计算法编写程序求解搬砖问题：36 块砖 36 人搬，男一次搬 4 块，女一次搬 3 块，2 个小儿一次抬 1 块，要求 1 次搬完。问需男、女和小儿各多少人。

7. 设计算法编写程序，输出 1000 以内所有的勾股数。勾股数是满足 $x^2+y^2=z^2$ 的自然数。例如最小的勾股数是 3、4、5。（为了避免 3、4、5 和 4、3、5 这样的勾股数的重复，必须保持 $x<y<z$。）

8. 编写程序，输入专业 zy、生源地 syd，查找并显示 Xuesheng 表中所有专业为 zy、生源地为 syd 的尚未交费的学生信息，并统计人数（使用循环 DO WHILE 结合 IF 语句）。

9. 编写程序，输入学院 xy 和职称 zc，在 Teacher 表中查找并显示所有学院为 xy、职称为 zc 的教师信息，计算其平均工龄（使用循环 LOCATE　FOR、DO　WHILE、CONTINUE 语句）。

10. 编写程序，输入校区 xq，在 Kecheng 表中查找并显示所有校区为 xq 的课程信息，并统计课程数目（使用 SCAN 结合 IF 语句）。

11. 编写程序，输入学号 xh，在 Chengji 表中查找并显示学号为 xh 的学生选修的所有课程的信息，并统计该生的平均成绩。

四、过程与自定义函数

1. 编写过程 hello，其功能是输出“欢迎使用本程序！”。在主程序中 1000 次调用该过程。

2. 编写过程 Fun，带参数 r（圆半径）、s（圆面积）和 c（圆周长）。在主程序中，输入圆半径 r，调用 Fun 过程，在主程序中输出圆的面积、周长。

3. 编写函数 $f(x)$，其函数值是 $f(x)=\begin{cases} x^2+2x+1 & x<0 \\ x^2-2x+1 & x\geqslant 0 \end{cases}$。在主程序中输入 4 个变量 a、b、c、d，调用 $f(x)$ 计算 $\dfrac{f(a)+f(b)}{f(c)+f(d)}$。

4. 编写函数 $f(x)=2x^2+3x+1$。在主程序中，调用函数 $f(x)$ 计算 $f(1)+f(3)+f(5)+\cdots+f(101)$。

5. 编写函数 fac(n)，计算 $n!$。在主程序中输入 m 和 n，计算组合数 $C_m^n=\dfrac{m!}{n!\cdot(m-n)!}$。

6. 编写函数 fun()，参数为入学成绩 cj、性别 xb，统计 Xuesheng 表中性别为 xb、入学成绩>=cj 的人数。在主程序中输入入学成绩 cj、性别 xb，调用函数统计人数。

第7章

表单与控件

本章资源

面向对象程序设计以对象为核心，以事件为驱动，针对对象的不同事件执行不同代码，编程者直接面对可视化的程序界面，操作方便，编程效率高。本章介绍面向对象程序设计的基本概念，使用表单、基本控件编程等，使得读者能够掌握基本的面向对象编程技术。

7.1 类和对象

7.1.1 类和对象的概念

1．对象

在现实生活中，对象就是实体，一个实体就是一个对象，如具体的一辆汽车、一个气球、一部计算机等。

2．类

类是将多个对象共有的特征抽取出来形成的抽象模型。类是对象的抽象，而对象是类的实例。

例如汽车，并不是指某一辆汽车，而是指具有汽车特性的所有汽车的总称，相当于汽车类。而一辆具体的汽车，则是汽车类的一个对象。可以这样理解："类是抽象的，而对象是具体的"。

类包含了描述类的相关信息，包括属性、事件和方法。

（1）属性

属性是类的性质，用来描述和反映对象的特征。不同类的对象有不同的属性，同一类的不同对象的同一个属性可以有不同值。

例如，汽车类包括以下属性：颜色、排气量、长度、宽度、座位数和品牌等。

具体到一辆汽车，颜色为蓝色，排气量为1.59升；另一辆汽车颜色为红色，排气量为1.99升。

（2）方法

方法是类的动作或行为。例如，汽车类可以包括以下方法：开灯、加速、减速、前进、后退和刹车等。

（3）事件

事件是预先设置好的，可以被对象识别的动作。可以为事件编写相应代码，当事件发生时触发运行这段代码。例如，汽车类的事件：按下汽车钥匙的开锁键是一个事件，该事件触发代码为打开车锁；汽车的前车距过近作为事件，该事件触发的代码为汽车刹车。

类具有以下特性：

① 封装性：类的属性、方法和事件代码封装起来，程序员在使用时，只需要了解怎样使用不需要了解类的实现细节。

② 继承性：在编程中，可以基于父类派生出子类。类继承父类的所有属性、方法和事件，也可以创建自已特有的新的属性、方法和事件。

例如，基于汽车类派生出子类卡车，卡车类继承了汽车所有属性、方法和事件，还可以有自已独有的属性。

③ 多态性：不同的对象，接收到同一个消息时触发不同的动作。例如：在 Windows 中，用鼠标左键双击不同的图标，可能产生不同的动作。

7.1.2 Visual FoxPro 的类和对象

1. Visual FoxPro 的类和对象

在 Visual FoxPro 中，类可以由系统提供，主要包括表单、基本控件、容器类控件。容器类控件包括页面、单选按钮组、命令按钮组等。

表单控件工具栏中显示有标准控件类，如图 7-1 所示。用户在表单上放置一个控件就是创建该控件类的一个对象。在 Visual FoxPro 中类也可以由程序员自己设计。

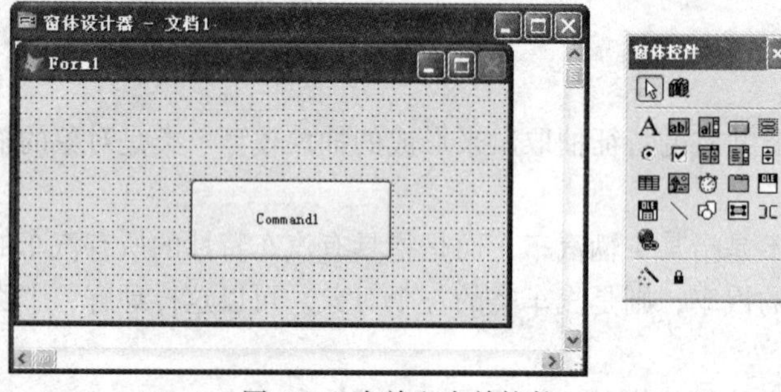

图 7-1 表单和表单控件

2. 属性

Visual FoxPro 程序中对象的常见属性有标题（Caption）、名称（Name）、字体（Font）等。绝大部分控件类都包括一些公共属性，如表 7-1 所示。

表 7-1 控件的公共属性

属性名	说明
Name	控件的名称
Caption	控件的标题栏显示的文字
Height	控件的高
Width	控件的宽

续表

属 性 名	说 明
Top	控件左上角距离容器顶部的距离
Left	控件左上角距离容器左边的距离
Enabled	控件是否可以使用。.T.—可用，.F.—不可用
Visible	控件是否显示。.T.—显示，.F.—隐藏
FontName	控件中输出字符的字体
ForeSize	控件中输出字符的大小
ForeColor	控件的前景颜色
BackColor	控件的背景颜色
MousePointer	设置当鼠标移动到控件上时，显示的鼠标指针类型
Alignment	控件中文字的对齐方式，包括左对齐、右对齐、居中
AutoSize	决定控件是否自动调整大小，以适应正文长度。.T.—自动调整，.F.—不自动调整
TabIndex	键盘按下【Tab】键时，焦点在各个控件中的移动顺序

在 Visual FoxPro 中，可以通过两种方法设置对象属性：

（1）在设计阶段，一个对象的某个属性的可取值，可以在属性窗口中找到。例如：命令按钮 Command1 的 Alignment 属性的可取值，如图 7-2 所示。

图 7-2 属性窗口

（2）在程序代码中，使用赋值语句设置。格式为：

```
对象名.属性名 = 属性值
```

例如：

```
ThisForm.Caption ="我爱 Visual FoxPro "    &&改变当前表单的标题
```

3. 方法

在 Visual FoxPro 中为对象提供了很多方法，供用户调用，它给编程带来了方便。对象方法的调用格式为：

```
对象名.方法名[ 参数列表 ]
```

例如：

```
ThisForm.Release                              &&释放当前的表单
```

4. 事件

在 Visual FoxPro 中，系统为每个对象预定义了一系列事件，例如单击（Click）、双击（DblClick）、鼠标移动（MouseMove）等。常用的事件如表 7-2 所示。

表 7-2 对象常用事件

事件名	说明
Click	鼠标单击。鼠标单击控件或表单时触发
DblClick	鼠标双击。鼠标双击控件或表单时触发
RightClick	鼠标右击。鼠标右键单击控件或表单时触发
MouseDown	鼠标按下。鼠标在控件或表单上按下时触发
MouseUp	松开鼠标。鼠标在控件或表单上按下后释放时触发
MouseMove	鼠标移动。鼠标在控件或表单上移动时触发
Init	初始化。创建对象时触发。表单对象的 Init 事件在 Load 事件之后被触发
Load	载入。表单载入内存时触发
Destroy	释放。对象从内存中释放时触发。表单对象的 Destroy 事件在 Unload 事件之前触发
Unload	卸载。表单从内存中卸载时触发
GotFocus	获取焦点。对象获得操作焦点时触发
LostFocus	失去焦点。对象失去操作焦点时触发

编程者可以为对象的某一事件编写相应代码，当该对象的这一事件发生时，触发运行这段代码。如图 7-3 所示，当单击 Command1 按钮时，触发对应的代码。

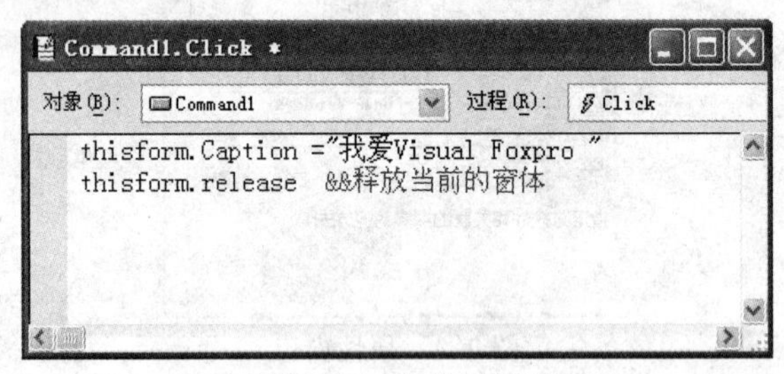

图 7-3 事件过程

7.2 表　单

表单 Form 是编程中经常使用的界面，主要用于实现人机交互，它既是一个对象，又是其他对象的容器，可以将其他控件绘制在表单上。表单保存为两个文件，一个是.scx（表单文件），另一个是.sct 文件（表单备注文件）。

1. 表单属性

表单除了常用的公共属性外，还包括一些特殊属性，如表 7-3 所示。

表 7-3 常 用 属 性

属 性 名	说 明
Picture	设置表单上显示的图片。默认属性为（None）
MaxButton	是否显示最大化按钮。.T.—显示，.F.—不显示
MinButton	是否显示最小化按钮。.T.—显示，.F.—不显示
ControlBox	表单右上角是否有控制按钮以及标题栏左侧是否有系统菜单。.T.—显示，.F. —不显示
Moveable	表单是否可以移动。.T.—可以移动，.F.—不可以移动
BorderStyle	表单边框的样式
Icon	表单显示的图标，图标文件为 Icon 或 Cur 文件
WindowState	表单的运行时状态。0—正常（Normal），1—最小化（Minimized），2—最大化（Maximized）

2. 事件

表单的事件比较多，常用的事件包括：Click（单击）、DblClick（双击）、MouseDown（鼠标按下）、MouseUp（释放鼠标）、Load（装入）和 Unload（卸载）等。

3. 方法

表单常用的方法如表 7-4 所示。

表 7-4 表单常用方法

方 法 名	说 明
Print	将文本输出在表单上。如果输出后要换行则应跟上 Chr(13)
Cls	清除通过代码输出到表单上的文字或图形
Show	显示表单
Refresh	刷新表单的输出，重新绘制表单
Release	从内存中释放表单
Hide	隐藏表单

4. 引用对象

在编程时，要操作一个对象，必须先引用对象。在 Visual FoxPro 中，可以通过容器的层次关系来引用对象。例如，假设表单集 FormSet 包含表单 Form1，Form1 中包含命令按钮 Command1，如图 7-4 所示。表单集是一个容器，其中可以包括多个表单。

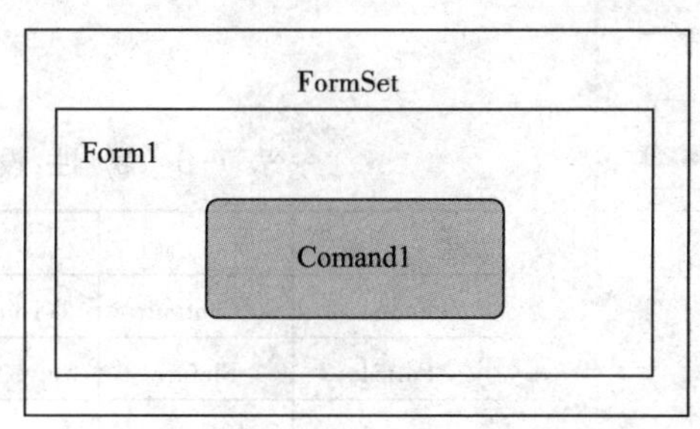

图 7-4 对象的层次关系

在引用对象时，经常使用的关键字如表 7-5 所示。

表 7-5 引用对象的关键字

关 键 字	说 明
Parent	当前对象的所在的父容器
This	当前对象
ThisForm	当前对象所在的表单
ThisFormSet	当前对象所在的表单集

引用对象有两种方法：

（1）绝对引用

通过完整的容器层次来引用对象，从最外层容器指导目标对象。例如：

```
thisFormSet.Form1.Command1.Caption="单击 1"
thisFormSet.Form1.Caption="测试 1"
```

（2）相对引用

以当前对象为参照访问其他对象。例如：加入当前对象为 Command1，那么

```
ThisForm.Caption="测试 2"           &&ThisForm 为 Command1 所在的表单
This.Caption="单击 2"               &&This 引用 Command1
This.Parent.Caption="测试 3"        &&This.Parent 为 Command1 所在的表单
```

5. 运行表单

有两种方法：

（1）选中表单，单击运行[!]按钮。

（2）在命令窗口运行命令：

```
DO  FORM 表单文件名
```

【例 7.1】 设计表单，完成以下要求：①表单有背景图片，标题为“Visual FoxPro 程序设计”；②表单载入时，弹出提示信息；③单击表单，在表单打印“这是一个表单！”；④双击表单时，清除文字。

设计步骤：

（1）执行“文件→新建”菜单命令，在“新建”对话框中选中“表单”单选按钮，单击“新建”按钮，打开表单设计器，将表单另存为 eg0701.scx。

（2）单击表单空白处选中表单，在属性窗口中，选中 Picture 属性，单击“打开”按钮，选中图片文件 Clouds.jpg，如图 7-5 所示。此时，表单背景为照片。其他属性设置如表 7-6 所示。

图 7-5 属性

表 7-6 属 性 设 置

对 象	属 性	取 值
Form1	Caption	"Visual Foxpro 程序设计"
Form1	Picture	"e:\数据库\clouds.jpg"
Form1	FontSize	15

（3）双击表单空白处，打开代码事件编辑窗口，编写 Form1.Load 事件过程代码，如图 7-6 所示。

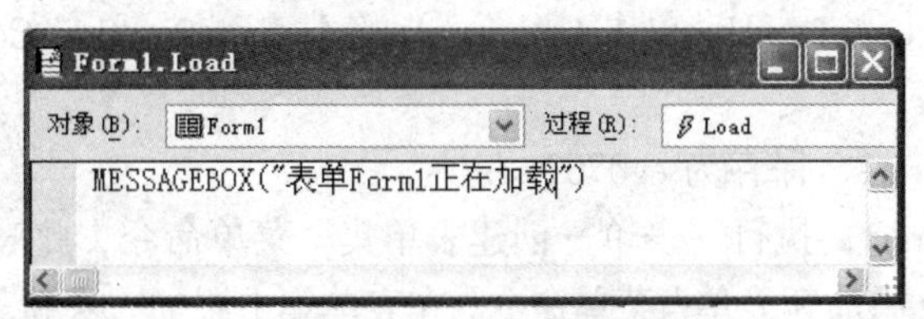

图 7-6　事件过程

（4）在代码事件窗口，选择 Unload 过程，编写 Form1.Unload 事件过程代码如下：

```
MESSAGEBOX("表单 Form1 正在卸载")
```

（5）在代码事件窗口，选择 Click 过程，编写 Form1. Click 事件过程代码如下：

```
ThisForm.Print("这是一个表单！"+Chr(13))
```

（6）在代码事件窗口，选择 DblClick 过程，编写 Form1. DblClick 事件过程代码如下：

```
ThisForm.Cls
```

（7）运行表单。在表单载入时将弹出图 7-7 所示对话框。表单显示后，单击表单，将打印文字，如图 7-8 所示。双击表单，打印的文字将被清除。

图 7-7　消息对话框

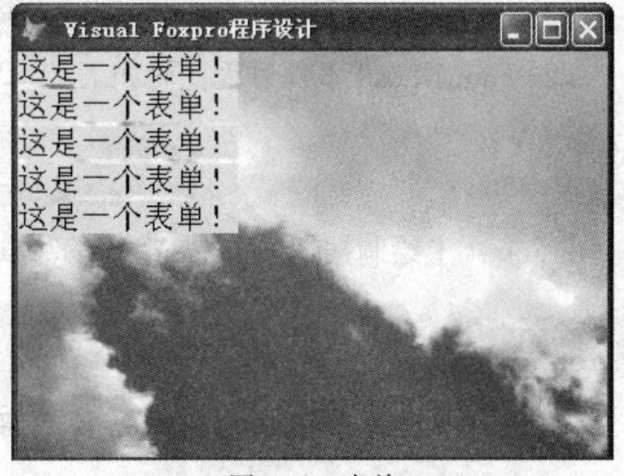

图 7-8　表单

7.3 基本控件

本节讲述 Visual FoxPro 中经常使用的基本控件。

7.3.1　命令按钮 Command

命令按钮 Command常用于触发某个事件代码。命令按钮的常用属性包括 Name、Caption、Enabled 等。在表单中绘制控件的方法是：

（1）单击表单工具栏中的命令按钮 Command。

（2）绘制命令按钮的两种方法：

① 在表单上空白处单击，将自动绘制一个命令按钮，默认名称为 Command1。

② 也可以在表单空白处按住鼠标左键不释放，向右下角拖动绘制命令按钮。

【例 7.2】设计两个表单 Form1 和 Form2，并创建表单集 ThisFormSet。在 Form1 上绘制 Command1 和 Command2，单击 Command1 打开 Form2，单击 Command2 显示全局变量 x 的值；在 Form2 上绘制 Command1，单击 Command1 隐藏 Form2，单击 Command2 显示全局变量 x 的值。

（1）新建表单 Form1，保存为 eg0702.scx。

（2）选中表单 Form1，执行“表单→创建表单集”菜单命令，此时 Form1 属于表单集。

（3）执行“表单→添加新表单”菜单命令，在表单集中添加一个新表单 Form2，如图 7-9 所示。

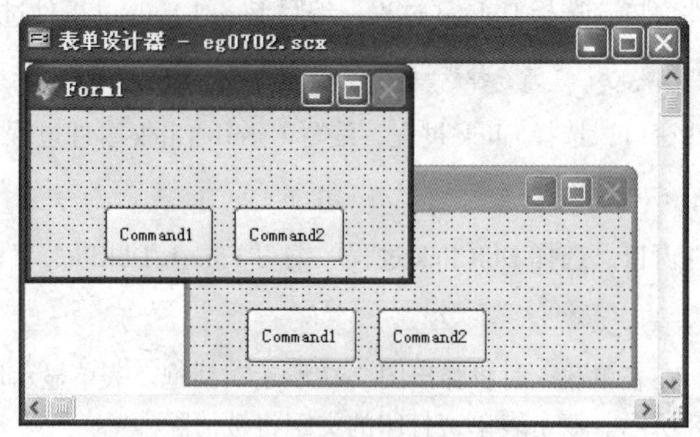

图 7-9　表单集

（4）编写 Form1.Load 事件过程代码如下：

```
PUBLIC x                    &&全局变量 x
x=123.456
```

（5）在 Form1 上绘制按钮 Command1，编写事件过程 Command1.Click 代码如下：

```
ThisFormSet.Form2.Caption="测试 2"
ThisFormSet.Form2.Show
```

（6）在 Form1 上绘制按钮 Command2，编写事件过程 Command2.Click 代码如下：

```
ThisForm.Print(x)           &&在 Form1 上显示 x
x=567.89                    &&改变全局变量的值
thisForm.Print(x)           &&在 Form1 上显示 x
```

（7）在 Form2 上绘制按钮 Command1，编写事件过程 Command1.Click 代码如下：

```
ThisFormSet.Form2.Hide
ThisFormSet.Form1.Show
```

（8）在 Form2 上绘制按钮 Command2，编写事件过程 Command2.Click 代码如下：

```
x=234.567
ThisForm.Print(x)           &&在 Form2 上显示 x
```

（9）运行表单时，单击 Form1 的 Command1 按钮，显示 Form2；单击 Form2 的 Command1 按钮，将隐藏 Form2，显示 Form1。

7.3.2 标签 Label

标签 Label A 主要用于在表单上显示说明性文字，或存放用户不能修改的字符。Label1 的常用属性有 Name、Caption、FontName、FontSize、FontBold、FontUnderline、ForeColor、BackColor 等。

【例 7.3】绘制标签 Label1 和命令按钮 Command1，编写事件过程改变标签的显示效果。

设计表单 Form1，保存为 eg0703.scx，编写事件过程 Command1.Click 的程序代码如下：

```
thisForm.Label1.AutoSize=.T.                    &&自动调整大小
thisForm.Label1.Caption="Visual FoxPro 程序设计"
thisForm.Label1.FontName="黑体"                 &&字体
thisForm.Label1.FontSize=20                     &&字号
thisForm.Label1.FontBold=.T.                    &&加粗
thisForm.Label1.FontUnderline=.T.               &&下画线
thisForm.Label1.FontItalic=.T.                  &&倾斜
thisForm.Label1.ForeColor=RGB(0,0,255)          &&文字颜色
```

表单运行的效果如图 7-10 所示。其中 ForeColor 属性使用 RGB(R,G,B)函数指定颜色。R、G 和 B 分别表示红色、绿色和蓝色，其取值范围是 0~255。

图 7-10 标签举例

7.3.3 文本框 TextBox

文本框 TextBox ab| 是文本编辑框，主要用于输入、编辑和显示文字内容。

文本框的常用属性如表 7-7 所示。

表 7-7 文本框属性

属性名	说明
Value	文本框的当前文本
ReadOnly	是否只读。.T.—只读不能写，.F.—可以写入
MaxLength	文本框允许输入正文的最大长度
SelStart	选定文本从第几个字符开始，第一个字符的位置为 0
SelLength	选定的文本长度
SelText	选定的文本
PasswordChar	指定输入的占位符号，常用于设置密码输入框。例如值为“*”，那么输入的所有字符都显示为*

文本框的事件 InteractiveChange：当文本框的内容发生改变时触发。

【例 7.4】设计表单，输入三角形的三条边长 a、b 和 c，计算并输出三角形的面积。

设计界面如图 7-11 所示，保存为 eg0704.scx 表单 Form1，界面上包括标签 Lable1、Lable2、Lable3、Lable4，文本框 Text_a、Text_b、Text_c、Text_Area，命令按钮 Command1 控件，这些对象的属性如表 7-8 所示。

表 7-8　控 件 属 性

对　象	属　性	取　值
Form1	Caption	"计算三角形面积"
Lable1	Caption	"a:"
Lable2	Caption	"b:"
Lable3	Caption	"c:"
Lable4	Caption	"面积："
Command1	Caption	"计算"
Lable1、Lable2、Lable3、Lable4	AutoSize	.T.
Lable1、Lable2、Lable3、Lable4	FontSize	20
Text_a、Text_b、Text_c	FontSize	12
Text_a、Text_b、Text_c	Maxlength	5

编写 Command1.Click 事件代码，程序的运行结果如图 7-12 所示。

```
a=VAL(thisForm.Text_a.value)
b=VAL(thisForm.Text_b.value)
c=VAL(thisForm.Text_c.value)
s=(a+b+c)/2                          &&周长一半
area=sqrt(s*(s-a)*(s-b)*(s-c))       &&面积
thisForm.Text_area.value=area
```

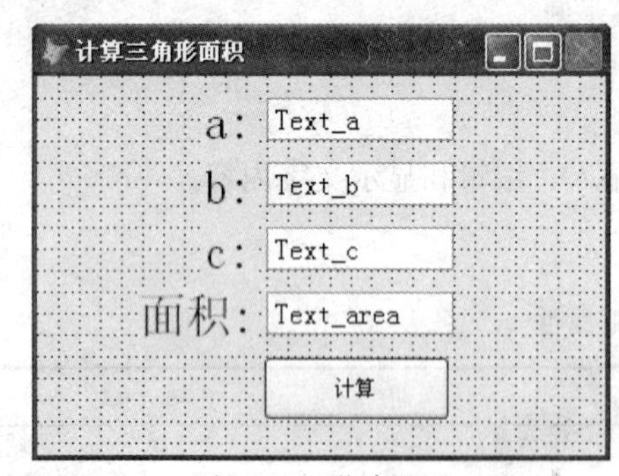

图 7-11　设计界面

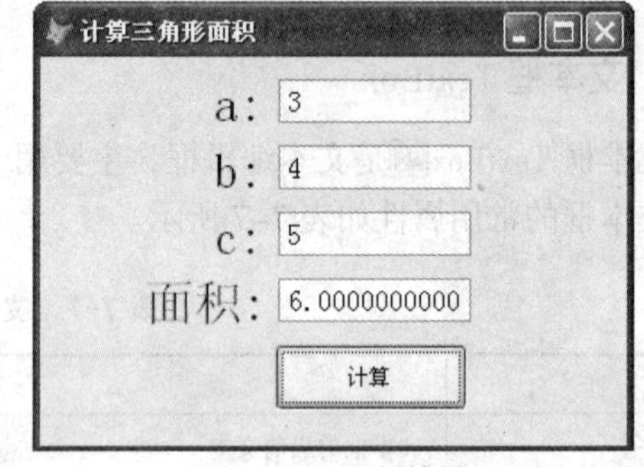

图 7-12　运行结果

【例 7.5】设计表单，输入用户名和密码，如果用户名="amin"且密码="123456"，那么提示登录成功，否则提示登录失败。

设计界面如图 7-13 所示，保存为 eg0705.scx。界面上的控件包括：文本框 Text_User、Text_Pwd（PasswordChar 属性为“*”），命令按钮 Command1。编写 Command1.Click 事件代码，程序的运行界面如图 7-14 所示。

```
userName=ThisForm.Text_User.Value
Pwd=ThisForm.Text_Pwd.Value
```

```
IF userName=="admin" AND Pwd=="123456"
   MESSAGEBOX("登录成功！")  &&弹出“登录成功”信息
ELSE
   MESSAGEBOX("登录失败！")  &&弹出“登录失败”信息
ENDIF
```

图 7-13　设计界面

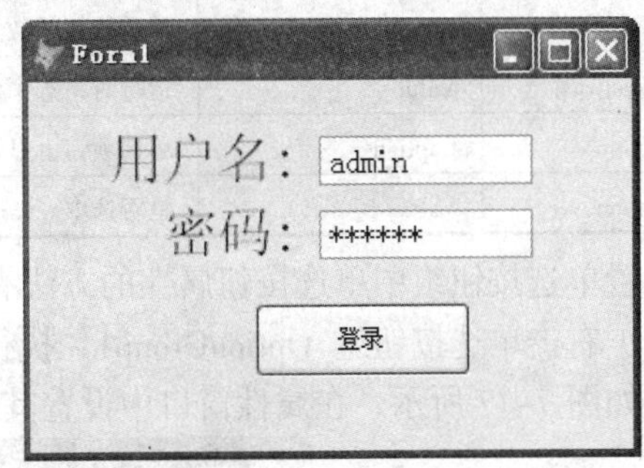

图 7-14　运行界面

7.3.4　编辑框 EditBox

编辑框 EditBox允许输入多行长文本，可以使用滚动条。在数据库编程时，经常用来处理备注型字段。

编辑框 EditBox 有一个常用属性 ScrollBars，其值为 0 时，没有滚动条，值为 2 时，有垂直滚动条。

编辑框 EditBox 的事件 InteractiveChange：当文本框的内容发生改变时触发。

【例 7.6】设计表单，当改变编辑框中的文本时，使其显示在标签中。

设计界面如图 7-15 所示，保存为 eg0706.scx。界面控件：编辑框 Edit1（ScrollBars=2, FontSize=12），标签 Label1（FontSize=12,BackColor=RGB(0,255,64)）。编写 Edit1.InteractiveChange 事件代码如下，程序的运行结果如图 7-16 示。

```
ThisForm.Label1.Caption=ThisForm.Edit1.Value
```

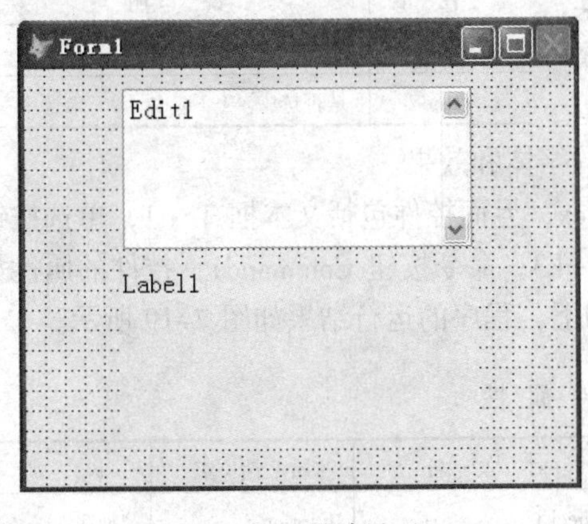

图 7-15　设计界面

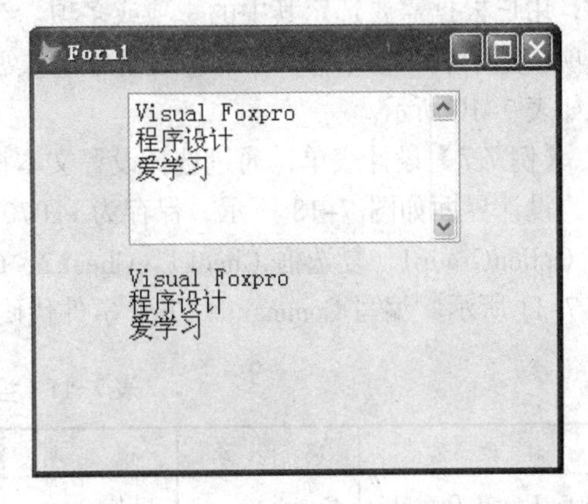

图 7-16　运行结果

7.3.5　单选按钮组 OptionGroup

单选按钮组 OptionGroup是包含若干单选按钮 Option 的一种容器，用于从多个选项中选择一个。单选按钮组的主要属性如表 7-9 所示。

表 7-9　单选按钮组属性

对 象 名	属 性 名	说 明
OptionGroup	ButtonCount	单选按钮的数目
OptionGroup	Value	运行时，选中的单选按钮编号，依次为 1、2、3、…
某个 Option	Caption	单选项钮上显示的文本
某个 Option	Value	是否选中。1—选中，0—未选中

设置单选按钮组中单选按钮属性的方法有两种：

（1）右击单选按钮组 OptionGroup1，执行快捷菜单中的“编辑”命令，选中一个单选按钮，如图 7-17 所示，在属性窗口中设置其属性。

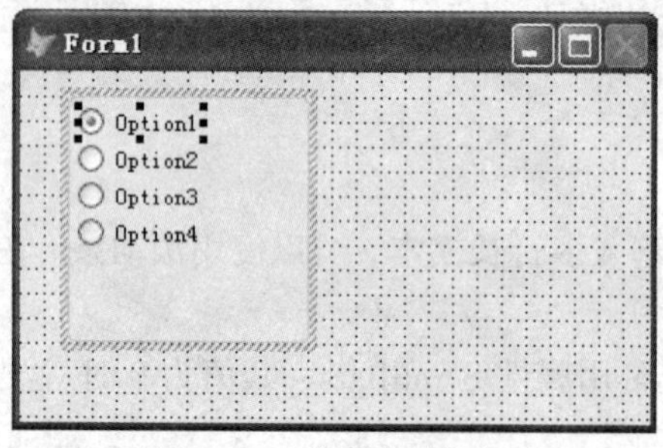

图 7-17　编辑单选按钮

（2）使用命令代码，例如：

```
ThisForm.OptionGroup1.Option1.Catpion="黑体"
```

7.3.6　复选框 CheckBox

复选框 CheckBox☑列出可供用户选择的选项，用户根据需要选定其中的一项或多项。当某一项被选中后，框中标“√”。复选框的主要属性如表 7-10 所示。

表 7-10　复选框属性

属 性 名	说 明
Caption	复选框显示的文本
Value	是否选中。1—选中，0—未选中

【例 7.7】设计表单，通过选择设置文本框的字体和效果。

设计界面如图 7-18 所示，保存为 eg0707.scx，界面控件包括文本框 Text1，单选按钮组 OptionGroup1、复选框 Check1、Check2、Check3，命令按钮 Command1，控件的属性如表 7-11 所示。编写 Command1.Click 事件代码如下，程序的运行结果如图 7-19 所示。

表 7-11　控 件 属 性

对 象 名	属 性 名	说 明	对 象 名	属 性 名	说 明
OptionGroup1. Option1	Caption	"宋体"	Check1	Caption	"加粗"
OptionGroup1. Option2	Caption	"隶书"	Check2	Caption	"斜体"
OptionGroup1. Option3	Caption	"黑体"	Check3	Caption	"下划线"
Command1	Caption	"修改"			

```
DO CASE                                     &&根据 optionGroup1 的值设置字体
   CASE thisForm.optionGroup1.Value=1
       ThisForm.Text1.FontName="宋体"
   CASE thisForm.optionGroup1.Value=2
       ThisForm.Text1.FontName="隶书"
   CASE thisForm.optionGroup1.Value=3
       ThisForm.Text1.FontName="黑体"
ENDCASE
IF ThisForm.Check1.Value=1      &&加粗
   ThisForm.Text1.FontBold=.T.
ELSE
   ThisForm.Text1.FontBold=.F.
ENDIF
IF ThisForm.Check2.Value=1      &&斜体
   ThisForm.Text1.FontItalic=.T.
ELSE
   ThisForm.Text1.FontItalic=.F.
ENDIF
IF thisForm.check3.Value=1      &&下画线
   ThisForm.Text1.FontUnderline=.T.
ELSE
   ThisForm.Text1.FontUnderline=.F.
ENDIF
```

图 7-18　设计界面

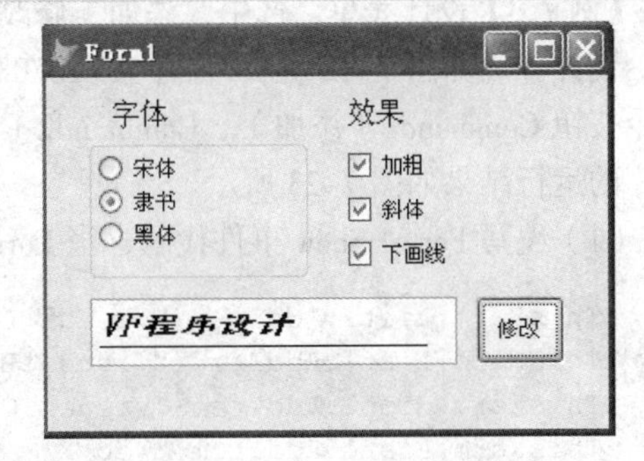

图 7-19　运行结果

7.3.7　列表框 ListBox

列表框 ListBox列出可选的选项列表，用户可以选择一个或多个选项，用户不能更改选项的内容。列表框常用属性如表 7-12 所示。

表 7-12　列表框常用属性

属 性 名	说　明	属 性 名	说　明
ColumnCount	列表框中列的数目	Sorted	列表框中项目是否按照字母顺序排列
ColumnLine	列之间是否需要分隔线	Value	列表框当前选中的项目的文本
ColumnWidths	各列的宽度	List	列表框的列表项目，例如 List(3)为第 3 项值
Selected	列表框中某个项目是否已经被选中	ListCount	列表框的选项总数
MultiSelect	列表框是否可以选择多个项目	ListIndex	列表框中当前选定项目的索引号

列表框常用方法如表 7-13 所示。

表 7-13　列表框常用方法

方　法	说　明
AddItem(文本)	项列表框添加一项
RemoveItem(x)	删除列表框的第 x 项
Clear	清空列表框的所有项

在设计阶段设置列表框的项目：

（1）右击列表框 List1，执行快捷菜单中的“生成器”命令，打开“列表框生成器”（List Box Builder）对话框，如图 7-20 所示。

（2）在“列表项”（1. List Items）选项卡中，选择“手动输入数据”（Data entered hand）选项，在下面的列中输入数据。表单运行时的界面如图 7-21 所示。

图 7-20　列表生成器

图 7-21　列表框

【例 7.8】设计表单，选中、添加、修改和删除列表框中的项目。

设计界面如图 7-22 所示，保存为 eg0708.scx，界面控件包括列表框 List1、文本框 Text1、命令按钮 Command1（添加）、Command2（删除）、Command3（修改）。编写以下代码，程序的运行结果如图 7-23 所示。

（1）编写 Form1.Show 事件代码，当 Form1 显示时增加项目。

```
ThisForm.List1.AddItem("Visual FoxPro")  &&增加项目
ThisForm.List1.AddItem("Visual Basic")
ThisForm.List1.AddItem("Visual C++")
ThisForm.List1.AddItem("Web 程序设计")
ThisForm.List1.AddItem("大学计算机基础")
```

（2）编写 Command1.Click 事件代码，单击按钮时增加项目。

```
ThisForm.List1.AddItem(ThisForm.Text1.Value )
ThisForm.Text1.Value=""
```

（3）编写 Command2.Click 事件代码，单击按钮时删除选中的项目。

```
ThisForm.List1.RemoveItem(ThisForm.List1.ListIndex)
```

（4）编写 Command3.Click 事件代码，单击按钮时修改选中项目的文本。

```
ThisForm.List1.List(ThisForm.List1.ListIndex)=ThisForm.Text1.Text
```

（5）编写 List1.Click 事件代码，选中 List1 的选项时，将结果显示在 Text1 中。

```
ThisForm.Text1.Value=ThisForm.List1.Value
```

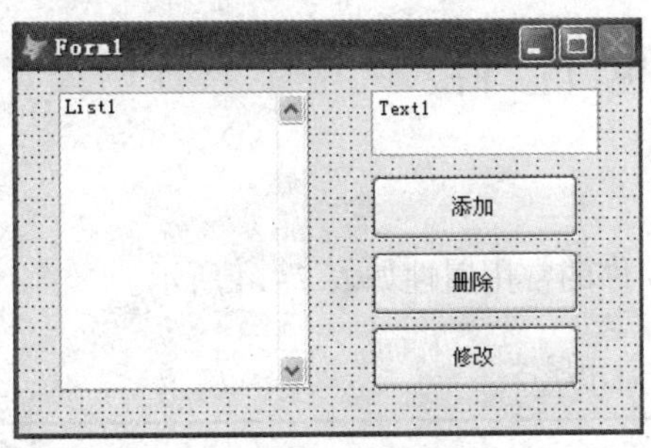

图 7-22 设计界面

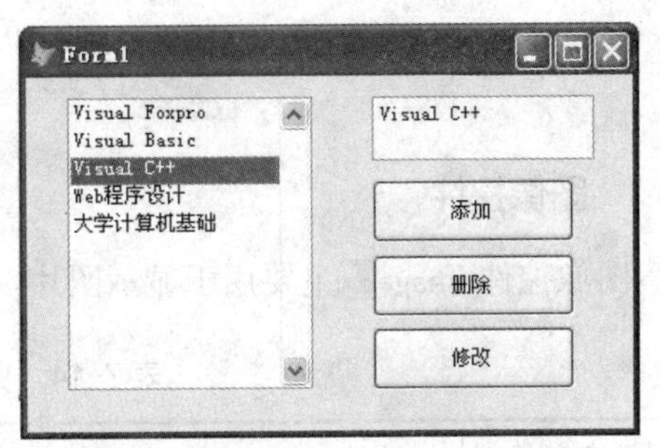

图 7-23 运行结果

7.3.8 组合框 ComboBox

组合框 ComboBox 能够显示选项，既可以像列表框一样选择项目，也可以输入文本。

组合框控件大部分属性与列表框相似，其 Style 属性较为特殊，用于设置组合框的外观，有两种取值：

（1）0-DropDown Combo（下拉式组合框）：默认值，显示一个文本框和一个下拉按钮。

（2）2-Dropdown ListBox（下拉式列表框）：功能与列表框类似，只能选择选项。

在设计阶段设置组合框中的项目：

右击组合框控件 Combo1，执行快捷菜单中的“生成器”命令，打开“组合框生成器”如图 7-24 所示，选择“手工输入数据”选项，并输入相应数据。

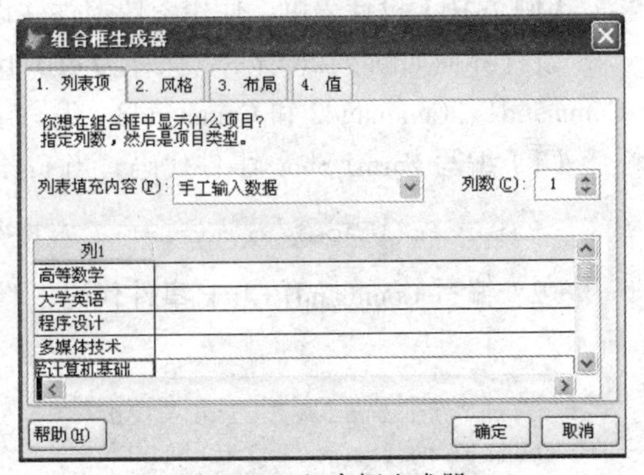

图 7-24 组合框生成器

【例 7.9】设计表单，选择组合框中的项目，显示在文本框中。

设计界面如图 7-25（a）所示，保存为 eg0709.scx，界面控件包括组合框 Combo1、文本框 Text1。

（1）在组合框生成器中设置组合框的项目。

（2）编写 Combo1.Click 事件代码，程序的运行结果如图 7-25（b）所示。

```
thisForm.text1.value=thisForm.Combo1.value
```

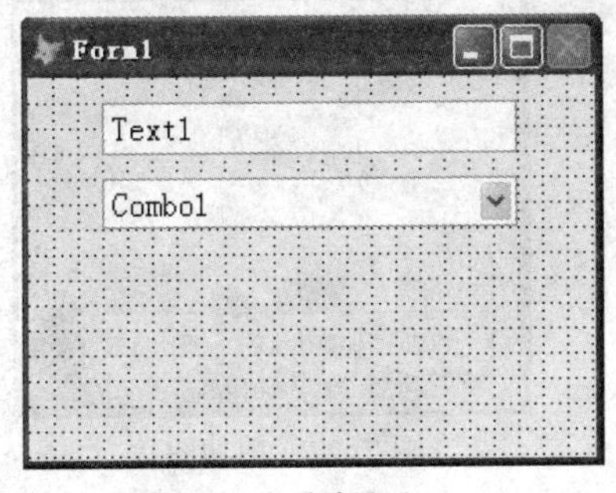

（a）设计界面

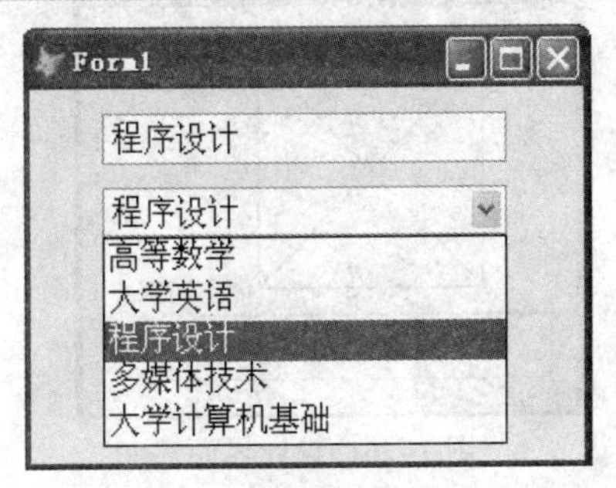

（b）运行结果

图 7-25 组合框控件举例

7.4 其他控件

7.4.1 图像控件

图像控件 Image主要用于显示图片。图像控件的常用属性如表 7-14 所示。

表 7-14 图像控件常用属性

属性名	说明
Picture	指定控件中要显示的图片
Stretch	指定按照比例调整图像控件的尺寸。 0—剪切，超出图像控件范围的不显示； 1—等比填充，保持图片的原有尺寸比例； 2—变比填充，调整图像的大小，使之与图像控件匹配

【例 7.10】设计表单，使用图像控件并设置其 Stretch 属性，观察其效果。

设计界面如图 7-26 所示，保存为 eg0710.scx，界面控件包括图像框 Image1，命令按钮 Command1、Command2 和 Command3。编写事件代码如下：

（1）编写 Form1.Show 事件代码，当 Form1 显示时显示图片。

```
ThisForm.Image1.Picture="E:\数据库\CLOUDS.JPG"
```

（2）编写 Command1.Click 事件代码，修改其 Stretch 属性为 0，其运行界面如图 7-27 所示。

```
thisForm.image1.height=100
thisForm.image1.width=100
thisForm.image1.stretch=0
```

（3）编写 Command2.Click 事件代码，修改其 Stretch 属性为 1，其运行界面如图 7-28 所示。

```
ThisForm.Image1.Height=100
ThisForm.Image1.Width=100
ThisForm.Image1.Stretch=1
```

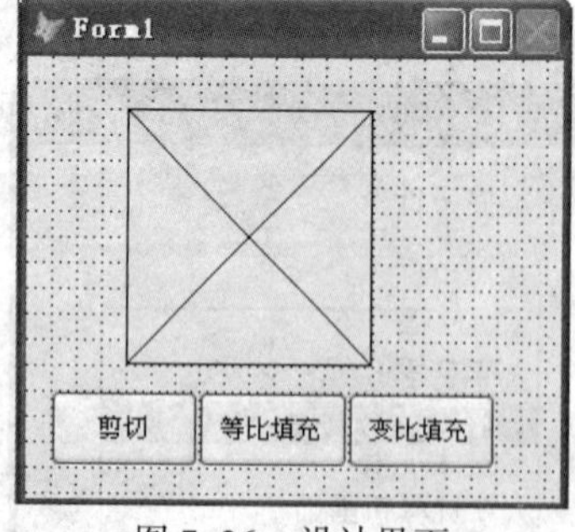

图 7-26 设计界面

图 7-27 剪切图片

（4）编写 Command3.Click 事件代码，修改其 Stretch 属性为 2，其运行界面如图 7-29 所示。

```
ThisForm.Image1.Height=100
ThisForm.Image1.Width=100
ThisForm.Image1.Stretch=2
```

图 7-28 等比填充

图 7-29 变比填充

7.4.2 OLE 绑定控件

OLE 绑定控件常用于在表单上显示与通用型字段有关的 OLE 对象。例如，OLE 绑定控件绑定 Xuesheng 表的通用型字段“照片”，可以在表单中显示照片。OLE 绑定控件的常用属性如表 7-15 所示。

表 7-15 OLE 绑定控件常用属性

属 性 名	说 明
ControlSource	指定绑定的表或者视图的字段
Stretch	指定按照比例调整图像控件的尺寸。 0—剪切，超出图像控件范围的不显示； 1—等比填充，OLE 对象原有尺寸等比例缩放； 2—变比填充，调整 OLE 对象的大小，与图像控件匹配

7.4.3 计时器控件 Timer

计时器 Timer 以一定的时间间隔触发计时器事件（Timer）而执行相应的程序代码。在程序运行时，Timer 控件不显示。计时器控件可以实现定时功能，如制作动画等。计时器控件的常用属性如表 7-16 所示。

表 7-16 计时器常用属性

属 性 名	说 明
Enabled	是否开始计时，触发 Timer 事件。.T. 一开始，.F. 一停止
Interval	触发 Timer 事件的时间间隔。以 ms（0.001s）为单位，介于 0～64 767 之间，最大的时间间隔约为 1 分

Timer 事件：Timer 控件到达预定的时间间隔（Interval）时触发 Timer 事件。

【例 7.11】利用计时器实现字体放大的动画。

设计界面如图 7-30 所示，保存为 eg0711.scx，界面控件包括标签 Label1。编写事件代码，程序的运行结果如图 7-31 所示，每隔 0.1 秒文字的大小放大 1.2 倍。

（1）编写 Form1.Show 事件代码，当 Form1 显示时显示图片。

```
ThisForm.Label1.Caption="文字"
ThisForm.Label1.AutoSize=.T.
ThisForm.Timer1.Interval=100              &&时间间隔 0.1 秒
ThisForm.Timer1.Enabled=.T.
```

（2）编写 Timer1.Timer 事件代码，当 Form1 显示时显示图片。

```
IF ThisForm.Label1.FontSize<80
   thisForm.Label1.FontSize=ThisForm.Label1.FontSize * 1.2
                                          &&每隔 0.1 秒钟字体扩大 1.2 倍
ELSE
   thisForm.Label1.FontSize = 10          &&字号>-80 时，字号恢复为 10
ENDIF
```

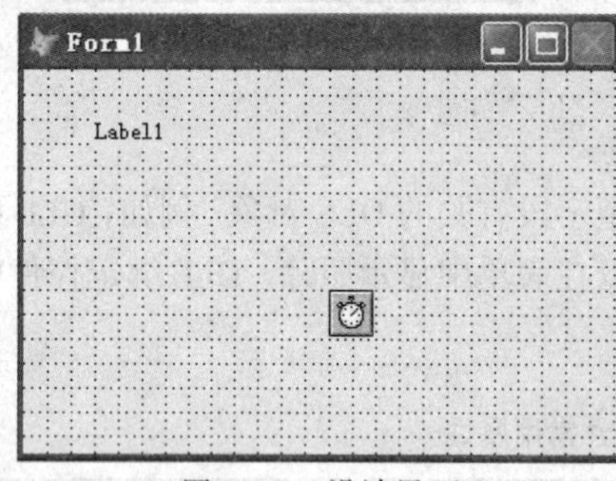

图 7-30　设计界面

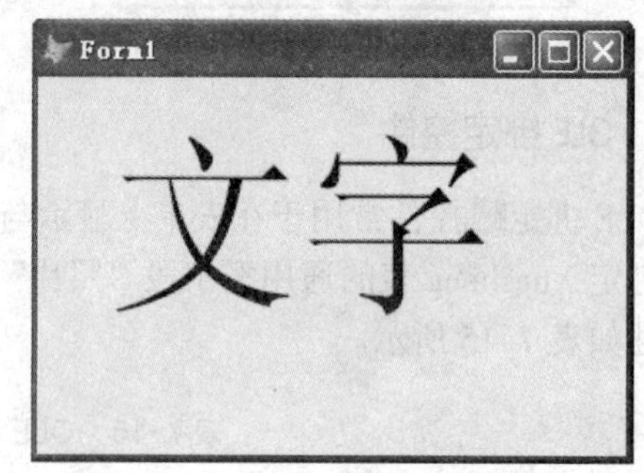

图 7-31　运行结果

7.4.4　微调按钮 Spinner

微调按钮 Spinner控件用于接收给定范围内的数值。微调按钮控件的常用属性如表 7-17 所示。

表 7-17　微调按钮常用属性

属 性 名	说　　明
Increment	单击上下箭头时增加或减少的值
KeyboardHighValue	允许输入的最大值
KeyboardLowValue	允许输入的最小值
SpinnerHighValue	通过单击上下箭头可以取得的最大值
SpinnerLowValue	通过单击上下箭头可以取得的最小值
Value	微调按钮的取值

【例 7.12】利用微调按钮调整文本字号。

设计界面如图 7-32 所示，保存为 eg0712.scx，界面控件包括标签 Label1、微调按钮 Spinner1。编写事件代码，运行时的界面如图 7-33 所示，文字的 Fontsize 随着微调按钮 Spinner1 取值的改变而改变。

（1）编写 Form1.Show 事件代码，当 Form1 显示时显示图片。

```
ThisForm.Label1.Caption="文字"
ThisForm.Label1.AutoSize=.T.
```

```
ThisForm.Spinner1.SpinnerLowValue=10
ThisForm.Spinner1.SpinnerHighValue=100
```

（2）编写 Spinner1.InterActiveChange 事件代码。

```
ThisForm.Label1.FontSize=ThisForm.Spinner1.Value
```

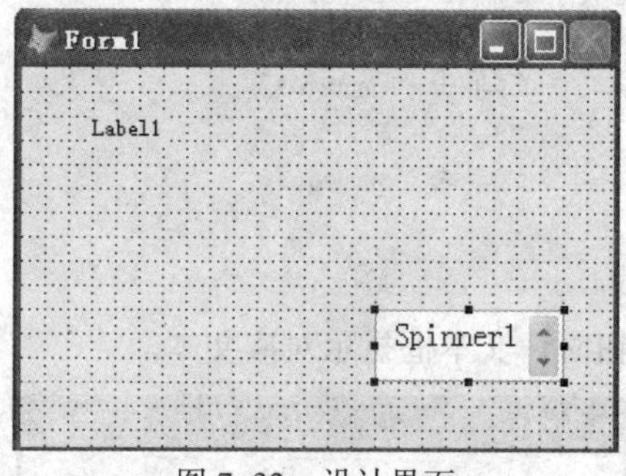

图 7-32　设计界面

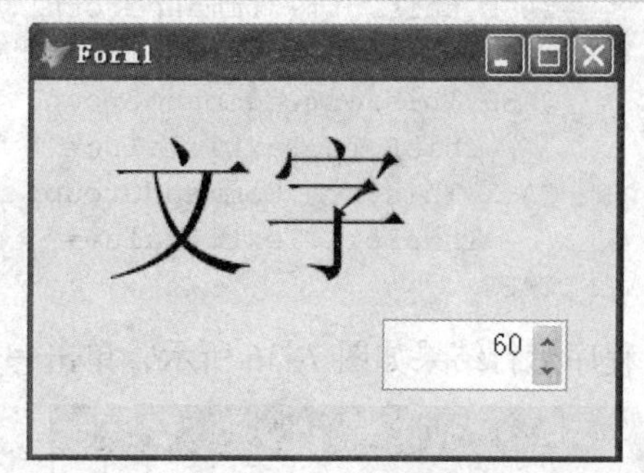

图 7-33　运行结果

7.4.5　命令按钮组 CommandGroup

命令按钮组 CommandGroup 是包括多个命令按钮的容器，常用来实现多个功能相似的按钮。命令按钮组控件的常用属性如表 7-18 所示。

表 7-18　命令按钮组属性

对　象　名	属　性　名	说　　明
CommandGroup	ButtonCount	按钮的数目，默认值为 2
CommandGroup	Value	单击时，选中的按钮编号，依次为 1、2、3、…
某个 Command	Caption	项钮上显示的文本

设置命令按钮组的方法有：

（1）右击命令按钮组 CommandGroup1，执行快捷菜单中的“编辑”命令，选中一个命令按钮，如图 7-34 所示，在属性窗口中设置其属性。

（2）使用命令代码：

```
ThisForm.CommandGroup1.Command2.Catpion="删除"
```

命令按钮组事件代码编写的方法有：

（1）在图 7-34 所示的编辑状态，双击某个按钮，可以单独为为这个按钮编写事件代码，如 Command2.Click。

（2）直接双击命令按钮组，为整个命令按钮组编写事件代码，如 CommandGroup1.Click。此时可以通过 ThisForm.CommandGroup1.Value 区分单击了哪个按钮。

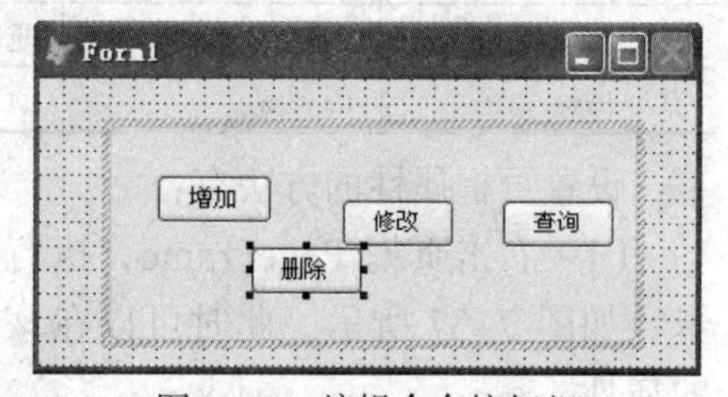

图 7-34　编辑命令按钮组

【例 7.13】设计表单，单击命令按钮组中的按钮，文本框中显示不同的信息。

设计界面如图 7-35 所示，保存为 eg0713.scx，界面控件包括命令按钮组 CommandGroup1（ButtonCount=4，其中包括 4 个命令按钮），文本框 Text1。编写 CommandGroup1.Click 事

件代码：

```
DO CASE
   CASE ThisForm.CommandGroup1.Value=1   &&单击 Command1
       ThisForm.Text1.Value="增加"
   CASE thisForm.CommandGroup1.Value=2   &&单击 Command2
       ThisForm.Text1.Value="删除"
   CASE ThisForm.CommandGroup1.Value=3   &&单击 Command3
       ThisForm.Text1.Value="修改"
   CASE ThisForm.CommandGroup1.Value=4   &&单击 Command4
       ThisForm.Text1.Value="查询"
ENDCASE
```

程序运行结果如图 7-36 所示，单击一个按钮时，文本框显示对应文本。

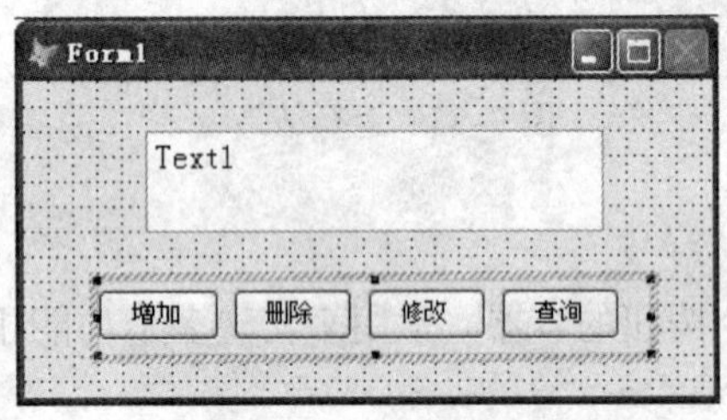

图 7-35　设计界面

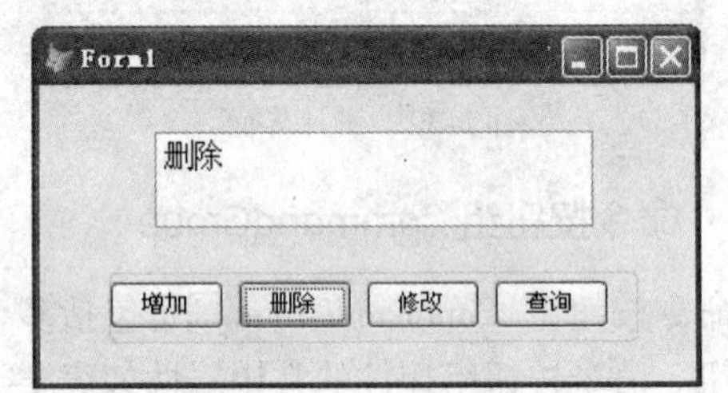

图 7-36　运行结果

7.4.6　页框 PageFrame

页框 PageFrame控件是包含多个页面（Page）的容器控件，其中每个页面中还可以绘制其他控件。使用页框分页显示界面是经常使用的程序设计方法。页框控件的常用属性如表 7-19 所示。

表 7-19　页 框 属 性

对　象　名	属　性　名	说　　明
PageFrame	PageCount	页面的数目，默认值为 2
PageFrame	ActivePage	当前活动页面的页码，也可指定活动页
PageFrame	Tabs	指定页框控件有无选项卡
PageFrame	TabStyle	选项卡标题位置。0—两端，1—非两端
某个 Page	Caption	页面选项卡显示的标题

设置页框属性的方法有：

（1）右击页框 PageFrame，执行快捷菜单中的“编辑”命令，单击一个页面的选项卡，如图 7-37 所示。此时可以在该页面中绘制控件，也可以在属性窗口中设置该页面的属性。

（2）使用命令代码：

```
ThisForm.PageFrame1.Catpion="删除"
```

（3）访问页面中控件的方法如下：

```
ThisForm.PageFrame1.Page1.Text1.Value="测试数据"
```

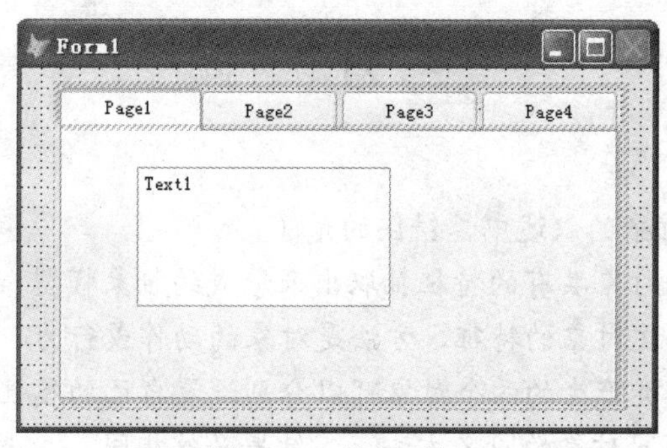

图 7-37 编辑页框

在页框的不同页面中可以有同名的控件。

【例 7.14】设计表单，在其中绘制页框，在其各页面中绘制不同控件。

设计界面如图 7-38 和图 7-39 所示，保存为 eg0714.scx，界面控件包括页框 PageFrame1（PageCount=2，其中包括两个页面），在两个页面中分别绘制不同的控件。编写事件代码，程序的运行界面如图 7-40 和图 7-41 所示。

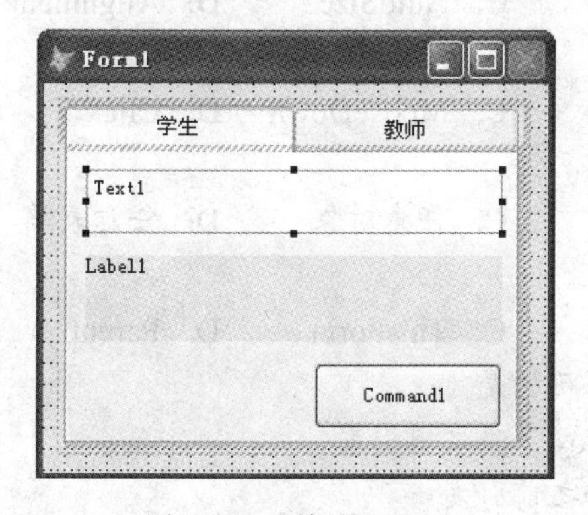

图 7-38 页框的 Page1

图 7-39 页框的 Page2

（1）编写 ThisForm.PageFrame1.Page1.Command1.Click 事件代码：

```
ThisForm.PageFrame1.Page1.Label1.Caption =ThisForm.PageFrame1.Page1.Text1.Value
```

（2）编写 ThisForm.PageFrame1.Page2.Command1.Click 事件代码：

```
ThisForm.PageFrame1.Page2.Edit1.Value=ThisForm.PageFrame1.Page2.Text1.Value
```

图 7-40 页框的 Page1 运行界面

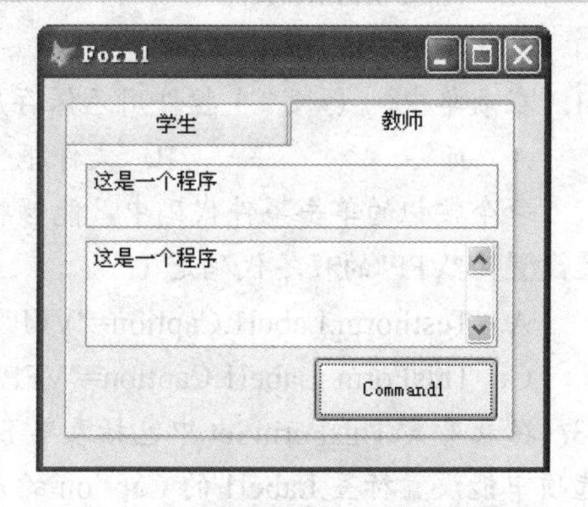

图 7-41 页框的 Page2 运行界面

习　题

一、单项选择题

1. 以下关于类、对象的叙述中，错误的是（　　）。

A. 类是将多个对象共有的特征抽取出来形成的抽象模型

B. 属性用来描述对象的特征，方法是对象的动作或行为

C. 基于同一个类产生的两个对象可以分别设置自己的属性值

D. 通过执行不同对象的同名方法，其结果必然相同

2. 在面向对象程序设计中，（　　）能实现信息隐蔽。

A. 类的继承　　B. 类的多态性　　C. 类的封装　　D. 对象的分类

3. 引用控件时使用的属性是（　　）。

A. Caption　　B. Value　　C. FontName　　D. Name

4. 控件对象的属性（　　）取值为.F.，能隐藏该控件

A. Enabled　　B. Visible　　C. AutoSize　　D. Alignment

5. 在控件上移动鼠标时触发的事件为（　　）。

A. MouseUp　　B. MouseMove　　C. MouseDown　　D. Click

6. This 是对（　　）的引用。

A. 当前对象　　B. 当前表单　　C. 任意对象　　D. 任意表单

7. 能够指向当前对象的容器的是（　　）。

A. This.Parent　　B. ThisFormSet　　C. ThisForm　　D. Parent

8. 以下关于表单的常用事件的描述中，正确的是（　　）。

A. 释放表单时，UnLoad 事件在 Destroy 事件之前引发

B. 运行表单时，Init 事件在 Load 事件之前引发

C. 单击表单的标题栏，会触发表单的 Click 事件

D. 上面的说法都不对

9. 关闭表单时会引发的事件是（　　）。

A. UnLoad 事件　　B. Init 事件　　C. Load 事件　　D. Release 事件

10. 以下选项中能将表单从内存中释放（清除）的代码是（　　）。

A. ThisForm.Refresh　　B. ThisForm.Delete

C. ThisForm.Hide　　D. ThisForm.Release

11. 在表单中，（　　）控件用于保存用户不能改动的文本。

A. 标签　　B. 文件框　　C. 编辑框　　D. 组合框

12. 命令按钮的单击事件代码中，能够将当前表单 TestForm 中标签 Label1 的 Caption 属性值设置为"VFP"的程序代码是（　　）。

A. TestForm.Label1.Caption="VFP"　　B. This.Label1.Caption="VFP"

C. ThisForm .Label1.Caption="VFP"　　D. ThisForm.Label1.Caption=VFP

13. 在表单集 ThisFormSet 中包括表单 Form1 和 Form2，Form2 中有一个标签 Label1，以下选项中能设置标签 Label1 的 Caption 的是（　　）。

A. Form2. Label1.Caption ="VFP"

B. Label1.Caption ="VFP"

C. ThisFormSet.Form2. Label1.Caption ="VFP"

D. ThisFormSet.Label1.Caption = "VFP"

14. 能够设置文本框 Text1 允许输入正文的最大长度的属性是（　　）。

A. MaxLength　　B. SelText　　C. Value　　D. PasswordChar

15. 在文本框 Text1 中输入“{^2015-3-10}”，文本框 Value 属性的数据类型是(　　)。

A. 日期型　　B. 数值型　　C. 字符型　　D. 以上操作出错

16. 将文本框的 PasswordChar 属性值设置为星号（*），那么，当在文本框中输入"VFP2015"时，文本框中显示的是（　　）。

A. VFP2015　　B. *****　　C. *******　D. 错误设置，无法输入

17. 在当前表单 Form1 的单选按钮组 OptionGroup1 中包括两个单选按钮 Option1 和 Option2，能够表示选中了哪个单选按钮的属性是（　　）。

A. OptionGroup1.Value　　B. Option1.Value

C. ThisForm.OptionGroup.Value　　D. Option2.Value

18. 单选按钮组 OptionGroup1 中有 3 个单选按钮 Option1、Option2、Option3，在执行了代码 ThisForm. OptionGroup1.Value=2 后，（　　）。

A. Option1 单选按钮被选中　　B. Option2 单选按钮被选中

C. Option3 单选按钮被选中　　D. Option1、Option2 单选按钮被选中

19. 在表单中能够提供多项选择的控件是（　　）。

A. 单选按钮组　　B. 复选框　　C. 编辑框　　D. 命令按钮组

20. 当前表单 Form1 中有一个复选框 Check1 和一个命令按钮 Command1，如果要在 Command1.Click 事件代码中取得复选框的值，正确的表达式是（　　）。

A. This. Check1.Value　　B. ThisForm. Check1.Value

C. This. Check1.Selected　　D. ThisForm. Check1.Selected

21. 能够向列表框 List1 中增加项目的方法是（　　）。

A. AddItem　　B. RemoveItem　　C. Clear　　D. MultiSelect

22. 能够取得列表框 List1 中选中选项的文本的是（　　）。

A. ThisForm.List1.List　　B. ThisForm.List1.ListIndex

C. ThisForm.List1.Text　　D. ThisForm.List1.Value

23. 以下关于控件的描述中正确的是（　　）。

A. 用户可以在组合框中进行多重选择

B. 用户可以在列表框中进行多重选择

C. 用户可以在一个选项组中选中多个单选按钮

D. 用户对表单中的一组复选框只能选中一个

24. 图像控件 Image1 能够设置显示的照片的属性是（　　）。

A. Picture　　B. Stretch　　C. Caption　　D. Image

25. 为计时器控件 Timer1 的 Timer 事件确定触发间隔的属性是（　　）。

A. Enabled　　B. Caption　　C. Interval　　D. Value

26. 决定微调控件 Spinner1 单击上下箭头时增减值的属性是（　　）。

A. KeyboardHighValue　　B. Value

C. KeyboardLowValue　　D. Increment

27. 以下（　　）属于容器类控件。

A. 标签　　B. 命令按钮　　C. 复选框　　D. 命令按钮组

28. 在命令按钮组中，决定命令按钮数目的属性是（　　）。

A. ButtonCount　　B. Buttons　　C. Value　　D. ControlSource

29. 一个页框控件中可以有多个页面，设置页面个数的属性是（　　）。

A. Count　　B. Page　　C. Num　　D. PageCount

30. 表单 testForm 中有一个页框 testPageFrame，能将该页框的第 2 页（Page2）的标题设置为“修改”的代码是（　　）。

A. testForm.Page2.testPageFrame.Caption="修改"

B. testForm.testPageFrame.Caption.Page2="修改"

C. ThisForm. testPageFrame.Page2.Caption="修改"

D. ThisForm.testPageFrame.Caption.Page2="修改"

二、填空题

1. 类的特性包括________、________和________。
2. 能够清除当前表单上打印的文本的语句是________。
3. 能运行表单 TEST1.SCX 的命令是________。
4. 能够设置当前表单的背景图片为 clouds.jpg 的语句是________。
5. 要设置当前表单的标题为显示“登录窗口”的代码为________。
6. 要使得当前表单在运行时最大化，需要设置________属性为.T.。
7. 表单及其控件的属性可以在________窗口中或程序中设置。
8. 使用 Refresh 方法刷新当前表单的语句是________。
9. 使得当前表单的 Label1 控件显示系统时间的语句是________ = TIME( )。
10. 当向文本框 Text1 中输入文本时，将触发________事件。
11. ________控件允许输入多行长文本，可以使用滚动条。
12. ________控件常用于在表单上显示与通用型字段有关的 OLE 对象。
13. 能够设置单选钮组 OptionGroup1 中单选按钮数目的属性是________。
14. 能够取得当前表单中列表框 List1 中项目总数的属性是________。
15. 能够清除当前表单中列表框 List1 中项目的语句是________。
16. 要使得计时器控件 Timer1 开始计时，需要设置其属性________为.T.。
17. 要设置当前表单的命令按钮组 ButtonGroup1 的按钮 Command1 的显示为文字设置为“增加”的语句是________。

三、简答题

1. 简述类和对象的概念以及关系。
2. 简述什么是类的属性、方法和事件。
3. 简述类的特性。

4. 简述引用对象的方法。
5. 简述文本框、编辑框的相同点和不同点。
6. 简述列表框和组合框的相同点和不同点。

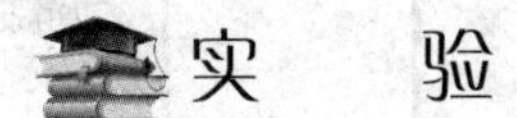

实 验

实验目的

1. 掌握表单的设计和使用。
2. 掌握基本控件的编程。
3. 掌握容器类控件的编程。
4. 掌握其他控件的编程。

实验内容

1. 创建表单 Form1，保存为 ex0701.scx。

（1）Caption 为“学生”，AlwaysOnTop=.T.，BackColor 为红色，AutoCenter=.T.，Fontsize=20，FontName="黑体"。

（2）编写 Load 事件代码：MessageBox("正在加载表单","加载")。

（3）编写 Init 事件代码：弹出对话框“正在创建表单”。

（4）编写 Destroy 事件代码：弹出对话框“正在释放表单”。

（5）编写 Unload 事件代码：弹出对话框“最后释放表单”。

（6）编写表单的 Click 事件代码：在表单上打印“鼠标单击表单”。

2. 设计表单 ex0702.scx，输入矩形的长和宽，计算并输出面积和周长。

3. 设计表单 ex0703.scx，输入两个点的坐标（x_1,y_1）和（x_2,y_2），计算并输出两点的距离。

4. 设计表单 ex0704.scx，输入变量 x，计算并输出分段函数的值。

$$f(x)\begin{cases} x^2+2x+1 & x<0 \\ x^2-2x+1 & 0\leqslant x<10 \\ 3x^2+1 & x\geqslant 10 \end{cases}$$

5. 设计表单 ex0705.scx，编写选课程序，运行界面如图 7-42 所示。课程有两组：一是限选课，3 门课中只能选一门；二是任选课，可以选多门。选课后，单击“确定”按钮，在右边的编辑框中显示选课结果。（提示：换行的字符为 Chr(13)）

6. 设计表单 ex0706.scx，编写选课程序，其运行界面如图 7-43 所示。有两个列表框，左列表框列出一些课程名称，右列表框初始状态为空。

（1）单击“>”按钮，将左列表框中指定选项移动到右边列表中。

（2）单击“>>”按钮，将左列表框中所有选项移动到右边列表中。

（3）单击“<”按钮，将右列表框中指定选项移动到左边列表中。

（4）单击“<<”按钮，将右列表框中所有选项移动到左边列表中。

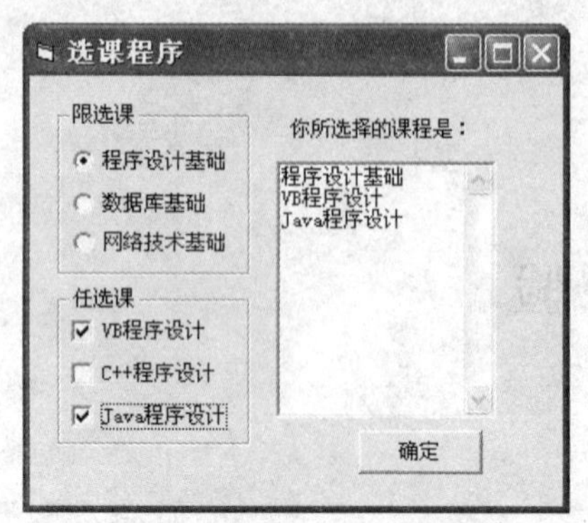

图 7-42　题 5 运行界面

图 7-43　题 6 运行界面

7. 设计表单 ex0707.scx，其运行界面如图 7-44（a）所示。字号组合框添加 10、16、20 三个项目，字体组合框添加黑体、隶书和宋体三个项目，编写事件过程。程序运行后，根据选择的字号和字体，标签的文字改变效果，如图 7-44（b）所示。

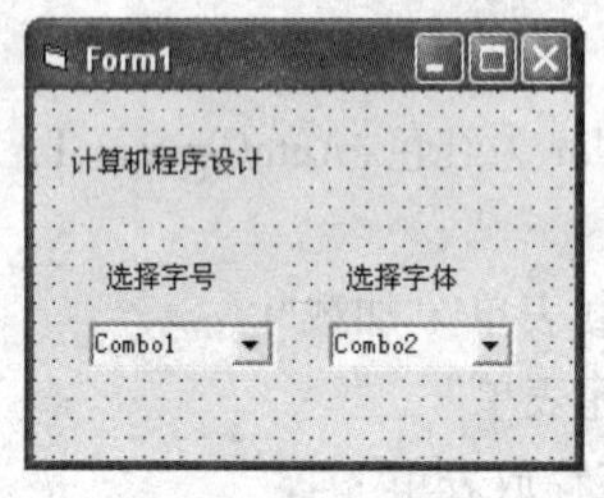

（a）Combo 设计界面

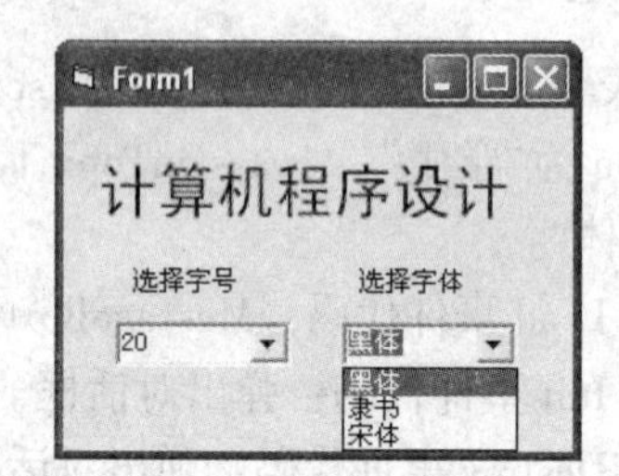

（b）Combo 运行界面

图 7-44　题 7 设计及运行界面

8. 设计表单 ex0708.scx，设计图片左右移动的动画。界面如图 7-45 所示。

（1）Timer1 控件：Timer1.Enabled=.F.，Timer1.Interval=100。

（2）图片控件：Image1=图片的路径。

（3）“移动”命令按钮控件的 Click 事件代码：ThisForm.Timer1.Enabled=.T.。

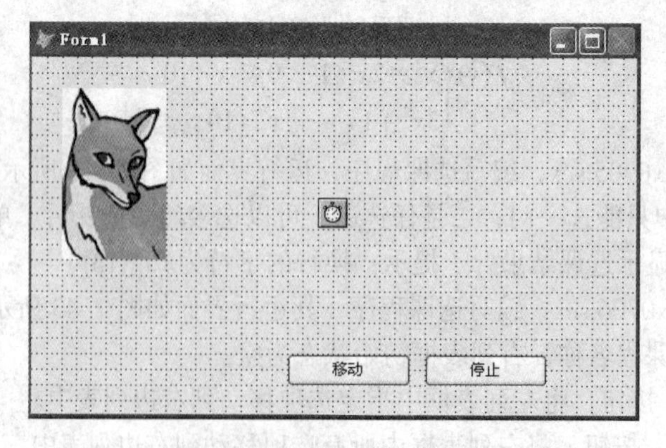

图 7-45　题 8 设计界面

（4）“停止”命令按钮控件的 Click 事件代码：ThisForm.Timer1.Enabled=.F.。

（5）编写表单 Form1.Load 事件代码：

```
PUBLIC direction          &&全局变量，方向
direction=1               &&为 1，向右
```

（6）Timer1.Timer 事件代码：

```
IF ThisForm.Image1.Left+ThisForm.Image1.Width>ThisForm.Width
   direction=-1                 &&到了右侧，则方向改为向左
ELSE
   IF ThisForm.Image1.Left<=0
      direction=1               &&到了左边，则方向改为向右
   ENDIF
ENDIF
ThisForm.Image1.Left=ThisForm.Image1.Left+10*direction &&移动图片
```

第 8 章

表单与数据库编程 ‹‹‹

在编程中，经常通过表单和控件关联数据库，进行数据库的查询和操作。本章主要介绍使用表单进行数据库编程的方法。

本章资源

8.1 表单设计器

在表单中，控件可以关联数据表或视图，从而进行查询和操作。关联数据表或视图的常用控件属性如表 8-1 所示。

表 8-1 数据库操作的控件属性

对　　象	属 性 名	说　　明
文本框 TextBox 编辑框 EditBox 单选按钮组 OptionGroup 复选框 CheckBox 列表框 ListBox 组合框 ComboBox	ControlSource	指定与文本框关联的数据字段
列表框 ListBox 组合框 ComboBox	RowSource	指定列表的数据源，其值根据 RowSourceType 属性确定
列表框 ListBox 组合框 ComboBox	RowSourceType	指定列表中数据源的类型，取值如表 8-2 所示

表 8-2 RowSourceType 属性

属 性 值	说　　明
0	无。可以在程序运行时，使用 Additem 添加选项
1	值。通过 RowSource 属性值指定列表框选项。如：RowSource="天津,北京,上海,重庆"
2	别名。将表的字段值作为列表选项，表名由 RowSource 指定。根据 ColumnCount 指定的列数，选择表的最前边的字段
3	SQL 语句。SQL 语句的运行结果作为列表框选项的数据源。SQL 语句由 RowSource 指定
4	查询。将查询（.qpr）文件的结果作为列表框选项的数据源。如：RowSource="s1.qpr"
5	数组。将数组的内容作为列表框数据源
6	字段。将表中的一个或者几个字段作为列表框数据源
7	文件。将某驱动器和文件夹下的所有文件名作为列表框的选项
8	结构。将表的字段名作为列表框的选项。由 RowSource 指定表名

表单操作数据库的设计步骤如下：

（1）打开项目，建立表单。

（2）设置表单的数据环境。数据环境是指与表单连接的数据表和视图，以及表之间的关系。右击表单，执行快捷菜单中的“数据环境”命令，打开数据环境设计器，并添加表和视图，如图 8-1 所示。

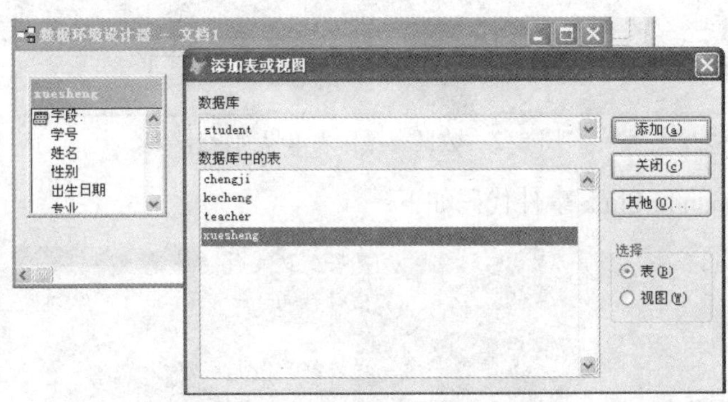

图 8-1　数据环境设计器

在数据环境设计器中，也可以移除表或视图，设置表之间的关系。

数据环境 Dataevirongment 有自己的属性、方法和事件，如表 8-3 所示。

表 8-3　数据环境属性

属　性　值	说　　明
AutoCloseTable	指定当释放或关闭表单时，是否关闭数据环境中的表或视图。默认为.T.
AutoOpenTables	指定当运行或者打开表单时，是否打开数据环境中的表或视图。默认为.T.

（3）将表单控件与数据环境中数据表或者视图的字段绑定，从而可以通过控件显示和操作数据。方法有两种：

① 直接将数据环境中的表、视图的字段拖动到表单中，系统自动根据字段的类型创建相应控件及说明性标签。

② 绘制控件，设置其 ControlSource 属性绑定字段。

【例 8.1】设计表单，拖动 Student.dbc 数据库中 xuesheng 表的字段到表单中生成绑定控件，并操作数据库中的数据。

操作步骤：

（1）打开项目“成绩管理.pjx”，新建表单 Form1，保存为 eg0801.scx。

（2）右击表单，执行快捷菜单中的“数据环境”命令，打开数据环境设计器，并添加表 xuesheng，如图 8-1 所示。

（3）拖动各个字段到表单中，系统自动生成绑定了字段的控件，调整控件位置和大小。绘制命令按钮 Command1、Command2、Command3 和 Command4。界面如图 8-2 所示。

（4）编写命令按钮的事件代码：

① 编写 Command1.Click 事件代码如下：

```
GO TOP                          &&指针指向表的第 1 条记录
ThisForm.Refresh                &&指针移动后，必须刷新表单才能显示新记录
```

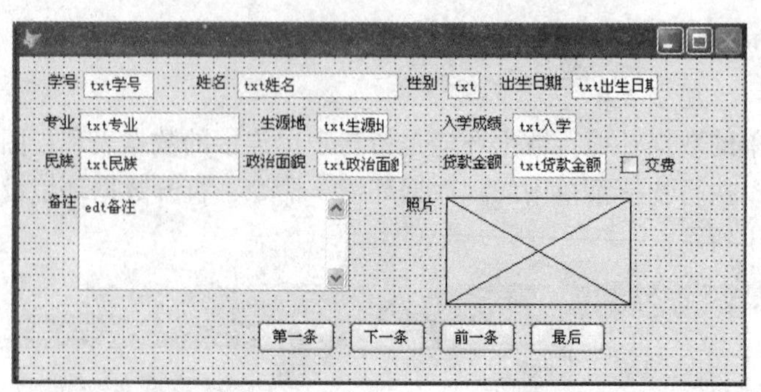

图 8-2　数据表操作表单界面设计

② 编写 Command2.Click 事件代码如下：

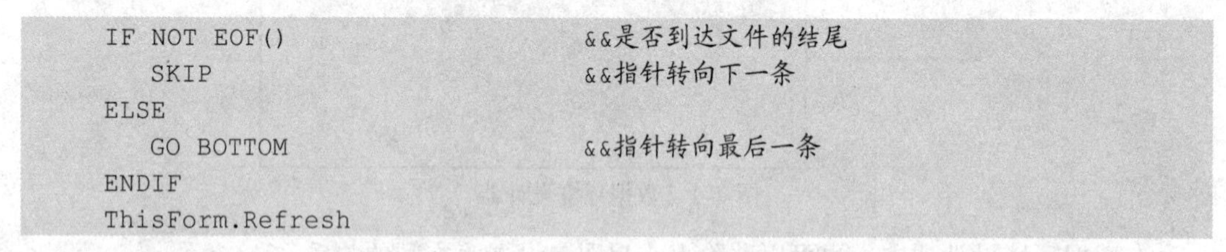

```
IF NOT EOF()                            &&是否到达文件的结尾
   SKIP                                 &&指针转向下一条
ELSE
   GO BOTTOM                            &&指针转向最后一条
ENDIF
ThisForm.Refresh
```

③ 编写 Command3.Click 事件代码如下：

```
IF NOT BOF()                            &&是否到达文件的开头
   SKIP -1                              &&指针转向前一条
ELSE
   GO TOP                               &&指针转向第一条
ENDIF
ThisForm.Refresh
```

④ 编写 Command4.Click 事件代码如下：

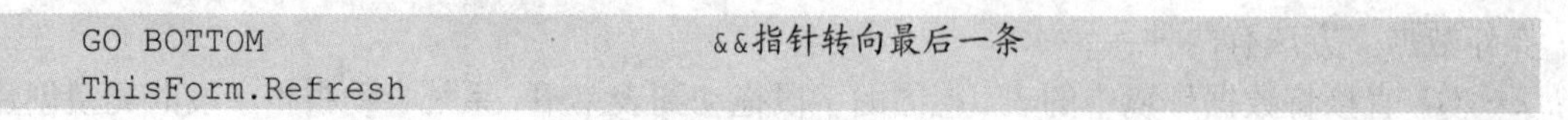

```
GO BOTTOM                               &&指针转向最后一条
ThisForm.Refresh
```

（5）表单的运行结果如图 8-3 所示。在表单中修改控件中字段的值后，只要移动了指针，修改就会写入数据库。

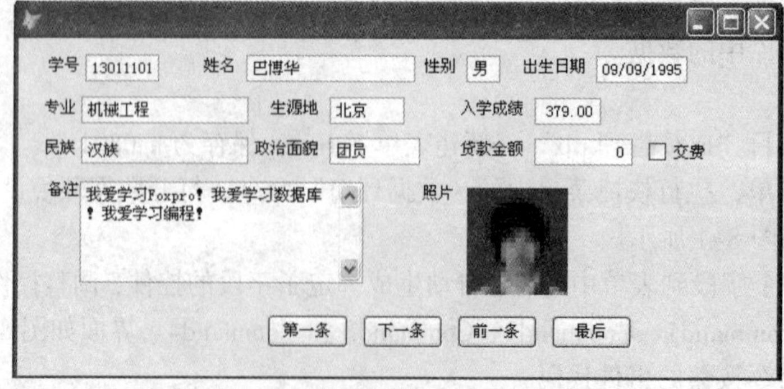

图 8-3　数据操作表单运行结果

【例 8.2】设计表单，绘制控件，通过 ControlSource 属性绑定 Student.dbc 数据库中 xuesheng 表的字段，操作数据库中的数据。

操作步骤:

(1)打开项目“成绩管理.pjx”,新建表单 Form1,保存为 eg0802.scx。

(2)右击表单,执行快捷菜单中的“数据环境”命令,打开数据环境设计器,并添加表 xuesheng,如图 8-1 所示。

(3)绘制命令按钮组 CommandGroup1,其属性 ButtonCount=4。界面如图 8-4 所示。

(4)选定控件,在图 8-5 所示的属性窗口中,设置控件的 ControlSource 属性:

```
Text1.ControlSource=Xuesheng.学号
Text2.ControlSource=Xuesheng.姓名
Text3.ControlSource=Xuesheng.性别
Text4.ControlSource=Xuesheng.贷款金额
Check1.ControlSource=Xuesheng.交费
Edit1.ControlSource=Xuesheng.备注
Combo1.ControlSource=Xuesheng.备注
Combo2.ControlSource=Xuesheng.专业
ActiveX 绑定控件 Oleboundcontrol1.ControlSource 属性为 xuesheng.照片
```

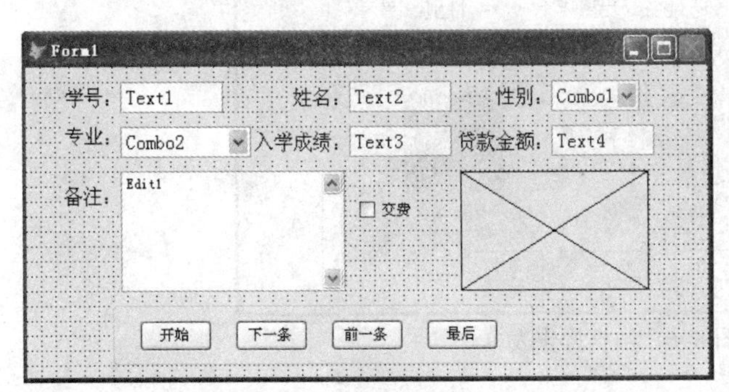

图 8-4 表单界面

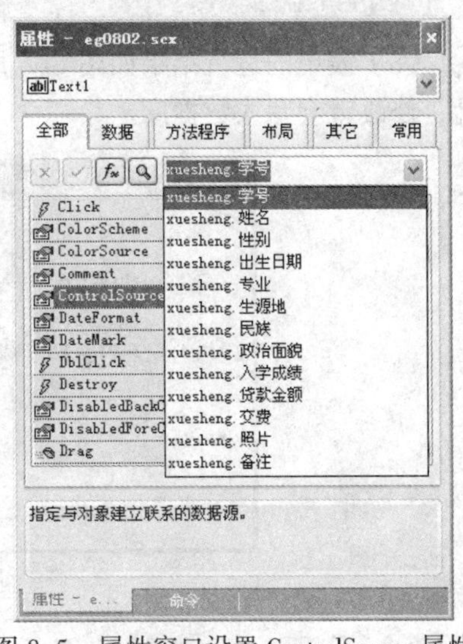

图 8-5 属性窗口设置 ControlSource 属性

(5)设置 Combo1 控件的选项为“男,女”:

```
Combo1.RowSourceType 属性为 1—值
Combo1.RowSource 属性为“男,女”
```

(6)设置 Combo2 控件的选项为从学生表中查询的各个专业值:

```
Combo1.RowSourceType 属性为 3— SQL 语句
Combo1.RowSource 属性为“SELECT distinct 专业 FROM xuesheng”
```

(7)编写命令按钮组的 CommandGroup1.Click 事件代码:

```
DO CASE
   CASE ThisForm.CommandGroup1.Value=1
        GO TOP                  &&指针指向表的第 1 条记录
        ThisForm.Refresh        &&指针移动后,必须刷新表单才能显示新记录
```

```
    CASE ThisForm.CommandGroup1.Value=2
        IF NOT EOF()        &&是否到达文件的结尾
            SKIP            &&指针转向下一条
        ELSE
            GO BOTTOM       &&指针转向最后一条
        ENDIF
        thisForm.Refresh
    CASE ThisForm.CommandGroup1.Value=3
        IF NOT BOF()        &&是否到达文件的开头
            SKIP -1         &&指针转向前一条
        ELSE
            GO TOP          &&指针转向第一条
        ENDIF
        ThisForm.Refresh
    CASE ThisForm.CommandGroup1.Value =4
        GO BOTTOM           &&指针转向最后一条
        ThisForm.Refresh
ENDCASE
```

（8）表单的运行结果如图 8-6 所示。在表单中修改控件中字段的值后，只要移动了指针，修改就会写入数据库。

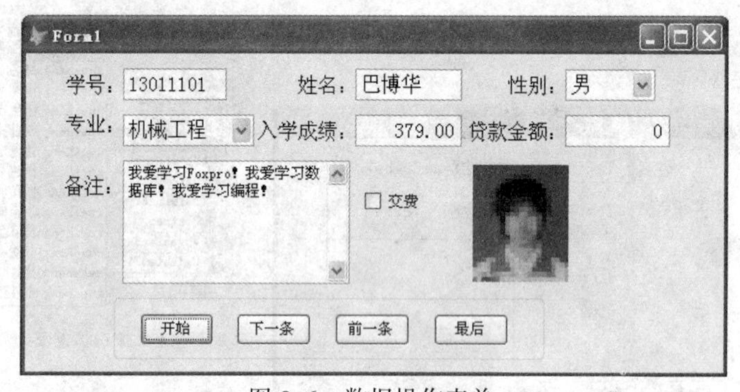

图 8-6 数据操作表单

8.2 向导创建数据表单

Visual FoxPro 提供了两种表单向导创建基于表和视图的表单：

（1）表单向导：创建基于一个表或视图的简单表单。

（2）一对多表单向导：建立具有对应关系的两个表的复杂表单。

【例 8.3】使用表单向导创建显示 xuesheng 表的表单。

操作步骤：

（1）打开项目“成绩管理.pjx”，在“文档”选项卡中选中“表单”选项，单击“新建”按钮，打开“新建表单”对话框，如图 8-7 所示。

（2）单击“表单向导”按钮，打开“向导选择”对话框。如图 8-8 所示，选中“表单向导”（Form Wizard）选项，单击“确定”按钮，开始表单向导。

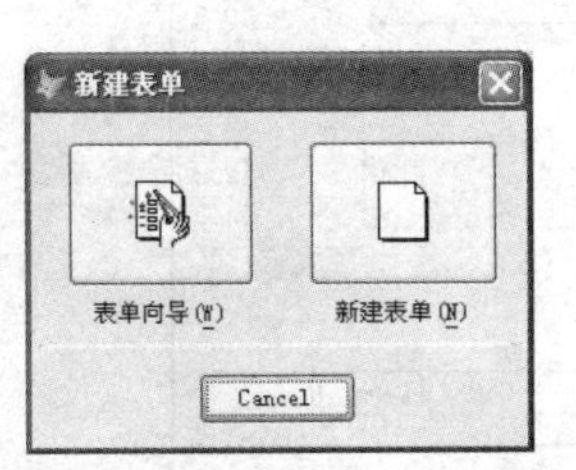

图 8-7　“新建表单”对话框

图 8-8　“向导选择”对话框

（3）表单向导的设计步骤如下：

① 第 1 步选择字段（Select Fields），如图 8-9 所示，选择数据库 student.dbc 的 xuesheng 表，选择字段。

② 第 2 步选择表单样式（Choose Form Style），如图 8-10 所示，选择表单为“标准”样式。

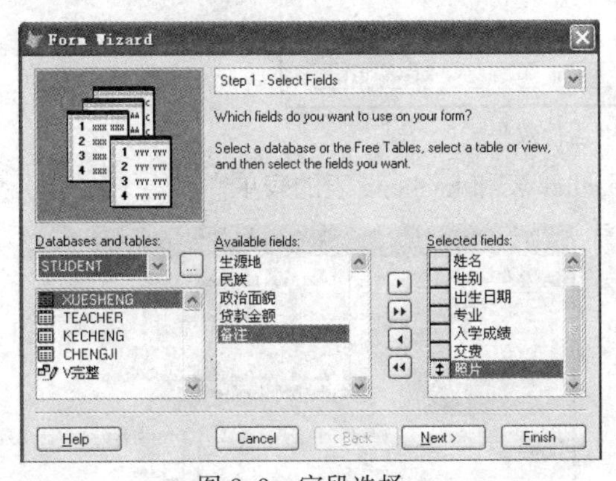

图 8-9　字段选择

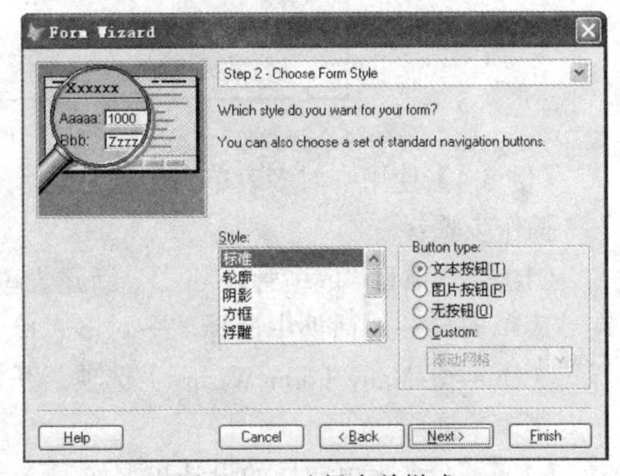

图 8-10　选择表单样式

③ 第 3 步记录排序（Sort Records），如图 8-11 所示，选择按照“入学成绩”字段排序。

④ 第 4 步完成（Finish），如图 8-12 所示，设置表单的标题为“学生情况表”，单击“Finish”按钮。将表单保存为“eg0803.scx”。

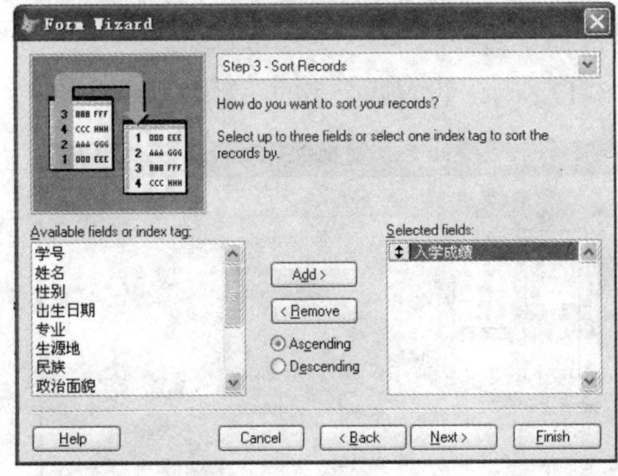

图 8-11　记录排序

图 8-12　完成

（4）选中该表单，单击“修改”按钮，如图 8-13 所示，可以在表单中调整各个控件的位置和大小。

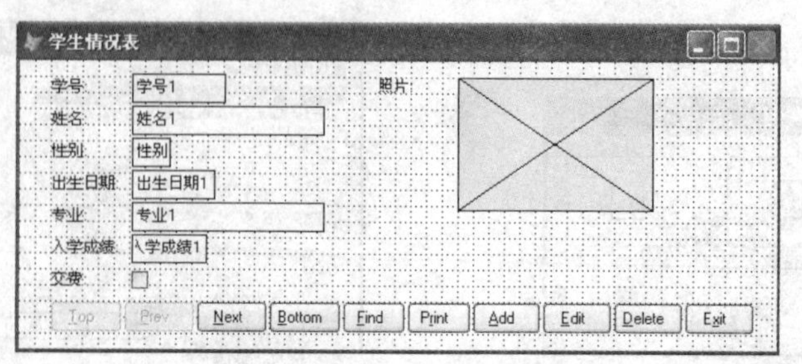

图 8-13　表单修改

（5）运行表单，如图 8-14 所示，可以移动记录指针，增加、删除、修改、打印记录。

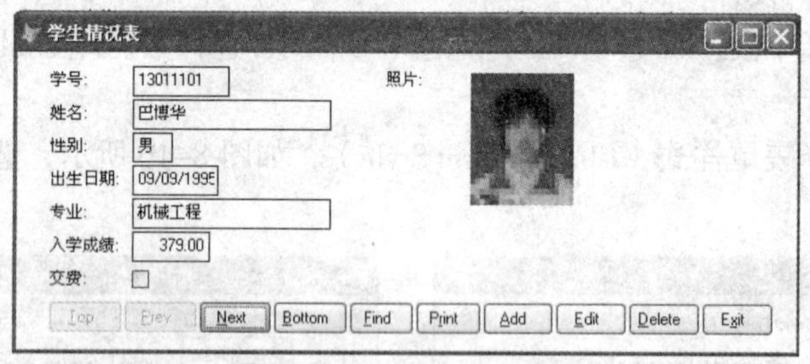

图 8-14　表单运行效果

【例 8.4】使用一对多表单向导创建显示 teacher 表和 kecheng 表的表单。

操作步骤：

（1）打开项目“成绩管理.pjx”，新建表单。在“表单向导”对话框中选择“一对多表单向导”（One-to-Many Form Wizard）选项，开始一对多表单向导。

（2）一对多表单向导的设计步骤如下：

① 第 1 步选择父表字段（Select Parent Table Fields），如图 8-15 所示，选择数据库 student.dbc 的 teacher 表，并选择字段。

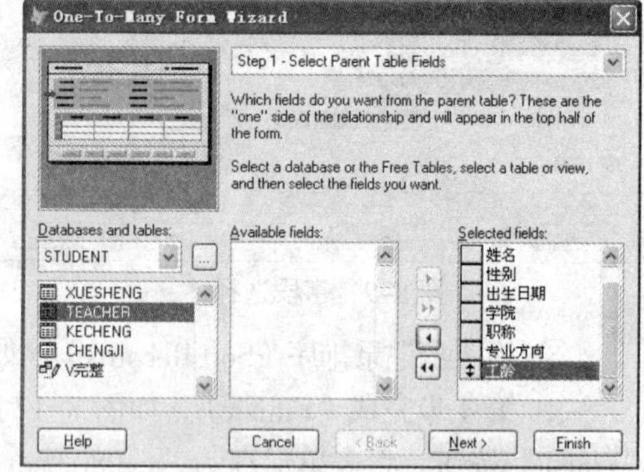

图 8-15　选择父表字段

② 第 2 步选择子表字段(Select Child Table Fields)，如图 8-16 所示，选择 kecheng 表，并选择字段。

③ 第 3 步指定表关系（Relate Tables），如图 8-17 所示，设置两个表的一对多关系的字段。

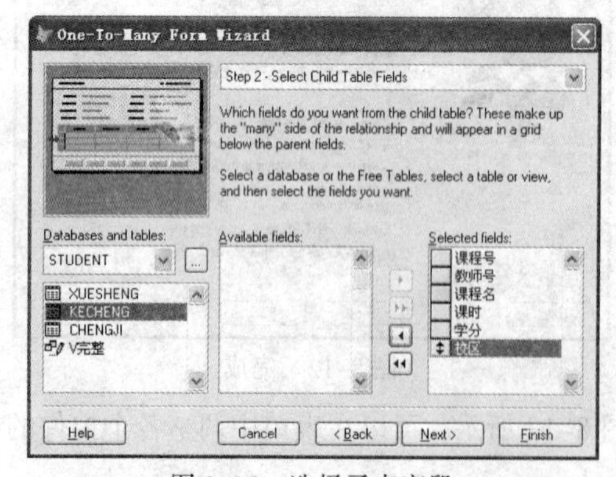

图 8-16　选择子表字段

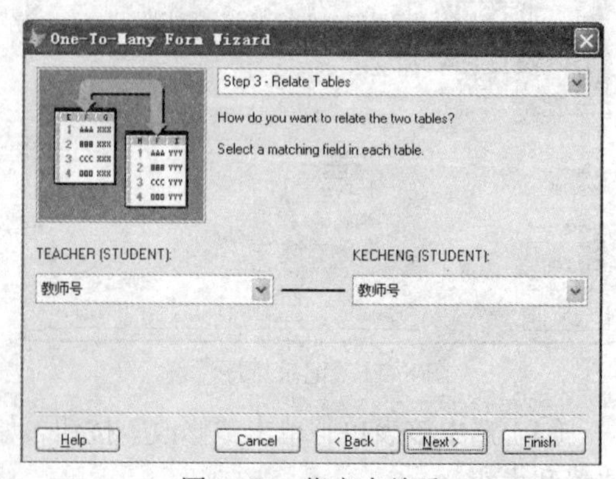

图 8-17　指定表关系

④ 第 4 部选择表单样式（Choose Form Style），选择“标准”样式。

⑤ 第 5 步记录排序（Sort Records），选择按照“教师号”字段排序。

⑥ 第 6 步完成（Finish），设置表单的标题为“教师课程”，单击“Finish”按钮。将表单保存为 eg0804.scx。

（3）选中该表单，单击“修改”按钮，如图 8-18 所示，可以在表单中调整各个控件的位置和大小。

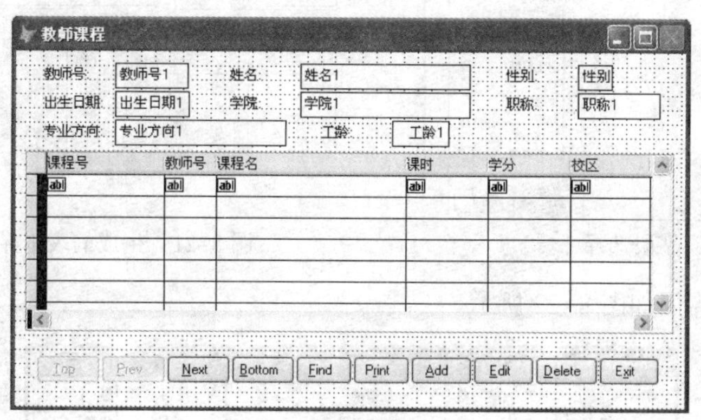

图 8-18　表单修改

（4）运行表单，如图 8-19 所示，可以移动记录指针，增加、删除、修改、打印记录。

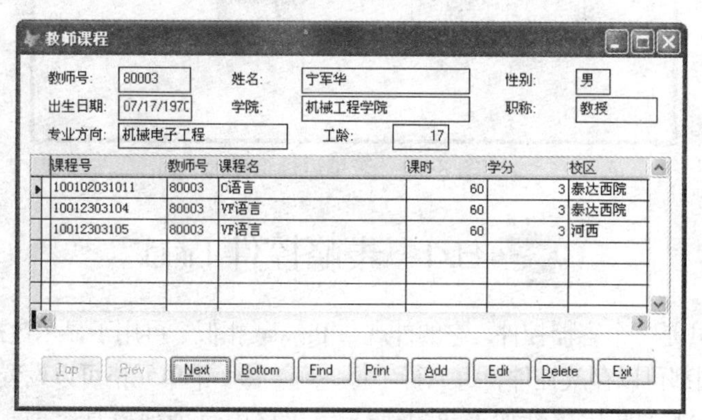

图 8-19　表单运行效果

8.3　快 速 表 单

在表单设计器中，可以使用快速表单功能创建一个简单的表单。其步骤包括：

（1）选择表和字段。

（2）设置其样式。

【例 8.5】使用快速表单生成器生成 xuesheng 表的操作表单。

操作步骤：

（1）在项目中新建表单，在表单设计器中执行“表单→快速表单” 菜单命令，打开表单生成器，如图 8-20 所示。

（2）在“字段选择”选项卡中，选择 student.dbc 数据库的 xuesheng 表，选中字段。

（3）在“风格”选项卡中，选中“标准”风格。

（4）生成的表单如图 8-21 所示，保存为 eg0805.scx。其中不包括移动指针的按钮，需要编程人员自己设计。

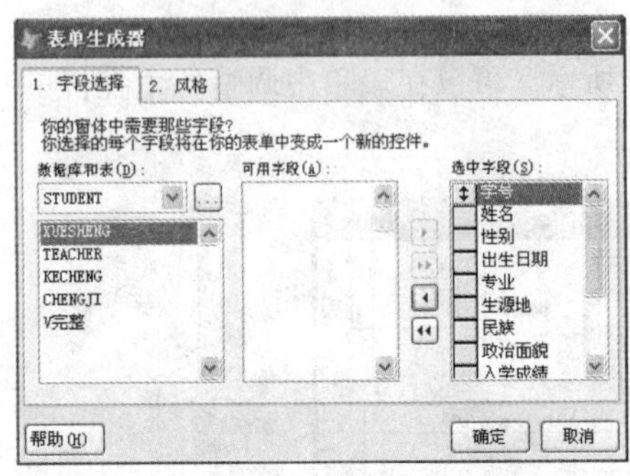

图 8-20　字段选择

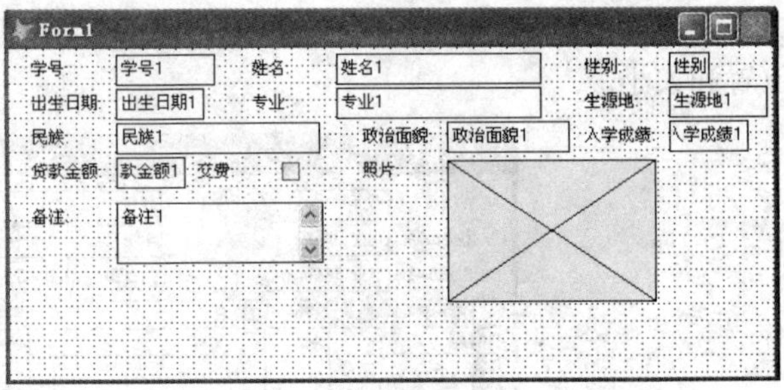

图 8-21　生成的表单界面

表单的运行界面如图 8-22 所示。

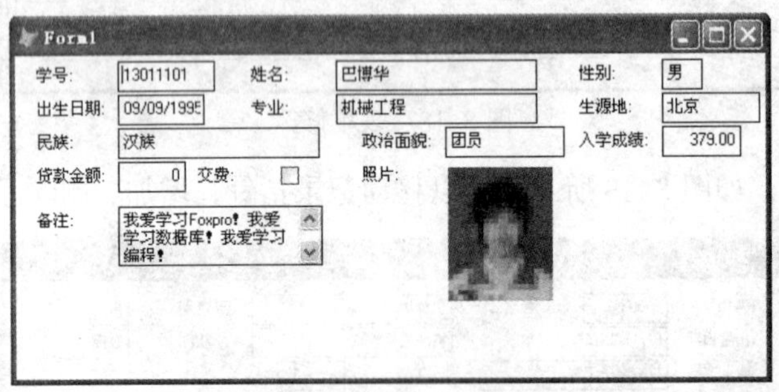

图 8-22　表单运行结果

8.4　表格控件 Grid

表格控件 Grid 是一个容器控件，它的外观与 Browse 相似，可用于显示数据表或视图。作为容器，它的每一列都可以存放控件，每一行、每一列、每一个单元格可以设置自己的显示风格。

表格控件 Grid 的常用属性如表 8-4 所示，表格中每个列也是容器，列中包括标题行（Header）和数据行（Row），属性如表 8-5 所示，常用事件如表 8-6 所示。

表 8-4　表格的控件属性

属 性 名	说　明
ColumnCount	列的数目。默认为-1，按照数据源的列数显示表格
GridLineColor	表格线（表格的垂直线和水平线）的颜色
BackColor	表格的背景色
GridLines	表格线设置。0—不显示表格线；1—显示水平表格线；2—显示垂直表格线；3—垂直线和水平线都显示
HeaderHeight	表格标题行的高度
RecordSourceType	数据源的类型。0—表；1—别名；2—提示；3—查询（.qpr）；4—SQL 语句
RecordSource	数据源

表 8-5 表格中列、标题行和数据行的属性

对 象	属 性 名	说 明
Column	Width	列的宽度
Header	Alignment	水平对齐方式。0～9，详情见属性窗口
Header	Caption	标题行的内容

表 8-6 表格常用事件

事 件 名	说 明
AfterRowColChange	在表格的行或者单元格选择发生改变时触发事件

表格生成器用于设置表格的数据源、外观样式、布局及父子表的关系。右击表格，执行快捷菜单中的“生成器”命令，打开表格生成器 Grid Builder，它包括 4 个选项卡：

（1）表格项（Grid Items）：选择数据库和表，并从表中选择显示的字段，如图 8-23 所示。

（2）样式（Style）：定制表格的样式，包括专业型、标准型、浮雕型、横条型等。

（3）布局（Layout）：设置每一列的标题和控件，如图 8-24 所示。控件包括文本框、编辑框、复选框、微调按钮等，文本型可选文本框、编辑框，逻辑型可选文本框、复选框，数值型可选文本框、微调按钮。

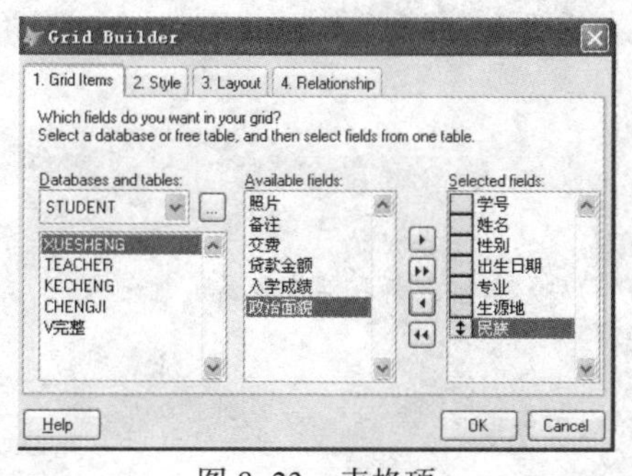

图 8-23 表格项

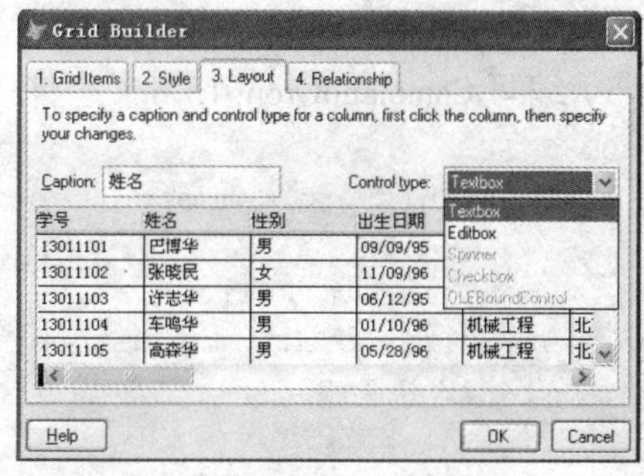

图 8-24 布局

（4）关系（RelationShip）：设置表之间的关系。

【例 8.6】设计表单，绘制表格控件 Grid1，操作数据库 student.dbc 的 xuesheng 表的数据。

操作步骤：

（1）新建表单 Form1，保存为 eg0806.scx。绘制表格控件 Grid1，绘制单选按钮组 OptionGroup1，其属性 Button=2；命令按钮组 CommandGroup1，其属性 ButtonCount=4；文本框 Text1。界面如图 8-25 所示。

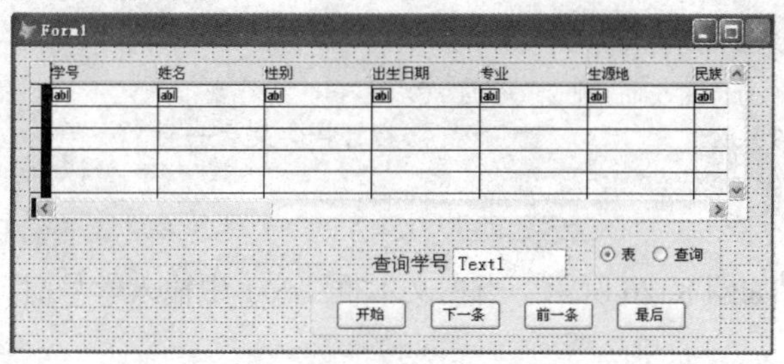

图 8-25 设计表单界面

（2）右击表格，执行快捷菜单中的“生成器”命令，打开表格生成器 Grid Builder，设置表格项选项卡，如图 8-23 所示。选中数据库 student.dbc 的 xuesheng 表的各个字段。

（3）编写 OptionGroup1.Click 事件代码：

```
DO CASE
   CASE thisForm.OptionGroup1.Value=1
       ThisForm.Grid1.RecordSource=NULL
       ThisForm.Grid1.RecordSourceType= 0       &&数据源为表
       ThisForm.Grid1.RecordSource="xuesheng"
   CASE ThisForm.OptionGroup1.Value=2
       ThisForm.Grid1.RecordSource=NULL
       ThisForm.Grid1.RecordSourceType=4        &&数据源为 SQL 语句
       thisForm.Grid1.RecordSource="SELECT TOP 10 * From xuesheng WHERE 学号='";
           +ThisForm.Text1.Value+"' ORDER BY 学号 INTO CURSOR temp"
ENDCASE
```

（4）编写 Text1.InteractiveChange 事件代码：

```
ThisForm.Grid1.RecordSource=NULL
ThisForm.Grid1.RecordSourceType=4        &&数据源为 SQL 语句
ThisForm.Grid1.RecordSource="SELECT  *  FROM xuesheng WHERE 学号='";
   +ThisForm.Text1.Value+"' ORDER BY 学号 INTO CURSOR temp"
ThisForm.OptionGroup1.Value=2            &&单选按钮选中第二个选项
```

（5）编写 CommandGroup1.Click 事件代码：

```
DO CASE
   CASE ThisForm.CommandGroup1.Value=1
       GO TOP                        &&指针指向表的第 1 条记录
       ThisForm.Refresh              &&指针移动后，必须刷新表单才能显示新记录
   CASE ThisForm.CommandGroup1.Value=2
       IF NOT EOF()                  &&是否到达文件的结尾
           SKIP                      &&指针转向下一条
       ELSE
           GO BOTTOM                 &&指针转向最后一条
       ENDIF
       ThisForm.Refresh
   CASE ThisForm.CommandGroup1.Value=3
       IF NOT BOF()                  &&是否到达文件的开头
           SKIP -1                   &&指针转向前一条
       ELSE
           GO TOP                    &&指针转向第一条
       ENDIF
       ThisForm.Refresh
   CASE ThisForm.CommandGroup1.Value=4
       GO BOTTOM                     &&指针转向最后一条
       thisForm.Refresh
ENDCASE
```

表单的运行结果如图 8-26 所示。当在文本框 Text1 中输入学号时，将查询该学号的学生信息。

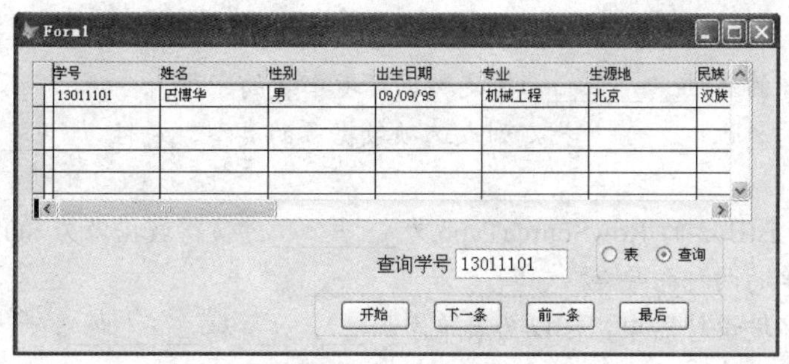

图 8-26　表单运行界面

习　题

一、单项选择题

1. 以下控件中，不具有 ControlSource 属性的是（　　）。

   A. 文本框　　B. 编辑框　　D. 复选框　　D. 标签

2. 列表框控件的可选项数据源类型，由属性（　　）指定。

   A. ControlSource　　B. RowSource　　C. RowSourceType　　D. Caption

3. 组合框控件的的数据源，由属性（　　）指定。

   A. ControlSource　　B. RowSource　　C. RowSourceType　　D. Caption

4. 如果想将文本框 Text1 绑定到 xuesheng 表的“学号”字段，应设置文本框的属性（　　）。

   A. ControlSource　　B. RowSource　　C. RowSourceType　　D. Caption

5. 如果要使得组合框控件只有“男,女”两个选项，那么可以将其 RowSourceType 属性设置为 1，RowSource 属性设置为（　　）。

   A. 男女　　B. 男,女

   C. "男,女"　　D. "男","女"

6. 以下关于表单数据环境的叙述中，错误的是（　　）。

   A. 可以在数据环境中加入与表单操作有关的表

   B. 数据环境是表单的容器

   C. 可以在数据环境中建立表之间的联系

   D. 表单自动打开数据环境中的表

7. 表格生成器中能够选择表及其字段的选项卡是（　　）。

   A. 表格项 Grid Items　　B. 样式 Style

   D. 布局 Layout　　D. 关系 RelationShip

8. 能够快速生成两个一对多关系表的表单的是（　　）。

   A. 一对多表单向导　　B. 表单向导　　D. 快速表单　　D. 表单设计器

9. 以下关于表格的说法中，正确的是（　　）。

   A. 表格是一种容器控件，在表格中按列显示数据

   B. 表格由若干列对象组成，每个列对象包含若干个括标题行对象和控件

   C. 表格、列、标题行和控件有自己的属性、方法和事件

   D. 以上说法均正确

二、填空题

1. 使用控件的属性________，绑定数据环境中表的字段。

2. 组合框的属性________指定列表选项数据源的类型，属性________指定列表选项数据源。

3. 列表框 ListBox 的 RowSourceType 为________，使得数据源为 SQL 语句。

4. 创建表单的两种向导是________和________。

5. 在数据环境设计器中，可以为表单添加________和________。

6. 在表单设计中，为表格控件指定数据源类型的属性是________，指定数据源的属性是________。

三、简答题

1. 简述使用表单设计器设计为表单中的控件绑定数据表字段的过程。

2. 简述数据环境的作用。

3. 简述使用表单向导创建表单的过程。

4. 简述使用一对多表单向导创建两个一对多关系表的表单的过程。

5. 简述快速创建表单的方法。

6. 简述设计使用表格显示和操作数据表的表单的过程。

实　验

实验目的

1. 掌握使用表单设计器设计表单的数据库编程。
2. 掌握使用表单向导设计表单的数据库编程。
3. 掌握快速表单的设计方法。
4. 掌握使用表格进行数据库操作的编程。

实验内容

1. 使用表单设计器，数据环境中添加 xuesheng 表，拖动学生表字段到表单，设计 4 个命令按钮用于移动记录指针。界面和表单的运行结果如图 8-27 所示，表单文件名 ex0801.scx。

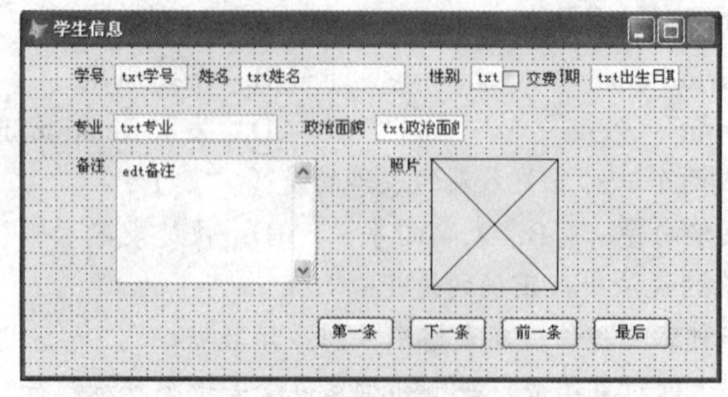

（a）设计界面

图 8-27　题 1 设计及运行界面

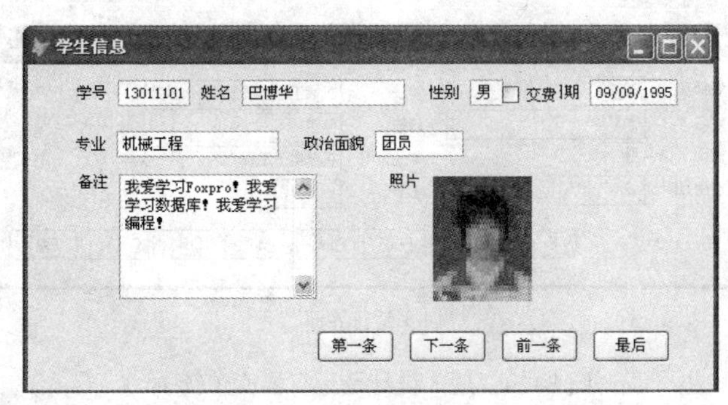

（b）运行界面

图 8-27　题 1 设计及运行界面（续）

2. 使用表单设计器，数据环境中添加 teacher 表，绘制控件。“性别”组合框的可选项为“男,女”，“职称”组合框的可选项为“教授,副教授,讲师,助教”，“学院”组合框的可选项从 teacher 表中查询取得。设置各个控件的 ContrlSource 属性绑定对应字段。设计包含 4 个按钮的命令按钮组用于移动记录指针。界面和表单的运行结果如图 8-28 所示，表单文件名 ex0802.scx。

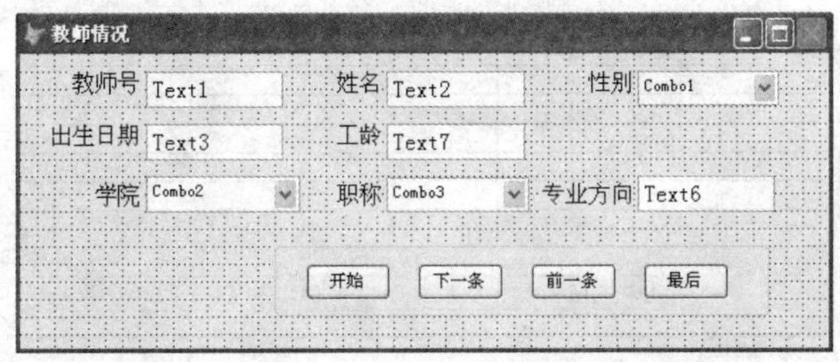

（a）设计界面

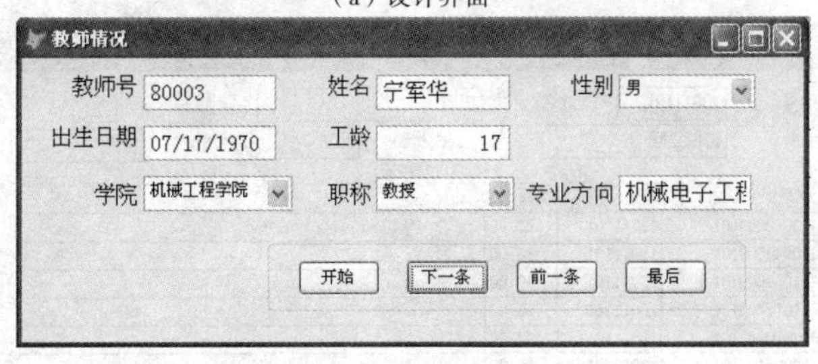

（b）运行界面

图 8-28　题 2 设计及运行界面

3. 使用表单向导，创建 teacher 表的单一表单，显示教师信息，按“教师号”排序。界面和表单的运行结果如图 8-29 所示，表单文件名 ex0803.scx。

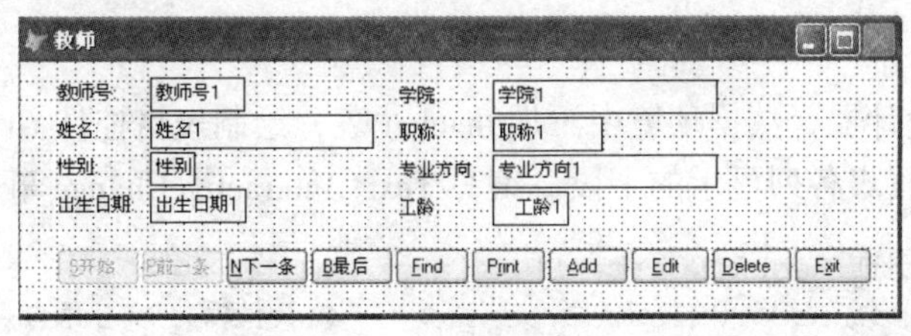

（a）设计界面

图 8-29　题 3 设计及运行界面

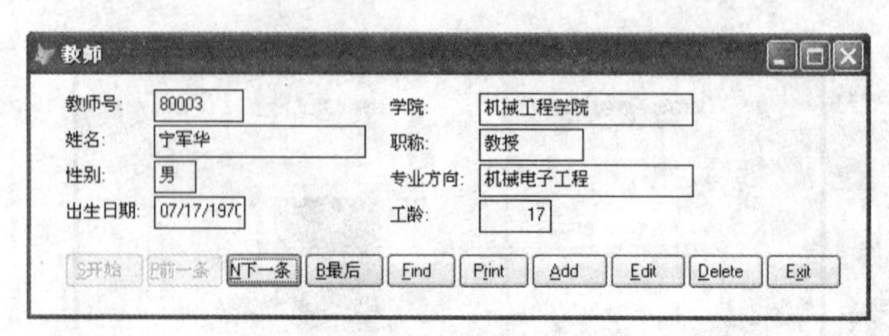

（b）运行界面

图 8-29　题 3 设计及运行界面（续）

4. 使用一对多表单向导，创建基于 xuesheng 和 chengji 表的一对多表单，设置显示相应字段信息，按“学号”“课号”字段排序。界面和表单的运行结果如图 8-30 所示，表单文件名 ex0804.scx。

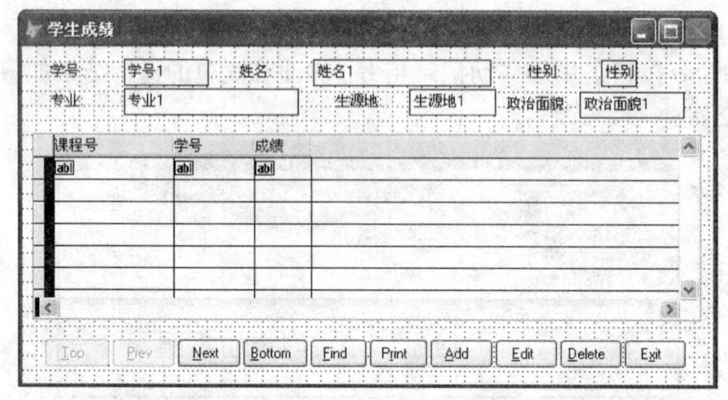

（a）设计界面

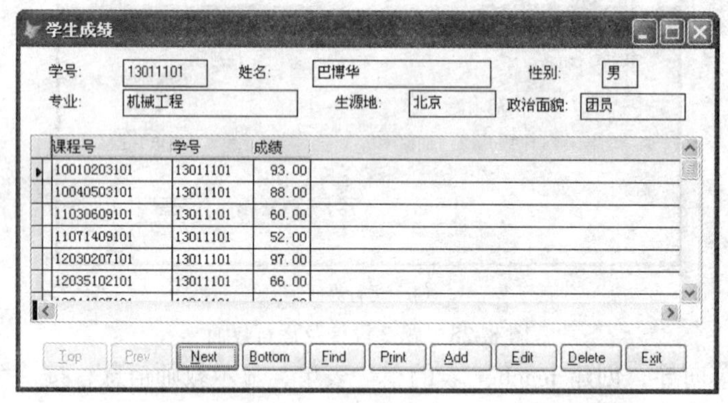

（b）运行界面

图 8-30　题 4 设计及运行界面

5. 使用表单设计器，数据环境中添加 teacher 表，绘制表格控件 Grid，文本框 Text1。通过表格生成器设置表各列显示的字段。编写 Text1.InteractiveChange 事件代码：

```
ThisForm.Grid1.RecordSource=NULL
ThisForm.Grid1.RecordSourceType=4          &&数据源为 SQL 语句
ThisForm.Grid1.RecordSource="SELECT * FROM Teacher WHERE 姓名 LIKE '%";
   +ALLTRIM(thisForm.text1.value)+"%' ORDER BY 教师号 INTO CURSOR temp"
```

界面和表单的运行结果如图 8-31 所示。在文本框 Text1 中输入了文字，则在 teacher 表中查询教师记录，显示在表中，表单文件名 ex0805.scx。

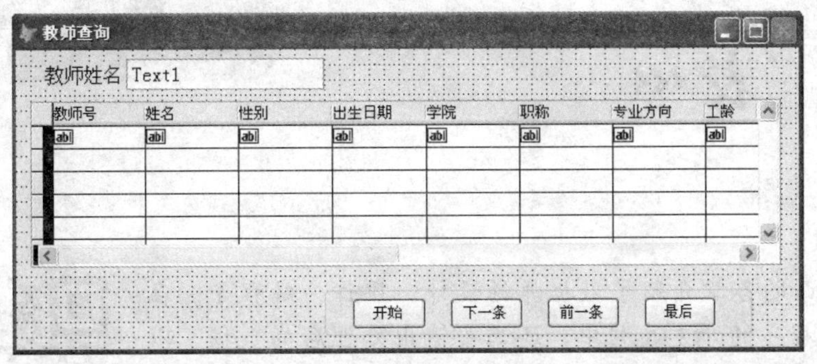

（a）设计界面

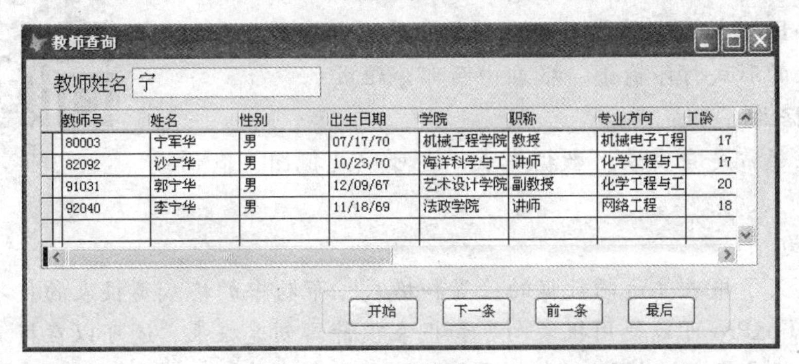

（b）运行界面

图 8-31　题 5 设计及运行界面

第9章

报　　表

本书前面的各章介绍了数据库的设计、操作、编程等。在数据库应用程序的开发过程中，还需要输出处理后的数据，以便更好地展示处理、加工后的信息。

本章资源

Visual FoxPro 的报表功能可以将输出的数据进行组织、布局，以报表的形式打印输出。报表由两部分组成：

1．数据源

数据源通常是自由表、数据库表，也可以是视图、查询或临时表。

2．布局

布局定义了报表显示的数据的位置和格式，布局中的格式是报表的打印格式。

Visual FoxPro 可以使用报表向导和报表设计器创建报表，还可以在报表设计器中使用快速报表方法创建报表。一个报表包括两个文件：

(1) 报表布局文件的扩展名为.frx，描述报表中显示的数据信息。

(2) 报表备注文件的扩展名为.frt，描述来自数据源的字段、文本，以及展示在报表页面上的格式。

报表可以展示和打印输出信息，但在实际应用中，有些特殊格式和特殊数据源，不能通过上述方法创建报表，仍需要通过编程的方式来输出。

9.1 报表向导

报表向导是基于图形界面的交互式创建报表的方法，可以创建单一报表和一对多报表。使用报表向导创建报表需要首先打开“向导选择”对话框。

打开报表“向导选择”对话框的3种方法：

（1）执行“文件→新建”菜单命令，在“新建”对话框中，选中“文件类型”中“报表”单选按钮，单击“向导”按钮。

（2）执行“工具→向导→报表”菜单命令。

（3）打开一个现有项目，在项目管理器中的“文档”选项卡中选中“报表”选项，单击“新建”按钮，在“新建报表”对话框中单击“报表向导”按钮。

图 9-1 “向导选择”对话框

按照上述方法，打开的“向导选择”（Wizard Selection）对话框如图9-1所示。当报表数据源为单一表时，选中“报表向导”（Report Wizard）选项；当数据源是由父表和子表组成时，选中“一对多报表向导”（One-to-Many Report Wizard）选项。然后根据向导提示完成报表的创建。

9.1.1 单一报表

1. 单一报表的创建

【例 9.1】使用报表向导创建单一报表，报表文件名为“学生信息.frx”，数据源为数据库表 xuesheng。

操作步骤：

（1）进入第 1 步选择字段（Select Fields），如图 9-2 所示，选择数据库 student.dbc 中的 xuesheng 表，并选择字段。

（2）单击“Next”按钮，进入第 2 步分组记录（Group Records），如图 9-3 所示。选择分组依据的字段。分组最多可以有 3 层，而且只有完成索引的字段才可以进行分组。此外，还可以单击“总结选项”（Summary Options）按钮，进行统计操作。本例不分组，选择“无”（none）。

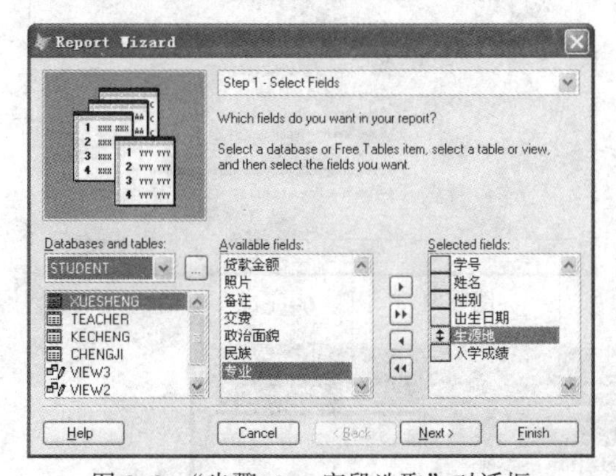

图 9-2 “步骤 1- 字段选取”对话框

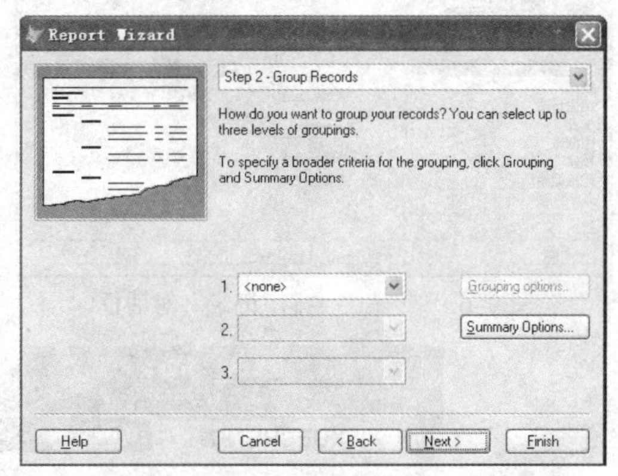

图 9-3 “步骤 2- 分组记录”对话框

（3）单击“Next”按钮，进入第 3 步选择报表样式（Choose Report Style），如图 9-4 所示，选择报表输出的样式。本例选择“简报型”（Presentation）。

（4）单击“Next”按钮，进入第 4 步定义报表布局（Define Report Layout），如图 9-5 所示，定义报表中显示内容的布局方式。本例中，定义列数为 1，以列作为字段布局，方向为纵向。

（5）单击“Next”按钮，进入第 5 步排序记录（Sort Records），如图 9-6 所示，设置输出报表中的排序规则。可以选择多个排序依据的字段，并设置每个字段的“升序”（Ascending）或“降序”（Descending）。本例中，设置“学号”字段“升序”排序。

（6）单击“Next”按钮，进入第 6 步完成（Finish），如图 9-7 所示，设置报表标题为“XUESHENG”。单击“预览”按钮，显示报表的预览结果，如图 9-8 所示，也可以在这里直接打印报表。

（7）退出预览窗口，返回报表向导，单击“完成”按钮，打开“另存为”对话框，输入报表文件的名为“学生信息.frx”，保存报表文件。

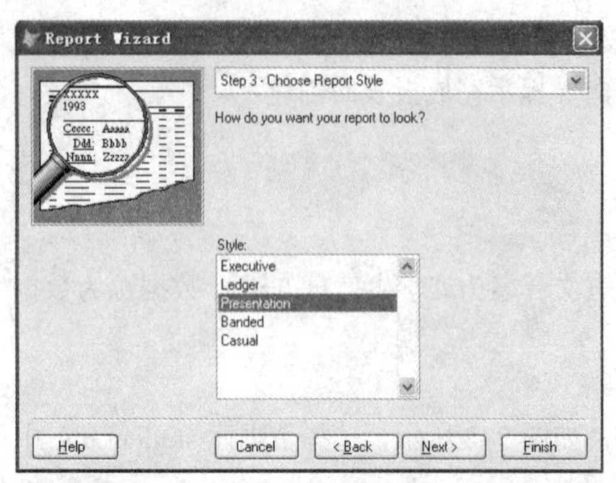

图 9-4 “步骤 3-选择报表样式”对话框

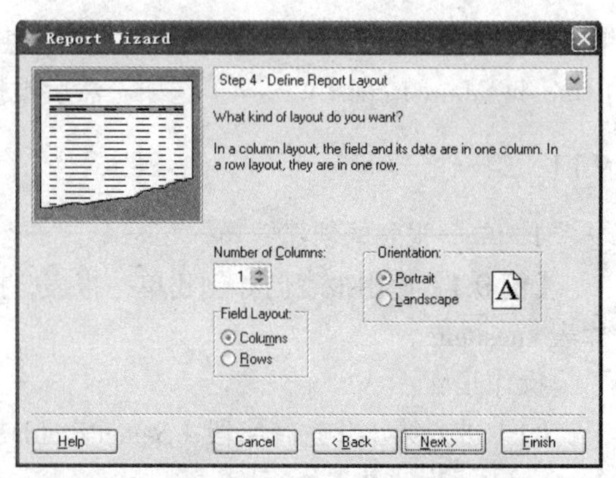

图 9-5 “步骤 4-定义报表布局”对话框

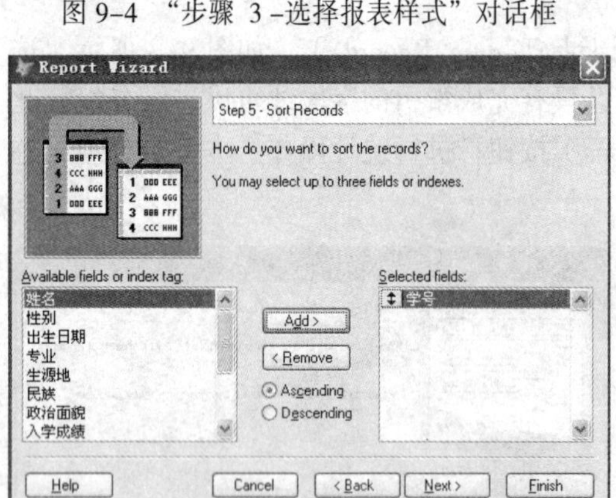

图 9-6 “步骤 5-排序记录”对话框

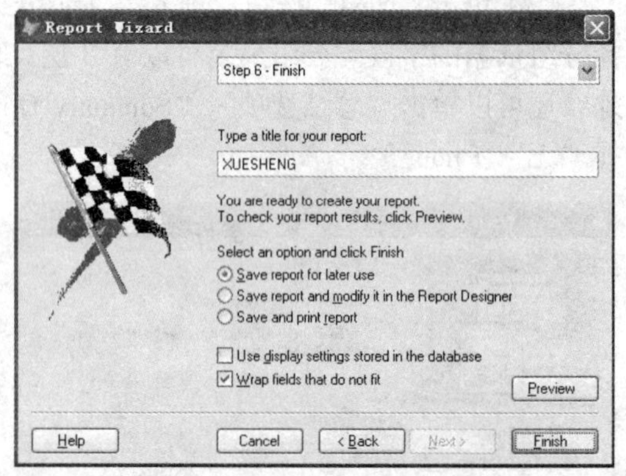

图 9-7 “步骤 6-完成”对话框

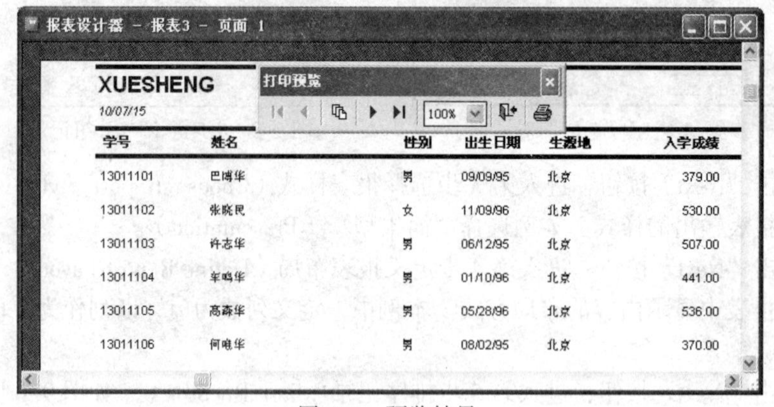

图 9-8 预览结果

2. 报表的预览和打印

创建报表后，可以预览和打印报表，方法包括：

（1）在项目管理器中预览和打印报表

如果报表保存在项目中，那么在打开项目后，在项目管理器的“文档”选项卡“报表”选项下选中该报表，单击“预览”按钮，可以预览该报表。

（2）使用命令预览和打印报表

使用 REPORT FORM 命令预览和打印报表的命令格式为：

```
REPORT FORM <报表文件名> [ENVIRONMENT] [PRIVIEW] [TO PRINT] [PROMPT]
```

功能：预览或打印由报表文件名指定的报表。

说明：

① ENVIRONMENT：恢复存储在报表文件中的环境信息。

② PRIVIEW：预览报表。

③ TO PRINT：打印报表，选择 PROMPT 参数，在打印报表前显示打印机设置对话框，设置打印参数。

（3）除了向导创建的报表以外，使用其他方法创建的报表也可以预览和打印。

【例 9.2】使用 REPORT FORM 命令打印"学生信息.frx"报表，设置报表打印格式并打印。

操作步骤：

（1）在命令窗口中输入"REPORT FORM e:\数据库\学生信息.frx TO PRINTER PROMPT"。

（2）在打开的"打印"对话框中，选择打印机，选择页面范围，单击"首选项"按钮，在"打印首选项"对话框中设置页面大小等格式，如图 9-9 所示。单击"打印"按钮，按照设置的打印格式打印报表，并在 Visual FoxPro 中主屏幕显示"学生信息.frx"报表。

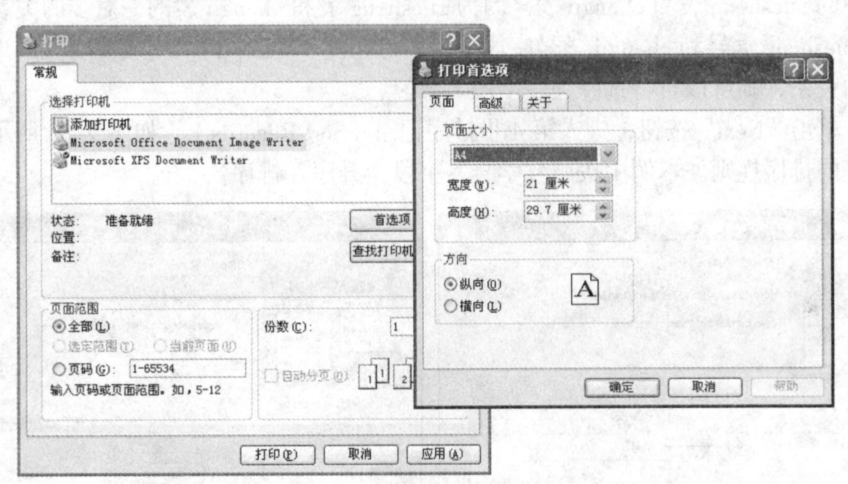

图 9-9 报表的打印设置和输出

9.1.2 创建一对多报表

在图 9-1 所示的"向导选择"对话框中，选择"一对多报表向导"（One-to-Many Report Wizard）选项，创建数据源为父表和子表的一对多报表。

【例 9.3】使用报表向导创建一对多报表，报表文件名称为"学生成绩.frx"，数据源为数据库表 xuesheng 表和 chengji 表。

操作步骤：

（1）第 1 步从父表中选择字段（Select Parent Table Fields），如图 9-10 所示，选择数据库 student.dbc 中的 xuesheng 表作为父表，并选择对应字段，如学号、姓名、性别、专业字段。

（2）单击"Next"按钮，进入第 2 步从子表中选择字段（Select Child Table Fields），

如图 9-11 所示。选择数据库 Student.Dbc 中的 chengji 表作为子表，并选择对应字段，如课程号、成绩字段。

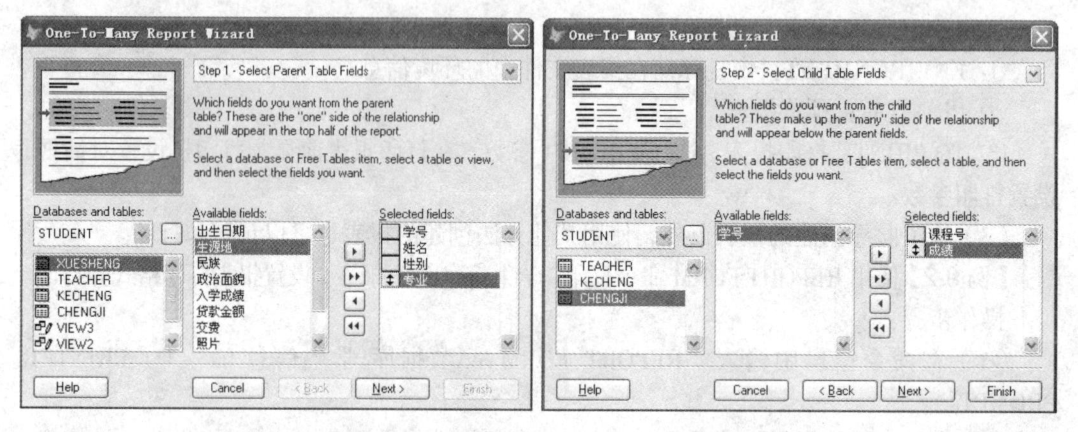

图 9-10 “步骤 1-从父表选择字段”对话框　　图 9-11 “步骤 2-从子表中选择字段”对话框

（3）单击“Next”按钮，进入第 3 步关联选中的表（Relate Tables），如图 9-12 所示，关联选中的 xuesheng 表和 chengji 表。因为 xuesheng 表和 chengji 表的一对多的关系，已经建立在 xuesheng.学号和 chengji.学号字段上，所以在图 9-12 中自动完成关联。如果没有已经建立的关系，则可以自行选择关联字段。

（4）单击“Next”按钮，进入第 4 步排序记录（Sort Records），如图 9-13 所示，设置输出报表的排序规则。本例中按照“学号”字段“升序”排序。

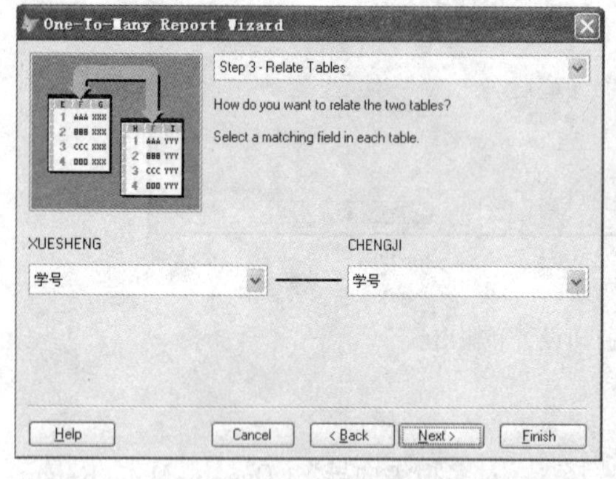

图 9-12 “步骤 3-为表建立关系”对话框

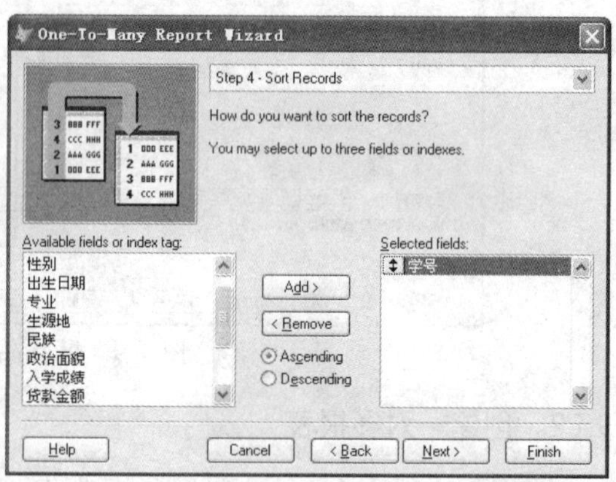

图 9-13 “步骤 4-排序记录”对话框

（5）单击“Next”按钮，进入第 5 步选择报表样式（Choose Report Style），如图 9-14 所示，选择报表输出的样式。本例中选择“简报样式”（Presentation），方向为“纵向”（Portrait）。

（6）单击“Next”按钮，进入第 6 步完成（Finish），如图 9-15 所示，设置报表标题为“学生成绩表”。单击“预览”（Preview）钮，显示预览结果如图 9-16 所示。该报表基于主表 xuesheng 表的学号进行分页。单击“完成”按钮，打开“另存为”对话框，输入报表文件名为“学生成绩.frx”，保存报表文件。

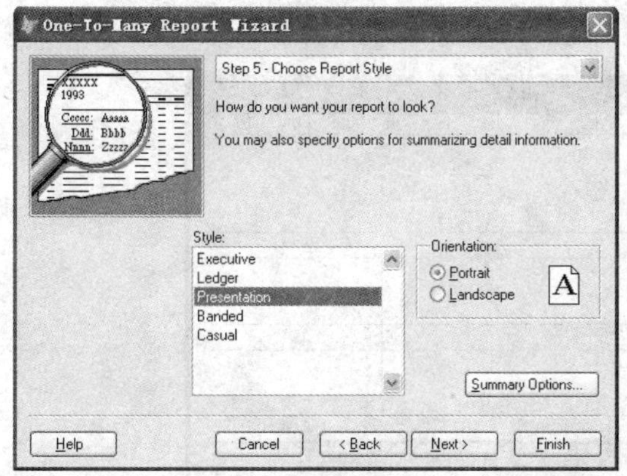

图 9-14 “步骤 5 -选择报表样式”对话框

图 9-15 “步骤 6 -完成”对话框

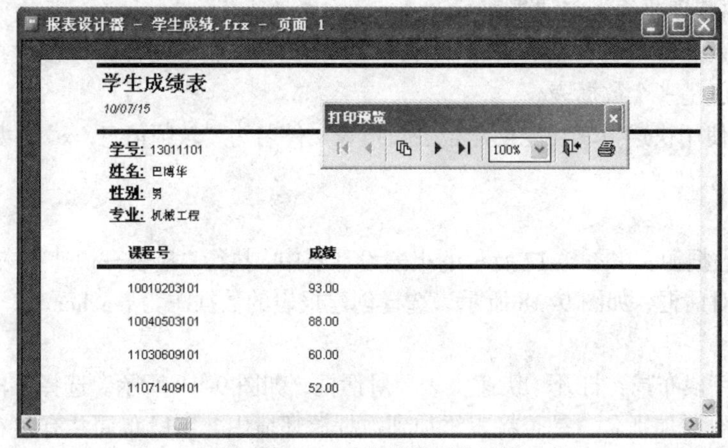

图 9-16 一对多报表预览结果

9.2 快 速 报 表

报表设计器可以创建格式复杂、功能强大的报表，本节介绍使用报表设计器创建快速报表的方法。

1. 打开报表设计器

要使用报表设计器创建报表，必须先先打开报表设计器。打开报表设计器有以下 3 种方法：

（1）执行“文件→新建”菜单命令，在“新建”对话框中选中“报表”文件类型，单击“新建”按钮。

（2）打开一个现有项目，在项目管理器中，选中“文档”选项卡中的“报表”选项，单击“新建”按钮，在“新建报表”对话框中，单击“新建报表”按钮。

（3）使用命令打开报表设计器的格式为：

```
CREATE  REPORT  [文件名]
```

说明：可以指定报表的默认文件名，如命令“CREATE REPORT ttt.frx”文件名为“ttt.frx”。

使用上述方法打开的报表设计器如图 9-17 所示。

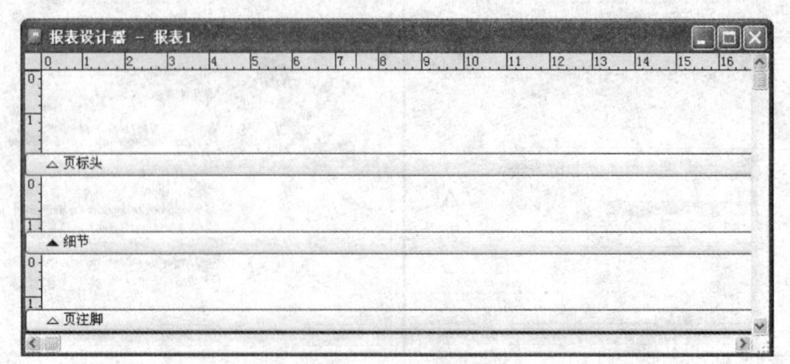

图 9-17　报表设计器界面

2. 使用“快速报表”创建报表

在 Visual FoxPro 中打开报表设计器后，可以使用快速报表功能快速创建报表。快速报表的数据源一般是一个数据表。

【例 9.4】使用快速报表功能创建报表，报表文件名为“教师信息.frx”，数据源为数据库中的 teacher 表。

操作步骤：

（1）选择数据源：在图 9-17 所示的报表设计器中，执行“报表→快速报表”菜单命令，打开“打开”对话框，如图 9-18 所示。选择创建报表的数据源为 teacher 表，单击“确定”按钮。

（2）设置字段布局：打开“快速报表”对话框，如图 9-19 所示。选择字段布局、是否显示标题、是否添加别名、是否将表添加到数据源环境中。字段布局共有左右两个按钮，左侧按钮是产生横向排列的列报表，右侧按钮则产生竖向排列的行报表。

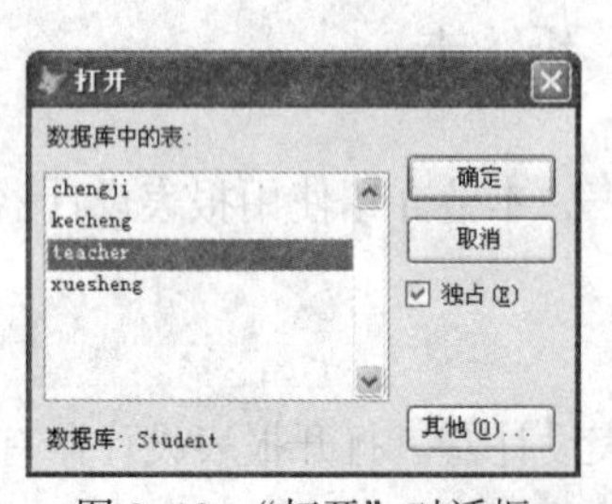

图 9-18　“打开”对话框

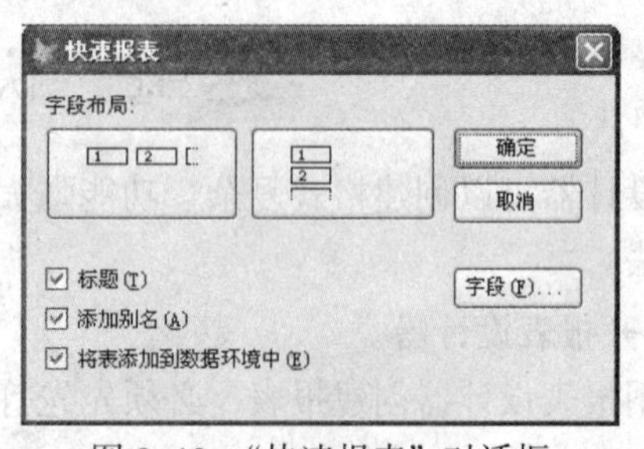

图 9-19　“快速报表”对话框

本例中，单击左侧按钮以创建横向排列报表，选择创建标题、添加别名、将表添加到数据环境中。

（3）选择字段：单击“字段”按钮，打开“字段选择器”对话框，如图 9-20 所示，选择报表中要显示的字段。返回“快速报表”对话框，单击“确定”按钮，快速报表的报表设计器界面如图 9-21 所示。

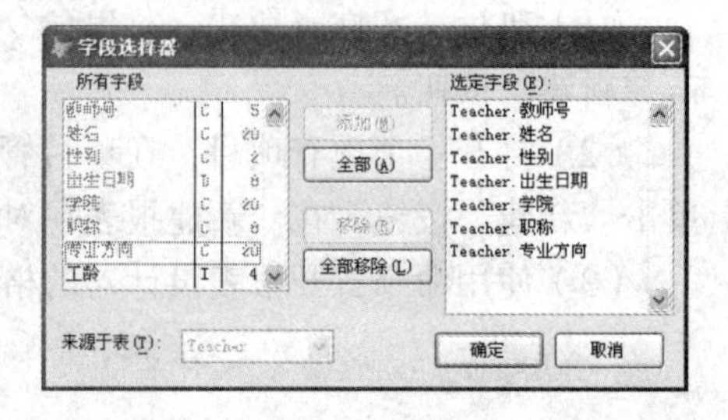

图 9-20　“字段选择器”对话框

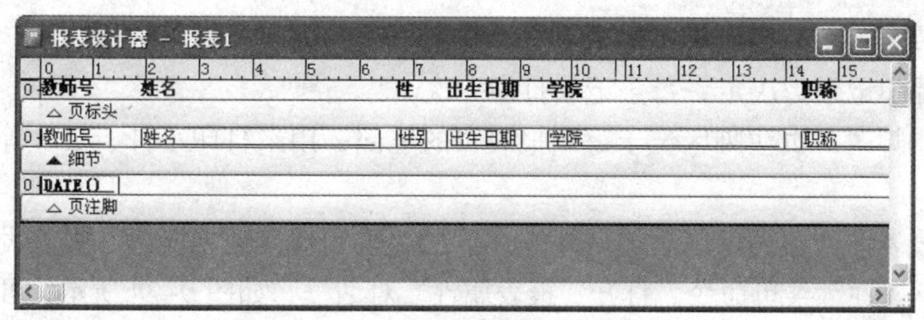

图 9-21 快速报表设计器界面

（4）预览和打印输出：执行“显示→预览”菜单命令，显示快速报表的预览结果，如图 9-22 所示。关闭预览视图，返回报表设计器，执行“文件→保存”菜单命令，保存报表文件名为“教师信息.frx”。

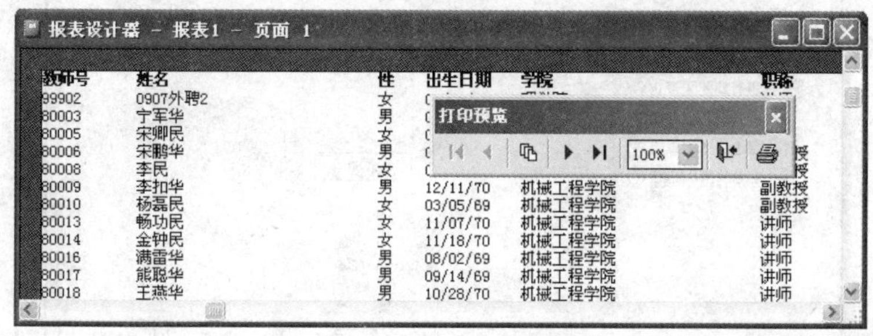

图 9-22 快速报表预览视图

9.3 报表设计

使用报表向导、快速报表方法可以迅速创建报表，但是格式简单且功能有限。报表设计器可以创建格式多样、功能复杂的报表，也可以修改使用报表向导、快速报表方法创建的报表。

使用报表设计器创建报表主要包括两个步骤：设置报表数据源和创建报表的布局。可以使用数据环境设计器设置报表的数据源；使用报表设计器界面的几个显示带区、报表设计器工具栏和报表控件工具栏来设计报表布局。

1. 报表设计器界面

打开报表设计器，如图 9-23 所示。其中包括 3 个基本带区：

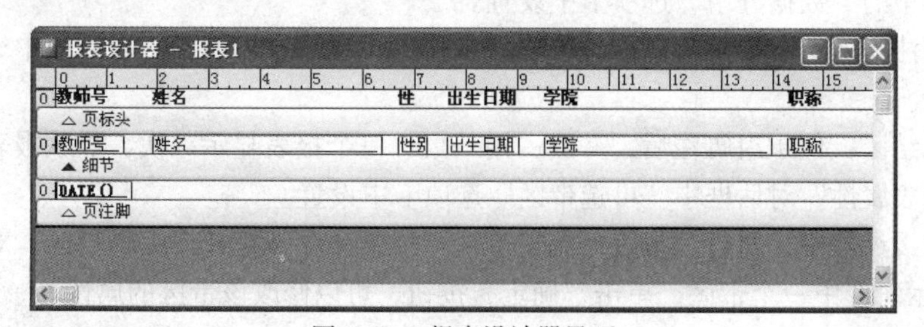

图 9-23 报表设计器界面

（1）页标头区：页标头区位于页面顶端的标题下方，每个报表页显示一次，用于输出报表名和需要显示的字段名称。

（2）细节区：细节区位于页标头下方，显示报表的内容，输出数据记录，输出的记录个数由数据源中记录数决定，每条记录打印一次。

（3）页注脚区：页注脚区位于每个报表页的尾部，用来打印小计、页号等，每个报表页打印一次。

此外，报表设计器还可以添加另外 6 个区域，以实现其他功能。在报表设计界面中，执行“报表→属性”菜单命令，打开“报表属性”对话框，如图 9-24 所示，可以在不同选项卡中设置相应属性。

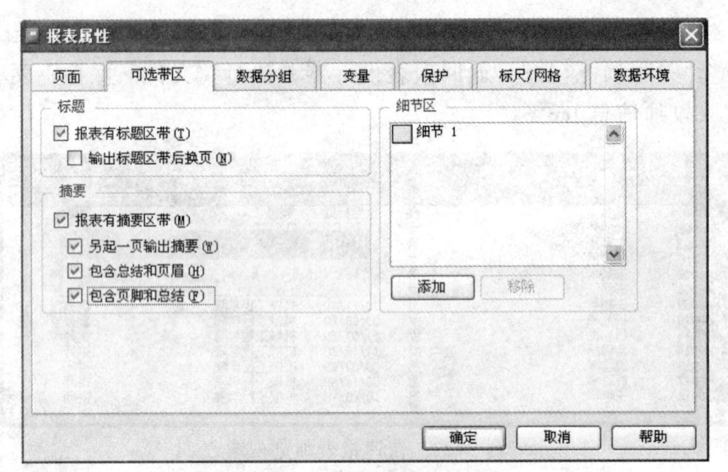

图 9-24 “报表属性”对话框

在“报表属性”对话框中，选择要显示的带区：

（1）标题区：位于报表的开头或者独占一页页面，每个报表中只包含一个，用来显示报表的标题。在“报表属性”对话框中，在“可选带区”选项卡中选择是否显示此区域。

（2）列标头区：位于页标头后，在多列报表中每列显示一次，用来显示该列的名称。在“报表属性”对话框中，在“页面”选项卡中选择“分栏”，设置栏数多于 1 列，就可以显示每列的列标头区域。

（3）组标头区：位于页标头、组标头、组注脚等区域的后面，每组显示一次，在此区域中显示该组的标题。在“报表属性”对话框中的“数据分组”选项卡中设置。

（4）组注脚区：位于细节区域后，每组显示一次，用来显示该组的注脚。在“报表属性”对话框中的“数据分组”选项卡中设置。

（5）列注脚区：位于页脚注前，每列显示一次。在“报表属性”对话框中“页面”选项卡中设置。

（6）总结区：位于组脚注后，一般占用一页，每个报表显示一次，显示报表的总结信息。在“报表属性”对话框中“可选带区”选项卡中设置。

在报表设计器中，执行“报表→编辑带区”菜单命令，打开“编辑带区”对话框，如图 9-25 所示。选中一个带区，单击“确定”按钮，可以修改该带区的属性。

2．报表工具栏

在报表设计器中，还可以通过报表设计器和报表控件工具栏来设置报表的数据环境、调色板，添加各种控件等来完成报表设计。

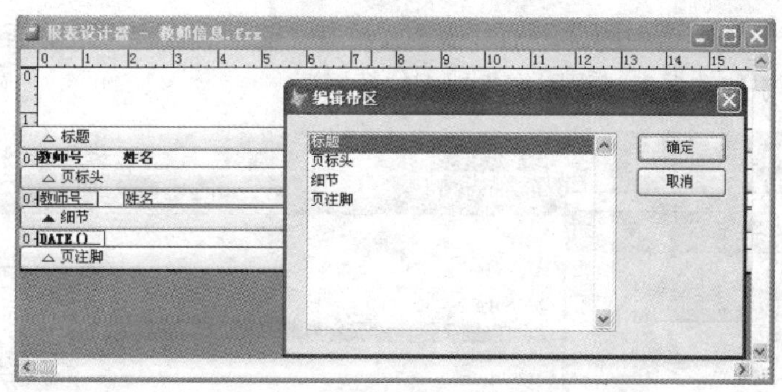

图 9-25　显示多个可编辑带区的报表设计器

在报表设计器中，执行“显示→工具栏”菜单命令，打开图 9-26 所示的“工具栏”对话框，设置显示和隐藏工具栏。报表设计器工具栏和报表控件工具栏，如图 9-27 所示。

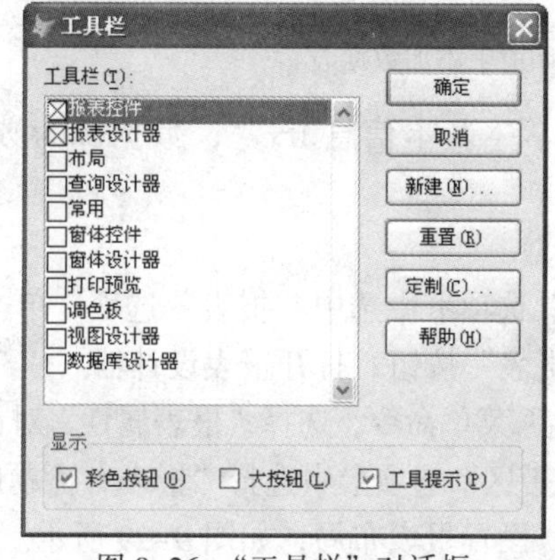

图 9-26　“工具栏”对话框

图 9-27　报表工具栏

“报表设计器”工具栏中的按钮从左至右依次为：数据分组、数据环境、“报表控件”工具栏、“调色板”工具栏、“布局”工具栏。

“报表控件”工具栏中的按钮从左至右为：

（1）“选定对象”按钮：选中报表设计器中的对象。

（2）“标签”按钮：在报表上创建一个标签控件。

（3）“域控件”按钮：在报表上创建一个字段、内存变量或表达式。添加域控件有两种方法：拖动字段；在“细节带区”拖动域控件，然后编辑表达式。

（4）线条：在报表中绘制线条。

（5）矩形：在报表中绘制矩形形状。

（6）圆角矩形：在报表中绘制圆角矩形形状。

（7）图片/OLE 绑定控件：用于显示图片或通用字段的内容。

（8）按钮锁定：锁定当前选中的按钮，允许一次选中一个按钮，在报表中添加多个同类型控件。

3．报表数据源

报表数据源可以是自由表、数据库表，也可以是视图、查询或临时表。

在报表设计器界面中，执行“显示→数据环境”菜单命令，打开数据环境设计器，右击空白处，执行快捷菜单中的“添加”命令，打开“添加表或视图”对话框，如图 9-28 所示，向报表中添加数据表或视图作为报表的数据源。

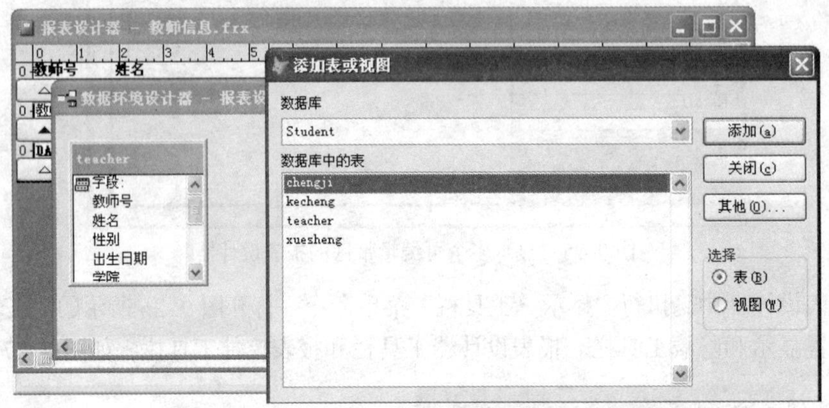

图 9-28　向数据环境中添加数据表

【例 9.5】使用报表设计器设计报表“学生基本信息.frx”，数据源为数据库中的 xuesheng 表。

操作步骤：

（1）打开“成绩管理”项目，在“文档”选项卡中选中“报表”选项，单击“新建”按钮，在“新建报表”对话框中单击“新建报表”按钮，打开报表设计器。

（2）在报表设计器中，执行“报表→属性”菜单命令，选择“报表属性”对话框的“页面”选项卡，设置分栏的栏数为 2；在“可选带区”选项卡中选择“报表有标题区带”“报表有摘要区带”复选框，单击“确定”按钮，设置报表布局，如图 9-29 所示。

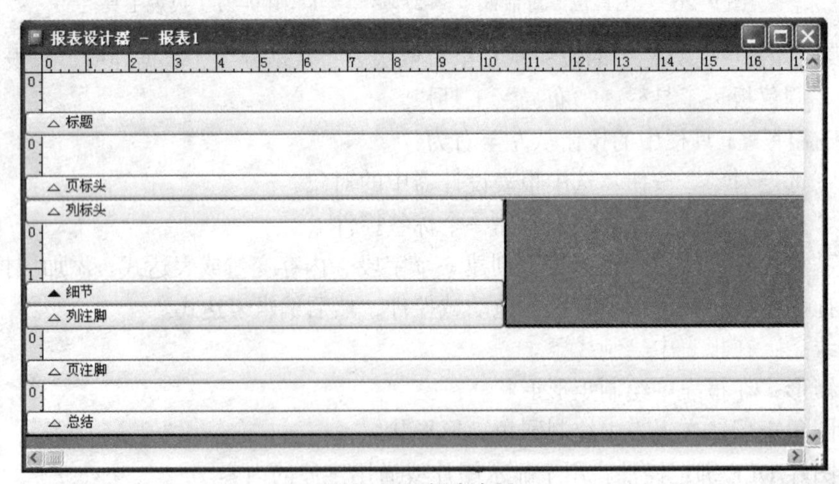

图 9-29　报表布局

说明：如果某个带区是折叠显示样式，可以右击指定带区，执行快捷菜单中的“属性”命令，在“属性”对话框中，指定该带区高度。

（3）执行“显示→数据环境”菜单命令，打开数据环境设计器，执行“数据环境→添加”菜单命令，在“添加表或视图”对话框中添加数据库表 xuesheng，如图 9-30 所示。

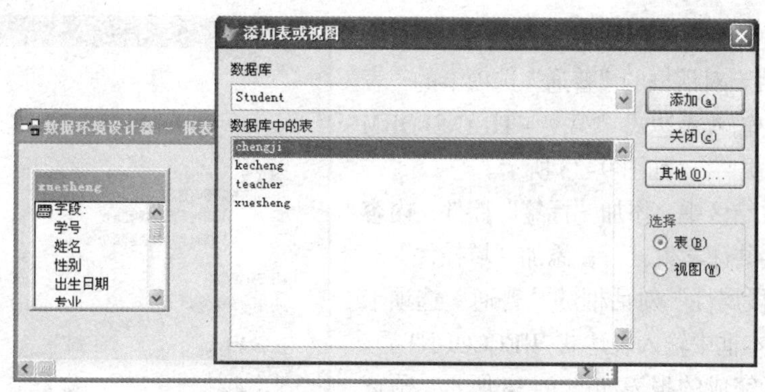

图 9-30 添加报表数据源

（4）在“报表控件”工具栏中单击“圆角矩形”控件，在标题区中绘制圆角矩形，双击圆角矩形，打开“矩形属性”对话框，如图 9-31 所示。在“风格”选项卡中设置矩形的风格和颜色，其中线型为“点线”，填充颜色为“灰色”。

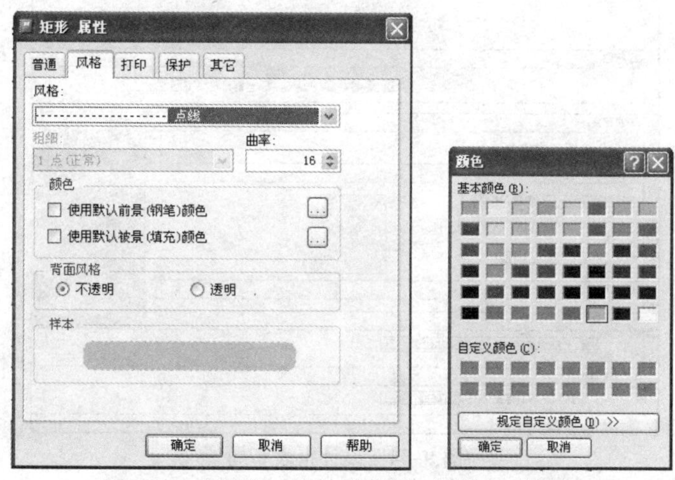

图 9-31 “矩形”属性对话框和“颜色”对话框

（5）在“报表控件”工具栏中单击“标签”控件，在圆角矩形中创建标签，文字为“使用报表设计器设计报表”。双击标签，在“标签属性”对话框中设置字体、字号，结果如图 9-32 所示。

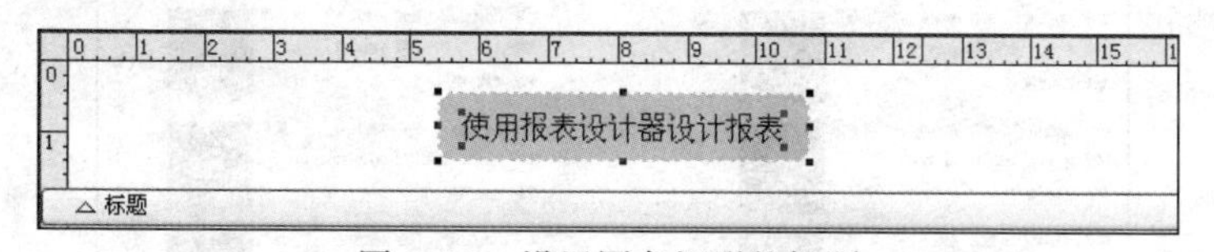

图 9-32 设置圆角矩形的标题

（6）在页标头区中，使用报表控件工具栏中的“矩形”“标签”“域控件”控件，添加报表页标头。

（7）在细节区中，从数据环境设计器中将 xuesheng 表的学号、姓名、性别、专业、照片等字段依次拖动到细节区，并调整好位置。

（8）在列标头区中，添加“标签”控件，内容为“分栏显示学生信息”。

（9）在页注脚区中，添加“域控件”，双击后在“字段属性”对话框的“普通”选项卡的“表达式”文本框中输入表达式“"第 "+TRANSFORM(_PAGENO)+"页"”，如图 9-33 所示。

（10）在总结区中，添加“标签”控件，内容为“报表总结-共计学生：”；添加“域控件”，双击后在“字段属性”对话框的“普通”选项卡的“表达式”文本框中输入表达式“RECCOUNT()”。

（11）设计完成的报表如图 9-34 所示。预览报表，查看报表的预览效果，如图 9-35 所示。

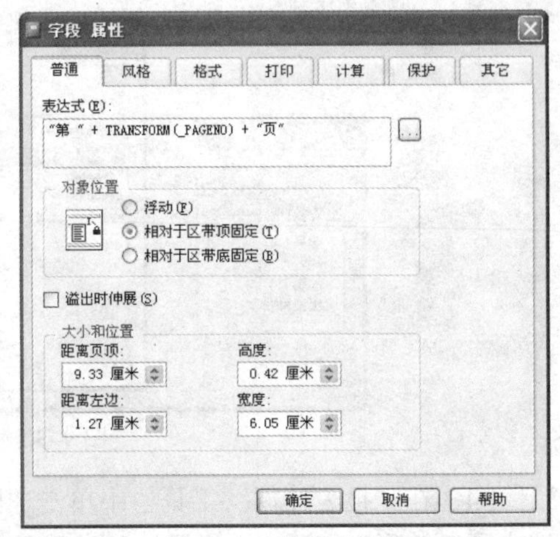

图 9-33　域控件设置

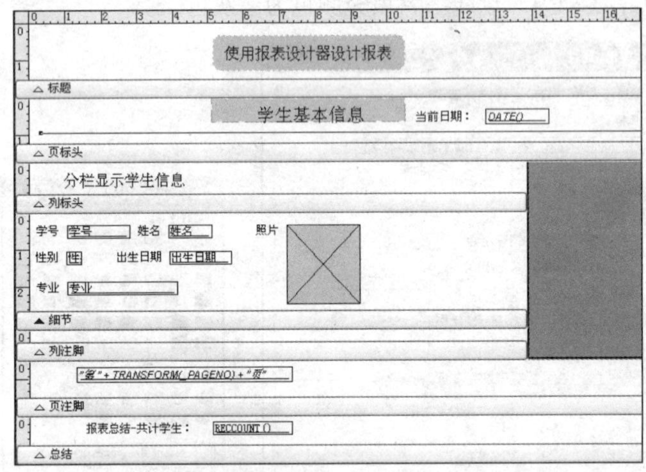

图 9-34　设计报表布局

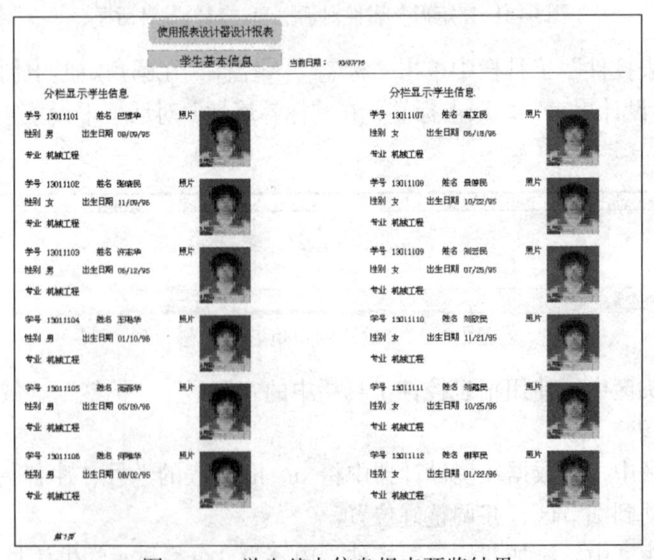

图 9-35　学生基本信息报表预览结果

（12）保存报表为“学生基本信息.frx”。

9.4 分组报表

为了使得报表更加易于阅读和使用，经常按照某个关键字段对报表进行分组，形成分组报表。

分组报表是很常见的报表类型，它经常按照纵向分组，通过指定一个分组字段，并添加汇总数据，形成分组报表。数据源的数据表的分组字段必须设置索引，根据分组字段个数，可以分为一级分组和多级分组。

【例 9.6】设计 chengji 表中课程成绩按照“学号”字段分组的分组报表，文件名为“学生成绩分组报表.frx”。

操作步骤：

（1）新建报表，打开报表设计器，打开环境设计器，添加 student.dbc 数据库中的 chengji 表，如图 9-36 所示。

（2）右击数据环境设计器空白处，执行快捷菜单中的“属性”命令，打开“属性”窗口，如图 9-37 所示。选择 Cursor1 选项，设置其 Order 属性为“学号”，即为临时表 Cursor1 指定主控索引为“学号”。

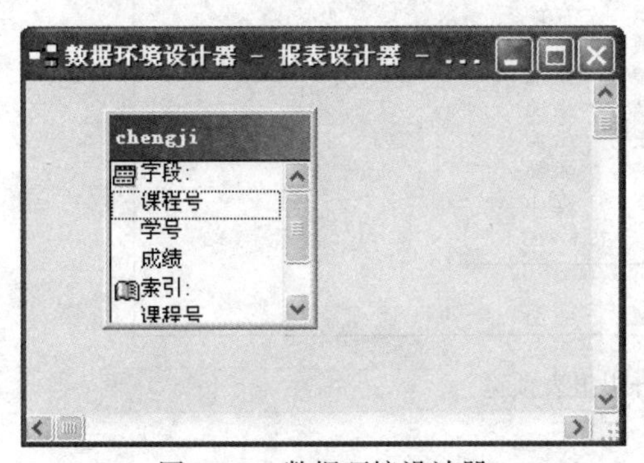

图 9-36 数据环境设计器

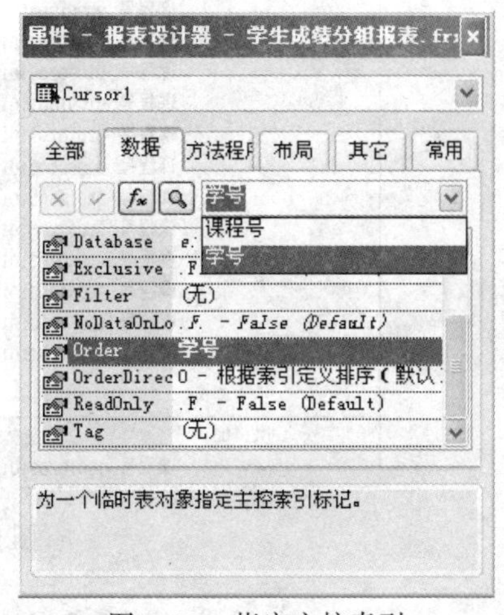

图 9-37 指定主控索引

（3）将数据环境中的“学号”字段拖动到“组标头 1”带区，作为分组的字段，将“课程号”和“成绩”字段拖动到“细节 1”带区。

（4）在“页标头”带区设计绘制标签，文字为“学生成绩分组报表”，在“组标头 1”带区绘制横线。

（5）拖动成绩字段到“组注脚 1”带区，双击“成绩”域控件，在“字段属性”对话框的“计算”选项卡中，选择计算类型为“平均数”，如图 9-38 所示。修改标签的文字为“平均成绩”，如图 9-39 所示。

（6）预览报表的输出结果，如图 9-40 所示。保存报表为“学生成绩分组报表.frx”。

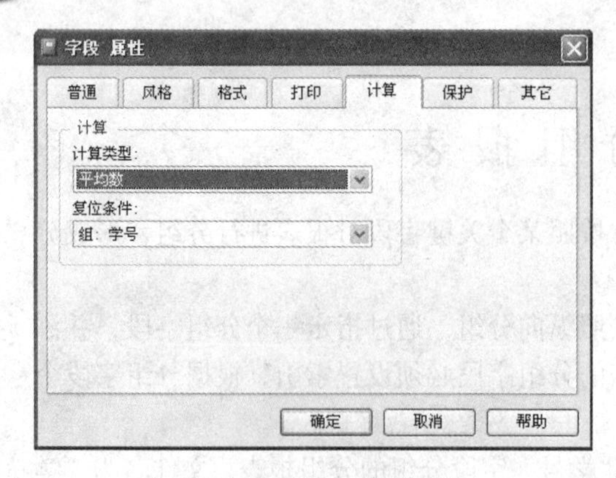

图 9-38　统计计算类型

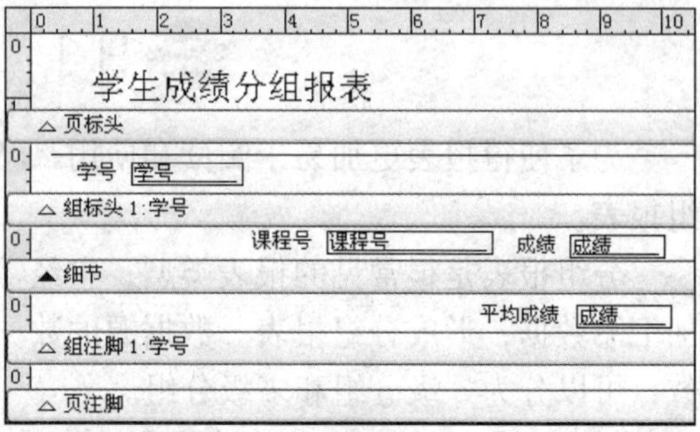

学生成绩分组报表
△页标头
学号 学号
△组标头 1:学号
课程号 课程号 成绩 成绩
▲细节
平均成绩 成绩
△组注脚 1:学号
△页注脚

图 9-39　修改后的标签文字

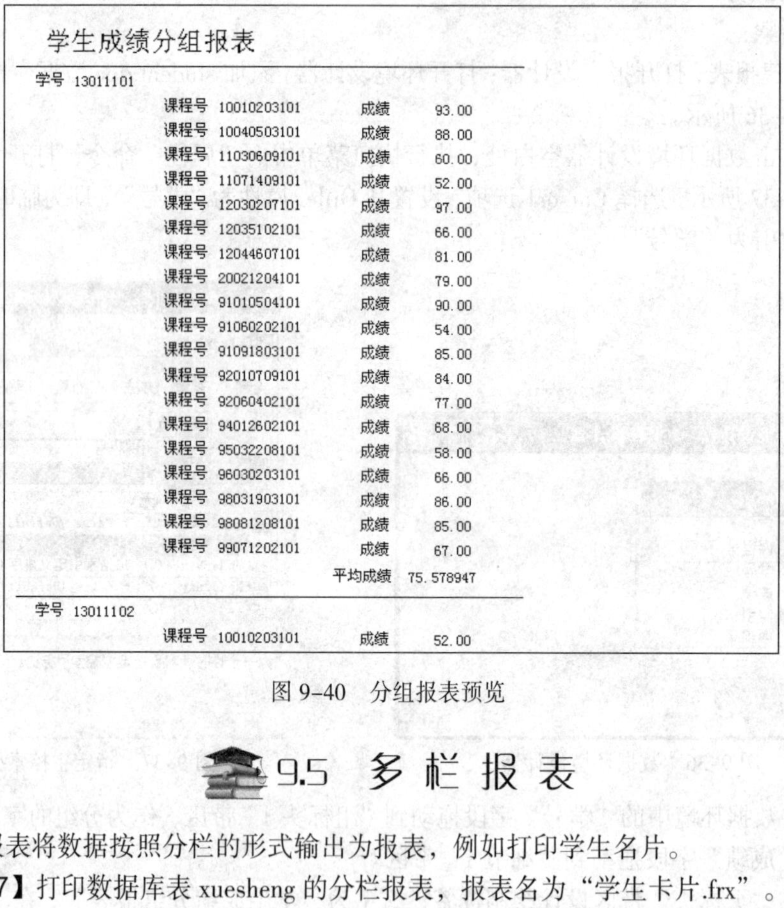

学生成绩分组报表

学号 13011101

课程号	10010203101	成绩	93.00
课程号	10040503101	成绩	88.00
课程号	11030609101	成绩	60.00
课程号	11071409101	成绩	52.00
课程号	12030207101	成绩	97.00
课程号	12035102101	成绩	66.00
课程号	12044607101	成绩	81.00
课程号	20021204101	成绩	79.00
课程号	91010504101	成绩	90.00
课程号	91060202101	成绩	54.00
课程号	91091803101	成绩	85.00
课程号	92010709101	成绩	84.00
课程号	92060402101	成绩	77.00
课程号	94012602101	成绩	68.00
课程号	95032208101	成绩	58.00
课程号	96030203101	成绩	66.00
课程号	98031903101	成绩	86.00
课程号	98081208101	成绩	85.00
课程号	99071202101	成绩	67.00
		平均成绩	75.578947

学号 13011102

课程号	10010203101	成绩	52.00

图 9-40　分组报表预览

9.5　多栏报表

多栏报表将数据按照分栏的形式输出为报表，例如打印学生名片。

【例 9.7】打印数据库表 xuesheng 的分栏报表，报表名为“学生卡片.frx”。

操作步骤：

（1）新建报表，打开报表设计器，打开环境设计器窗口，添加 student.dbc 数据库中的 xuesheng 表。

（2）右击报表设计器空白处，执行快捷菜单中的“属性”命令，在“报表属性”对话框的“页面”选项卡中，设置列数为 2，打印顺序为“从左到右”，如图 9-41 所示。

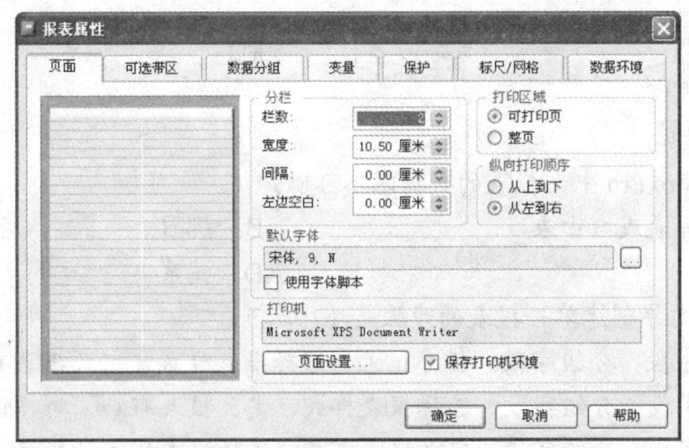

图 9-41 “页面”选项卡

（3）在“细节”带区绘制圆角矩形，拖拽字段到“细节”带区，在“页标头”带区绘制标签，文字为“学生卡片”，如图 9-42 所示。

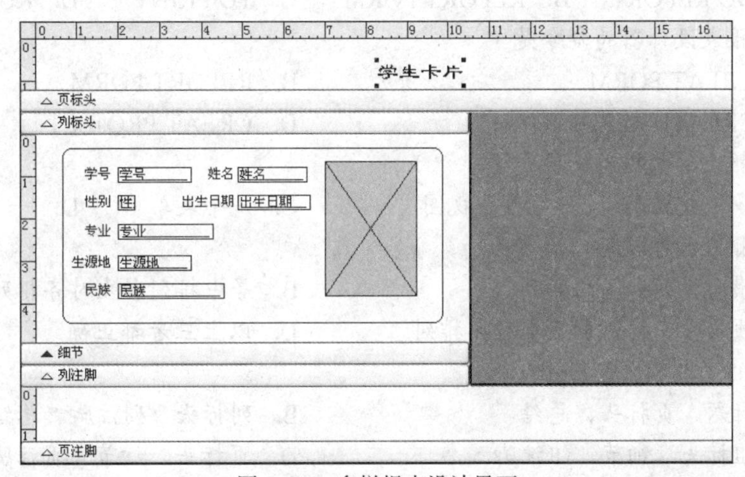

图 9-42 多栏报表设计界面

（4）预览显示报表如图 9-43 所示。保存报表为“学生卡片.frx”。

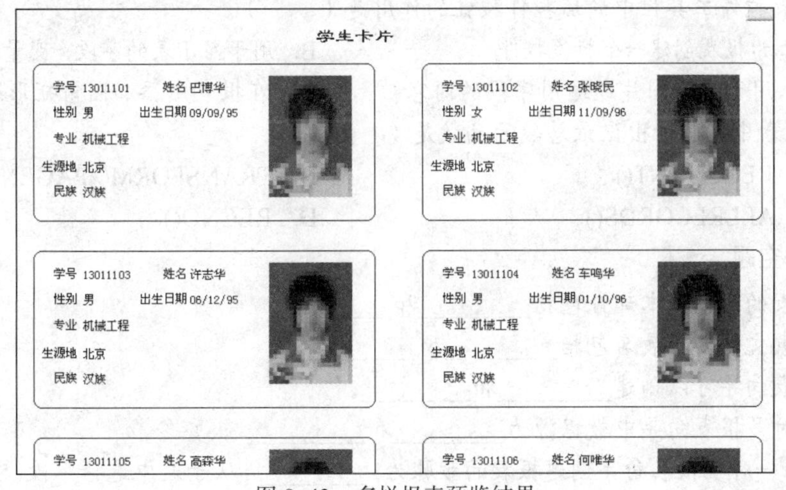

图 9-43 多栏报表预览结果

习　题

一、单项选择题

1. 在 Visual FoxPro 中，报表的数据源不可以是（　　）。
   A. 数据库表或自由表　　B. 视图
   C. 查询　　D. 关系
2. 使用报表向导创建单一报表的步骤是（　　）。
   A. 选择字段、分组字段、排序记录、选择报表样式、定义报表布局、完成
   B. 选择字段、分组字段、选择报表样式、定义报表布局、排序记录、完成
   C. 选择字段、分组字段、定义报表布局、选择报表样式、排序记录、完成
   D. 分组字段、选择字段、选择报表样式、定义报表布局、排序记录、完成
3. 打印或预览报表的命令是（　　）。
   A. DO REPORT　　B. REPORT FORM　　C. TO PRINT　　D. RUN REPORT
4. 打开报表设计器的命令是（　　）。
   A. CREAT FORM　　B. REPORT FORM
   C. CREATE REPORT　　D. CREAT PROJECT
5. 快速报表的数据源一般是（　　）。
   A. 多个数据表　　B. 多个视图　　C. 一个表单　　D. 一个数据表
6. 快速报表的字段可以选择（　　）。
   A. 横向排列和竖向排列　　B. 居中排列和左对齐排列
   C. 顶端对齐排列和底端对齐排列　　D. 以上三者都正确
7. 报表的基本带区包括（　　）。
   A. 标题、页标头、总结　　B. 列标头、列注脚、总结
   C. 组标头、细节、组注脚　　D. 页标头、细节、页注脚
8. 以下不包含在报表控件工具栏中的按钮是（　　）。
   A. A　　B.　　C.　　D.
9. 报表控件工具栏中的域控件按钮的作用是（　　）。
   A. 为报表创建一个标签控件　　B. 用于显示表的字段、变量和计算结果
   C. 用于显示图片或通用字段的内容　　D. 在报表中添加圆角矩形形状
10. 报表中汇总输出记录总数的函数是（　　）。
    A. RECCOUNT()　　B. TRANSFORM(_PAGENO)
    C. ALLRECORDS()　　D. RECNO()

二、填空题

1. 报表的两个基本部分包括________和________。
2. 报表文件的扩展名包括________和________。
3. 报表向导可以创建________和________。
4. 一对多报表向导中数据源为________和________。
5. 使用一对多报表向导创建报表的步骤为：________、从子表中选择字段（Select Child

Table Fields）、________、排序记录（Sort Records）、选择报表样式（Choose Report Style）、完成（Finished）

6. 在报表设计器界面中，执行________→________菜单命令，创建快速报表

7. 报表设计器界面中除去三个基本带区外，还可以包括________、列标头区、组标头区、________、列注脚区和________。

8. 报表设计工具栏的按钮，从左至右分别为________、________、报表控件工具栏、调色板工具栏、布局工具栏按钮。

9. 在报表设计器界面中，执行________→________菜单命令，可以给报表添加数据源。

10. 设置分组报表时根据分组所依据的字段个数，可以分为________和________。

三、简答题

1. 什么是报表，报表的两个基本部分是什么？
2. 简述单一报表向导创建报表的步骤。
3. 简述一对多报表向导创建报表的步骤。
4. 简述如何预览、打印报表。
5. 简述在报表设计器中使用快速报表创建报表的步骤。
6. 简述报表设计器界面中各个带区的作用和使用方法。
7. 简述在报表中添加圆角矩形并加入文字的方法。
8. 简述多级报表的概念和创建方法。
9. 简述创建报表有哪几种方法，各种方法的特点是什么。

实　验

实验目的

1. 掌握报表向导创建报表
2. 掌握报表设计器创建报表
3. 掌握创建多栏报表

实验内容

1. 使用报表向导创建 kecheng 表的单一报表 ex0901.frx，报表设计界面如图 9-44 所示，预览结果如图 9-45 所示。

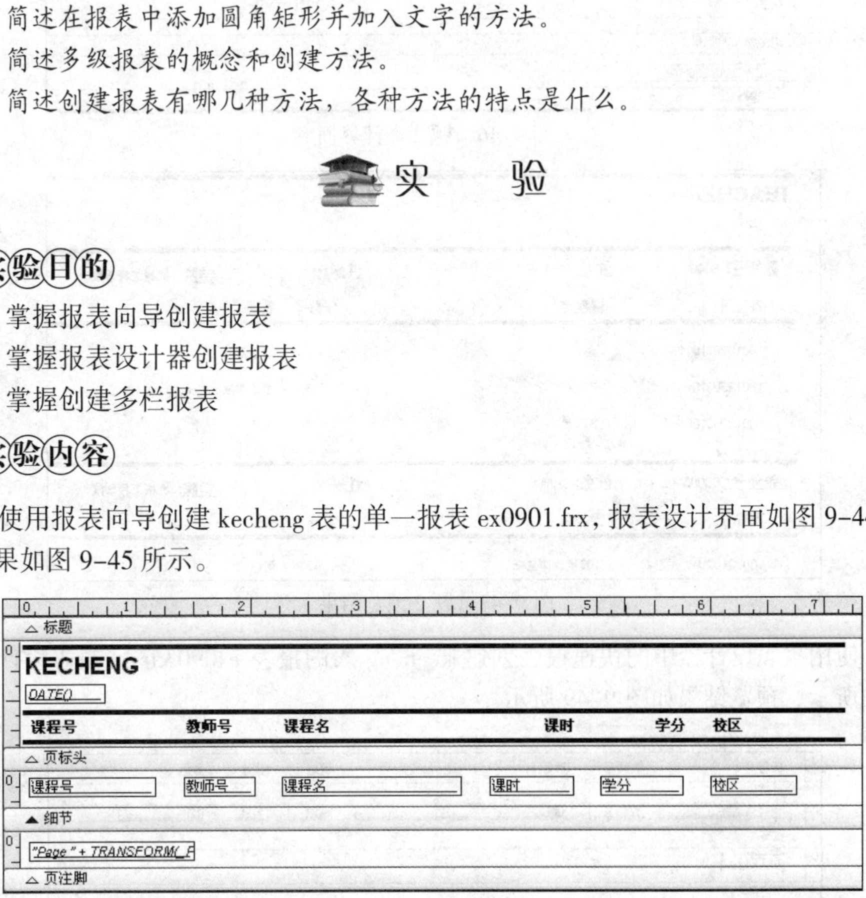

图 9-44　题 1 设计界面

KECHENG

10/07/15

课程号	教师号	课程名	课时	学分	校区
10010203101	80109	C语言	60	3	泰达
100102031010	80016	C语言	60	3	泰达
100102031011	80003	C语言	60	3	泰达西院
100102031012	80062	C语言	60	3	泰达西院
100102031013	80062	C语言	60	3	泰达西院

图 9-45　题 1 预览结果

2. 使用报表向导创建 teacher 和 kecheng 表的一对多报表 ex0902.frx，报表设计界面如图 9-46 所示，预览结果如图 9-47 所示。

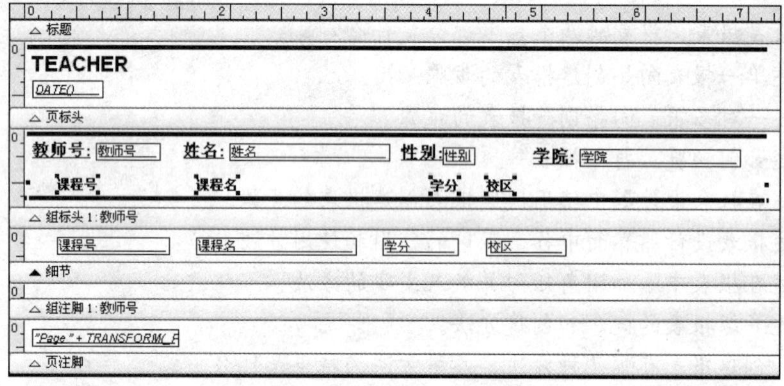

图 9-46　题 2 设计界面

TEACHER

10/07/15

教师号: 80003　**姓名:** 宁军华　**性别:** 男　**学院:** 机械工程学院

课程号	课程名	学分	校区
100102031011	C语言	3	泰达西院
10012303104	VF语言	3	泰达西院
10012303105	VF语言	3	河西

教师号: 80005　**姓名:** 宋卿民　**性别:** 女　**学院:** 机械工程学院

课程号	课程名	学分	校区
10030102101	计算机软件基础	2	河西

图 9-47　题 2 预览结果

3. 使用报表设计器中的快速报表创建 kecheng 表的报表 ex0903.frx，报表设计界面如图 9-48 所示，预览结果如图 9-49 所示。

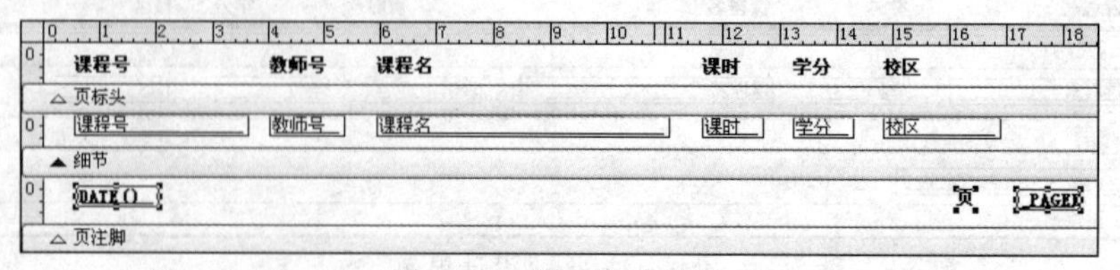

图 9-48　题 3 设计界面

课程号	教师号	课程名	课时	学分	校区
10010203101	80109	C语言	60	3	泰达
100102031010	80016	C语言	60	3	泰达
100102031011	80003	C语言	60	3	泰达西院
100102031012	80062	C语言	60	3	泰达西院
100102031013	80062	C语言	60	3	泰达西院
100102031014	91137	C语言	60	3	泰达
100102031015	91043	C语言	60	3	泰达

图 9-49 题 3 预览结果

4. 使用报表设计器创建 teacher 表的报表 ex0904.frx，报表设计界面如图 9-50 所示，预览结果如图 9-51 所示。要求如下：

（1）在标题区，标签控件输入“教师基本信息”，放入圆角矩形中，并添加域控件显示日期，函数为 DATE()。

（2）添加 teacher 表为数据源，在细节区完成字段布局。

（3）在页注脚区，添加域控件，显示当前页号，设置变量值为_pageno。

（4）在总结区，添加域控件，显示教师的总人数，表达式函数为 RECCOUNT()。

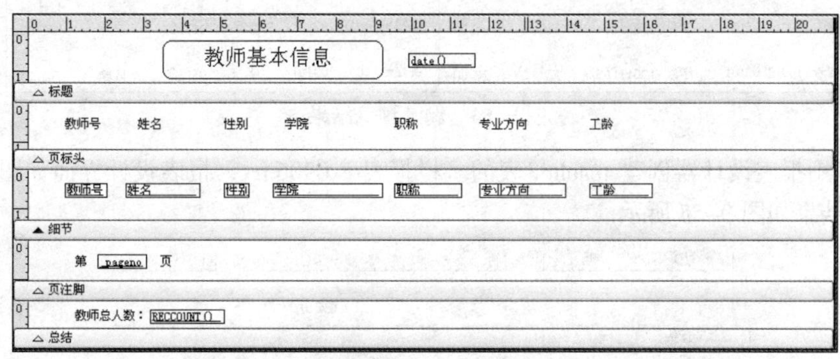

图 9-50 题 4 设计界面

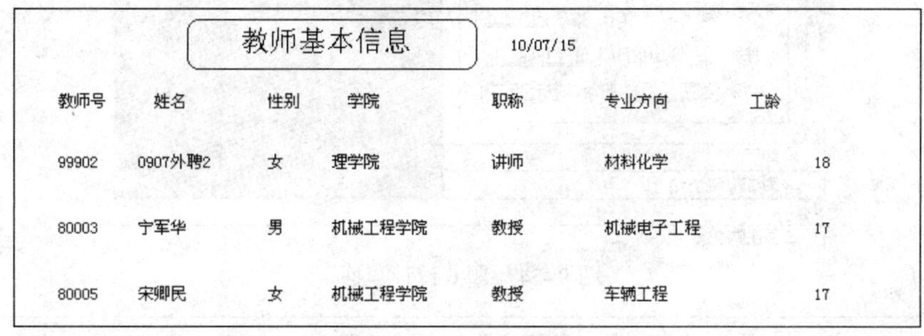

教师基本信息　10/07/15

教师号	姓名	性别	学院	职称	专业方向	工龄
99902	0907外聘2	女	理学院	讲师	材料化学	18
80003	宁军华	男	机械工程学院	教授	机械电子工程	17
80005	宋卿民	女	机械工程学院	教授	车辆工程	17

图 9-51 题 4 预览结果

5. 使用报表设计器创建 chengji 表的多栏报表 ex0905.frx，报表设计界面如图 9-52 所示，预览结果如图 9-53 所示。

（1）在数据环境中添加 chengji 表为数据源。

（2）在“报表属性”对话框中的“页面布局”选项卡中，设置分栏数为 2。

（3）标题区添加标题，为“成绩基本信息”。

（4）拖动字段到细节区，并在细节区的最右侧绘制一条垂直线条。

（5）页注脚区显示页码，总结区显示成绩记录总数。

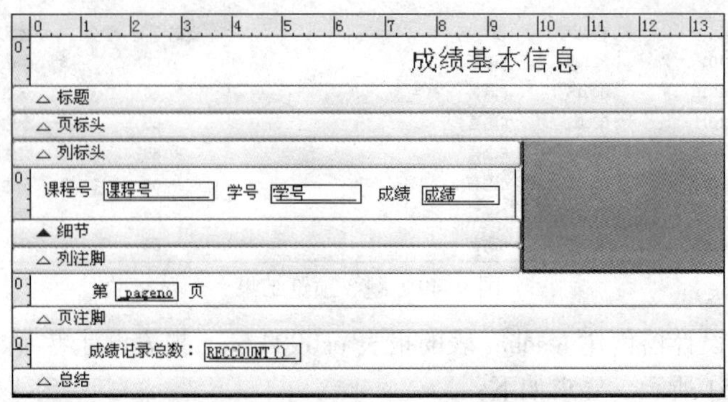

图 9-52　题 5 设计界面

成绩基本信息

课程号	学号	成绩	课程号	学号	成绩
10010203101	13011101	93.00	10010203101	13011205	85.00
10010203101	13011102	52.00	10010203101	13011206	50.00
10010203101	13011103	74.00	10010203101	13011207	62.00
10010203101	13011104	81.00	10010203101	13011208	76.00
10010203101	13011105	78.00	10010203101	13011209	76.00

图 9-53　题 5 预览结果

6. 使用报表设计器创建 teacher 表的多栏报表 ex0906.frx，报表设计界面如图 9-54 所示，预览结果如图 9-55 所示。

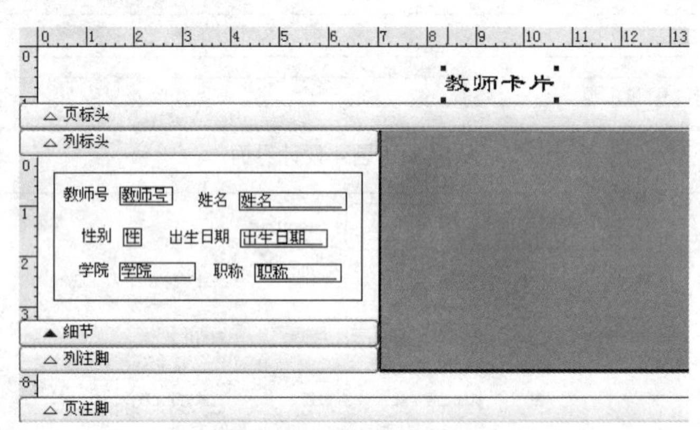

图 9-54　题 6 设计界面

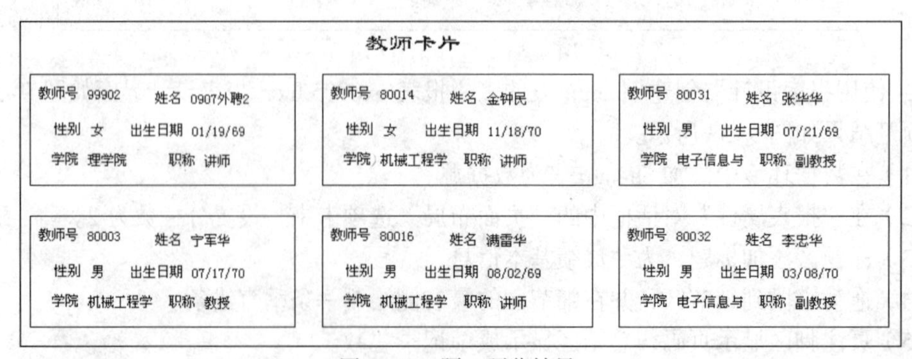
教师卡片

教师号	姓名	性别	出生日期	学院	职称
99902	0907外聘2	女	01/19/69	理学院	讲师
80014	金钟民	女	11/18/70	机械工程学	讲师
80031	张华华	男	07/21/69	电子信息与	副教授
80003	宁军华	男	07/17/70	机械工程学	教授
80016	满雷华	男	08/02/69	机械工程学	讲师
80032	李忠华	男	03/08/70	电子信息与	副教授

图 9-55　题 6 预览结果

菜　单 «<

Visual FoxPro 系统主要通过菜单调用各项功能，在应用程序中也可以通过菜单调用各项功能。工具栏将常用的菜单功能以图标方式组合在一起，方便用户调用。菜单系统和工具栏是应用程序和用户交互的界面。

在 Visual FoxPro 中，可以根据需要自定义菜单和工具栏，让用户以交互方式操作界面使用系统和应用程序的功能。

本章主要介绍在 Visual FoxPro 中创建和使用菜单的相关内容。

本章资源

10.1 菜单概述

菜单主要有两种：

（1）下拉菜单：主要应用在系统主界面中，作为系统菜单或主菜单，它包括一组条形菜单和其中包含的下拉菜单项。

（2）快捷菜单：在相应对象上右击弹出的一组菜单项。

1. 系统菜单

Visual FoxPro 的主菜单称为系统菜单，可以运行 Visual FoxPro 的所有功能。系统菜单包括文件、编辑、显示、格式、工具、程序、窗口和帮助。

在命令窗口中使用 SET SYSTEM MENU 命令自定义显示和隐藏菜单项，命令格式为：

```
SET SYSMENU ON | OFF  | AUTOMATIC | TO [MenuList]
        | TO [MenuTitleList]| TO [DEFAULT] | SAVE | NOSAVE
```

说明：

（1）不带参数的 SET SYSMENU TO 命令可以禁用 Visual FoxPro 系统菜单的功能。

（2）参数 ON：在 Visual FoxPro 中运行命令等待输入期间，显示 Visual FoxPro 系统菜单；OFF：在 Visual FoxPro 运行期间不显示系统菜单。

（3）AUTOMATIC：是 Visual FoxPro 系统菜单的默认设置，保证运行期间使系统菜单始终可见。

（4）TO [MenuList]和 TO [MenuTitleList]：指定 Visual FoxPro 系统菜单中菜单或菜单标题的子集，菜单或菜单标题是系统菜单中的菜单项或菜单项标题的任意组合，相互之间用逗号隔开。

在 Visual FoxPro 中,系统菜单栏的内部名称是 _MSYSMENU。表 10-1 为 Visual FoxPro 系统菜单项的标题及其对应的内部名，每个菜单项下边还包括许多子菜单项，每个子菜单项有自己的内部名。

表 10-1　Visual FoxPro 系统菜单

菜　单　名	内　部　名	菜　单　名	内　部　名
文件	_MSM_FILE	工具	_MSM_TOOLS
编辑	_MSM_EDIT	程序	_MSM_PROG
显示	_MSM_VIEW	窗口	_MSM_WINDO
格式	_MSM_TEXT	帮助	_MSM_SYSTM

【例 10.1】使用命令从 Visual FoxPro 系统菜单栏中移去除“文件”“编辑”和“程序”菜单外的所有菜单。

```
SET SYSMENU TO _MSM_FILE, _MSM_EDIT, _MSM_PROG
```

菜单修改后的格式如图 10-1 所示。

图 10-1　自定义菜单

（5）TO [DEFAULT]：将系统菜单恢复为默认设置。如果对系统菜单或其中的菜单项做过修改，可使用“SET SYSMENU TO DEFAULT”命令恢复系统菜单的原始设置。

（6）SAVE：使用“SET SYSMENU SAVE”命令保存当前系统菜单作为默认设置。

（7）NOSAVE：不保存修改后的系统菜单。只有使用 SET SYSMENU TO DEFAULT 命令之后才会恢复显示原始的 Visual FoxPro 系统菜单。

2．下拉菜单

下拉菜单由一个条形菜单和弹出式菜单项组成。在 Visual FoxPro 的主界面中，系统菜单就是下拉菜单，当在系统菜单中选中某一个菜单项时，在该菜单项下弹出下拉菜单，如图 10-2 所示。

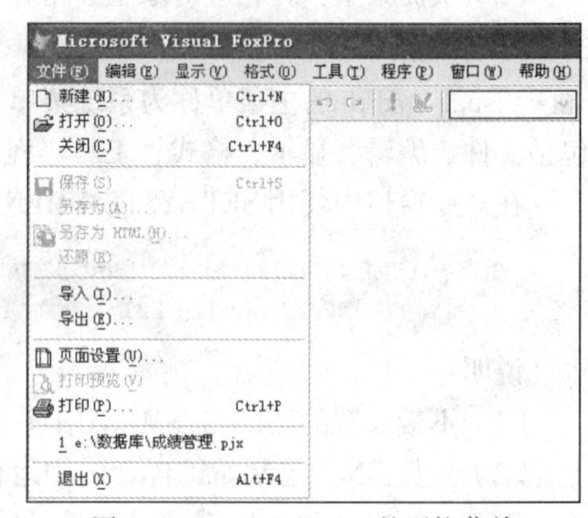

图 10-2　Visual FoxPro 的下拉菜单

下拉菜单的每个主菜单项都包括一个下拉子菜单：

（1）每个菜单项（主菜单项和子菜单项）都有菜单项名称、访问快捷键；

（2）下拉菜单的子菜单项包括：弹出级联子菜单的菜单项、对话框的菜单项、单选菜单项、多选菜单项等。

（3）灰色的菜单项表示当前暂时不可使用。

（4）菜单项名称后面括号内是该菜单项的快捷键。如“文件”菜单的快捷键是“Alt+F”；“新建”菜单项的快捷键是“Ctrl+N”。

3．快捷菜单

在某一个具体对象上右击弹出的菜单称为快捷菜单，由一个或多个弹出式菜单项组成。快捷菜单是针对某一具体对象的常用功能的菜单，如图 10-3 所示。

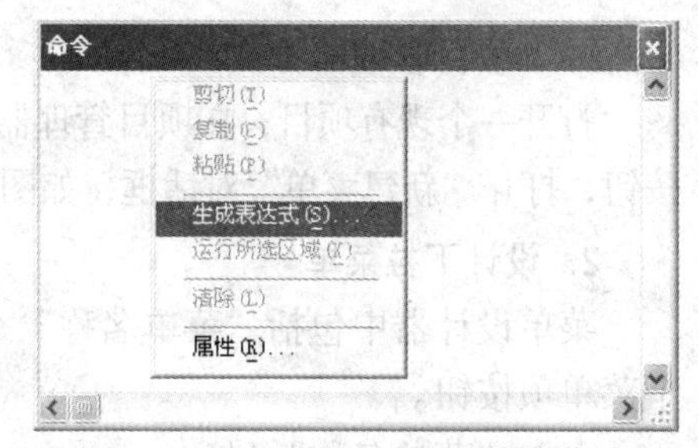

图 10-3　Visual FoxPro 的快捷菜单

10.2　下 拉 菜 单

在应用程序中建立自定义下拉菜单的主要步骤包括：打开菜单设计器，在菜单设计器中设计下拉菜单，保存自定义的下拉菜单，生成自定义下拉菜单的程序，执行含有下拉菜单的程序。

创建的菜单文件的扩展名为.mnx，相应菜单文件的备注文件扩展名为.mnt，最终生成的菜单程序文件的扩展名为.mpr。

1．打开菜单设计器

在 Visual FoxPro 中，可以使用菜单设计器为应用程序创建自定义下拉菜单。打开菜单设计器有 3 种方法：

（1）菜单方式

执行“文件→ 新建”菜单命令，在“新建”对话框中选中“菜单”文件类型，单击“新建”按钮，打开“新建菜单”对话框，如图 10-4 所示，单击“菜单”按钮，打开菜单设计器，如图 10-5 所示。

图 10-4　“新建菜单”对话框

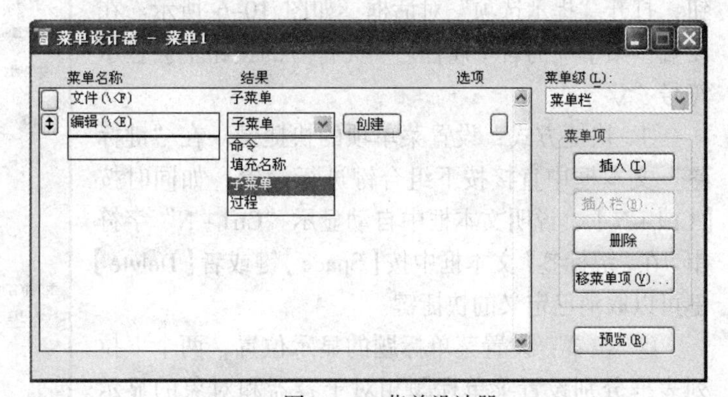

图 10-5　菜单设计器

（2）命令方式

在命令窗口中，使用 CREATE MENU 命令打开菜单设计器的命令格式为：

```
CREATE  MENU  <菜单文件名>
```

说明：在执行命令后，打开的“新建菜单”对话框如图 10-4 所示，单击“菜单”按钮打开菜单设计器。使用此命令可以在创建菜单的同时指定菜单文件的名称。

（3）项目管理器方式

打开一个现有项目，在项目管理器中选中“其他”选项卡中的“菜单”项，单击“新建”按钮，打开“新建菜单”对话框，如图 10-4 所示，单击“菜单”按钮，打开菜单设计器。

2．设计下拉菜单

菜单设计器中包括“菜单名称”“结果”和“选项”3 列，“菜单级”下拉列表框，4 个菜单项按钮。

（1）“菜单名称”列

指定菜单项的名称，在名称后加“\<字符”设置该菜单项的快捷键。如“编辑（\<E）”，显示效果为“编辑(E)”。可以使用左侧带垂直双向箭头的按钮调整各个菜单项的顺序。

（2）“结果”列

指定该菜单项执行的操作，包括“命令”“填充名称”“子菜单”和“过程”4 个选项，默认值为“子菜单”。

① 命令：选中后，在右侧的文本框中直接输入此菜单项要执行的一条命令。

② 填充名称：选中后，在右侧的文本框中输入菜单项的内部名称或序号。当“菜单级”为“菜单栏”时，应该将“结果”列设为“填充名称”；当“菜单级”为“子菜单”时，“结果”列的“填充名称”显示为“菜单项#”。

③ 子菜单：选中后，单击右侧的“创建”按钮创建子菜单。创建子菜单后，还可以单击“编辑”按钮修改子菜单。

④ 过程：选中后，单击右侧的“创建”按钮打开“编辑过程”窗口，编写此菜单项要执行的过程代码。

（3）“选项”列

“选项”列初始时显示一个无符号按钮，单击该按钮，打开“提示选项”对话框，如图 10-6 所示。在设置该菜单项的若干属性后，无符号的按钮上会显示符号“√”。

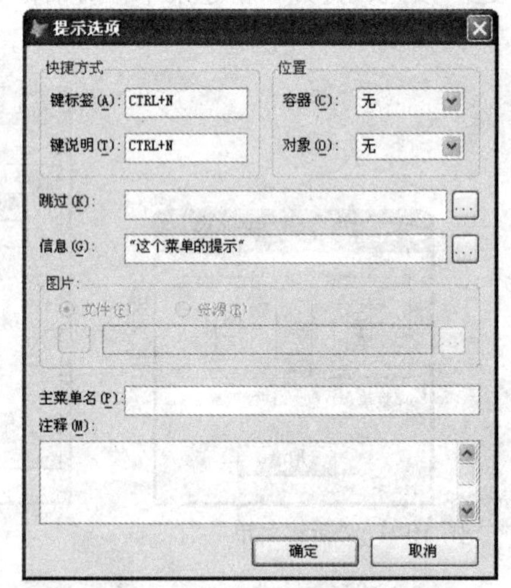

图 10-6 “提示选项”对话框

① 快捷方式：设置菜单项的快捷键。在“键标签”文本框中直接按下组合键进行设置，如同时按【Ctrl + N】，说明文本框中自动显示“Ctrl + N”字符串。在“键标签”文本框中按【Space】键或者【Delete】键可以取消已定义的快捷键。

② 位置：设置菜单标题的显示位置，两个下拉列表框分别设置菜单标题相对于容器和对象的显示位置。可以设置以下 4 种位置：无、左、中、右。

③ 跳过：设置菜单项跳过条件。输入或者选取一个逻辑表达式，当值为.T.时，菜单项显示为灰色，不可用。

④ 信息：设置菜单项在窗口状态栏中显示的提示信息，需要使用字符定界符括起提示信息。

⑤ 图片：设置菜单项中显示的图片。图片的来源可以是文件，也可以是现有的系统资源。

⑥ 主菜单名：设置子菜单对应的主菜单项的内部名称或序号，如果不输入，系统会自动填充或者以空白填充。

⑦ 注释：设置注释信息，类似 Visual FoxPro 中的注释，不影响菜单程序的生成。

（4）“菜单级”下拉列表框

显示当前菜单项的级别，当创建子菜单时，显示为该子菜单的主菜单名称，可以用来在主菜单和子菜单项之间切换。

（5）“插入”按钮

在当前的菜单项之前插入一个新的菜单项。

（6）“插入栏”按钮

插入 Visual FoxPro 系统菜单中的菜单项。单击此按钮，在图 10–7 所示的“插入系统菜单栏”对话框中，选择需要的系统菜单项，单击插入按钮即可。

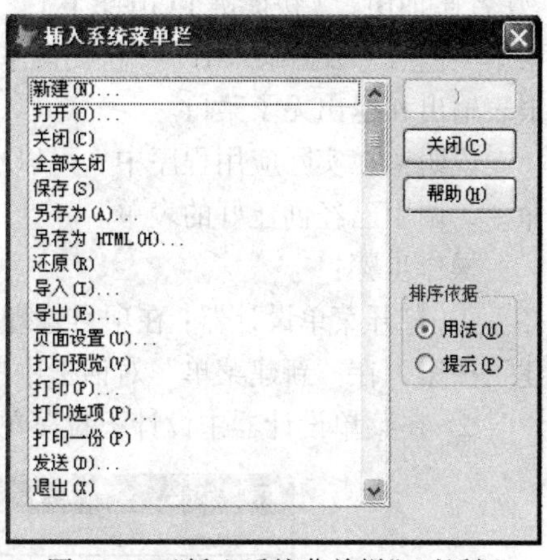

图 10–7 “插入系统菜单栏”对话框

（7）“删除”按钮

删除当前菜单项。

（8）“移菜单项”按钮

将当前的菜单项移动到指定的菜单中。

3．保存下拉菜单

执行 “文件→ 保存”菜单命令，在“另存为”对话框中保存菜单设计器中当前设计的菜单。保存菜单文件的扩展名为.mnx。

4．生成自定义下拉菜单程序

执行“菜单→ 生成”菜单命令，在“生成菜单”对话框中，选择生成的菜单程序的位置和名称，单击“生成”按钮，生成扩展名为.mpr 的可执行菜单程序文件。

注意：生成菜单后，如果在菜单设计器中修改了菜单内容，必须重新生成菜单。

5．运行菜单程序

运行菜单程序有 3 种方法：

（1）菜单方式

执行“程序→ 运行”菜单命令，在“运行”对话框中选择菜单程序文件，单击“运行”按钮。

（2）命令方式

在命令窗口中，使用 DO 命令运行菜单程序文件的命令格式：

```
DO  <菜单程序文件名称.mpr>
```

说明：命令中不能省略要运行的菜单程序文件的扩展名.mpr。

（3）项目管理器方式

在项目管理器中，选中“其他”选项卡中一个已保存的下拉菜单，单击“运行”按钮。

【例 10.2】设计下拉菜单式的应用程序菜单系统。要求如下：

主菜单是下拉菜单，菜单项有“数据查询(Q)”（内部名 a1）、“数据维护(C)”（内部名 a2）、“报表输出(R)”和“退出(E)”。数据查询的子菜单项包括“学号查询(A)”（快捷键【Ctrl+A】）、“姓名查询(B)”（快捷键【Ctrl+B】）、“综合查询(C)”（快捷键【Ctrl+C】）。数据维护的子菜单项包括“数据录入(I)”（快捷键【Ctrl+I】）、“数据修改(U)”（快捷键【Ctrl+U】）。报表输出和退出无子菜单。

说明：在实际应用程序中，可以在菜单项的命令或过程中使用“DO FORM <表单名>”命令，调用已经创建好的表单。

操作步骤：

① 打开菜单设计器：在项目管理器中，选中“其他”选项卡中“菜单”选项，单击“新建”按钮，在“新建菜单”对话框中单击“菜单”按钮，打开菜单设计器。

② 在菜单设计器中设计下拉菜单的主菜单项，如图 10-8 所示。

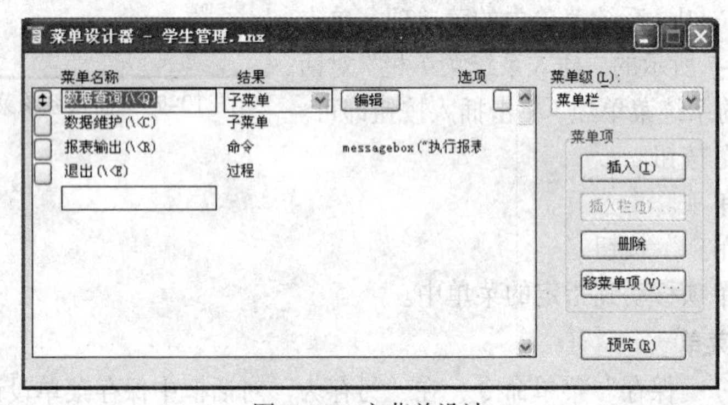

图 10-8 主菜单设计

在“报表输出”菜单项的“结果”列选择“命令”，在右侧文本框中输入命令“messagebox("执行报表输出菜单项")”。

在“退出”菜单项的“结果”列选择“过程”，单击“创建”按钮，打开过程编辑器，输入代码，如图 10-9 所示。

③ 设计“数据查询”菜单项：单击“数据查询”菜单项“结果”列的“创建”按钮，打开子菜单设计窗口。

a. 执行“显示→ 菜单选项”菜单命令，打开“菜单选项”对话框，如图 10-10 所示，设置菜单项的内部名称为“a1”。

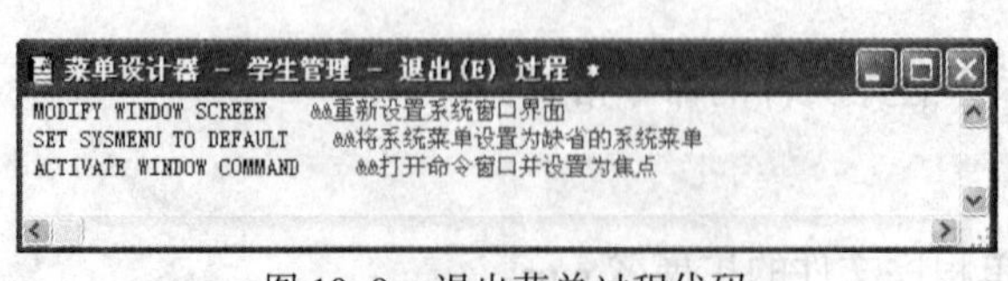

图 10-9 退出菜单过程代码

图 10-10 设置“数据查询”菜单项内部名称

b. 设计“学号查询(\<A)”菜单，“结果”列选择“命令”，右侧文本框中输入命令“messagebox("执行学号查询子菜单项")”。单击“学号查询”菜单项右侧的无符号按钮，在“提示选项”对话框中的“键标签”文本框中按【Ctrl+A】组合键，设置快捷键为【Ctrl+A】。

c. 设计“姓名查询(\<B)”菜单，“结果”列选择“命令”，右侧文本框输入命令“messagebox ("执行姓名查询子菜单项")”，设置快捷键为【Ctrl+B】。

d. 设计“综合查询(\<C)”菜单，“结果”列选择“命令”，右侧文本框输入命令：messagebox ("执行综合查询子菜单项")，设置快捷键为【Ctrl+C】。

“数据查询”菜单项的设计结果如图 10-11 所示。

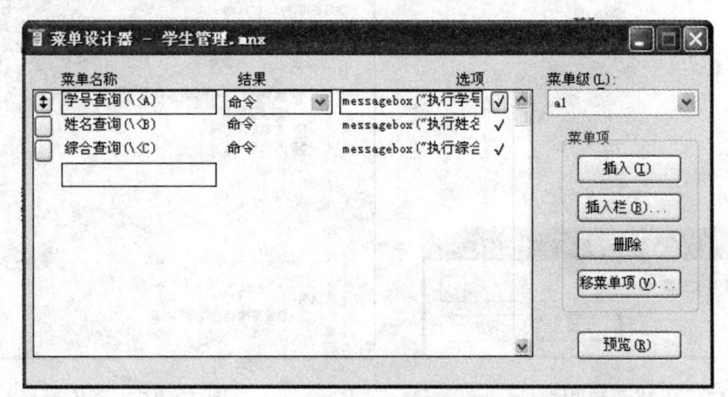

图 10-11 “数据查询”菜单项设计

④ 设计“数据维护”菜单项：单击“数据维护”菜单项“结果”列的“创建”按钮，打开子菜单设计窗口。设置内部名称为“a2”，设计子菜单如图 10-12 所示。

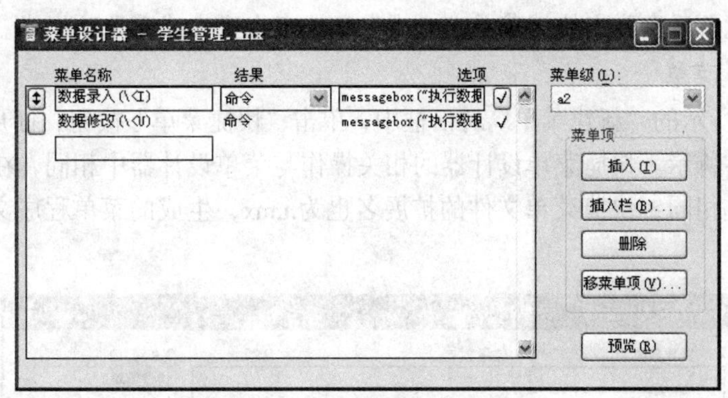

图 10-12 数据维护子菜单项设计

⑤ 为下拉菜单的主菜单设置默认过程。

在主菜单的菜单设计器中，执行“显示→常规选项”菜单命令，打开“常规选项”对话框，如图 10-13 所示，在编辑框中输入命令“messagebox("欢迎进入学生信息管理系统")”。

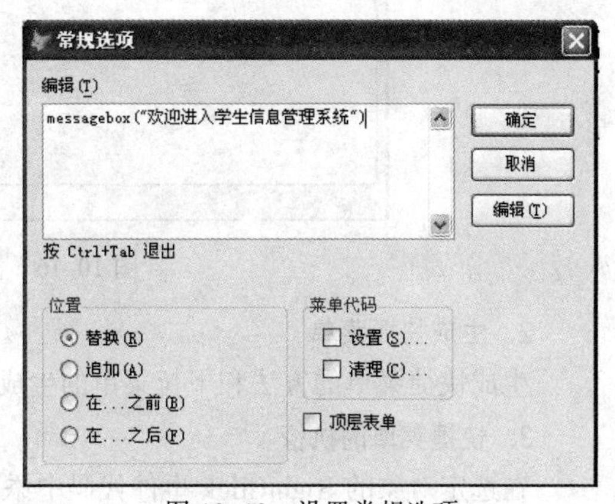

图 10-13 设置常规选项

注意：此处不要选中“顶层表单”复选框，使得菜单不作为顶层表单的菜单。

⑥ 生成菜单程序。

保存菜单为“学生管理.mnx”；执行“菜单→生成”菜单命令，在“生成菜单”对话框中，保存为“学生管理.mpr”菜单程序文件，如图 10-14 所示，单击“生成”按钮。

⑦ 执行菜单程序。执行“程序→ 运行”菜单命令，在“运行”对话框中选择“学生管理.mpr”，单击“运行”按钮，Visual FoxPro 的系统主菜单如图 10-15 所示。

图 10-14　生成菜单程序

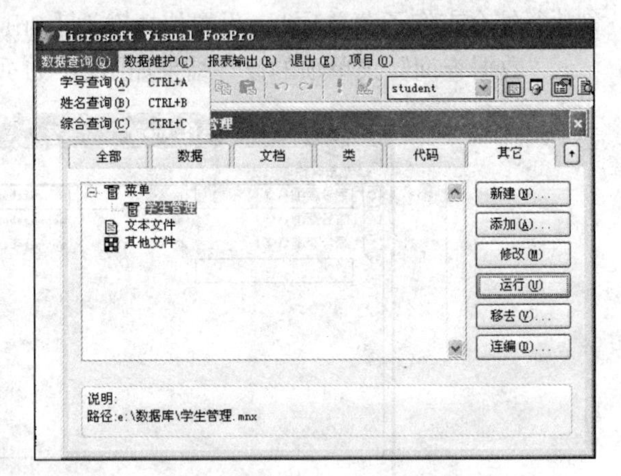

图 10-15　菜单运行效果

10.3 快 捷 菜 单

右击某个对象后会弹出快捷菜单，它由一个或多个弹出式菜单项组成。

1. 创建快捷菜单

在图 10-4 所示的“新建菜单”对话框中，单击“快捷菜单”按钮，打开快捷菜单设计器，如图 10-16 所示。快捷菜单设计器的相关操作与菜单设计器中相同，在此不再赘述。

与下拉菜单相同，快捷菜单文件的扩展名也为.mnx，生成的菜单程序文件的扩展名也为.mpr。

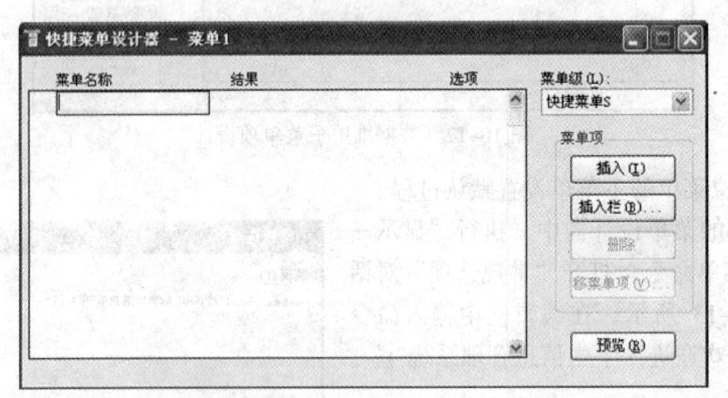

图 10-16　快捷菜单设计器

2. 生成快捷菜单

生成快捷菜单的方法和下拉菜单的生成方法相同，在此不再赘述。

3. 快捷菜单的执行

在选定对象的 RightClick 事件代码中添加命令：DO　<快捷菜单名>.mpr。

4．释放快捷菜单命令

释放快捷菜单的命令格式为：

```
RELEASE  POPUPS  <快捷菜单名>  [<EXTENDED>]
```

命令功能：从内存中删除快捷菜单名指定的菜单。

说明：EXTENDED 选项表示删除菜单项和所有与 ON SELECTION POPUP 及 ON SELECTION BAR 有关的命令。一般将该命令放在快捷菜单的清理代码中。

【例 10.3】设计名为“表单操作”的快捷菜单，含有 3 个菜单项：学生信息、学生成绩、设置背景色，“设置背景色”前有一个分隔条。“学生信息”菜单项的功能是显示“欢迎使用学生信息管理系统”；“学生成绩”菜单项的功能是显示“欢迎使用学生成绩管理系统”；“设置背景色”菜单项的功能是弹出红色、蓝色两个子菜单项，分别可以设置表单的背景色为红色或蓝色。

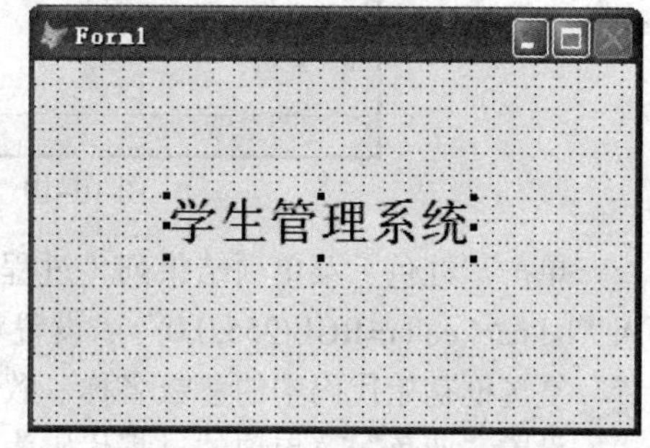

图 10-17　学生管理系统表单

操作步骤：

（1）创建表单，如图 10-17 所示，保存为“学生管理.scx”。

（2）设置快捷菜单的初始代码和清理代码。打开快捷菜单设计器，如图 10-16 所示，执行“显示→ 常规选项”菜单命令，在“常规选项”对话框中，设置初始代码和清理代码：

选中“设置”复选框，在编辑窗口中输入：

```
PARAMETERS  BD     &&使用 BD 接收调用快捷方式的对象传过来的参数
```

选中“清理”复选框，在编辑窗口中输入：

```
RELEASE  POPUPS  KJCD     &&在快捷菜单退出时释放名称为 KJCD 的快捷菜单占用的内存
```

（3）设计快捷菜单的主菜单。设置快捷菜单的主菜单，如图 10-18 所示。

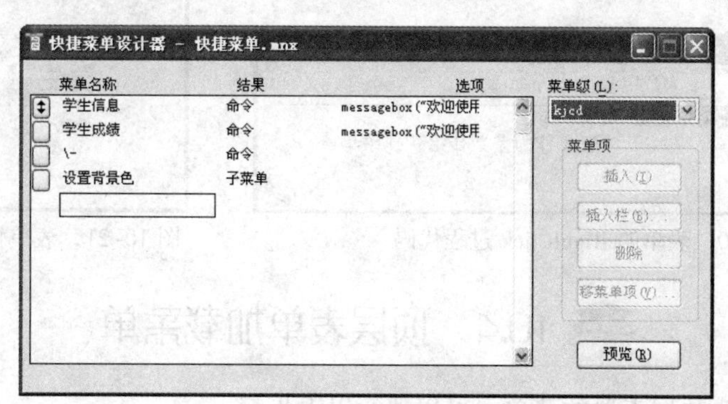

图 10-18　快捷菜单主菜单设计

执行“显示→ 菜单选项” 菜单命令，在“菜单选项”对话框的名称框中输入 KJCD。

注意：此处输入的名称要和“清理”复选框清理代码中的快捷菜单的名称一致。

名称为“\-”的菜单项在“设置背景色”菜单项前面增加一个分隔栏，此菜单项的结果类型可以是任意类型。

（4）创建“设置背景色”菜单的子菜单。单击“设置背景色”菜单项右侧的创建按钮，在“设置背景色”的子菜单项设计器中，设置子菜单，如图 10-19 所示。

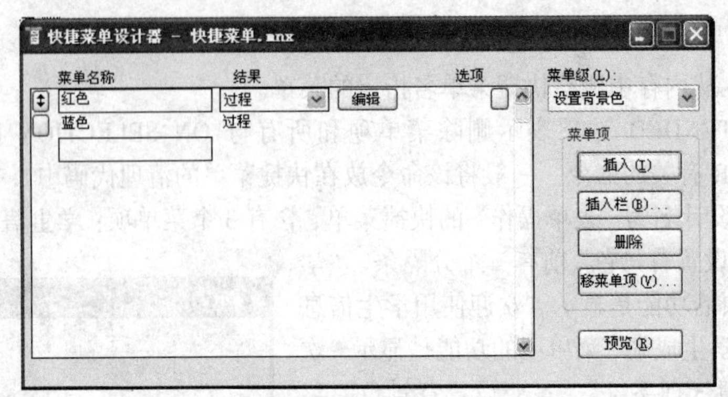

图 10-19 设置背景色子菜单设计

单击“红色”菜单项结果列（过程）右侧的创建按钮，在快捷菜单设计器窗口中，输入“bd.backcolor=RGB(255,0,0)”，设置对象 bd 的背景色为红色。注意：bd 必须和前面“设置”复选框初始代码中的参数名称一致。

设置“蓝色”菜单项的过程代码为“bd.backcolor=RGB(0,0,255)”。

（5）生成快捷菜单。执行“菜单→ 生成”菜单命令，保存菜单文件名为“快捷菜单.mnx”，在“生成”对话框中，保存菜单程序文件名为“快捷菜单.mpr”。

（6）为表单对象添加快捷菜单。如图 10-20 所示，为表单的 Form1 编写 RightClick 事件的代码：

```
DO e:\数据库\快捷菜单.mpr WITH this &&执行快捷菜单，并将表单自身作为参数传给快捷菜单
```

（7）保存并运行表单。在表单的任何位置右击，显示快捷菜单，如图 10-21 所示。

图 10-20 表单的 RightClick 过程代码

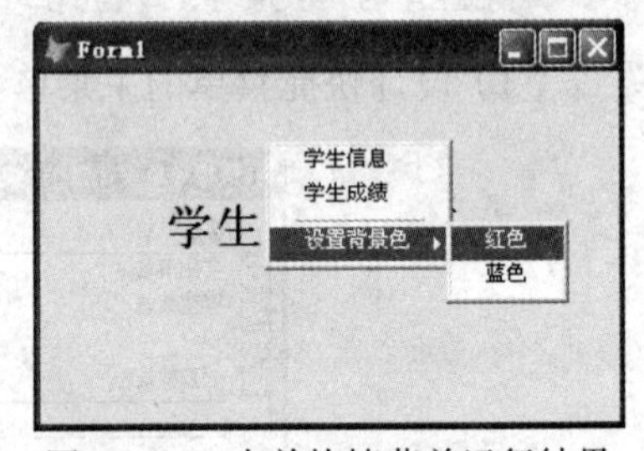

图 10-21 表单快捷菜单运行结果

10.4 顶层表单加载菜单

要将菜单作为顶层表单的菜单，可以执行以下步骤：

（1）执行“显示→ 常规选项”菜单命令，选中“顶层表单”复选框，将下拉菜单显示在顶层表单中。

（2）在表单中，执行以下两步操作：

① 设置表单属性 SHOWWINDOW 值为 2，将此表单设置为顶层表单。

② 设置表单的 Init 事件代码，加载设置为顶层表单的菜单。Init 事件代码为：

```
DO <菜单程序文件名.mpr> [with this], .T.
```

说明：参数.T.，在顶层表单中加载“菜单程序文件名.mpr”指定的菜单。

【例 10.4】为“学生管理”表单加载【例 10.2】建立的“学生管理”菜单作为顶层菜单。

操作步骤：

（1）设置菜单为顶层表单菜单

① 在项目管理器中打开“学生管理”菜单，执行“显示→ 常规选项”菜单命令，在“常规选项”对话框中选中“顶层表单”复选框（见图 10-22），使得菜单可以作为顶层表单的菜单。

② 执行“菜单→ 生成”菜单命令，重新生成“学生管理.mpr”文件。

（2）在顶层表单中加载菜单

打开“学生管理”表单，修改表单属性 ShowWindow 的值为 2，设置表单作为顶层表单，如图 10-23 所示。如图 10-24 所示，为表单的 Form1 编写 Init 事件的代码：

```
DO e:\数据库\学生管理.mpr WITH this, .T.
```

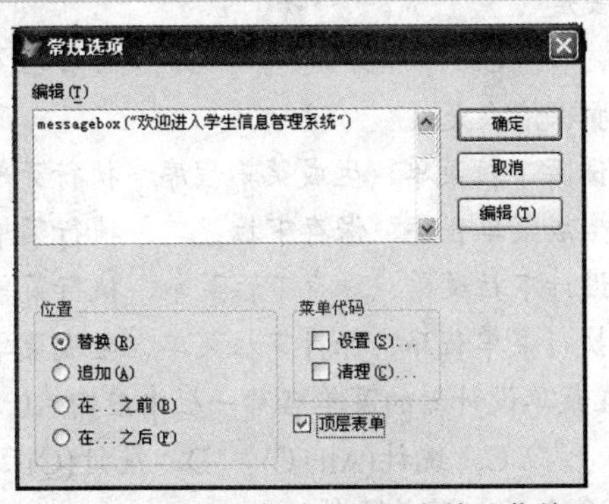

图 10-22 设置菜单为顶层表单的菜单

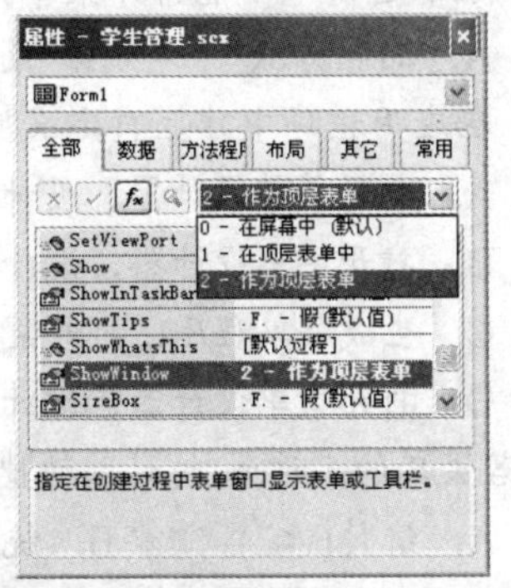

图 10-23 设置表单为顶层表单

图 10-24 输入表单 Init 事件代码

（3）执行表单

显示的效果如图 10-25 所示。

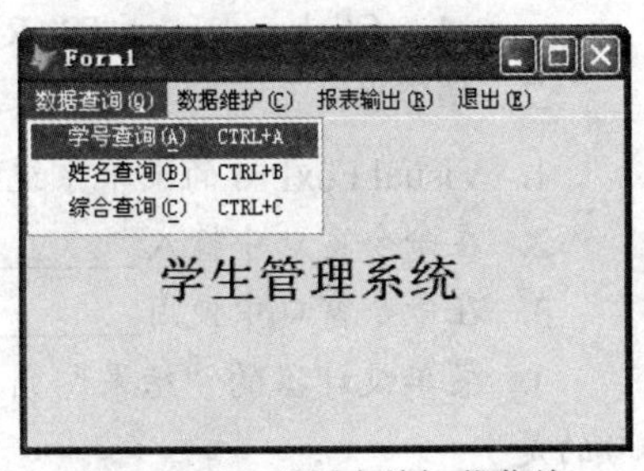

图 10-25 顶层表单加载菜单

菜单是 Visual FoxPro 系统和应用程序中不可缺少的组成部分，是与用户交互的界面，可以执行 Visual FoxPro 系统和应用程序的各项功能。

Visual FoxPro 中菜单分为两种：一种为下拉菜单，另一种是快捷菜单。这两种菜单均可以在用户应用程序中自定义并使用，还可以将自定义的下拉菜单加载到顶层表单中。

习　题

一、单项选择题

1. 在 Visual FoxPro 中，和菜单无关的文件扩展名是（　　）。

A. .mnx　　B. .mnu　　C. .mnt　　D. .mpr

2. Visual FoxPro 系统菜单中的“程序”菜单的内部名是（　　）。

A. _MSM_FILE　　B. _MSM_EDIT

C. _MSM_TOOLS　　D. _MSM_PROG

3. 能打开菜单设计器创建菜单的命令是（　　）。

A. DO MENU　　B. CREAT MENU

C. MODIY MENU　　D. NEW MENU

4. Visual FoxPro 中的（　　）用来创建和编辑下拉菜单。

A. 表单设计器　　B. 快捷菜单设计器　　C. 菜单设计器　　D. 菜单向导

5. 以下选项中不能打开菜单设计器的方法是（　　）。

A. 向导方式　　B. 菜单方式　　C. 命令方式　　D. 项目管理器方式

6. 在应用程序中建立自定义下拉菜单的步骤依次是（　　）。

A. 打开菜单设计器、设计下拉菜单，保存下拉菜单、生成菜单程序、执行菜单程序

B. 打开菜单设计器、设计下拉菜单、生成菜单程序、保存下拉菜单、执行菜单程序

C. 生成菜单程序、打开菜单设计器、设计下拉菜单、保存下拉菜单、执行菜单程序

D. 打开菜单设计器、设计下拉菜单、执行菜单程序、保存下拉菜单、生成菜单程序

7. 若菜单的名称为“统计”，快捷键是 C，则在菜单设计器的菜单名称一栏中应输入（　　）。

A. 统计(\<C)　　B. 统计(Ctrl+C)　　C. 统计(Alt+C)　　D. 统计(C)

8. 在 Visual FoxPro 中，可使用（　　）命令运行菜单文件 menu.mpr。

A. DO menu　　B. DO menu.mpr

C. DO MENU menu　　D. RUN menu

9. 要在菜单中制作一个分隔线，应该（　　）。

A. 菜单名称输入"----------"　　B. 菜单名称输入"-"

C. 菜单名称输入"&"　　D. 菜单名称输入"\-"

10. 在选定对象的（　　）事件代码中添加执行快捷菜单程序文件的命令，来执行快捷菜单。

A. Click　　B. RightClick　　C. Init　　D. Activate

二、填空题

1. Visual FoxPro 的菜单系统包括两种菜单，分别是________和________。

2. 在命令窗口中输入________命令可以打开菜单设计器，创建菜单。

3. 在命令窗口中使用________命令实现定义系统菜单的显示和隐藏。

4. 菜单设计器的“结果”列中，只能包含一条语句的是________，可以包含多条语句的是________。

5. 菜单设计器的“插入栏”按钮的功能是插入________的菜单项。

6. 菜单中的初始代码和清理代码，在执行系统菜单的________→________命令弹出的“常规选项”对话框中设置。

7. 释放快捷菜单命令的是________。

8. 修改表单属性________的值为________，可以设置表单作为顶层表单。

9. 在表单的________事件编写代码，可以加载设置为顶层表单的菜单。

三、简答题

1. 简述菜单设计器中结果类型命令和过程的区别。

2. 简述创建下拉菜单的步骤。

3. 简述如何将快捷菜单绑定指定对象，并在快捷菜单中获取鼠标右击的目标对象。

4. 简述如何给菜单项设置内部名称。

5. 简述如何给顶层表单加载菜单。

实 验

实验目的

1. 掌握下拉菜单的设计方法。

2. 掌握将菜单加载为顶层表单菜单的方法。

3. 掌握快捷菜单的设计方法。

实验内容

1. 使用菜单设计器，设计菜单 ex1001.mnx，主菜单项如图 10-26 所示。

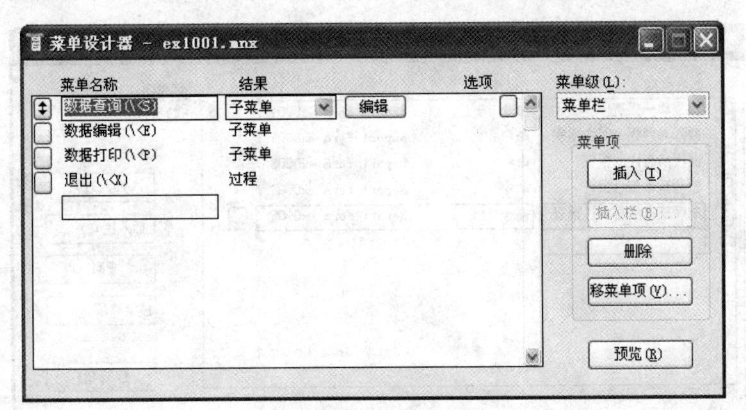

图 10-26 设计主菜单

（1）设计“数据查询”子菜单，各项结果类型为“命令”，调用 Do Form 窗体名命令，执行前面实验中制作的窗体，如图 10-27 所示。

（2）设计“数据编辑”子菜单，结果类型为“命令”，调用命令“messagebox("欢迎插入成绩记录")”，如图 10-28 所示。

（3）设计“数据打印”子菜单，结果类型为“命令”，调用执行前面实验中制作的报表，如图 10-29 所示。

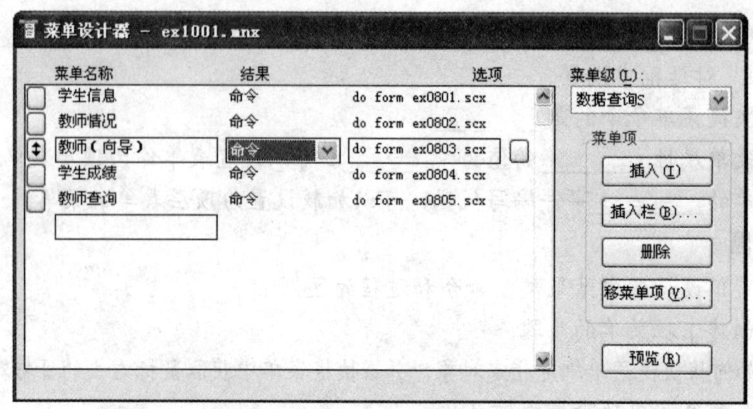

图 10-27　设计“数据查询”子菜单

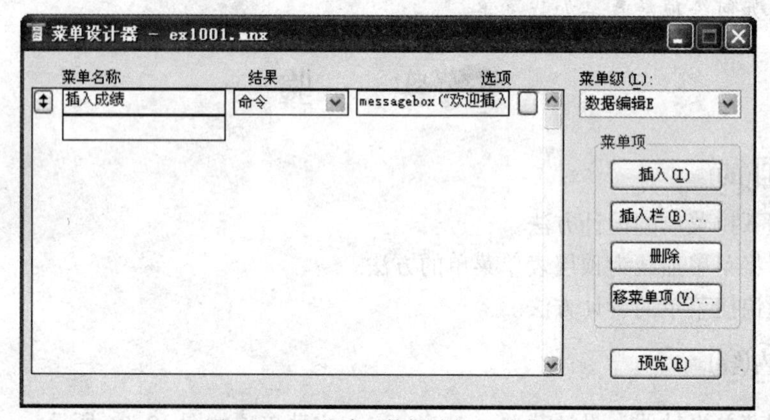

图 10-28　设计“数据编辑”子菜单

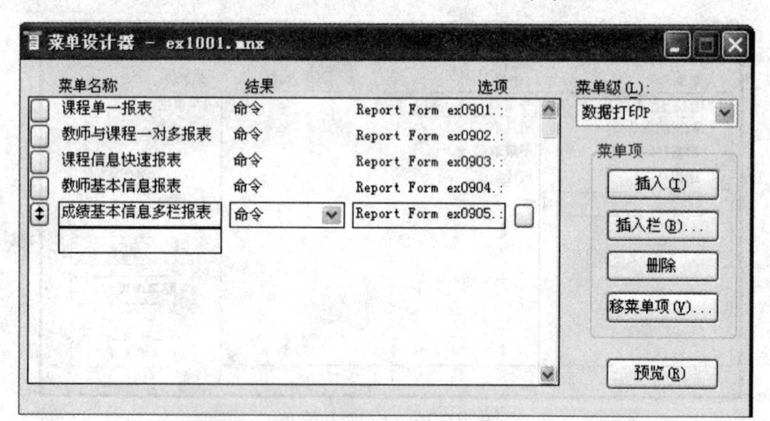

图 10-29　设计“数据打印”子菜单

（4）设置“退出”菜单的过程代码，如图 10-30 所示。

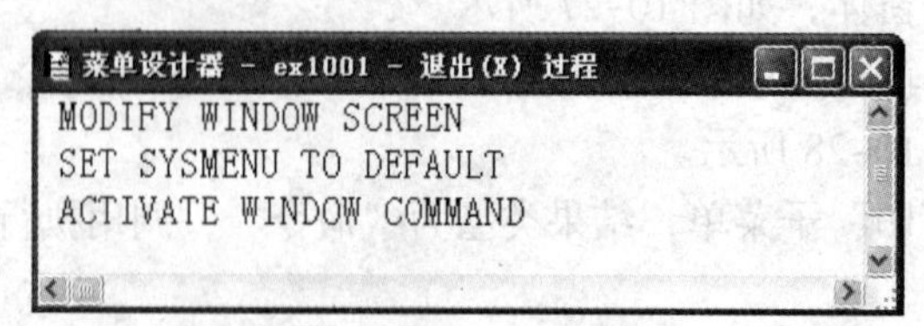

图 10-30　“退出”菜单过程代码

（5）执行“显示→ 常规选项”菜单命令，选中“位置”中的“替换”选项，使用此下拉菜单替换 Visual FoxPro 的系统菜单。

（6）生成菜单程序 ex1001.mpr 并运行，测试菜单效果。

2. 将下拉菜单加载为顶层表单的菜单

（1）执行“显示→ 常规选项”菜单命令，选中“顶层表单”复选框，设置菜单 ex1001 为顶层表单的菜单，如图 10-31 所示。重新生成菜单程序 ex1001.mpr。

（2）设计“学生成绩管理系统”表单，如图 10-32 所示，设置表单属性 ShowWindow 属性为 2，作为顶层表单，保存为“学生成绩管理系统.scx”。

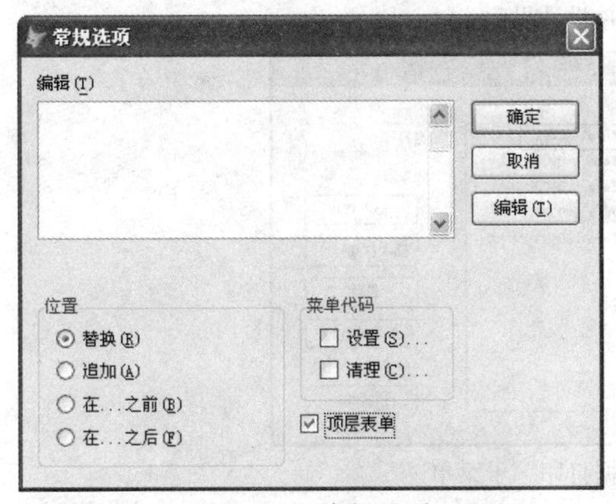

图 10-31 常规选项

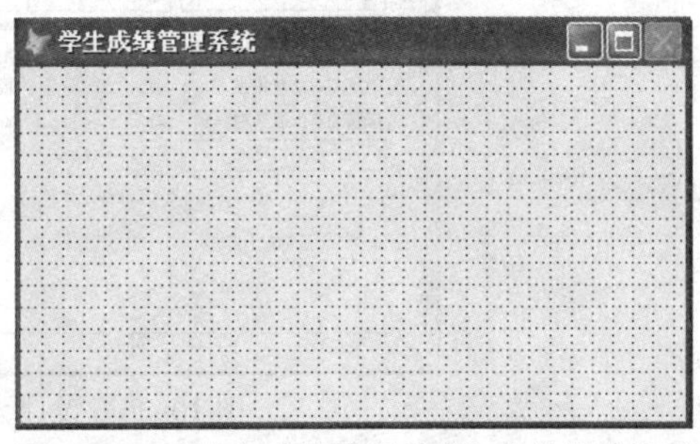

图 10-32 “学生成绩管理系统”表单设计界面

（3）在窗体的 Init 事件中编写代码，如图 10-33 所示。

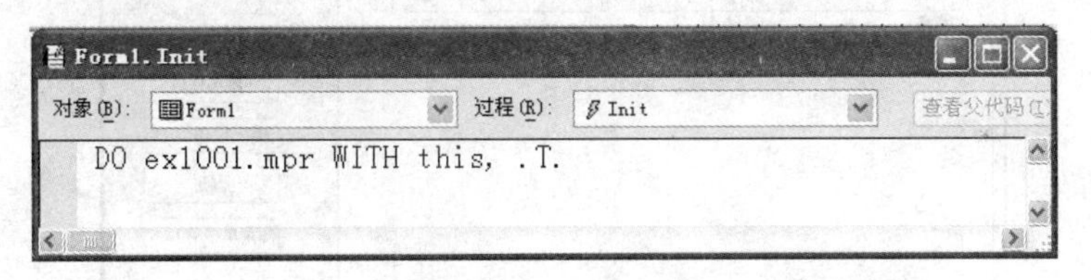

图 10-33 Init 事件代码

（4）运行窗体，效果如图 10-34 所示。

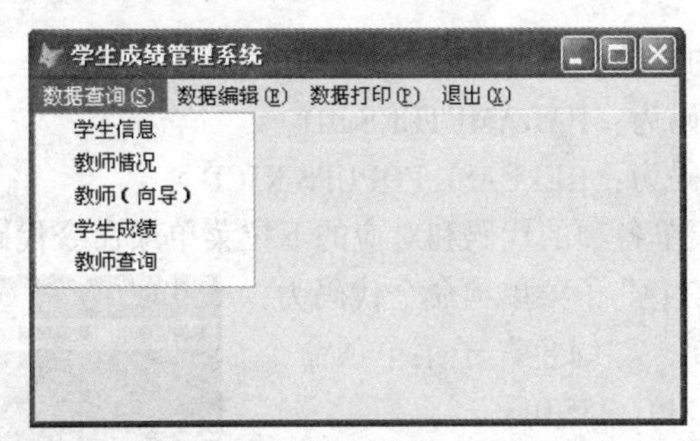

图 10-34 运行界面

3. 创建快捷菜单并在表单中弹出快捷菜单。

（1）新建快捷菜单 ex1002.mnx，其主菜单和子菜单如图 10-35～图 10-37 所示。

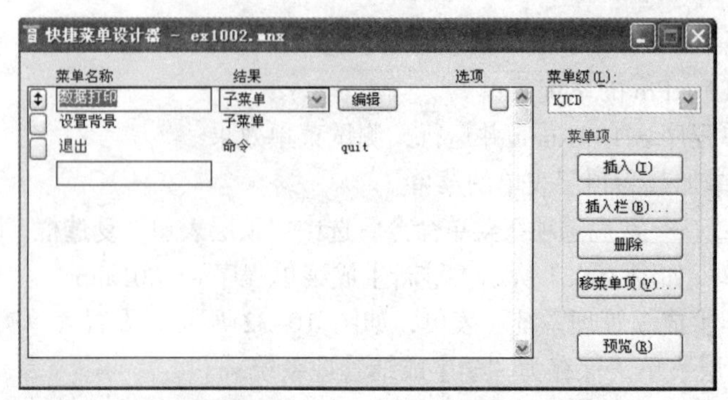

图 10-35　主菜单设计界面

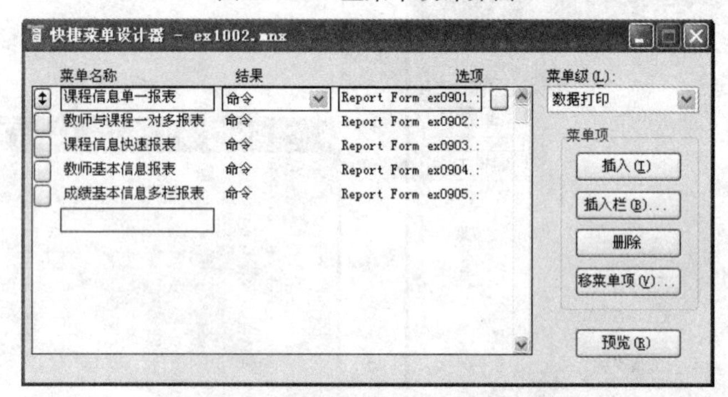

图 10-36　设计“数据打印”子菜单

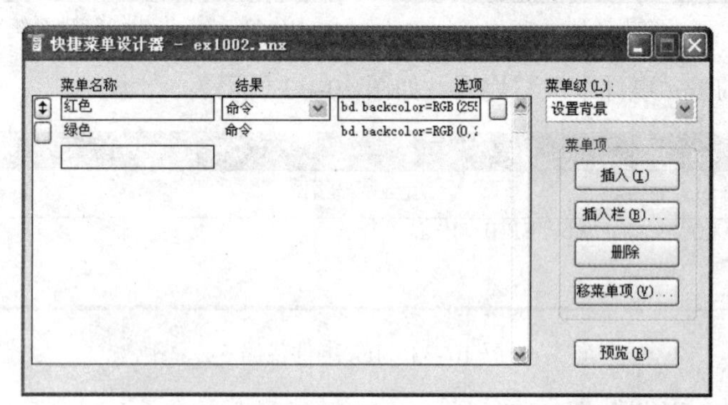

图 10-37　设计“设置背景”子菜单

（2）设置快捷菜单的相关代码：

① 设置“初始”代码为：PARAMETERS BD。

② 设置“清理”代码为：RELEASE POPUPS KJCD。

③“数据打印”子菜单各项的代码和对应的下拉菜单项命令代码相同。

④ 设置背景色的“红色”子菜单项命令代码为：bd.backcolor=RGB(255,0,0)；“绿色”子菜单项命令代码为：bd.backcolor=RGB(0, 255,0)。

（3）设置“学生成绩管理系统”表单的 RightClick 事件的代码为：DO e:\数据库\ex1002.mpr WITH This。

（4）运行窗体时，在窗体上右击，弹出快捷菜单，如图 10-38 所示。

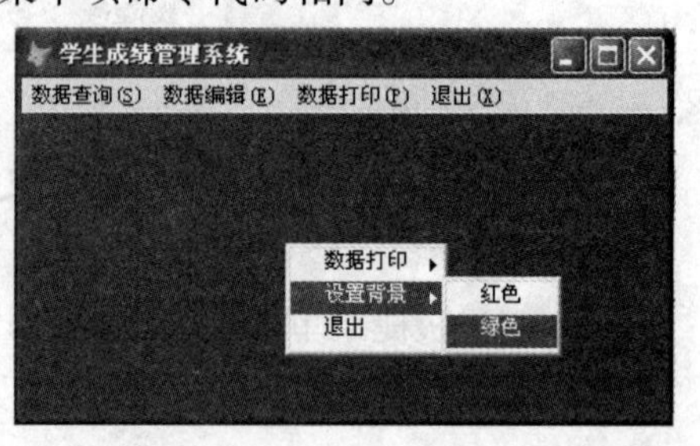

图 10-38　运行界面

第 11 章

应用程序的开发与发布

本章资源

Visual FoxPro 作为一个数据库管理系统，不仅可以处理数据库中的数据，还可以开发数据库应用程序。本章首先介绍开发应用程序的一般步骤，然后讲解借助 Visual FoxPro 的项目管理器建立应用程序的主程序、应用程序的连编，最终生成可执行应用程序的过程。

11.1 数据库应用程序开发的一般步骤

数据库应用程序的开发一般包括需求分析、数据库设计、功能设计、应用程序设计与实现、系统测试与发布和系统运行与维护等阶段。在 Visual FoxPro 中，还要加入连编与发布阶段。

1. 需求分析

需求分析包括对用户和系统的需求调查和需求分析两个过程，是后续步骤的基础。

(1)需求调查的重点是数据和处理，明确用户的业务现状、信息流以及对外部数据的要求。

(2) 在需求调查的基础上，需求分析过程综合分析用户和系统的数据存储、处理和运行等方面的要求，明确用户的功能需求，确定系统最终需要实现的功能。

2. 数据库设计

数据库设计的主要任务是基于需求分析的结果，设计应用程序的数据库结构。数据库设计的优劣将决定应用程序运行中的性能和效率。数据库设计包括概念设计、逻辑设计、物理设计 3 个环节。

(1) 数据库概念设计：根据需求分析的结果，进行数据分类和组织，给出实现系统功能所需的实体、属性及相互间关系的描述。

(2) 数据库逻辑设计：将概念模型转换为关系型数据库支持的关系模型，给出关系模式、属性及关键字。

(3) 数据库的物理设计：将逻辑设计的结果应用在具体的数据库管理系统中，完成建立数据库、定义数据表、定义表与表之间的关系等工作。在 Visual FoxPro 中就是借助数据库设计器创建数据库、定义并添加数据库表、设置表之间的永久关系。

3. 功能设计

使用自顶向下的策略设计应用程序系统总体功能，各个子功能模块的框架，以及相互间的调用关系，确定各个子功能模块的功能。

在 Visual FoxPro 中，还要进行主程序的设计。主程序是应用程序运行后显示的第一个界面，可以是菜单，也可以是表单，例如使用“登录”表单作为初始用户界面。

4. 应用程序设计与实现

应用程序设计是在功能设计的基础上具体实现应用程序功能的过程。在 Visual FoxPro 中，需要设计以下方面：

（1）应用程序的用户界面，包括开始界面、结束界面，各种输入/输出表单、菜单和工具栏等。

（2）数据处理程序，如查询、统计、计算和数据处理等。

（3）输出界面，包括浏览、报表等。

（4）主程序，应用程序的入口。

在 Visual FoxPro 中，还需要对设计好的应用程序进行连编，生成可执行程序。

5. 系统测试与发布

在 Visual FoxPro 中，对应用程序进行连编生成可执行程序后，进入系统测试步骤，测试应用程序是否满足系统功能需求，程序中是否存在错误和隐患。

应用程序通过系统测试后，进入应用程序的发布阶段，制作应用程序的安装程序，以便于用户在计算机上安装使用。

6. 系统运行与维护

应用程序发布后，还需要进行系统运行与维护。系统运行与维护是应用程序生命周期的最后阶段，也是耗时最长的阶段，需要保证应用程序正常运行，检查并修改应用程序中的错误，修订并增加新功能等。

本书已经介绍了数据库、数据表的设计，创建了 student 数据库，xuesheng、kecheng、chengji、teacher 等数据表，创建了若干表单、报表、菜单等，并将它们加入到“成绩管理”项目中。本章后续部分主要介绍主程序的设计、连编和应用程序的发布。

11.2 主程序编写与设置

主程序是应用程序的入口，是整个项目运行时调用的第一个程序。在 Visual FoxPro 中，主程序可以是扩展名为.prg 的程序文件，也可以是表单、菜单或者其他用户组件等。一般情况下，经常使用.prg 程序文件作为主程序。

1. 主程序设计

在主程序中，可以进行应用程序的环境参数的设置、全局变量的声明、启动时的显示界面、事件循环的控制、退出时需要关闭的文件和设置恢复系统环境的参数等工作。

（1）在主程序中设置环境参数

Visual FoxPro 应用程序在运行时需要设置环境参数，主要通过 SET 命令完成。以下语句给出常见的环境参数设置及说明。

```
SET TALK OFF              &&关闭命令显示
SET ESCAPE OFF            &&禁止应用运行期间被【Esc】键中断
SET EXCLUSIVE OFF         &&设置数据库表以共享方式打开
SET SAFETY OFF       &&设置在改写已存在的文件时不显示确认对话框
```

```
SET DATE TO YMD      &&设置系统日期格式为 YMD(年月日方式)
SET CENTURY ON       &&设置日期年份为 4 位，指定日期表达式的显示格式为 YYYY.MM.DD
SET SECONDS ON       &&设置日期时间表达式中的显示秒信息
SET HOURS TO 12      &&设置日期时间显示为 12 小时格式
SET CLOCK STATUS BAR ON      &&设置应用程序运行时显示状态栏的系统时钟
CLEAR                &&清除主窗口
CLEAR ALL            &&清除变量
```

（2）声明全局变量

使用 PUBLIC 关键字在主程序中声明应用程序运行时所需的全局变量。

（3）应用程序启动界面

应用程序运行时首先执行主程序，显示启动界面。应用程序启动时的显示界面经常是表单或者菜单等。

可以使用以下命令之一显示应用程序的启动界面：

```
DO FORM WELCOME.SCX      &&使用设计好的“欢迎”表单作为启动界面
DO FORM LOGON.SCX        &&使用设计好的“用户登录”表单作为启动界面
DO MENU.MPR              &&运行下拉菜单执行程序作为启动界面
```

（4）控制事件循环

应用程序显示启动界面之后，需要建立事件循环等待用户的操作和使用应用程序。

① 控制事件循环的方法：

使用 READ EVENTS 命令控制事件循环，执行该命令后系统开始事件循环，等待用户的鼠标和键盘操作。

如果主程序中没有使用 READ EVENTS 命令，在执行.exe 应用程序时将直接返回操作系统，用户无法以交互的方式使用应用程序。

该命令只用于.exe 的应用程序中，在 Visual FoxPro 环境中执行应用程序时可以不使用该命令。

例如，主程序中使用下面的语句：

```
DO MENU.MPR          &&运行下拉菜单执行程序作为启动界面
READ EVENTS
```

应用程序将显示下拉菜单作为启动界面，并等待用户操作。

② 结束事件循环

应用程序需要一个结束事件循环的命令，保证应用程序正常退出，不会陷入死循环。可以使用 CLEAR EVENTS 命令控制事件循环的结束，该命令可以写在应用程序的“退出”按钮或“退出”菜单项的程序代码中。执行该命令后，系统将主控权返回给主程序，继续执行 READ EVENTS 之后的命令。

（5）应用程序退出时恢复系统环境的设置并关闭相关文件

READ EVENTS 之后的命令可以用来恢复系统环境的参数设置，同时关闭应用程序打开的相关数据库文件。通常将这些命令放在一个专门的过程中用来恢复 Visual FoxPro 系统的初始环境。

2．设置主程序

主程序可以是.prg 的程序文件，也可以是表单、菜单或者其他用户组件。设置文件为主程序文件的方法有两种：

方法一：在项目管理器中，选中要设置的主程序文件，执行“项目→设置主文件”菜单命令，或者右击程序文件，执行快捷菜单中的“设置主文件”命令。

【例 11.1】 编写程序 main.prg，并设置为项目的主程序。

操作步骤：

（1）编写程序代码。在项目管理器的“代码”选项卡中选择“程序”选项，单击“新建”按钮，在代码编辑窗口中输入程序代码，如图 11-1 所示，存储为 main.prg 文件。

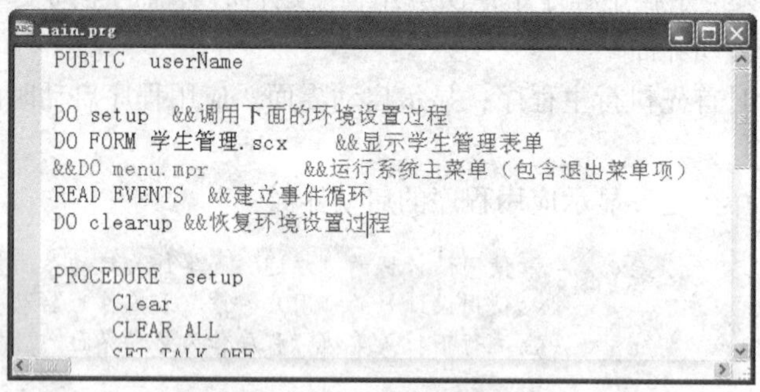

图 11-1 程序代码编辑窗口

其中的 setup 过程用于设置应用程序的环境参数，clearup 过程用于恢复 Visual FoxPro 系统原来的初始环境，代码如下：

```
PROCEDURE  setup
    Clear
    CLEAR ALL
    SET TALK OFF
    SET EXCLUSIVE OFF
    SET CENTURY ON
    SET CLOCK STATUS bar ON
    SET DATE TO YMD
    SET DEFAULT TO e:\数据库
    SET PATH TO e:\数据库
    OPEN DATABASE student
ENDPROC
PROCEDURE clearup
    CLOSE ALL
    SET SYSMENU  TO DEFAULT
    SET TALK on
    SET EXCLUSIVE on
    SET CENTURY off
    SET CLOCK STATUS bar Off
    SET DATE TO ANSI
ENDPROC
```

（2）设置主程序文件。右击 main.prg 程序文件，执行在快捷菜单中的“设置主文件”命令，如图 11-2 所示。设置后，主程序文件在项目管理器以加粗字体显示。

方法二：打开项目管理器后，执行“项目→项目信息”菜单命令，打开“项目信息”对话框。在“文件”选项卡中，右击要设置的主程序文件，执行快捷菜单中“设置主程序”命令，如图 11-3 所示。在此，需要先将文件设置为“包含”，才能激活“设置主文件”选项。

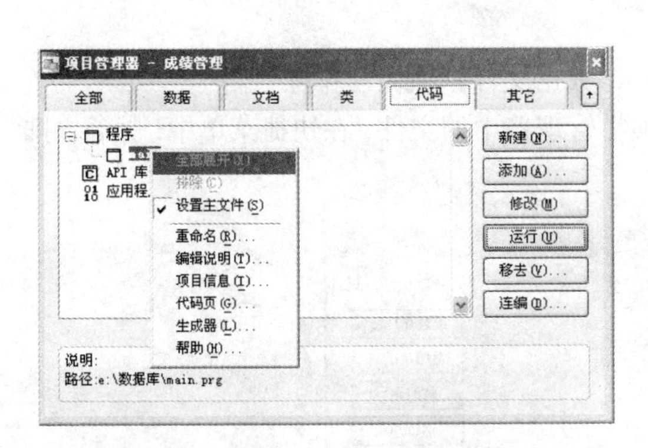

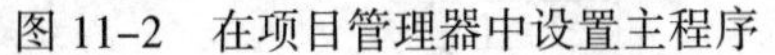
图 11-2 在项目管理器中设置主程序

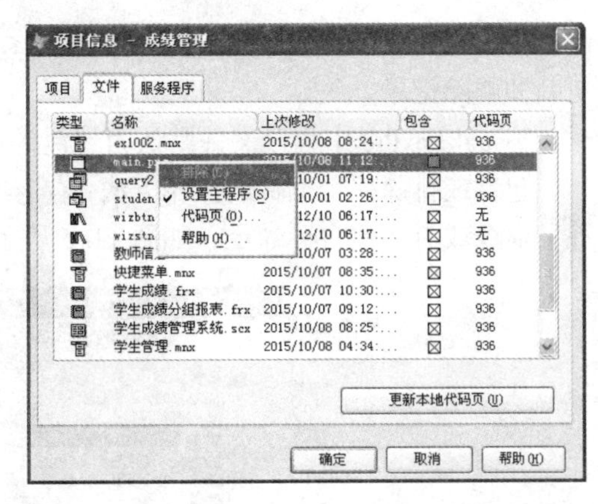

图 11-3 在“项目信息”对话框中设置主程序

11.3 连编应用程序

在 Visual FoxPro 中，创建应用程序之后需要将程序编译连接生成一个应用程序或可执行文件，这个过程称为连编应用程序。连编之前需要使用项目管理器对项目文件进行管理、设置项目信息。

11.3.1 管理项目管理器中的文件

1. 设置主程序文件

应用程序中必须包含主程序文件，才可以进行连编。在设置了主程序文件后，连编过程将相关程序编译为一个扩展名为.app 或.exe 的应用程序文件。

2. 添加文件到项目管理器

单击项目管理器的“连编”按钮，在“连编选项”对话框中选中“重新连编项目”单选按钮，单击“确定”按钮，将主程序代码中所涉及的文件自动添加到项目管理器中，如图 11-4 所示。

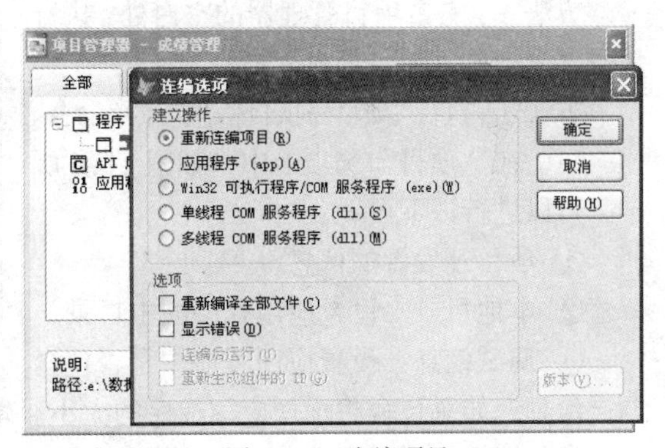

图 11-4 连编项目

并非所有文件都会自动添加到应用程序中。主程序代码中没有涉及的文件，必须在项目管理器中手工添加到应用程序中。

3. 文件的包含与排除

连编项目之前，可以选择包含与排除文件。在项目管理器中，左侧带有“⊘”标记的文件都为“排除”状态，无此标记的文件属于“包含”状态，如图 11-5 所示。

（1）包含状态的文件在连编项目时将包含进生成的应用程序中，这些文件在程序运行时会变成“只读”文件，不能修改。通常将程序文件、表单、菜单、报表、查询等设置为“包含”。

（2）排除状态的文件在连编项目时将会排除在外，这些文件可以在应用程序运行时修改和更新。例如将数据库表设置为“排除”，在应用程序运行时仍然可修改表结构、添加、更新和删除记录。

Visual FoxPro 中程序文件默认为“包含”，数据文件默认为“排除”。

包含或排除一个文件的操作方法：右击项目管理器中的文件，在快捷菜单中，执行“排除”命令或者“包含”命令，如图 11-5 所示。

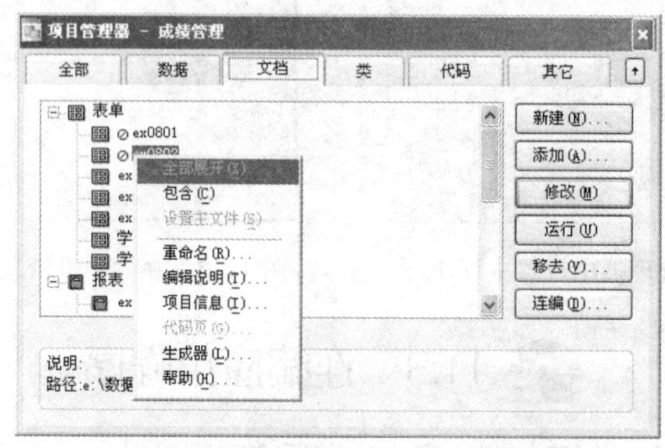

图 11-5　文件包含与排除状态

11.3.2　设置项目信息

一个应用程序项目中通常包含很多项目信息，可以通过“项目信息”对话框进行设置。可以使用两种方法打开“项目信息”对话框：

方法一：右击项目管理器的空白处，执行快捷菜单中的“项目信息”命令。

方法二：执行“项目→项目信息”菜单命令。

（1）在“项目”选项卡中，如图 11-6 所示，可以进行以下设置：

① 项目开发者的信息。

② 本地目录：设置应用程序的主目录。

③ 调试信息：设置应用程序中是否包含调试信息，如果包含将增加应用程序的大小。建议在最后一次连编时不选择，以便去掉调试信息，缩小应用程序发布时文件的大小。

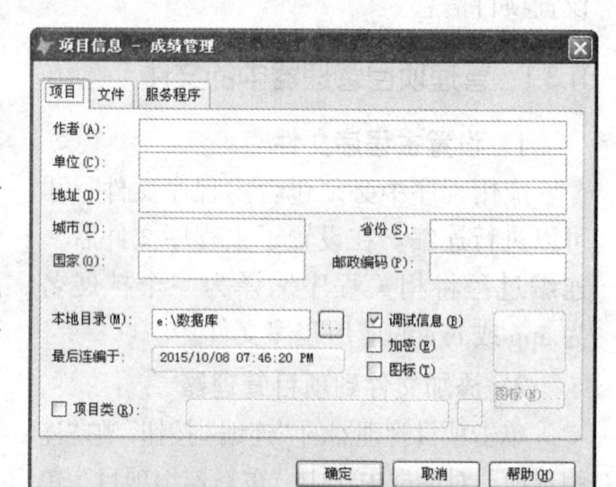

图 11-6　“项目”选项卡

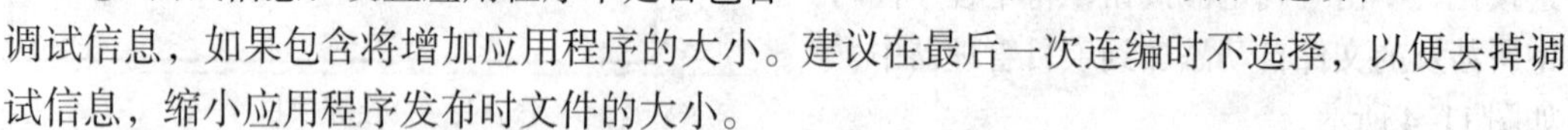

④ 加密：设置是否对应用程序代码进行加密。

⑤ 图标：设置应用程序的程序图标，如不指定，默认为 Visual FoxPro 系统图标。

⑥ 项目类：设置应用程序项目的类型。

（2）在“文件”选项卡，如图 11-3 所示，可以查看项目管理器中的所有文件，设置主程序文件。

11.3.3　连编项目

1. 连编项目选项的设置

在项目管理器中选中主程序文件，如 main.prg，单击“连编”按钮，弹出“连编选项”

对话框，如图 11-4 所示。在其中可以设置“建立操作”的类型和编译选项。

（1）“建立操作”有以下 5 种类型可供选择：

① 重新连编项目：重新连编项目文件，对项目进行整体测试。

② 应用程序（app）：重新连编项目文件，生成扩展名为.app 的应用程序文件，该文件只能在 Visual FoxPro 环境中运行。

③ Win32 可执行程序/COM 服务程序（exe）：一种是生成独立的扩展名为.exe 的 Win32 可执行程序，可以在 Windows 环境下独立运行；另一种是生成 COM 服务程序，扩展名是.exe，实际上是一种进程外 COM 组件技术服务程序，编译完成后，允许其他软件通过接口调用该应用程序的功能。

.exe 的可执行程序既可以在 Visual FoxPro 环境下运行，也可以在 Windows 环境下运行，但必须将其与动态链接库 Vfp9r.dll 和 Vfp9rchs.dll（中文版）或 Vfp9renu.dll（英文版）放在同一个文件夹下。

④ 单线程 COM 服务程序（dll）和多线程 COM 服务程序（dll）：两个选项都生成扩展名为.dll 的进程内 COM 组件服务程序，编译完成后可以被其他软件通过接口调用。区别在于一个运行在单线程模式下，另一个可以运行在多线程模式中。

（2）编译选项的 4 种选项：

① 重新编译全部文件：重新编译项目中的所有文件。

② 显示错误：显示编译过程中出现的所有错误。如果不选此项，Visual FoxPro 会将所有错误信息放在扩展名为.err 的文本文件中。

③ 连编后运行：编译结束后直接运行应用程序。

④ 重新生成组件的 ID：在将应用程序编译为 COM 服务程序时有效，选择该选项将为 COM 服务程序重新生成 GUID（全局唯一标识符）。

2. 连编项目的执行步骤

（1）连编测试

在“连编选项”对话框选中建立操作类型中的“重新连编项目”选项，在进行应用程序连编之前对项目进行整体性的测试。

在命令窗口中，使用命令对项目进行连编的格式为：

```
BUILD  PROJECT  <项目文件名>
```

测试结果是将项目中标记为包含状态的所有的文件，合并成单一的应用程序文件。

通过重新连编项目，Visual FoxPro 系统还会分析每个文件的引用，重新编译过期的文件。然后才可以将编译后的应用程序文件和数据文件等一起打包发布。

（2）连编项目生成可执行文件或应用程序文件

在“连编选项”对话框中，选中“建立操作”类型中的“Win32 可执行程序/COM 服务程序（exe）”选项，将应用程序编译为可以脱离 Visual FoxPro 环境，直接在 Windows 中独立运行的可执行文件，扩展名为.exe。连编应用程序的命令是：

```
BUILD  EXE  <可执行文件名>  FROM  <项目文件名>
```

需要提供两个动态链接库 Vfp9r.dll 和 Vfp9rchs.dll（中文版）或 Vfp9renu.dll（英文版）作为支撑文件，这些文件必须放在与可执行文件同一个文件夹中。

在“连编选项”对话框选中建立操作类型中的“应用程序（app）”选项，该应用程序只能在 Visual FoxPro 环境中执行，扩展名为.app。生成.app 的应用程序文件的命令格式是：

```
BUILD APP <应用程序文件名> FROM <项目文件名>
```

【例 11.2】连编“成绩管理”项目，生成扩展名为.exe 的可执行程序，并设置生成的应用程序的版本信息。

操作步骤：

① 在“项目管理”对话框中，选中主程序文件 main.prg，单击 “连编”按钮。

② 在“连编选项”对话框中，选中“Win32 可执行程序/COM 服务程序（exe）”选项。

③ 单击“版本”按钮，在“版本”对话框中设置应用程序的版本信息，如图 11-7 所示。如果选中“自动增加”复选框，在每次连编时将会自动增加版本号。

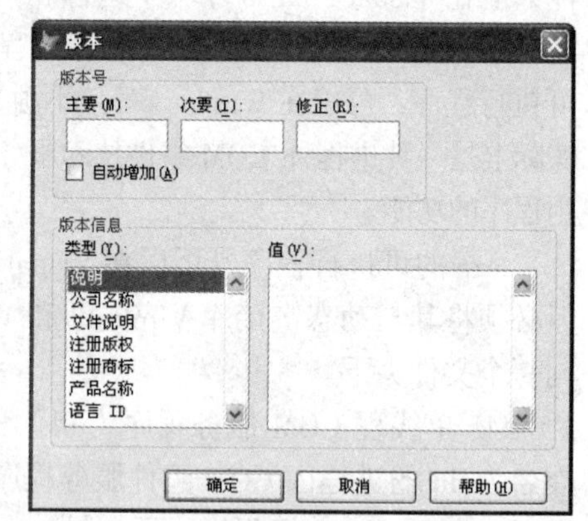

图 11-7 版本信息对话框

④ 单击“确定”按钮，返回“连编选项”对话框，单击“确定”按钮，打开“另存为”对话框，输入.exe 文件的位置和名称，如“成绩管理.exe”。

11.3.4 运行应用程序

应用程序文件（.app）只能在 Visual FoxPro 环境中运行，运行方法：

（1）执行“程序→运行”菜单命令，选中要执行的应用程序。

（2）在命令窗口中，输入命令：

```
DO <应用程序文件名.app>
```

可执行文件（.exe）可以在 Windows 系统下执行，执行方法：

（1）双击可执行文件的图标。

（2）在 Visual FoxPro 命令窗口中输入命令：

```
DO <可执行文件名.exe>
```

11.4 应用程序向导

利用 Visual FoxPro 的应用程序向导，可以生成一个包含项目文件、数据库、表、表单、报表等组件的项目。

【例 11.3】使用应用程序向导对成绩管理项目进行管理。

操作步骤：

（1）执行“文件→新建”菜单命令，在“新建”对话框中，选中“项目”类型，单击“向导”按钮，打开“应用程序向导”（Application Wizard）对话框，如图 11-8 所示。

（2）输入项目名称，选择保存文件夹和项目文件名。如果指定的项目文件不存在，系统会自动创建该文件。

（3）选择“创建项目目录结构”（Creat project directory structure）复选框，向导会自动创建文件夹，用于保存数据、表单、类库、菜单等文件，向导会将所有的文档都放在项目文件所在文件夹中。

（4）单击“OK”按钮，应用程序向导为应用程序生成目录结构和项目结构，自动生成程序并打包。

图 11-8 “应用程序向导”对话框

11.5 应用程序的发布

发布应用程序就是使用安装程序制作工具制作一个安装文件（包），它需要新建一个文件夹，将连编后的可执行文件、数据文件和没有包含在项目中的其他文件一起放到该文件夹中准备发布。

发布应用程序的步骤如下：

1. 定制要发布的应用程序

使用项目管理器或者应用程序生成器，定制要发布的应用程序项目，确保项目中包含了应用程序必需的文件。

此外，在最终发布应用程序时，还可以进行一些特定的设置。在图 11-7 所示的“项目信息”对话框中的“项目”选项卡中，选择“加密”复选框，并清除“调试信息”复选框，在执行连编项目时可以在生成的文件中加密源代码并删除调试信息。

2. 准备要发布的应用程序

在发布应用程序前，需要连编生成一个.app 应用程序文件，或者一个.exe 可执行文件。如果需要发布的是.exe 可执行文件，还需将两个动态链接库 Vfp9r.dll 和 Vfp9rchs.dll（中文版）或 Vfp9renu.dll（英文版）复制到.exe 文件所在的文件夹中。

3. 创建发布程序

可以使用 Visual FoxPro 的安装向导打包应用程序，也可以使用 Visual FoxPro 9.0 安装光盘中包含的 Install Shield Express 精简版制作安装程序打包应用程序。此外，还可以使用任何基于 Microsoft Windows Installer 技术的安装程序制作工具来建立一个安装程序（.msi）。

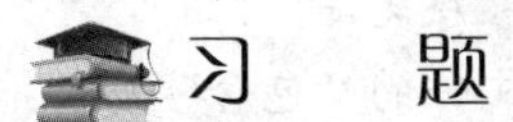

习　题

一、单项选择题

1. 以下选项中（　　）是 Visual FoxPro 应用程序的设计步骤。

   A. 设计用户界面　　B. 设计数据库　　C. 设计输出界面　　D. 设计主程序

2. 下列文件中，不能作为主文件的是（　　）。

   A. 表单　　B. 菜单　　C. 报表　　D. PRG 文件

3. 在 Visual FoxPro 项目中，作为应用程序入口点的主程序至少应具有（　　）。

   A. 初始化环境　　B. 初始化环境、显示初始界面

C. 初始化环境、显示初始界面、控制事件循环

D. 初始化环境、显示初始界面、控制事件循环、退出时恢复环境

4. 以下关于 READ EVENTS 命令描述错误的是（　　）。

A. READ EVENTS 可以放在主程序的任何位置

B. 应用程序如果只是在 Visual FoxPro 环境中执行，可以不使用该命令

C. READ EVENTS 命令控制事件循环，执行该命令后系统开始等待用户操作

D. 如果不使用 READ EVENTS 命令，应用程序在 Windows 环境中执行时会出现闪退现象

5. 如果将项目中的一个数据库表设置为“包含”状态，则在项目连编后，该数据库表将（　　）。

A. 消失不见　　B. 随时可以编辑修改　　C. 不能编辑修改　D. 移出项目

6. 连编应用程序不能生成的文件是（　　）。

A. EXE 文件　　B. APP 文件　　C. DLL 文件　　D. PRG 文件

7. Visual FoxPro 程序连编后可以生成.app 文件和.exe 文件，以下说法中正确的是（　　）。

A. EXE 文件只能在 Windows 环境下运行

B. APP 文件只能在 Windows 环境下运行

C. EXE 文件既可以在 Visual FoxPro 环境下运行，也可以在 Windows 环境下运行

D. APP 文件既可以在 Visual FoxPro 环境下运行，也可以在 Windows 环境下运行

二、填空题

1. 数据库设计由________、________、________三个环节组成。

2. ________是应用程序的入口程序，经常使用扩展名为.prg 的程序文件。

3. 使用________命令控制事件循环的结束。

4. 在命令窗口中执行________命令可以执行连编项目。

5. 在连编过程中，选中“版本”对话框中的________选项，可以让修改版本号随着每次重新连编自动递增。

6. 在命令窗口中执行________命令可以运行.app 应用程序文件。

三、简述题

1. 简述应用程序开发的一般步骤。

2. 简述在应用程序中，主程序文件一般应包括哪些内容。

3. 简述如何在项目中设置主程序文件。

4. 简述在连编应用程序时，文件的“包含”与“排除”含义。

5. 简述如何连编生成.exe 可执行文件。

实　　验

实验目的

1. 掌握主程序文件的编写。

2. 掌握连编项目、连编应用程序。

实验内容

一、建立项目

建立“学生成绩管理”项目，编写 mymain.prg 并设置为主程序文件。

1. 使用应用程序向导创建“学生成绩管理”项目，如图 11-9 所示。

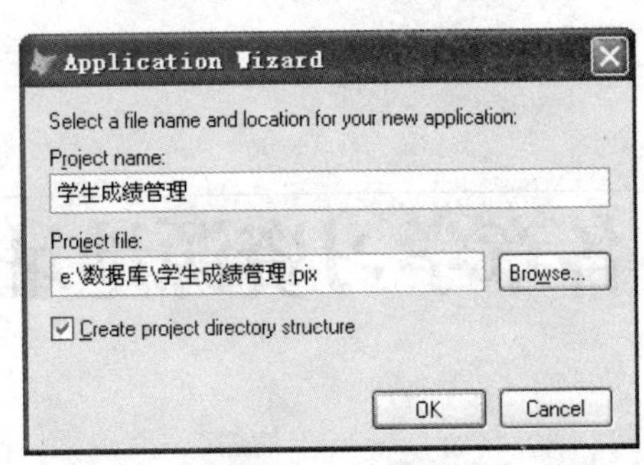

图 11-9　创建“学生成绩管理”项目

2. 添加以前实验中创建的数据库、查询、表单、报表、菜单等对象到“学生成绩管理.pjx”项目中。

3. 在项目中，增加程序 mymain.prg，加入以下代码：

```
DO setup
PUBlIC  userName
DO FORM 学生管理.scx
&&DO menu.mpr
READ EVENTS
DO clearup
PROCEDURE  setup
     Clear
     CLEAR ALL
     SET TALK OFF
     SET SYSMENU OFF
     SET EXCLUSIVE OFF
     SET CENTURY ON
     SET CLOCK STATUS bar ON
     SET DATE TO YMD
     CLOSE ALL
     CLEAR ALL
     SET DEFAULT TO e:\数据库
     SET PATH TO e:\数据库
     OPEN DATABASE student EXCLUSIVE
ENDPROC

PROCEDURE clearup
     CLOSE ALL
     SET SYSMENU  TO DEFAULT
     SET TALK on
     SET EXCLUSIVE on
     SET CENTURY off
     SET CLOCK STATUS bar Off
     SET DATE TO ANSI
ENDPROC
```

4. 设置 mymain.prg 为项目中的主文件。

二、连编项目

在项目管理器中，单击“连编”按钮，完成以下操作：

1. 测试“学生成绩管理”项目连编；
2. 连编“学生成绩管理”项目为.app 应用程序文件；
3. 连编“学生成绩管理”项目为.exe 可执行文件；
4. 分别执行连编生成的.app 应用程序文件和.exe 可执行文件。

附录 A

各章学习资源地址 ‹‹‹

章	文件夹	地址	二维码
其他学习资源	VFP-other	http://pan.baidu.com/s/1c0x2fUo	
第 1 章	VFP01	http://pan.baidu.com/s/1eQxydDC	
第 2 章	VFP02	http://pan.baidu.com/s/1nttfZ4X	
第 3 章	VFP03	http://pan.baidu.com/s/1hq2JAeS	
第 4 章	VFP04	http://pan.baidu.com/s/1qWKKmKG	
第 5 章	VFP05	http://pan.baidu.com/s/1o6uzV1w	
第 6 章	VFP06	http://pan.baidu.com/s/1dD13LFr	
第 7 章	VFP07	http://pan.baidu.com/s/1i3uAdwT	

续表

章	文 件 夹	地 址	二 维 码
第 8 章	VFP08	http://pan.baidu.com/s/1ntu1TNz	
第 9 章	VFP09	http://pan.baidu.com/s/1hquCePm	
第 10 章	VFP10	http://pan.baidu.com/s/1dDHIRhJ	
第 11 章	VFP11	http://pan.baidu.com/s/1sj1fxCh	

参 考 文 献

[1] 王珊，萨师煊. 数据库系统概论[M]. 5版. 北京：高等教育出版社，2014.

[2] 王锡智，刘国香，唐丽芳，等. Visual FoxPro 6.0 程序设计 [M]. 北京：中国铁道出版社，2013.

[3] 宁爱军. 以能力为目标的程序设计教学[C]. 首届“大学计算机基础课程报告论坛”专题报告论文集，北京：高等教育出版社，2005.

[4] 宁爱军. Visual Basic 程序设计[M]. 北京：：中国铁道出版社，2015.

[5] 宁爱军，熊聪聪. C语言程序设计[M]. 北京：人民邮电出版社，2011.

[6] 薛磊等. Visual FoxPro 程序设计基础教程[M]. 2版. 北京：清华大学出版社，2013.

[7] 陈志泊，王春玲. 数据库原理及应用教程[M]. 2版. 北京：人民邮电出版社，2008.

[8] 周明红，杨潞霞，孙咏梅，等. Visual FoxPro 数据库及程序设计基础[M]. 2版. 北京：人民邮电出版社，2011.

[9] 陈娟，刘海莎，彭琛，等. Visual FoxPro 程序设计教程[M]. 2版. 北京：人民邮电出版社，2009.

[10] 赵晓侠，郑发鸿，田春瑾. Visual FoxPro 8.0 数据库程序设计[M]. 2版. 北京：中国铁道出版社，2009.

[11] 李明，顾振山. Visual FoxPro 9.0 实用教程[M]. 2版. 北京：清华大学出版社，2011.